selbst ist der Mann

DAS GROSSE BUCH VOM

HOLZBAU

selbst ist der Mann

DAS GROSSE BUCH VOM HOLZBAU

Möbel, Deko, Holz im Garten

Werkzeuge • Arbeitstechniken • Anleitungen

MOEWIG

Allen Herstellern und Agenturen,
die Bildmaterial für dieses Buch zur Verfügung
gestellt haben, ganz herzlichen Dank

Die Mehrzahl der in diesem Buch abgebildeten Fotos
und Zeichnungen stammt aus dem
monatlich erscheinenden Heimwerkermagazin
selbst ist der Mann
Köln

www.MOEWIG.de

Printed in Germany

ISBN 3-8118-1559-8

Hinweis:
Die Anleitungen in diesem Buch sind
sorgfältig recherchiert und geprüft worden.
Dennoch ist jegliche Haftung für
Personen-, Sach- und Vermögensschäden
ausgeschlossen, soweit gesetzlich zulässig.
Insbesondere handelt es sich bei den
Ratschlägen und Empfehlungen dieses
Buchs um unverbindliche Auskünfte
gemäß § 676 BGB.

Vorwort

Der natürlichste und gleichzeitig einer der wichtigsten Bau- und Werkstoffe, mit denen wir täglich umgehen, ist Holz. Mit jedem Stück Holz bringen wir ein Stück gewachsener Natur ins Haus. Holz ist fest und dabei doch elastisch. Es hat ausgezeichnete Wärmedämm-Eigenschaften und nicht zuletzt sind seine unterschiedlichen Färbungen und Maserungen ganz einfach schön anzusehen.

Wer mit Holz arbeitet, sollte wissen, wie es entsteht, welche Holzarten es gibt und wie es zu Schnittholz sowie den verschiedenen Holzwerkstoffen weiterverarbeitet wird. Und damit der handwerkliche Umgang mit Holz auch richtig Spaß macht, kommt es darauf an, die heimische Werkstatt fachmännisch einzurichten und mit geeigneten Werkzeugen auszustatten.

Das Rüstzeug der praktischen Arbeit sind dann die Grundkenntnisse der wichtigsten Techniken der Holzbearbeitung. Wer beim Sägen, Hobeln, Schnitzen oder Drechseln nicht sofort den richtigen Dreh heraus hat, sollte den Mut nicht sinken lassen. Schließlich muss ein Schreiner sein Handwerk ja auch von der Pike auf lernen. Mit den erprobten Anleitungen der Profis des Heimwerker-Magazins **selbst ist der Mann** werden Sie aber schnell die ersten Erfolgserlebnisse haben.

Die vielen Anleitungen im Kapitel "Praktischer Möbelbau" bieten Anregungen für fast alle Wohnbereiche. Zahlreiche Schritt-für-Schritt-Fotos und detaillierte Zeichnungen erklären Ihnen den Nachbau in allen Einzelheiten. Als Anfänger sollten Sie sich zunächst gründlich mit den Arbeitstechniken vertraut machen und dann vielleicht als Erstes ein einfach konstruiertes Regal bauen. Sie glauben nicht, wie stolz Sie sein werden, wenn das erste selbst gebaute Möbelstück schließlich fertig ist.

Versierte Heimwerker finden ihre Herausforderungen in den anspruchsvolleren Bauvorschlägen. Dabei lernen Sie so manchen Trick und Kniff, den Sie noch nicht kannten. So bietet dieses Buch sicher jedem etwas, der Spaß am handwerklichen Umgang mit Holz hat.

Viel Spaß bei der Arbeit und gutes Gelingen!

Inhalt

Der Werkstoff Holz

Die Holzwerkstatt

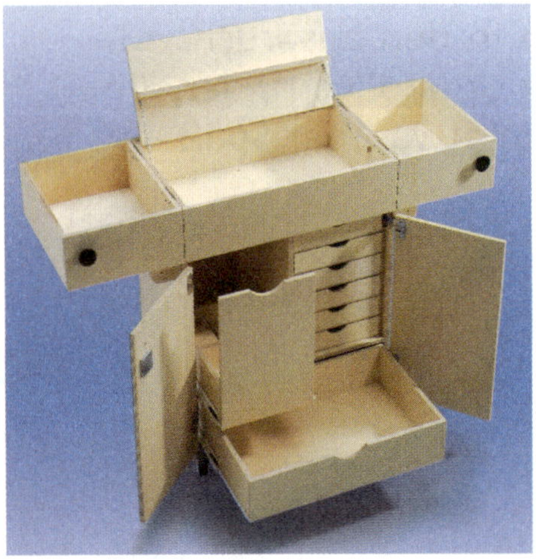

Techniken der Holzbearbeitung

Praktischer Möbelbau

Holz ist unsere Natur

Der natürlichste Baustoff, der uns zur Verfügung steht, ist und bleibt das Holz. Wer mit Holz arbeitet, sollte auch etwas über seine Herkunft sowie die Eigenschaften im Allgemeinen und im Speziellen wissen

Bäume sind ein wichtiger Bestandteil unseres Lebensraums. Eine Landschaft ohne Bäume empfinden wir als karg und öde. Neben dem unersetzlichen Sauerstoff zum Atmen liefern die Bäume uns mit ihrem Holz noch einen sehr wertvollen Baustoff. Ein Baustoff allerdings, mit dem wir nicht zu gedankenlos umgehen dürfen, denn der Erhalt der Waldflächen unserer Erde, vor allem der des tropischen Regenwaldes, sollte uns ein wichtiges Anliegen sein. In unseren Breiten ist es aber schon lange nicht mehr der Raubbau, der den Wald gefährdet, sonden vielmehr saurer Regen und Holzschädlinge. In jedem Fall ist es lohnenswert, sich einmal mit der Bedeutung, die Bäume und Holz für unser Leben haben, und der Verantwortung, die wir für unsere Wälder tragen, bewusst auseinander zu setzen.

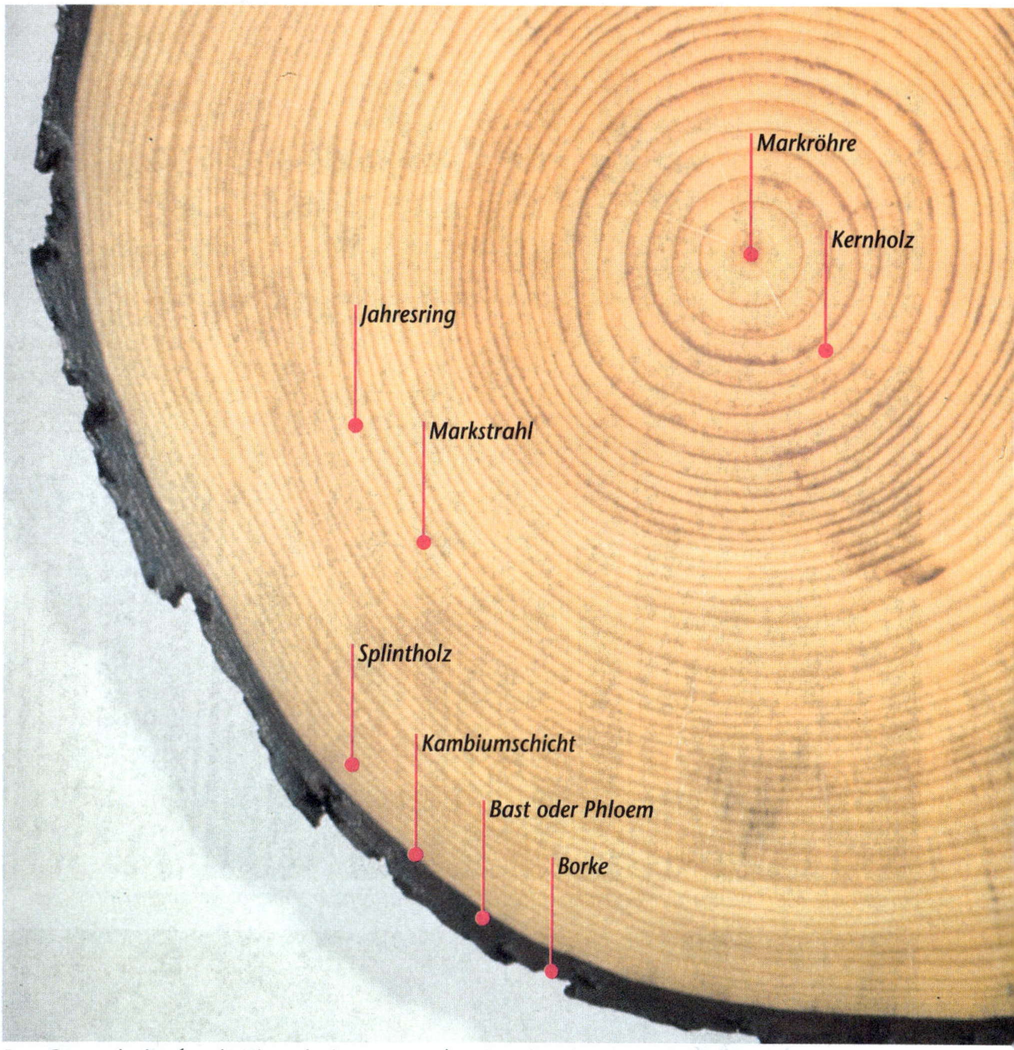

Der Querschnitt (auch Hirnschnitt genannt) zeigt die einzelnen Schichten des Stammes

Ein Blick ins Innere des Stammes

Wer sich die Vielfalt an Baumarten, die unser Planet hervorbringt, einmal genauer ansieht, kann schon erahnen, dass Holz nicht gleich Holz ist. Eine Unterteilung, die jeder Laie vornehmen kann, ist natürlich die in Laubhölzer (Angiosperme) und Nadelhölzer (Gymnosperme). Unter diesen beiden Kategorien vereinen sich zehntausende von einzelnen Arten. So unterschiedlich die Baumarten sich auch in ihrem Erscheinungsbild präsentieren, sind sie doch prinzipiell gleich aufgebaut. Da uns in erster Linie das Holz interessiert, werfen wir einen Blick auf den Aufbau des Baumstammes, indem wir ihn uns im Querschnitt ansehen.

Im Zentrum eines jeden Stammes befindet sich das Mark, um das sich die Jahresringe anordnen. Die Jahresringe werden in Abständen von so genannten Markstrahlen durchkreuzt. Holz, das näher am Zentrum des Stammes liegt, bezeichnet man als Kernholz, im Gegensatz zu dem mehr am Rand des Stammes befindlichen Splintholz. Das Splintholz ist heller als das Kernholz. Seine Zellen transportieren Wasser von den Wurzeln in die oberen Regionen des Baumes. Da der Baum nach außen immer weiter wächst und neues Splintholz erzeugt, vollzieht sich in den inneren Splintholzschichten nach und nach eine chemische Veränderung, bei der sich organische Stoffe einlagern. Am Ende entsteht das etwas dunkler gefärbte Kernholz, das gegen Pilz- und Insektenbefall viel besser geschützt ist als die jüngeren Schichten.

Unter der Borke liegt die fürs Wachstum verantwortliche Kambiumschicht

Genau zwischen Holz und der umschließenden Rinde liegt die Kambiumschicht – auch Wachstumsschicht genannt. Hier werden jedes Jahr neue Zellen gebildet, die den Umfang des Baumes vergrößern. Zur Innenseite hin produziert das Kambium Holzzellen, nach außen hin dagegen Bastzellen, die für die Bildung der Rinde – oder, wie der Fachmann sagt, Borke – zuständig sind. Über die Bastzellen der Borke wird der Baum von unten mit Nährstoffen versorgt. Darum kann ein Baum, dessen Bastschicht quer durchtrennt wird, keine Nährstoffe mehr nach oben transportieren. Der Baum würde langsam aber sicher absterben.

Die einzelnen Holz- und Bastzellen sind natürlich nur unter dem Mikroskop sichtbar. Es handelt sich dabei um senkrecht verlaufende Röhren, die der Stoff Lignin miteinander verklebt. Wir können uns jedoch anhand der Jahresringe ein ziemlich genaues Bild vom Zellwachstum eines Baumes

Nadelholz-Monokulturen sind schnelle Holzlieferanten, haben aber auch Nachteile

Widerstandsfähiger gegen Sturm und Schädlinge sind Misch- und Laubwälder

machen. Die Ringoptik entsteht durch die unterschiedliche Größe der Zellen. Im Frühjahr – der Hauptwachstumsphase des Baumes – bildet das Kambium breite, dünnwandige Zellen, wodurch der helle Bereich entsteht, den wir als Innenseite der Jahresringe ansehen. Im Sommer und Herbst dagegen ist das Wachstum stark verlangsamt, das Kambium bildet schmalere und dickwandigere Zellen, was für eine dunklere Optik sorgt. An der Breite eines Jahresringes kann man demnach erkennen, ob ein Baum in einem bestimmten Jahr guten oder schlechten Wachstumsbedingungen ausgesetzt war.

Bäume und Holzarten

Wie bereits erwähnt, unterscheidet die Botanik bei den Bäumen zwischen Angiospermen (Laubhölzer) und Gymnospermen (Nadelhölzer). Wer Holz als Baustoff verwendet, den interessieren vor allem seine Eigenschaften – beispielsweise Härte, Gewicht und Farbe. Diese Eigenschaften des Holzes hängen mit seiner Zellstruktur und vor allem der Beschaffenheit der Zellwände zusammen. Zwar ist die Substanz der Zellwände bei allen Baumarten identisch, es gibt jedoch erhebliche Unterschiede bezüglich der Zellengröße, der Zellendichte und der Zellwandstärke.

Pauschal lässt sich sagen, dass Laubhölzer fast immer härter und schwerer sind als Nadelhölzer, weil das Holz relativ kleinzellig und die Zellwände besonders dick sind. Wie weit das Gewicht verschiedener Holzarten auseinander liegen kann, zeigt sich, wenn man die Extreme gegeneinander hält. Buchsbaum und Pockholz bringen ein Gewicht von 1,1 g/cm^3 auf die Waage, Balsa, das als leichtestes Holz gilt, dagegen nur 0,15 g/cm^3.

Wälder und Weltklima hängen eng zusammen

Als „Lunge der Erde" wird der tropische Regenwald oft bezeichnet. Dieser Vergleich macht deutlich, welch wichtige Bedeutung unsere Wälder haben. Bäume betreiben – wie alle Pflanzen – Fotosynthese, das heißt, sie sind in der Lage, Kohlendioxid aufzunehmen und Sauerstoff abzugeben. Wenn wir Wälder roden, nehmen wir uns auf lange Sicht unsere wichtigste Lebensgrundlage, nämlich die Luft zum Atmen.

Aber schon heute können wir feststellen, dass die ständige Verminderung unserer Waldflächen nicht folgenlos bleibt. Durch die Steigerung des Kohlendioxidgehalts in unserer Luft erwärmt sich unsere Atmosphäre – der so genannte Treibhauseffekt kommt zum Zuge. Was diese Veränderung des Weltklimas noch in immensem Maße verstärkt, ist die Verbrennung fossiler Brennstoffe. Wenn wir unser Klima wieder in geordnete Bahnen lenken wollen, müssen wir also an zwei Punkten ansetzen: gerodete Flächen müssen wieder aufgeforstet und die Verbrennung fossiler Brennstoff muss eingedämmt werden.

Forstwirtschaft erhält den Wald

Gegen die Verwendung von Holz als Baustoff ist aus naturschutztechnischen Gründen nichts einzuwenden, solange es sich um Holz handelt, das aus wiederaufgeforsteten Wäldern stammt. Im Gegenteil: Je mehr Kohlendioxid in Holz gebunden wird, desto besser für unsere Atmosphäre. Die ursprünglich fast ganz Europa bedeckenden Urwälder lassen sich zwar nicht wiederherstellen, doch ist Wiederaufforstung bei uns heute zu einer Selbstverständlichkeit geworden.

Langsam setzt sich auch die Einsicht durch, dass Monokulturen aus schnellwachsenden Nadelhölzern nicht nur Vorteile, sondern auch viele Nachteile haben. Sie sind äußerst anfällig für Windbruch und Schädlingsbefall. Außerdem bieten sie weniger Tierarten Unterschlupf als ein robuster Mischwald.

Sonderfall Tropenholz

Wer sich im Holz- oder Möbelhandel umsieht, wird dort auch immer wieder auf Tropenholzprodukte stoßen. Hier ist äußerste Vorsicht geboten, denn leider stammt das meiste Tropenholz, das in den westlichen Handel gelangt, immer noch aus tropischen Raubbaugebieten. Wer auf Nummer Sicher gehen will, verzichtet am besten ganz auf Teak, Mahagoni und Co. Auch auf Produktaufschriften wie „Keine Schädigung des Regenwaldes“ können Sie sich nicht verlassen. Das betonen Umweltschutzorganisationen wie z. B. Robin Wood immer wieder. Das einzige auch von Waldschützern anerkannte Siegel ist das des Forest Stewardship Council (FSC).

In einem Arbeitsgang werden mit dem Harvester Bäume gefällt und zerteilt

Die „Lunge der Erde“ – der tropische Regenwald – ist mehr denn je in Gefahr

Fichte

Holzbeschreibung: *Das gelblich weiße Nadelholz besitzt eine deutliche und markante Maserung. Ein Farbunterschied zwischen Splint- und Kernholz besteht nicht. Fichtenholz dunkelt unter Lichteinfluss meist sehr stark nach.*
Eigenschaften: *Obwohl sehr weich und nur mittelschwer lässt es sich gut verarbeiten und zeichnet sich durch Festigkeit und Stabilität aus. Wenn man es im Außenbereich verwendet, braucht es allerdings einen Schutz, da es nicht witterungsbeständig ist.*
Verwendungen: *Fichtenholz ist der absolute Topseller bei den Bau- und Konstruktionshölzern. Im Innenbereich ist es nahezu universal einsetzbar, von Böden, Wänden und Decken bis zu Treppen, Türen und Fenstern. Aber auch außen verwendbar. Die Industrie verarbeitet Fichte zu Span- und Faserplatten.*

Tanne

Holzbeschreibung:*Tanne ist deutlich heller als Fichte, oft ist das Holz fast weiß. Manchmal schimmert es auch leicht bläulich. Die gestreifte bzw. gefladerte Textur ist blasser als bei der Fichte.*
Eigenschaften: *Das weiche und mittelschwere Holz ist fest und elastisch. Es lässt sich sehr gut bearbeiten und anschließend auch behandeln. Tanne zeichnet sich durch eine überdurchschnittliche Beständigkeit gegenüber Chemikalien aus.*
Verwendungen: *Tanne lässt sich gut als Bau- und Konstruktionsholz verwenden, die oft blaugraue Optik gilt jedoch als weniger attraktiv für Oberflächen als andere Nadelhölzer. Zudem sind schwarze Astlöcher bei Tanne keine Seltenheit. Das Holz eignet sich aber gut für Behältnisse chemischer Lösungen und für den Erd- und Wasserbau.*

Kiefer

Holzbeschreibung: *Bei der Kiefer haben wir eine deutliche farbliche Unterscheidung des hellen Splintholzes und des viel dunkleren Kernholzes, das sich mit der Zeit rötlich braun färbt. Das Holz ist sehr markant gestreift bzw. gefladert.*
Eigenschaften: *Das mittelschwere und leicht harte Holz ist sehr harzhaltig. Es ist fest, elastisch und schwindet wenig. Leichte Bearbeitung und Oberflächenbehandlung, allerdings nur, wenn der Harzgehalt nicht zu hoch ist. Im Gegensatz zu dem empfindlicheren Splintholz ist das Kernholz witterungsbeständig.*
Verwendungen: *Das Holz findet Verwendung als Bau- und Konstruktionsholz, aber auch im Hoch-, Tief- und Wasserbau. Kiefer ist im Innen- und Außenbereich vielseitig einsetzbar. Sehr beliebt ist es bei Möbeln. Die Industrie verarbeitet Kiefernholz häufig zu Spanplatte.*

Zirbelkiefer/Arve

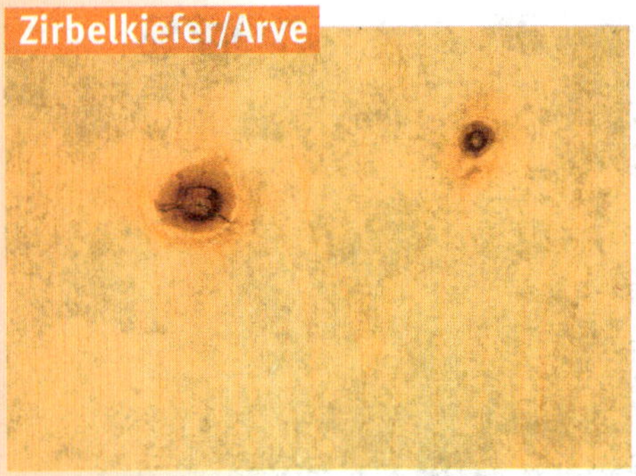

Holzbeschreibung: *Splint- und Kernholz unterscheiden sich farblich. Während das Splintholz gelblich weiß erscheint, hat das Kernholz einen mehr gelbrötlichen bis rötlich braunen Ton. Blass gezeichnet, aber auffällige rotbraune Äste.*
Eigenschaften: *Das mäßig schwere und weiche Holz ist weder sehr fest noch elastisch. Es lässt sich gut bearbeiten und eignet sich vor allem zum Schnitzen. Vor der Oberflächenbehandlung muss austretendes Harz entfernt werden. Zirbelkiefer kann auch der Witterung ausgesetzt werden.*
Verwendungen: *Das sehr seltene Holz wird gerne für dekorative Ausstattungen verwendet. Als Möbelholz sowie als Wand- und Deckenbekleidung ist es beliebt. Auch gut geeignet für Bildhauer- und Schnitzarbeiten. Im Alpenraum auch Nutzung als Schindeln, Fenster usw.*

Eiche

Man unterscheidet zwischen Stiel- oder Sommereiche und Trauben- oder Wintereiche, die jedoch fast identische Eigenschaften besitzen.
Holzbeschreibung: *Das Splintholz der Eiche ist gelblich weiß, das Kernholz gelbbräunlich und dunkelt nach. Das grobporige Holz hat eine sehr typische gesteifte bzw. gefladerte Zeichnung.*
Eigenschaften: *Eichenholz ist mittelschwer bis schwer und hart. Es zeichnet sich durch hohe Festigkeit und eine sehr geringe Abnutzung aus. Eiche ist sehr witterungsbeständig und kann auch unter Wasser problemlos eingesetzt werden, was aber nur für das Kernholz gilt.*
Verwendungen: *Eiche ist nahezu universal einsetzbar, wo es auf Stabilität und Langlebigkeit ankommt. Sie wird daher oft im Hoch-, Tief- und Wasserbau eingesetzt, ist aber auch bei Möbeln beliebt.*

Esche

Holzbeschreibung: *Splint- und Kernholz ähneln sich bei der Esche sehr. Beides ist mal von weißgelblicher, mal von weißrötlicher Färbung. Oft besitzt es einen hell- bis dunkelbraunen, manchmal auch olivbraunen Farbkern. Grobporig und sehr markante Textur.*
Eigenschaften: *Das mittelschwere Holz kann in Sachen Festigkeit und Elastizität überzeugen. Es ist hart und besitzt einen hohen Abriebswiderstand. Man kann es gut bearbeiten, auch ist es sehr biegfest. Die Oberfläche lässt sich gut behandeln. Polieren und Beizen stellt kein Problem dar. Gute Chemikalienresistenz und Witterungsbeständigkeit.*
Verwendungen: *Als Ausstattungsholz wird Esche sowohl massiv als auch als Furnier eingesetzt. Es ist besonders geeignet für Biegeformteile. Verwendung für Werkzeugstiele, Leitern, Sportgeräte.*

Lärche

Holzbeschreibung: *Lärchenholz hat einen leicht rötlichen Ton, wobei das Splintholz rötlich gelb, das Kernholz mehr rötlich braun gefärbt ist. Lärche dunkelt stark nach und ist markant gestreift bzw. gefladert.*
Eigenschaften: *Gleich nach der Eibe ist die Lärche das härteste Nadelholz in unseren Breiten. Es ist sehr harzhaltig, dazu fest und elastisch. Bei der Bearbeitung müssen Sie austretendes Harz sorgfältig entfernen. Wie die Tanne verträgt Lärche Chemiebehandlung gut. Nur das Kernholz ist witterungsbeständig.*
Verwendungen: *Lärche ist ein sehr beliebtes Ausstattungsholz, es ist für Bau und Konstruktion hervorragend geeignet. Im Außenbereich ist es aufgrund seiner Wetterbeständigkeit vielseitig einsetzbar. Auch bei Chemielagerung und -transport findet es Verwendung.*

Douglasie

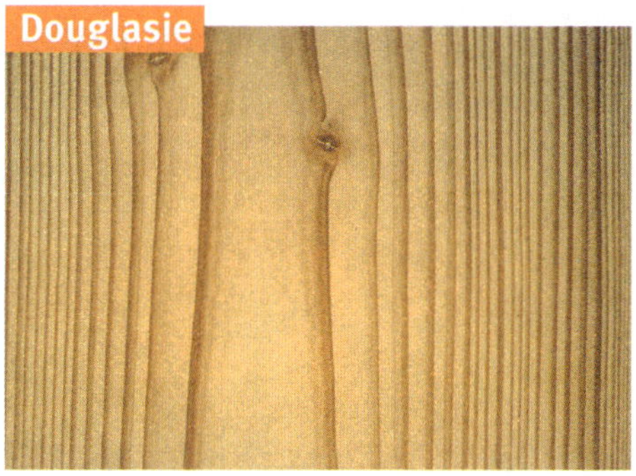

Holzbeschreibung: *Bei der Douglasie lässt sich Splint- und Kernholz gut voneinander unterscheiden. Das Splintholz ist rötlich gelb, manchmal fast weiß, während das Kernholz rötlich gelb bis braun ist. Die gestreifte bzw. gefladerte Zeichnung ist sehr deutlich.*
Eigenschaften: *Das Holz ist mittelschwer, dabei aber ziemlich hart. Es hat einen hohen Harzgehalt. Sehr fest, elastisch und mäßig schwindend. Ist das Holz engringig, lässt es sich gut bearbeiten. Schwieriger ist es bei grobringigen und astigen Brettern. Entfernen Sie austretendes Harz beim Bearbeiten.*
Verwendungen: *Douglasie wird vielfach im Außenbereich eingesetzt, z. B. bei Fassaden, Balkonen und Garagentoren. Aber auch im Innenbereich und bei Möbeln kann es aufgrund seiner attraktiven Oberfläche überzeugen.*

Weymouthkiefer/Strobe

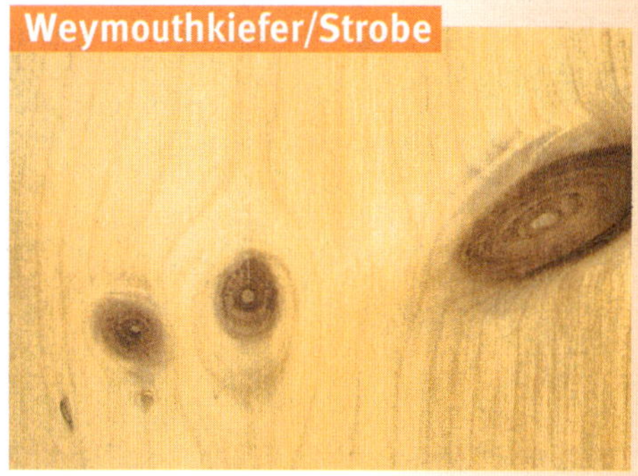

Holzbeschreibung: *Der Farbunterschied zwischen Splint- und Kernholz ist unauffällig. Das gelbliche Holz geht im Splintbereich mehr ins Weiße, im Kernbereich etwas mehr ins Rötlichbraune über. Weymouthkiefer dunkelt stark nach. Sie ist nur schwach gezeichnet, hat aber auffällige rotbraune Äste.*
Eigenschaften: *Das Holz ist sehr leicht und weich. Es ist nur mäßig fest und elastisch und hat nur eine vergleichsweise geringe Tragkraft. Weymouthkiefer zeichnet sich aber durch gute Isolierungseigenschaften aus – sowohl gegen Schall als auch gegen Hitze oder Kälte.*
Verwendungen: *Bei der Innenausstattung wird das Holz oft als Decken- oder Wandbekleidung eingesetzt. Vielfach ersetzt es hierbei die Zirbelkiefer. Auch Bildhauer und Holzschnitzer wissen das weiche Holz zu schätzen.*

Ulme/Rüster

Das Holz der in Deutschland vorkommenden Arten Feldrüster, Bergrüster und Flatterulme hat ähnliche Eigenschaften.
Holzbeschreibung: *Splint- und Kernholz unterscheiden sich deutlich. Das Splintholz ist gelblich weiß, das Kernholz artbedingt mal hellbraun, mal rotbraun oder sogar schokoladenbraun. Das Holz ist grobporig und besitzt eine auffällige und sehr dekorative Textur.*
Eigenschaften: *Das mittelschwere und ziemlich harte Holz ist fest, elastisch und zäh. Die Bearbeitung ist nicht immer einfach, nach Dampfbehandlung lässt es sich aber gut biegen. Die Witterungsbeständigkeit ist weniger gut.*
Verwendungen: *Ulmenholz ist aus Umweltgründen nur begrenzt verfügbar. Es eignet sich besonders gut für die Innenausstattung. Es wird für Möbel, Wände, Decken, Böden und Treppen eingesetzt.*

Edelkastanie

Holzbeschreibung: *Splint- und Kernholz unterscheiden sich farblich. Das Splintholz ist gelblich bis weiß, das Kernholz gelblich braun bis dunkelbraun. Das grobporige Holz ähnelt in seiner markanten Zeichnung sehr der Eiche.*
Eigenschaften: *Das mittelschwere, ziemlich harte Holz ist fest und elastisch. Es lässt sich gut bearbeiten, die Oberflächenbehandlung ist problemlos. Es ist witterungsbeständig, verträgt sogar dauerhaften Wasser- oder Erdkontakt.*
Verwendungen: *Das Holz der Edelkastanie erhält man bei uns nur in sehr begrenzten Mengen. Es ist daher nicht sehr bekannt. Man verwendet es vorzugsweise für Pfähle oder im Lawinenverbau. Es ist allgemein gut als Konstruktionsholz geeignet und wird im Innenausbau gern für Täfelungen, Parkett, Treppen und Türen verwendet.*

Robinie

Holzbeschreibung: *Bei der Robinie unterscheiden sich Splint- und Kernholz deutlich. Das Splintholz ist gelblich weiß, während das Kernholz von hellbrauner, oft auch grüner oder grünlich brauner Färbung ist. Unter Lichteinfluss bekommt das Holz einen goldbraunen bis schokoladenbraunen Farbton. Das grobporige Holz besitzt eine gestreifte bzw. gefladerte Zeichnung.*
Eigenschaften: *Robinienholz ist schwer und hart. Es ist fest und elastisch und lässt sich gut biegen. Man kann es gut bearbeiten, auch die Oberfläche lässt sich problemlos behandeln. Robinie hält der Witterung stand und verträgt dauerhaften Erd- und Wasserkontakt.*
Verwendungen: *Häufiger Einsatz als Pfahlholz, aber auch in allen anderen Bereichen, in denen es auf die Festigkeit ankommt, z. B. Böden, Treppen, Leitern.*

Buche

Holzbeschreibung: *Splint- und Kernholz unterscheiden sich nicht immer. Oft ist es gleichmäßig rötlich weiß bis rötlich braun gefärbt. Manchmal gibt es aber auch farbliche Abstufungen. Das feinporige Holz ist sehr unauffällig gezeichnet.*
Eigenschaften: *Buchenholz ist mittelschwer bis schwer und sehr hart. Es ist fest und besitzt einen hohen Abnutzungswiderstand. Es ist gut zu bearbeiten, die Oberflächen kann man problemlos behandeln. Für den Einsatz im Außenbereich muss es imprägniert werden.*
Verwendungen: *Kein Laubholz wird bei uns so oft und vielseitig eingesetzt wie die Buche. Man braucht es für Böden, Wände und Treppen, Eisenbahnschwellen, Spielwaren und Klaviere. Auch für Spanplatten, Sperrholz und Multiplex sowie für Zellstoff, Papier und Holzkohle verwendet man Buchenholz.*

Ahorn

In Deutschland kommen Bergahorn, Spitzahorn und Feldahorn vor. Genutzt werden aber aufgrund der Abmessungen nur die beiden erstgenannten.
Holzbeschreibung: *Das Splint- und Kernholz unterscheidet sich nicht. Es ist gleichmäßig hell, der Bergahorn fast weiß, der Spitzahorn mehr gelblich bis rötlich. Das Holz ist sehr feinporig.*
Eigenschaften: *Das mittelschwere und harte Holz kann in Sachen Festigkeit durchaus mit der Buche konkurrieren. Es lässt sich leicht bearbeiten, auch die Oberflächenbehandlung ist problemlos. Leider nicht sehr witterungsbeständig.*
Verwendungen: *Besonders beliebt im Innenausbau, z. B. als Boden-, Wand- oder Deckenbekleidung. Das Holz wird aber auch zum Bau von Möbeln, Küchen- und Haushaltsgeräten, Spielwaren und Musikinstrumenten eingesetzt.*

Hainbuche

Holzbeschreibung: *Splint- und Kernholz unterscheiden sich bei der Hainbuche nicht. Es ist entweder von grauweißer oder von gelblich weißer Farbe. Das Holz ist feinporig, die Textur unauffällig.*
Eigenschaften: *Hainbuchenholz ist schwer und besonders hart. Es ist fest, elastisch und lässt sich nur schwer spalten. Es ist leicht zu bearbeiten, eignet sich auch zum Drechseln. Die Oberfläche lässt sich gut behandeln, ebenfalls beizen und polieren. Leider ist das Holz aber nicht sehr witterungsbeständig.*
Verwendungen: *Aufgrund der krummen Stammformen ist die Nutzung von Hainbuchenholz sehr eingeschränkt. Es eignet sich aber hervorragend für alle Bereiche, in denen das Holz große Beanspruchungen auszuhalten hat, wie z. B. bei Werkzeugen und Maschinenteilen oder Fußböden in Werkhallen.*

Erle

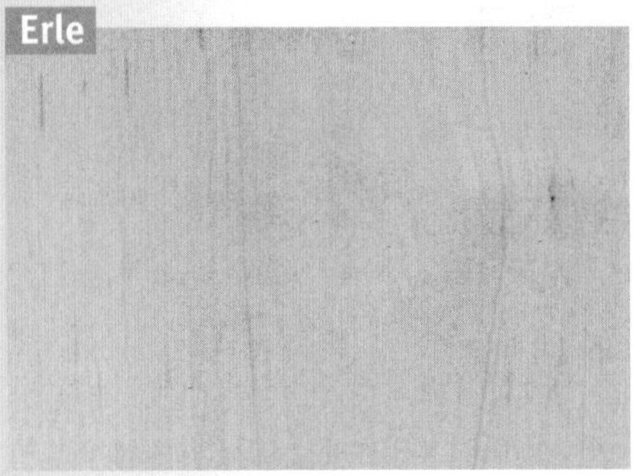

Man unterscheidet zwischen der Schwarz- oder Roterle und der Weiß- oder Grauerle. Das Nutzholz gewinnt man hauptsächlich von der Schwarzerle.
Holzbeschreibung: *Das Splint- und Kernholz der Erle sind farblich gleich. Die Färbung des Holzes geht von rötlich weiß über rötlich gelb bis rötlich braun. Erlenholz ist feinporig, und dabei sehr zart und geradlinig strukturiert.*
Eigenschaften: *Das mittelschwere und weiche Holz ist weder sehr fest noch elastisch. Es bearbeitet sich leicht, neigt beim Nageln aber manchmal zum Splittern. Die Oberfläche lässt sich gut behandeln. Nicht sehr witterungsfest, aber für den Unterwassereinsatz geeignet.*
Verwendungen: *Sehr beliebt zur Herstellung von Möbeln und Uhrengehäusen, oft als Nussbaum-, Kirschbaum- oder Mahagoni-Imitat eingesetzt.*

Linde

In Deutschland wachsen Sommer- und Winterlinde. Die so genannte holländische Linde ist eine Kreuzung dieser beiden Arten. Das Holz der verschiedenen Arten weist kaum Unterschiede auf.
Holzbeschreibung: *Splint- und Kernholz besitzen den gleichen Farbton. Das Holz hat eine gelblich weiße Färbung, oft auch hellbraun oder rötlich. Das feinporige Holz hat keine deutliche Zeichnung.*
Eigenschaften: *Das mittelschwere und weiche Lindenholz hat keine guten Festigkeits- und Elastizitätseigenschaften. Es lässt sich gut bearbeiten, eignet sich auch zum Schnitzen und Drechseln. Die Oberflächenbehandlung gelingt gut, Linde ist aber nicht witterungsbeständig.*
Verwendungen: *Lindenholz wird vorzugsweise als Bildhauer-, Schnitz- und Drechselholz verwendet. Es eignet sich sehr gut für Verzierungsarbeiten.*

Rosskastanie

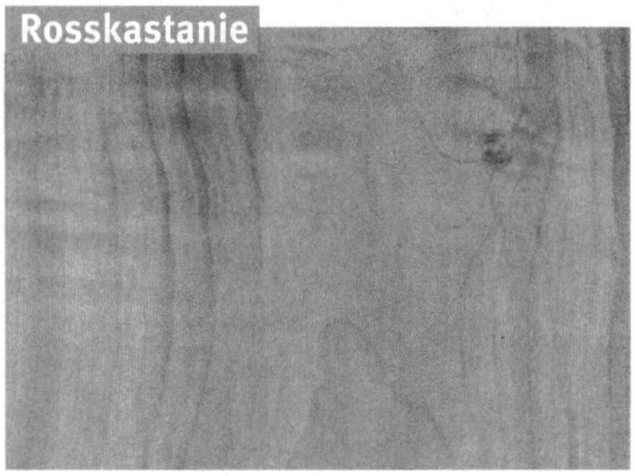

Die Rosskastanie ist nicht zu verwechseln mit der Edelkastanie. Das Holz der beiden Arten ist sehr unterschiedlich.
Holzbeschreibung: *Splint- und Kernholz unterscheiden sich nicht sehr stark. Der Farbton ist gelblich weiß bis schwach rötlich oder bräunlich. Das Holz ist feinporig und feinfaserig. Die Zeichnung ist eher unauffällig und zeigt eine drehwuchstypische Struktur.*
Eigenschaften: *Das mittelschwere und ziemlich weiche Holz besitzt nur wenig Festigkeit und Elastizität. Werkzeuge müssen beim Bearbeiten gut geschärft sein. Die Oberflächenbehandlung ist problemlos. Nicht witterungsbeständig.*
Verwendungen: *Aufgrund des Drehwuchses weist das Holz sehr häufig Fehler auf. Daher wird Rosskastanie meist für Verpackungen sowie für Span- und Faserplatten verwendet.*

Birke

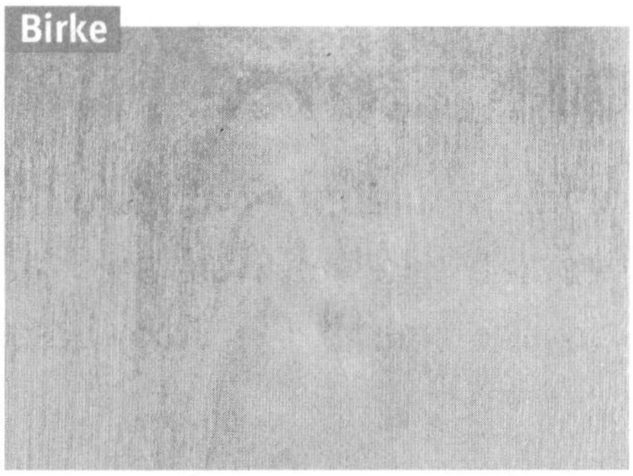

In Deutschland wachsen die Sandbirke und die Moorbirke, deren Holz aber nahezu identisch ist.
Holzbeschreibung: *Splint- und Kernholz sind von gleicher Farbe. Es ist mal gelblich weiß, mal rötlich weiß bis hellbraun. Birkenholz ist fein- bis mittelgrobporig und hat einen seidigen Glanz.*
Der Faserverlauf ist oft wellenförmig und kann, obwohl er nicht stark hervortritt, sehr dekorativ wirken.
Eigenschaften: *Das Holz der Birke ist mittelschwer, aber nicht sehr hart. Es ist fest, elastisch und bearbeitet sich leicht. Oberflächenbehandlung, Polieren und Beizen gelingt problemlos.*
Verwendungen: *Beim Innenausbau und Möbelbau wird Birke sowohl massiv als auch in Furnierform verarbeitet. Die dekorative Oberfläche eignet sich auch als Edelholzimitat für Stilmöbel.*

Pappel

Man unterscheidet bei den Pappeln zwischen Aspe (auch Zitterpappel oder Espe genannt), der Weiß- oder Siberpappel und der Schwarzpappel.
Holzbeschreibung: *Das Splint- und Kernholz der Aspe ist gleichmäßig gefärbt. Der Ton reicht von weißgrau bis weißgelb. Weiß- und Schwarzpappeln dagegen haben weißliches Splintholz und rötlich braunes Kernholz. Die Zeichnung des feinporigen Holzes ist unauffällig.*
Eigenschaften: *Pappel ist leicht bis mittelschwer und weich, aber sehr resistent gegen Abnutzung. Bearbeitung und Oberflächenbehandlung sind problemlos, es lässt sich aber nicht gut polieren und ist auch nicht witterungsbeständig.*
Verwendungen: *Einsatz für die Herstellung von Zündhölzern, Schuhen, Prothesen, Sauna-Ausstattung und Paletten. Auch Verwendung als Schnitzholz.*

Weide

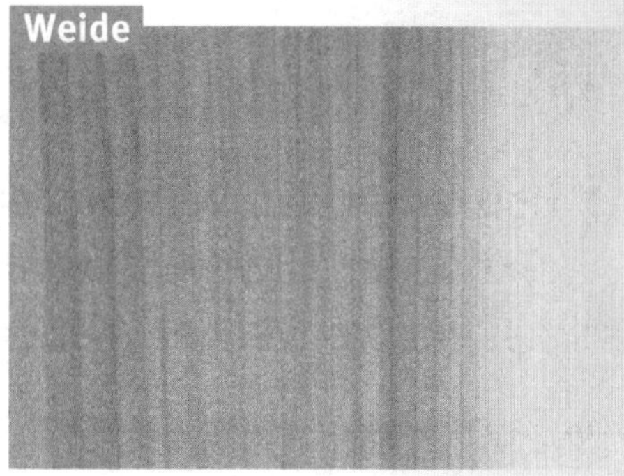

Die Silber- oder Weißweide hat mehrere Unterarten wie z. B. Dotterweide, Bruchweide und Salweide.
Holzbeschreibung: *Splint- und Kernholz der Weide unterscheiden sich in der Farbe deutlich. Das Splintholz ist gelblich bis weiß, das Kernholz hellbraun bis rötlich braun. Das feinporige Holz ist zart gestreift bzw. gefladert.*
Eigenschaften: *Weidenholz ist mittelschwer und sehr weich. Es ist weder besonders fest noch elastisch. Beim Bearbeiten kann es leicht ausfasern. Die Oberfläche lässt sich aber gut behandeln, nur Polieren ist problematisch. Keine Witterungsbeständigkeit.*
Verwendungen: *Die Verwendungsgebiete der Weide ähneln denen der Pappel, allerdings wird die Weide als Strauch stärker genutzt, da man von ihr Flechten für die Herstellung von Körben gewinnt.*

Nussbaum

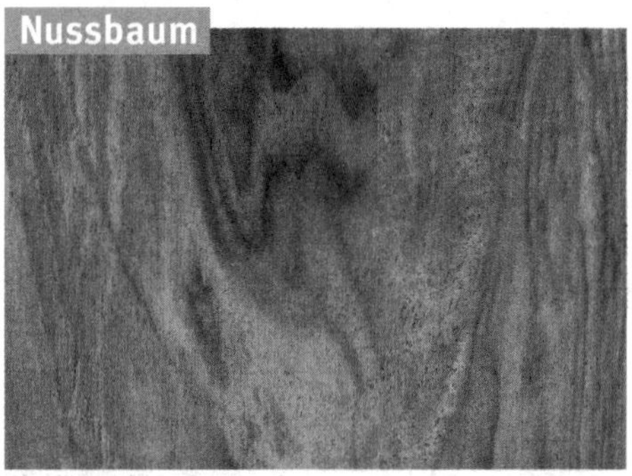

Holzbeschreibung: *Splint- und Kernholz unterscheiden sich deutlich. Während das Splintholz eine grauweiße bis rötlich weiße Färbung aufweist, reicht der Farbton des Kernholzes von hellgrau über mausgrau bis dunkelbraun oder violett. Farbstreifen und eine wolkige Zeichnung sind keine Seltenheit. Die Jahresringe bilden dekorative Fladern bzw. Streifen.*
Eigenschaften: *Das mittelschwere bis schwere Holz ist äußerst fest und lässt sich sehr gut biegen. Es bearbeitet sich gut und ist besonders geeignet zum Profilieren, Drechseln und Schnitzen. Die Oberfläche kann man gut behandeln. Nicht sehr witterungsbeständig.*
Verwendungen: *Nussbaum ist ein sehr beliebtes Ausstattungsholz. Es kommt beim Möbelbau sowohl als Massivholz als auch als Furnier zum Einsatz. Auch Verwendung für Musikinstrumente.*

Kirschbaum

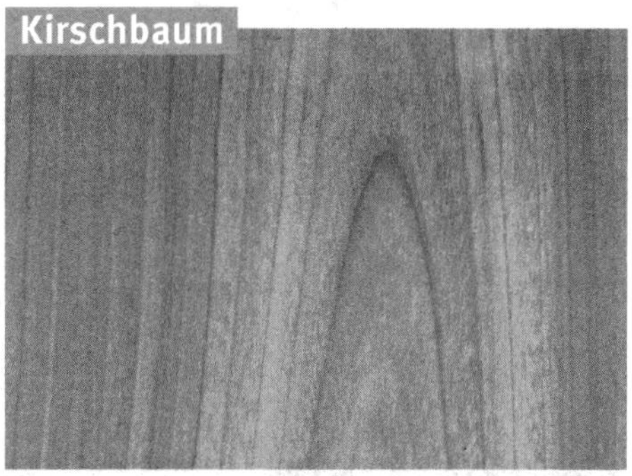

Man unterscheidet zwischen der wildwachsenden Kirsche und der Vogelkirsche des Waldes. Hinzu kommen viele weitere Süßkirschenarten.
Holzbeschreibung: *Splint- und Kernholz unterscheiden sich. Der Splint besitzt eine gelblich bis rötlich weiße Färbung; das Kernholz ist, vor allem nach Lichteinfluss, deutlich dunkler. Der Ton ist gelblich bis rötlich braun oder hellgoldbraun. Das feinporige Holz besitzt eine zarte, äußerst dekorative Zeichnung.*
Eigenschaften: *Das mittelschwere Holz ist fest und elastisch. Es lässt sich gut bearbeiten und biegen. Die Oberfläche ist gut zu behandeln. Das Holz ist aber nicht witterungsbeständig.*
Verwendungen: *Das edle Ausstattungsholz kommt beim anspruchsvollen Innenausbau, z. B. Repräsentationsräumen und im Kunstgewerbe zum Einsatz.*

Elsbeere

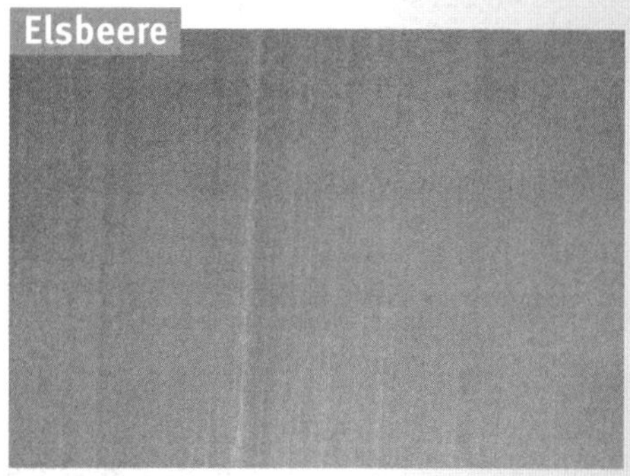

Holzbeschreibung: *Splint- und Kernholz unterscheiden sich bei der Elsbeere nicht. Der Farbton reicht von gelblich weiß bis rötlich braun. Das feinporige Holz besitzt eine unauffällige Zeichnung. Aufgrund seiner Ebenmäßigkeit ist das Holz jedoch sehr dekorativ.*
Eigenschaften: *Elsbeere ist schwer und hart. Das Holz ist sehr fest und elastisch. Mit gut geschärften Werkzeugen lässt es sich sauber bearbeiten. Die Oberfläche lässt sich gut behandeln. Elsbeere ist leider nicht sehr langlebig.*
Verwendungen: *Elsbeere ist ein sehr gefragtes Holz, wenn es um den anspruchsvollen Innenausbau geht. Auch im Musikinstrumentebau kommt es häufig zum Einsatz, zum Beispiel bei der Klavier- und Cembalomechanik, Orgelpfeifen oder Blockflöten. Es ist auch für Schnitz- und Drechselarbeiten geeignet.*

Schnittholz und Holzwerkstoffe

Holz ist in den verschiedensten Abmessungen, Zuschnitten und Qualitäten erhältlich. Schon im Sägewerk werden die entscheidenden Weichen gesetzt, wie das Holz anschließend verwendet werden soll. Machen Sie sich ein Bild von der Vielfalt des Angebots

Die Herstellung von Schnittholz beginnt mit dem so genannten Holzeinschlag, also mit dem Fällen der Bäume. Die Fällarbeit wird vorzugsweise im Winter erledigt, weil das Holz aufgrund des niedrigen Saftstandes der Bäume zu dieser Jahreszeit am leichtesten ist. Der Holzeinschlag erfolgt in deutschen Wäldern nach einem genauen Plan. Reife Stämme werden gefällt, sodass umgebende jüngere Bäume mehr Raum zum Wachsen haben. Die Arbeit wird heute durch Motorsägen und moderne Holzerntemaschinen enorm erleichtert. Ein so genannter Harvester kann Stämme in einem Arbeitsgang fällen, entasten und zerteilen.

Aus dem Wald gelangen die zerteilten Stämme direkt ins Sägewerk. Hier werden die Baumstämme in der Regel entlang der Längsachse zersägt. Die am häufigsten angewandte Technik ist der so genannte Sehnen- oder Fladerschnitt, bei dem der Stamm einfach in gleich breite Streifen zerteilt wird. Bei dieser Schnittmethode fällt am wenigsten Abfallholz an. Ein Nachteil ist jedoch, dass sich das Holz der Randbereiche aufgrund der geschwungenen Jahresringe leicht verzieht. Eine weitere Technik, die man vor allem bei Edelhölzern einsetzt, ist der Radial- oder Spiegelschnitt. Ziel dieser Methode ist es, möglichst viele Bretter mit parallel verlaufenden Jahresringen zu gewinnen, die sich beim Trocknen nicht so leicht verziehen. Allerdings fällt beim Radialschnitt auch deutlich mehr Abfallholz an.

Nach der Sägearbeit muss das Holz trocknen. Hierzu wird es im Freien gelagert, und zwar so, dass zwischen den einzelnen Stücken Luft zirkulieren kann. Für Hartholz muss man etwa ein Jahr Lagerzeit pro 25 mm Materialstärke einplanen, bei Nadelholz reicht dagegen schon die Hälfte der Zeit.

Die Weiterverarbeitung des Holzes kann in sehr unterschiedlicher Weise erfolgen, je nachdem, für welchen Zweck es eingesetzt wer-

Die Zeiten von Äxten und Handsägen sind beim Holzeinschlag schon lange passé. Heute kommt beim Fällen der Bäume meist die Motorsäge zum Einsatz

Die zerteilten Stämme lagern im Wald. In dieser Zeit verlieren sie schon einen Teil ihrer Feuchtigkeit und somit auch Gewicht, was den Transport erleichtert

TIPP HOLZSCHNITT

Beim Sehnen- oder Fladerschnitt wird der Baumstamm parallel zerteilt

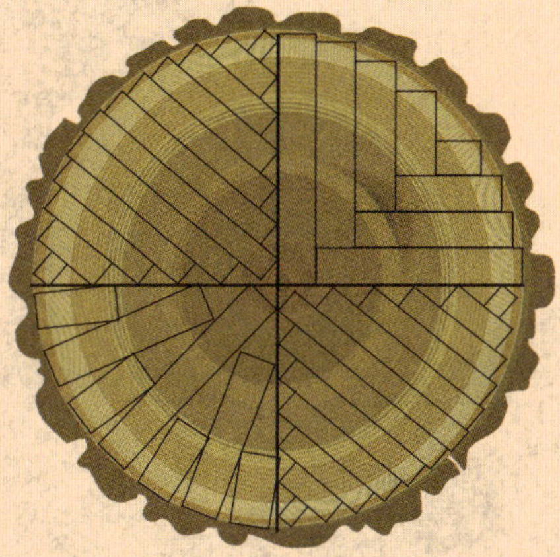

Die Techniken des Radial- oder Spiegelschnitts erzeugen viel Abfallholz

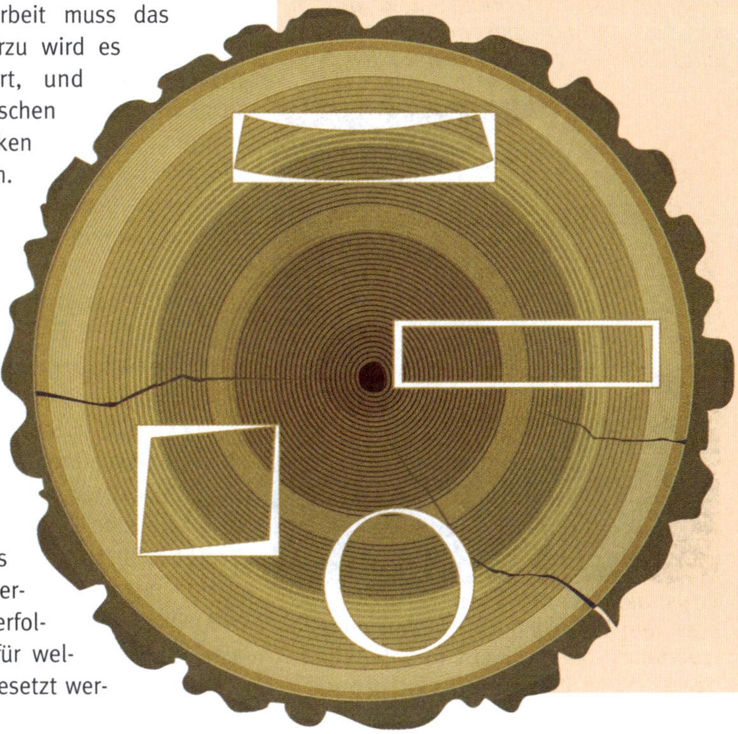

Die zwei am häufigsten angewandten Schnitttechniken beim Zersägen von Stämmen sind der Sehnen- oder Fladerschnitt und der Radial- oder Spiegelschnitt, die beide mit Vor- und Nachteilen verbunden sind. Der Sehnenschnitt ist sehr unkompliziert und produziert sehr wenig Abfallholz. Allerdings erhält man mit dieser Schnitttechnik nur sehr wenige Holzstücke mit parallel verlaufenden Jahresringen. Die linke Zeichnung zeigt, wie verschiedene Stücke des Stammes während der Trocknungszeit schwinden. Da der Schwund in Richtung der Jahresringe etwa doppelt so hoch ist wie in Richtung der Markstrahlen, verwirft sich das Holz beim Sehnenschnitt in den Randzonen leicht. Die Technik des Radialschnitts versucht genau das zu vermeiden, allerdings auf Kosten einer hohen Menge von anfallendem Abfallholz.

Holzindustrie

Nachdem das geschnittene Holz an der Außenluft trocknen konnte, wird es transportgerecht verpackt, damit es von der Industrie weiterverarbeitet werden kann

Das sägeraue Bauschnittholz darf auch hin und wieder Risse aufweisen. Die Stabilität wird dadurch in keiner Weise beeinträchtigt, es stört nur die Optik

Bohlen müssen als Belag für Gerüste oder Brücken hohe Belastungen aushalten. Sie sind aus diesem Grund erst ab einer Stärke von 40 mm erhältlich

Latten werden oft für Unterkonstruktionen – beispielsweise bei Fassadenverkleidungen oder im Dachausbau – eingesetzt. Sie sind maximal 40 mm dick

Konstruktionsvollholz muss im Gegensatz zum Bauschnittholz eine schöne Oberfläche haben. Es ist gehobelt und gefast, Risse dürfen nicht vorkommen

den soll. So wird ein Großteil des gewonnenen Nadelholzes zu so genanntem Bauschnittholz verarbeitet. Fichte, Tanne, Kiefer, Lärche und Douglasie sind die Hölzer, die hier in der Regel zum Einsatz kommen. Im Sägewerk werden die Stämme in unterschiedlich starke und breite Stücke zersägt. Der Fachhandel unterteilt das Bauschnittholz abhängig von den Querschnittabmessungen in Latten, Bretter, Bohlen und Kanthölzer.

Während Kanthölzer vor allem als Stützen, Träger, Balken, Pfetten oder Sparren verwendet werden, nutzt man Bohlen für Flächen, die starken Belastungen ausgesetzt werden, wie es z. B. bei Balkonen, Terassen oder Brücken der Fall ist. Bretter lassen sich unter anderem gut als Terassendeck oder aussteifende Dachschalung einsetzen. Latten dienen dagegen beispielsweise als Dacheindeckung oder Fassadenverkleidung. Typisch für Bauschnittholz ist seine sägeraue Oberfläche. Sichtseiten werden jedoch oft nachträglich gehobelt und angefast. Laut Bestimmung darf die Holzfeuchte bei Bauschnittholz keinesfalls mehr als 20 % betragen.

Für anspruchsvollere Arbeiten, bei denen die Optik des Holzes mehr ins Gewicht fällt, bietet der Handel so genanntes Konstruktionsvollholz an. Es handelt sich hierbei um Bauschnittholz, das jedoch sorgfältiger ausgewählt wird. Qualitätsmängel wie Risse oder unschöne Äste dürfen bei Konstruktionsvollholz nicht vorkommen. Die Holzfeuchte beträgt 30 plus/minus 3 %. Die sägeraue Oberfläche wird gehobelt und gefast. In Längsrichtung werden die Hölzer manchmal in Keilzinkung verleimt. Der Handel bietet Konstruktionsvollhölzer in Stärken von 60 bis 120 mm und in Breiten von 120 bis 240 mm an.

Kanthölzer lassen sich durch unterschiedliche Querverleimungstechniken zu Duo- bzw. Trio-Balken zusammensetzen. An den Verbindungsstellen erhalten die Hölzer eine Keilzinkung. Kreuzbalken bestehen aus vier Rundholzsegmenten, die mit der Außenseite nach innen verleimt werden, sodass in der Mitte eine Röhre entsteht. Neben den im Querschnitt stets rechteckigen Schnitthölzern finden Sie im Handel aber auch eine Vielzahl von bereits gehobelten Leisten, etwa Hohlkehlleisten, Halbrund- und Rundstäbe, Viertelstäben und Profilleisten.

Leimholz

Im Möbelbau wird heute oft mit so genannten Leimholzplatten gearbeitet. Es handelt sich dabei um Massivholzplatten, die aus einzelnen Brettern oder Lamellen zusammengeleimt worden sind. Leimholz hat gegenüber Massivholz am Stück den Vorteil, dass bei ihm nicht so leicht Verwerfungen auftreten, denn die Platten werden so verleimt, dass sich die Krümmtendenzen der einzelnen Stücke gegenseitig aufheben. Leimholz ist daher, was die Formstabilität angeht, dem Massivholz oft vorzuziehen.

Wer sich für Leimholz entscheidet, muss allerdings in Kauf nehmen, dass die Optik der Oberfläche, je nach Holzart, sehr stark durch die gegeneinander verleimten Elemente bestimmt ist. Das Standardprogramm in Sachen Leimholz umfasst die Holzarten Fichte, Kiefer und Buche. Die Platten sind in der Regel 18, 28 und 38 mm stark, 80 bis 240 mm lang und 20 bis 60 mm breit. Außerdem bietet der Fachhandel fertig zugeschnittene Tischplatten aus Leimholz an.

Furniere

Als Furniere bezeichnet man dünne Holzschichten, die mit einem Träger verleimt sind. Solche Träger bestehen heute meist aus Spanplatte. Im Handel finden Sie rundum furnierte Spanplatten in vielen Standardgrößen vor. Wenn Sie diese Platten selbst noch nach vorgegebenen Maßen zuschneiden müssen, entstehen Schnittkanten, die den Spanplattenkern sichtbar machen. Für solche Fälle bietet der Handel Furnierstreifen an, die sich auf die Schnittkanten aufbügeln lassen.

Es gibt verschiedene Techniken, mithilfe derer sich Furniere herstellen lassen. Bei der Schältechnik etwa dreht sich ein Baumstamm um die eigene Achse, wobei man eine dünne Furnierschicht abschneidet, als würde man eine Rolle Stoff auseinander legen. Da dieses Furnier nicht die typische Massivholzzeichnung aufweist, wird es meist als Sperrholz verwendet. Optisch ansprechende Furniere werden dagegen mit der Messertechnik angefertigt, bei der von einem halbierten Stamm 0,6 mm dünne Scheiben abgeschnitten werden. Das Aufpressen von Furnieren auf Platten ist bei großen Teilen nur industriell zu leisten.

Leimholzplatten aus schmalen Lamellen sind überdurchschnittlich formstabil. Die Oberflächenoptik wird allerdings durch die Verleimungskanten stark dominiert

Eine Baumstammhälfte liegt für den Messerschnitt bereit. Mit dieser Technik lassen sich Furniere mit einer massivholzgleichen Oberfläche herstellen

Hier werden die Baumstämme von außen geglättet, sodass sie sich problemlos in die Schäl- oder Messerschneidemaschine einspannen lassen

Das Maserungsbild und die Oberflächenbeschaffenheit der Furniere werden kontrolliert. Je nach Qualität wird es einer bestimmten Güteklassen zugeteilt

Die Furnierblätter werden nun gelagert, bis sie von der weiterverarbeitenden Industrie beispielsweise zur Spanplattenbeschichtung verwendet werden

Leimholz

Massiv, aber ziemlich formstabil. Miteinander verleimte Lamellen bilden eine Leimholzplatte, die nur noch bei sehr großen Flächen zu Verwerfungen neigt

Multiplex

Multiplex besteht aus übereinander verleimten Buchensperrhölzern. Der Faserverlauf einer Schicht liegt immer senkrecht über dem der darunter liegenden

Hartfaser

Hartfaserplatten sind extrem dünn. Sie werden unter sehr starkem Druck gepresst und sind deshalb äußerst stabil. Verwendung z. B. als Schubladenböden

Tischlerplatte

Die Tischlerplatte besteht aus drei Lagen. Zwei Sperrholzfurniere umschließen hier eine breitere Schicht aus quer verleimten Leisten oder Stäben

Spanplatte

Abfallspäne aus dem Sägewerk werden oft zu Spanplatte verarbeitet. In beschichteter Form kommt sie bei Möbeln, vor allem in der Küche, zum Einsatz

MDF

Die MDF (mitteldichte Faserplatte) überzeugt nicht nur durch Formstabilität, sondern auch durch ihre glatte Oberfläche und die sauberen Schnittkanten

Sperrholz

Sperrholz gibt es in verschiedenen Stärken. Es besteht aus quer übereinander verleimten Furnierstreifen. Sperrholz ist auch bei geringer Stärke sehr formstabil

OSB

OSB steht für Oriented Strand Board, was soviel wie Platte mit ausgerichteten Flachspänen bedeutet. Die Platten werden gerne als Bodenbelag eingesetzt

Weichfaser

Es gibt für den Schall- und Wärmeschutz auch Holzfaserplatten mit einer weichen Struktur. Hierfür werden die Fasern nicht verleimt, sondern nur gepresst

Holzwerkstoffe

Als Alternative zu Massivholz bieten sich in vielen Fällen so genannte Holzwerkstoffe an. Vor allem, wenn es um dauerhafte Formstabilität geht, sind Verbundplatten unschlagbar. Zwar ist schon das Leimholz sehr resistent gegen Verwerfungen, noch sicherer arbeiten Sie allerdings mit Platten, die sich aus mehreren Schichten zusammensetzen, deren Faserrichtung immer senkrecht aufeinander geleimt werden. Auf diese Weise gleichen sich Krümmungstendenzen gegeneinander aus.

Noch beliebter, weil komfortabler zu verarbeiten, sind Spanplatten oder die erst seit einigen Jahren erhältliche MDF (mitteldichte Faserplatte). Das zerfaserte und mit einer Leimmischung zusammengepresste Holz ist an Formstabilität nicht zu übertreffen. MDF lässt sich darüber hinaus auch noch ganz sauber schneiden, man kann die Platten sogar fräsen und die Oberfläche ist so glatt, dass man sie lackieren kann.

Beim Holzeinkauf auf Form- und Dimensionsfehler achten

Alle Arten von Schnittholz durchlaufen auf dem Weg vom Sägewerk bis in den Handel mehrere Qualitätskontrollen. Darauf, dass Sie bei Ihrem Händler nur einwandfreies Holz erhalten, sollten Sie sich aber besser nicht verlassen. Hier gilt: Vertrauen ist gut, Kontrolle ist besser.

Besonders häufig treten bei Schnittholz Form- und Dimensionsfehler auf. Formfehler können mit der Beschaffenheit des Baumstamms zu tun haben. Ein Baum, der am Rand eines Waldgebietes steht und sich seitlich nach der Sonne orientiert, entwickelt leicht einen so genannten Drehwuchs, der das Holz unbrauchbar macht, weil es sich zu stark spiralenförmig verzieht. Andere Krümmungen entstehen während des Trocknungsprozesses, da Holz, vor allem wenn es aus den Randbereichen eines Stammes geschnitten ist, meist ungleichmäßig schwindet. Verkrümmungen von Latten können aber auch durch falsche Lagerung beim Händler entstehen. Stehen Latten oder Leisten nämlich zu lange senkrecht, tritt der so genannte Hockeyschläger-Effekt ein. Das Holz krümmt sich an der unteren Seite. Leimholzplatten gelten als stabil und relativ resistent gegen Verziehun-

Holzkontrolle

Eine waagerechte Lagerung der Holzleisten ist grundsätzlich vorteilhaft. Dennoch kann es im Laufe des Trocknungsprozesses zu leichten Verziehungen kommen

Einige Bäume neigen standortsbedingt zu Drehwuchs, was sich negativ auf das Schnittholz auswirkt. Dieses Brett hat sich an einem Ende stark angehoben

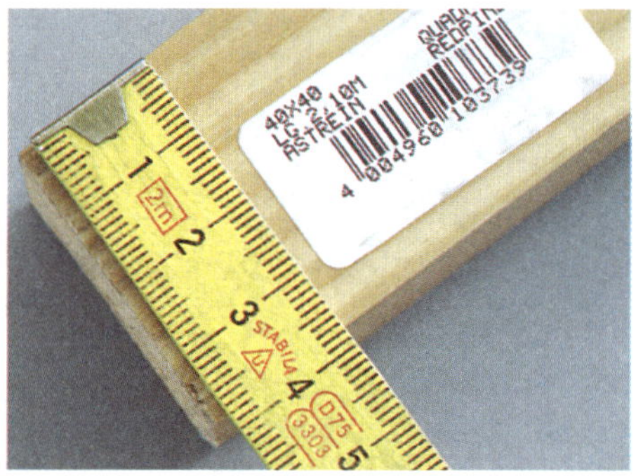

Es lohnt sich zu kontrollieren, ob die auf den Etiketten angegebenen Maße auch eingehalten werden. Hier liegt mit 38 statt 40 mm eine starke Abweichung vor

Dunkle Äste stören nicht nur bei zu häufigem Auftreten die Optik der Holzoberfläche, oft schrumpfen die Äste auch, brechen heraus und hinterlassen Löcher

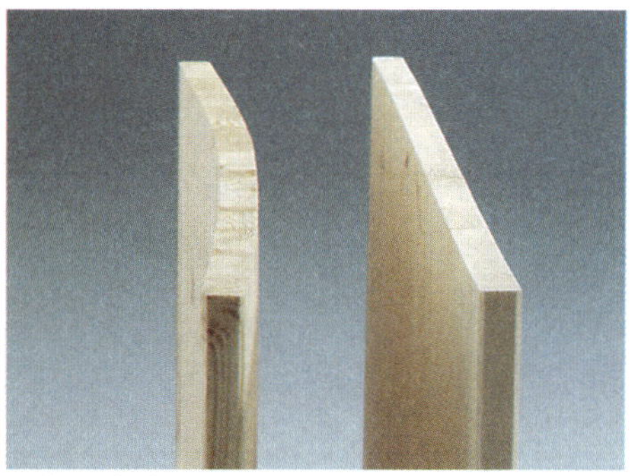

Schnittholz, das aus dem Randbereich eines Faserschnittes stammt, bildet oft Schüsseln. Doch auch Leimholz verzieht sich zuweilen auf diese Weise

Die Bedeutung von Mängeln

Fehler	Leisten	Latten gehobelt	Latten sägerau	Leimholz	Konstruktionshölzer	Leimbinder
Verformungen						
Krümmung	xx	xx	xx	xx	xxx	xxx
Drehwüchsigkeit	xx	xx	xx		xxx	
Schüsselung	xx			xx		
Strukturfehler						
(Lose) Äste	xx	xx	xx	x	xx/xxx*	x
Harzgallen	xx	xx	x	xx	x	x
Maßabweichungen	xx			xx	xx	xx
Trocknungsrisse	xxx	xxx	xxx		xx/xxx*	
Verleimfehler						
Lücken				xx		xxx
Stücke zu kurz				xx		
Oberfläche						
schlecht gehobelt	xx	xx		xx		xx
Harzflecken	x	x		x		x
Waldkante	xx	xx	x	xx	x	x
Bläue	x	x	x	x	x	x
Schwarzschimmel	xxx	xxx	xxx	xxx	xxx	xxx

xxx nicht verwendbar   xx erschwert die Verwendung   x lediglich optischer Mangel   * je nach Ausmaß

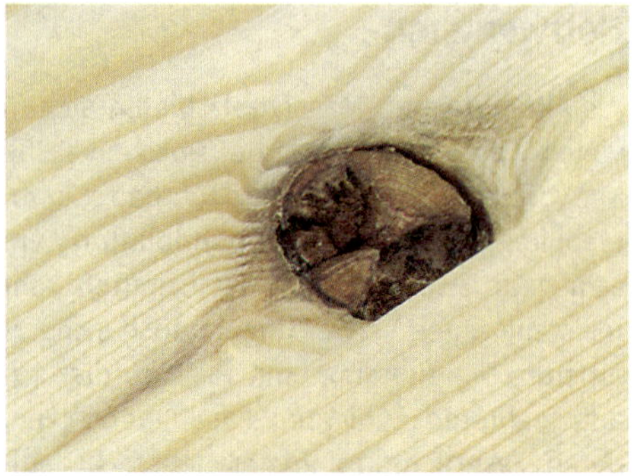

Eine Leimholzplatte, in der solche dunklen und auffälligen Äste auftreten, ist als qualitativ minderwertig einzustufen. Kontrollieren Sie Platten stets beidseitig

Auch austretendes Harz kann Schnittholzoberflächen unschön erscheinen lassen. Diese offene Harzgalle sollte nach Verarbeitung nicht an einer Sichtseite liegen

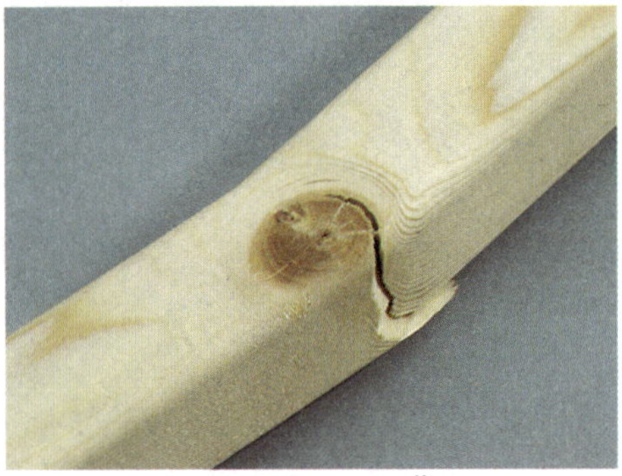

In den Randbereichen von Ästen ist Holz besonders unstabil. Bei sehr schmal geschnittenen Latten wird eine solche Aststelle daher auch leicht zur Bruchstelle

Eine auffällige Aststelle, wie sie hier zu sehen ist, die darüber hinaus schon leicht herausbricht, sollte eigentlich die Qualitätskontrolle nicht überstehen

Angesägte Äste in Randbereichen brechen leicht heraus. Diese Abschlussleiste muss um einige Zentimeter gekürzt werden, um sie noch verwenden zu können

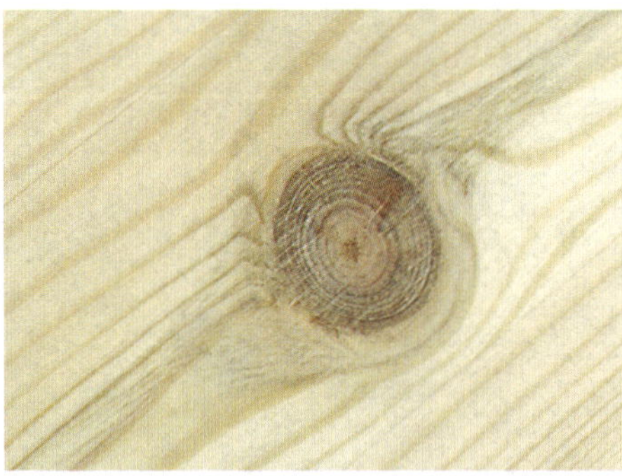

Ein solcher Ast stellt keinen Qualitätsmangel dar. Er ist hell, unauffällig und sitzt fest im Holz. Diese Äste unterstreichen die natürliche Optik von Nadelholz

gen. Seien Sie aber auch hier vorsichtig. Platten, deren Lamellen ungünstig angeordnet wurden, können auch eine Schüsselung aufweisen. Außerdem sollten Sie kontrollieren, ob die Platte auch gut verleimt wurde.

Dimensionsfehler haben ihren Ursprung meist nicht in der Holzschwindung, sondern in der fehlerhaften Umrechnung von den im Holzschnitt oft verwendeten englischen Maßen in die deutsche Millimetereinteilung. Oft lässt sich eine kleine Abweichung tolerieren. Wenn es aber darauf ankommt, dass alles millimetergenau stimmt, sollten Sie die einzelnen Teile vor dem Kauf lieber mit dem Zollstock nachmessen.

Äste, Harz und Risse können Ihnen zum Verhängnis werden

Zur natürlichen Struktur von Holz gehören auch Äste. Dominieren Sie die Oberfläche aber zu stark, sieht das nicht nur unschön aus, sondern kann ein echter Qualitätsmangel sein. Besonders ärgerlich ist es, wenn Sie einen losen Ast erst bemerken, wenn das Holz schon verarbeitet ist. Unter Umständen fällt der Ast heraus, und Sie haben plötzlich ein Loch in der Tischplatte. Wenn Äste bei dünnen Latten über einen Großteil des Querschnitts reichen, kann auch leicht eine Bruchstelle entstehen. Teile von Ästen im Randbereich von Leisten brechen ebenfalls leicht heraus und machen das Holz unbrauchbar. Nicht zuletzt sind Äste aber oft ein optisches Ärgernis. Wenn Sie eine Leimholzplatte kaufen, kann diese von der einen Seite recht ansehnlich sein. Bevor Sie sie auf den Wagen packen, schauen Sie sich aber auch die Rückseite an. Hier verbergen sich oft ungeahnte Schönheitsfehler. Seltenere Beeinträchtigungen der Optik sind offene Harzgallen, die besonders die Oberflächenbehandlung des Holzes erschweren, und Markröhren, die sich farblich stark von dem umliegenden Holz abheben. Auch in diesen Fällen sollten Sie von einem Kauf lieber absehen.

Ein weiterer Fehler, der auftritt, ist Bläue, die auf einen Pilz zurückzuführen ist, aber nur die Optik stört. Gravierender sind Trocknungsrisse und die zuweilen auftretende Waldkante, die darauf hinweist, dass im Sägewerk zu stark in den Randbereich des Baumstammes gearbeitet wurde.

Beim Konstruktionsholz-Zuschnitt entstehen auch immer Hölzer, die schon in den Randbereich des Stammes ragen. Oft ist hier eine Waldkante erkennbar

Während des Trocknungsprozesses kann es immer wieder geschehen, das Holz reißt. Deswegen muss auch nach dem Trocknen die Qualität geprüft werden

Das sollte eigentlich nicht vorkommen: Diese Leimholzplatte enthält eine Lücke. Der Leim wurde zwischen den Lamellen nicht flächendeckend aufgetragen

Kein wirklicher Mangel, aber doch ein kleiner Schönheitsfehler ist die bei manchen Hölzern auftretende Bläue. Schuld ist ein harmloser Schimmelpilz

Das zentrale Kernholz ist prinzipiell das hochwertigste, weil es sich nicht so leicht verzieht. Eine Markröhre an der Oberfläche stört jedoch die Optik

Auch an dieser Latte ist eine so genannte Waldkante zu erkennen. Das Holz ist deshalb an dieser Stelle nicht nur angeschrägt, sondern auch sehr dunkel

TIPP KRÜMMUNGEN ERKENNEN

Verkrümmungen von langen Hölzern erkennt man oft erst auf den zweiten Blick. Wenn Sie nicht ganz sicher sind, ob eine Latte wirklich gerade ist, hilft es, wenn Sie das Holzstück der Länge nach anpeilen. Da sich die Perspektive auf diese Weise verkürzt, können Sie Verziehungen leichter ausmachen.
Wollen Sie Platten auf Schüsselbildung oder Drehwüchsigleit prüfen, tun Sie das am besten mithilfe von einer Wasserwaage (manchmal brauchen Sie auch zwei). Stellen Sie eine leichte Krümmung fest, ist das Holz nicht direkt untauglich. Sie sollten es aber bei der Konstruktion so einsetzen, dass Drehungen und Schüsselungen ausgeglichen werden.

Selbst gebaute Werkstatteinrichtung

Eine übersichtlich eingerichtete Werkstatt ist das A und O gut gelingender Eigenbauprojekte. Mit den hier gezeigten Vorschlägen machen Sie die Werkstatt selbst zum Holzbauthema. Schränke, Regale, Werkbank und Rollkasten liefern jede Menge Stauraum

Werkbank mit Koffertür-Oberschränken und Regalen

Die Oberschränke dieser Werkstatteinrichtung besitzen so genannte Koffertüren. So können Sie an den Innenseiten der Türen zusätzlich Werkzeuge anbringen und haben dadurch eine bessere Übersicht.

1 *Türanschlag und Zwingendepot in einem*

4 *Schubladenteiler helfen beim Ordnen*

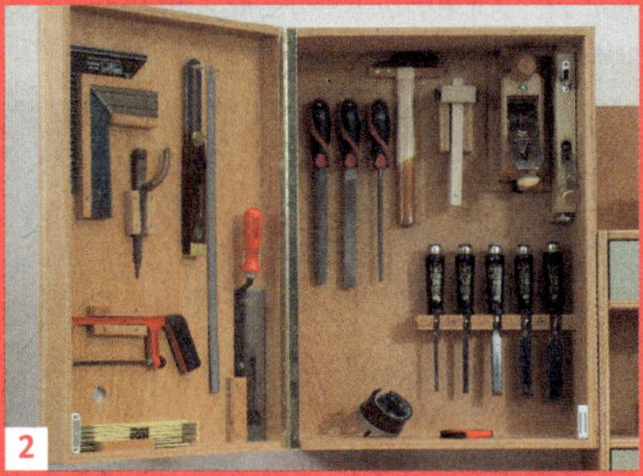

2 *Die Oberschränke besitzen Koffertüren*

5 *Rollkasten mit praktischer Arbeitsplatte*

3 *Schrauben verschwinden im Schwenklager*

6 *Das Werkzeugregal erhält Schubkästen*

Ordnung muss sein

In Schubladen, hinter Türen und in Regalfächern ist alles sorgfältig verstaut. Was immer man braucht, es ist schnell zur Hand. Auch nach Kleinteilen wie Schrauben oder Pinseln muss nun nicht mehr lange gesucht werden.

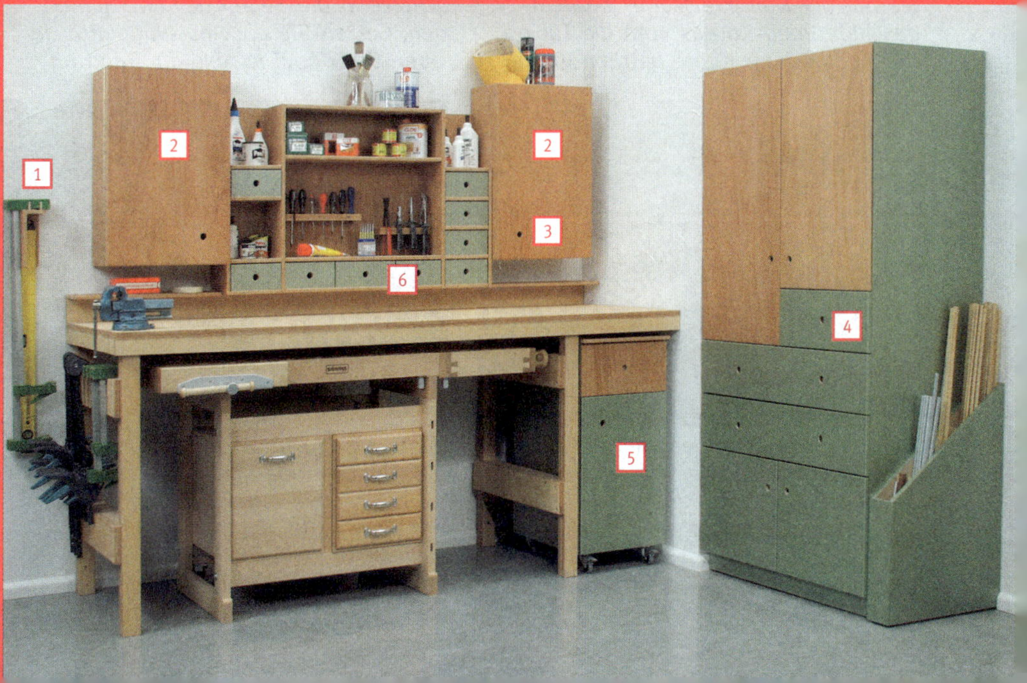

Oberschränke und Regal

1 Hier sehen Sie die Elemente eines Oberschrankkorpus. Die Platten wurden genutet. Die Teile werden mit den Flachdübeln probeweise zusammengesteckt

2 Sitzt alles, können Sie die Teile miteinander verleimen und anschließend mit Zwingen festspannen. Die Rückwand wird zusätzlich von hinten verschraubt

3 Wenn der Leim getrocknet ist, schneiden Sie mit der Handkreissäge von dem geschlossenen Korpus vorn die Tür ab. Der Abstand zur Kante beträgt 50 mm

4 Hier die zwei verschiedenen Möglichkeiten der Scharnierfixierung an den Koffertüren. Einmal wurde das Klavierband außen aufgeschraubt, einmal innen

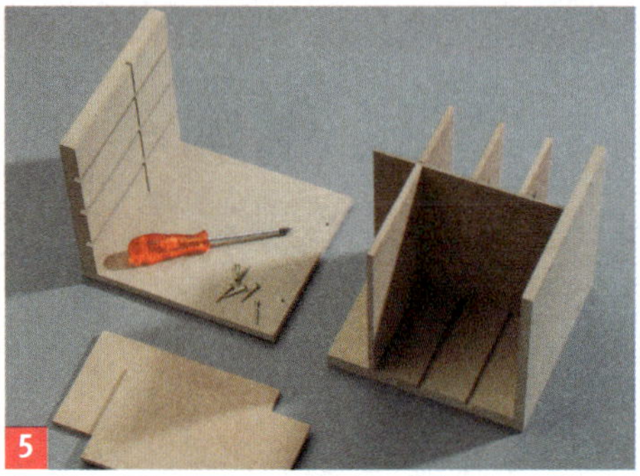

5 Stellen Sie nun den schwenkbaren Kasten für den rechten Oberschrank her. Für die Böden müssen Sie 6-mm-Nuten fräsen, für die Mittelwand reichen 3 mm

6 Damit Sie auch später noch wissen, wie die Positionierung der vier Seitenwände geplant war, legen Sie sie aneinander und setzen ein Schreinerzeichen darauf

7 Als Nächstes setzen Sie die Flachdübelschlitze in die Seiten der Zwischenböden. Setzen Sie die Anschlagplatte der Oberfräse dabei jeweils am Rand an

8 Wenn Sie die Nuten in die Innenseiten der Seitenwände und in die Zwischenwände setzen, arbeiten Sie am besten mit einem 100-mm-Distanzstück

9 Bevor die einzelnen Elemente des Regals zusammengesetzt und verleimt werden, müssen Sie die Sichtkanten mit dem Viertelstabfräser abrunden

10 Mit der Feile können Sie per Hand nacharbeiten, wo gerade Schnittkanten auf eine gerundete Senkrechte treffen. So erhalten Sie eine einheitliche Optik

11 Böden, die für Flachdübelverbindungen zu schmal sind, verschrauben Sie mit den Wänden. Die Schrauben werden von außen gegen die Böden gesetzt

12 Legen Sie das Regalgerüst jetzt auf die Platte, die später die Rückwand bilden soll, und zeichnen Sie mit dem Bleistift die Positionen für die Bohrlöcher an

Um einen solchen Koffertür-Schrank zu bauen, müssen Sie zuerst einen rundum geschlossenen Kasten konstruieren. Verbinden Sie die Seitenwände und die Türplatte mit Flachdübeln, die Rückwand dagegen wird aufgeschraubt. Verleimen und verspannen Sie das Ganze dann. Sobald der Leim trocken ist, können Sie mit der Handkreissäge, die Sie auf einen Abstand von 50 mm einstellen, die Tür abschneiden.

Die Türen werden anschließend mit so genanntem Klavierband – einem über die gesamte Länge der Tür verlaufenden Scharnier – an den Korpus gesetzt. Sie können das Klavierband sowohl außen als auch innen anbringen. Die Außen-Variante kostet Sie wesentlich weniger Zeit und Mühe, das Band bleibt allerdings sichtbar. Wenn der äußere Scharnierbereich jedoch, wie es im gezeigten Beispiel bei der rechten Tür der Fall ist, ohnehin nicht zu sehen ist, weil er direkt an einer Wand liegt, bietet sich die Außenaufbringung an. Bei der linken Tür entschied man sich aber für die elegantere Innen-Variante. Das Klavierband muss dazu in den Korpus eingelassen werden. Mit dem Fräser tragen Sie Streifen in der Stärke des Bandes von der Multiplexplatte ab und setzen das Scharnier dann in diese Vertiefung.

Das Regal besitzt zwei höhere und zwei niedrigere Seitenwände. Versehen Sie sie mit System-32-Löchern. So haben Sie auf einen Schlag alle Löcher für die Bodenträger und können bei Bedarf auch mal die Höhe eines Bordes verändern. Sie können diese System-Lochreihen übrigens auch in die Seitenwände der Oberschränke setzen. Eine Bohrschablone kann hierbei sehr nützlich sein, wie Sie sie bei der Herstellung des Schrankes auf Seite 32 abgebildet sehen. Achten Sie bei allen Schraubverbindungen darauf, dass Sie die Schraubenköpfe leicht in dem Loch versenken.

Für die kleinen Schubkästen brauchen Sie keine Führungen. Sie sind so klein und handlich, dass man Sie problemlos ohne Hilfe herausziehen und hineinschieben kann. Auf eine Stoppvorrichtung wurde verzichtet, damit man auch einmal ein Kästchen ganz herausnehmen und auf die Werkbank stellen kann. Die Konstruktion der Schubfächer ist ganz einfach. Die auf Gehrung geschnittenen Wandplatten werden miteinander verleimt und dann verspannt. Wenn Sie den Schubladenbau noch mehr vereinfachen wollen, können Sie die Rahmenteile auch stumpf aufeinander stoßen lassen. Setzen Sie in diesem Fall Dübel in die Kanten der Seitenwände und verleimen Sie sie mit der Front und Rückseite.

In eine umlaufende Nut wird dann der Boden eingeschoben und festgenagelt. Statt an der Front Griffe zu befestigen, bohren Sie einfach ein mittiges Loch. Ingesamt bauen Sie neun Schubladen, von denen acht gleich groß sind. Für die neunte, etwas größere, brauchen Sie längere Front- und Rückseiten und einen breiteren Boden.

15 *Damit die Gehrungsverbindungen gut halten, spannen Sie Paketband um alle Seiten und bringen zusätzlich in beiden Richtungen ein Zwingenpaar an*

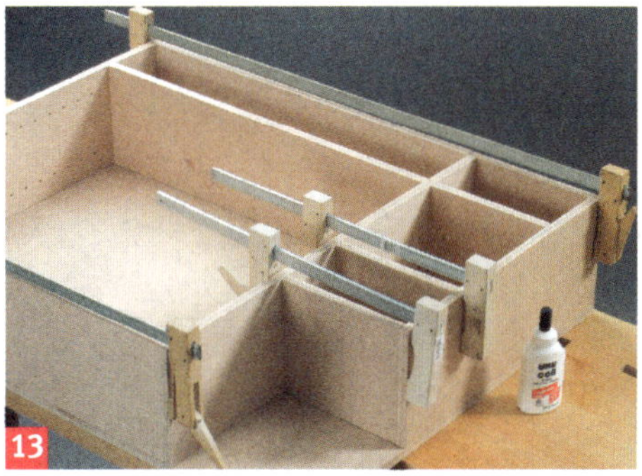

13 *Richten Sie alles genau aus, verleimen Sie die Elemente miteinander und spannen Sie sie fest. Dann können Sie von hinten die Rückwand verschrauben*

16 *Bei der Werkbank verschrauben Sie die hintere Längszarge gegen die Platte, die Front- und Querzargen werden oben aufgesetzt und von unten verschraubt*

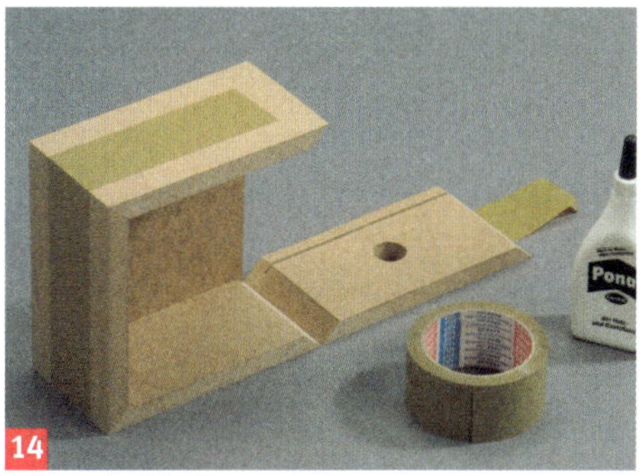

14 *Die Schubladen werden aus MDF gefertigt. Die einzelnen Teile schneiden Sie auf Gehrung. Fräsen Sie dann eine umlaufende Nut für den Boden ein*

17 *Das linke Fußteil endet oben an der Werkbankplatte, wohingegen das rechte an den Eckverbinder stößt, der von unten mit der Platte verschraubt wird*

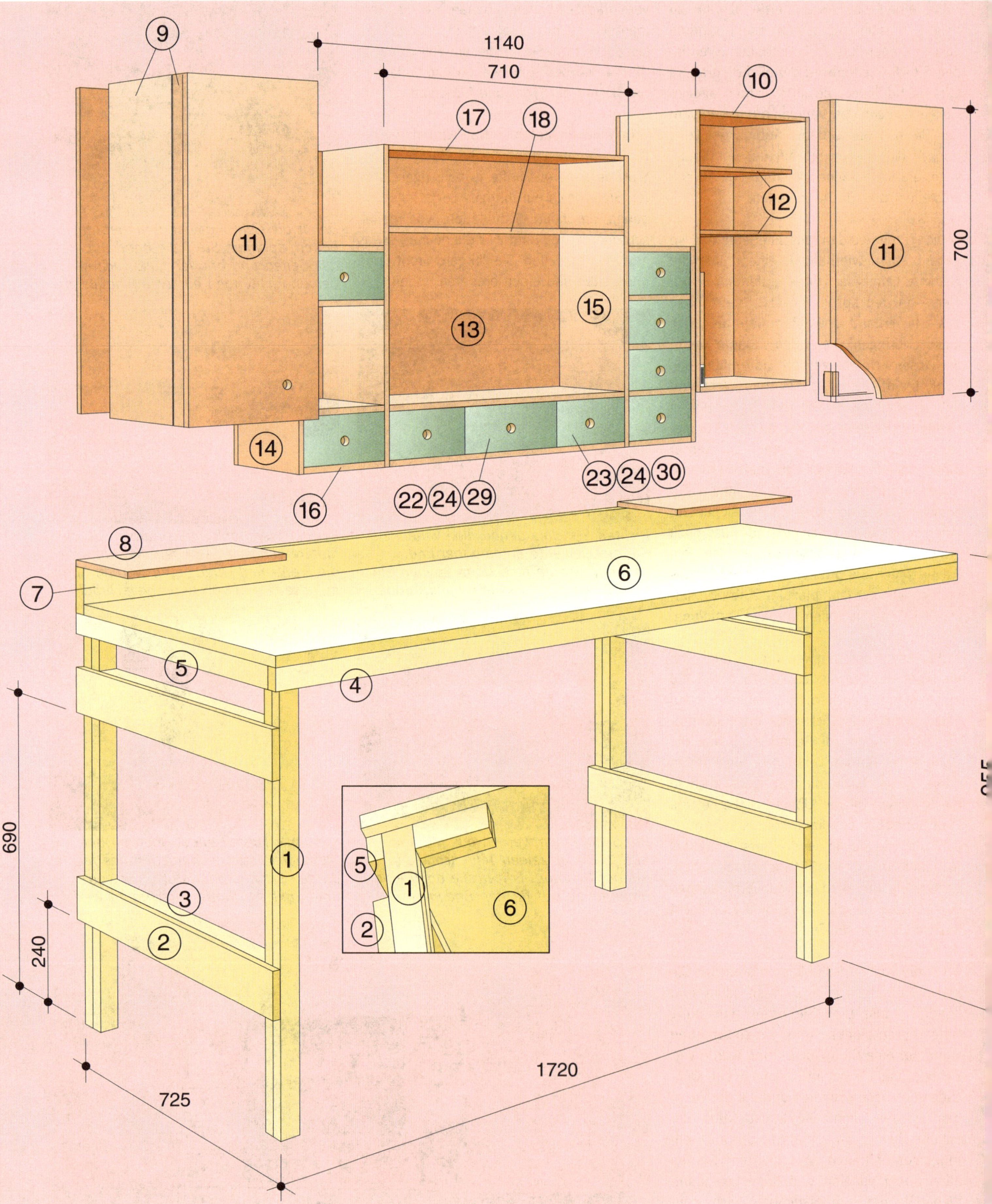

9
1140
710
10
17
18
12
11
11
700
13
15
14
16
22 24 29
23 24 30
8
7
6
5
4
690
1
3
240
2
5
1
2
6
1720
725

Schwenkkasten im Werkbank-Aufsatz

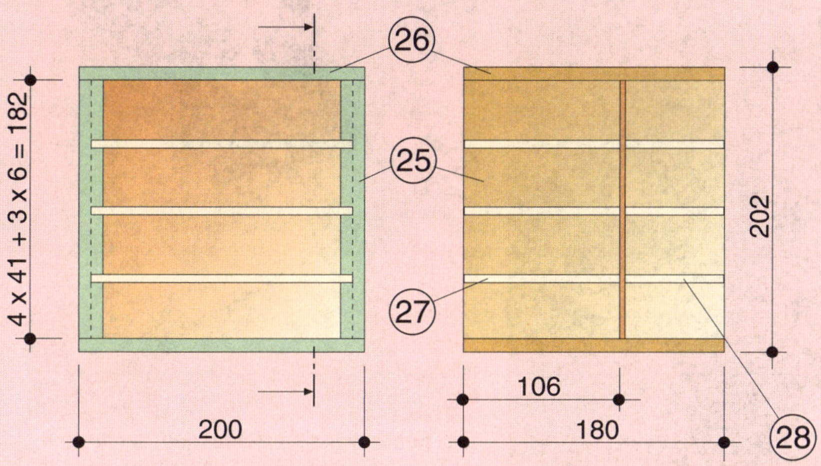

Schubladen

Werkbank-Aufsatz

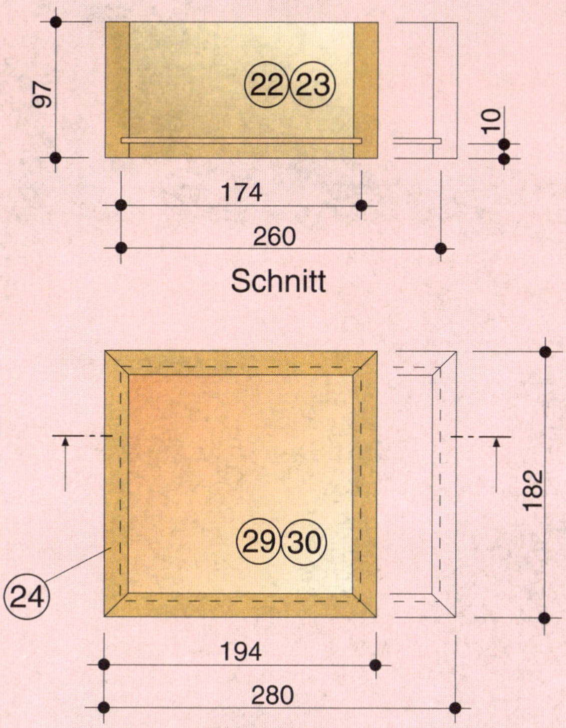

Türanschlag

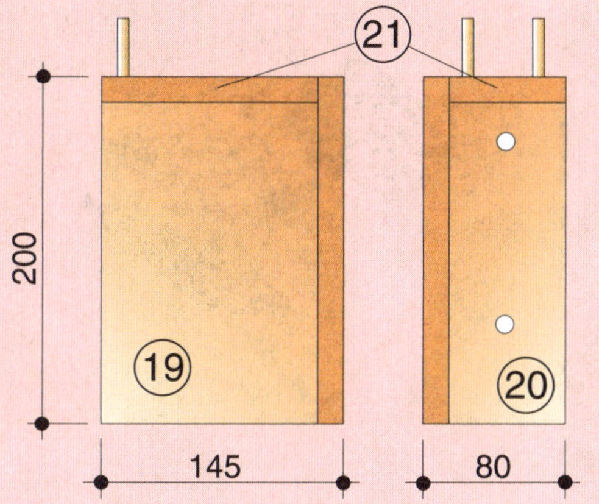

Materialliste

Pos.	Anz.	Bezeichnung	Maße in mm	Material
1	8	*Fußteile**	930 x 60	Multiplex
2	4	*Querzargen*	725 x 100	25 mm dick
3	4	*Aussteifungen*	625 x 60	
4	1	*Längszarge*	2200 x 50	
5	2	*Querzargen*	725 x 50	
6	1	*Arbeitsplatte*	2200 x 725	
7	1	*Längszarge*	2200 x 110	
8	2	*Ablagen*	530 x 160	Multiplex
9	4	*Seiten/Türrahmen*	700 x 220	15 mm dick
10	4	*Böden/Kopfplatte*	420 x 220	
11	4	*Rückwände/Türen*	700 x 450	
12	2	*Einlegeböden*	418 x 160	
13	1	*Rückwand*	1140 x 700	
14	2	*Seitenwände*	475 x 185	
15	2	*Zwischenwände*	700 x 185	
16	9	*Zwischenböden*	200 x 185	

Pos.	Anz.	Bezeichnung	Maße in mm	Material
17	3	*Zwischenböden*	680 x 185	Multiplex
18	1	*Einlegeboden*	678 x 185	15 mm dick
19	1	*Türanschlagteil*	200 x 130	
20	1	*Türanschlagteil*	200 x 80	
21	1	*Türanschlagteil*	130 x 65	
22	2	*Fronten/Rückwände*	280 x 97	MDF
23	16	*Fronten/Rückwände*	194 x 97	16 mm dick
24	18	*Kastenseiten*	182 x 97	
25	2	*Schwenkkastenseit.*	182 x 180	
26	2	*Schwenkkastenbö.*	200 x 180	MDF 10 mm dick
27	3	*Schubladenböden*	503 x 401	
28	3	*Einschubböden*	180 x 106	HDF 6 mm dick
29	3	*Einschubböden*	180 x 70	
30	8	*Kastenböden*	174 x 162	Hartfaser
31	1	*Trennwand*	180 x 180	3,2 mm dick

Sonstiges: aus 25-mm-Multiplex, 50 mm breit: je 4 x 190 und 130 mm lang (Eckverbinder Arbeitsplatte/Fußteile); Stangenscharnier (Klavierband), 32 mm breit (geöffnet): 2 x 695 mm lang (Türen) und 1 x 200 mm lang (Schwenkkasten); 2 Magnetschnäpper; Bodenträger; Distanzstücke für Magnetschnäpper und Schwenkkasten; Spanplatten-Schrauben; Flachdübel; Holzleim.

** = 4 x um Breite der Eckverbinder gekürzt*

Der Rollkasten besitzt eine praktische Arbeitsplatte aus Multiplex. Seinen Stammplatz hat er allerdings unter der Werkbank. Er wird nur bei Bedarf herausgezogen

Die Seitenwände erhalten an der Innenseite Löcher für die Bodenträger. Setzen Sie am besten Lochreihen. Anschließend fräsen Sie die Nuten für die Flachdübel

Die Schublade soll sich auf Rollschubführungen bewegen. Setzen Sie die dazugehörigen Korpusschienen mit Schrauben an die Innenseiten der Wände

Der Rollkasten mit Arbeitsplatte ist ein variabler Helfer

In dem hier vorgestellten Rollkasten findet sich auch noch eine Menge Stauraum für Werkzeuge und Bauutensilien. Mit seiner knappen Abmessung (etwa 40 cm breit, 85 cm hoch und 50 cm tief) passt er perfekt in den linken Zwischenraum unter der Werkbank. Die untergeschraubten Rollen sorgen dafür, dass Sie den Kasten jederzeit problemlos herausziehen und seine Kopfplatte als Beistelltisch oder zusätzliche Arbeitsfläche nutzen können. Mithilfe einer Griffmulde an der Unterseite der vorn leicht überstehenden Kopfplatte lässt sich der Rollkasten gut festhalten und lenken. Eine darstellung der Vorderkante sehen Sie auf der rechten Seite im Querschnitt.

Rollkasten

Die Rückwand aus Hartfaser soll in einem umlaufenden Falz liegen. Fräsen Sie zu diesem Zweck in die Kopf- und Seitenplatten entsprechende Nuten

Verleimen Sie die Wände der Schublade miteinander. Den Boden schrauben Sie durch vorgebohrte Löcher von unten an. Dann die Schubladenschienen montieren

Legen Sie die Tür mit 2 mm Versatz an die Seitenwand an. Die Mittenmarkierung der Kreuzmontageplatte wird nun einfach bis auf die Türplatte verlängert

Der Korpus kann jetzt verleimt und verspannt werden. Nageln Sie im gleichen Schritt die Rückwand in den Falz. So wird alles garantiert rechtwinklig

Beginnen Sie mit dem Nuten der Seitenwände und der Kopfplatte. In diesen umlaufenden Falz soll später die Rückwand eingesetzt werden. Die etwas kürzere Bodenplatte wird nicht genutet. An ihr liegt die Wand nur hinten an. Der Falz muss 5 mm breit und 10 mm tief sein.

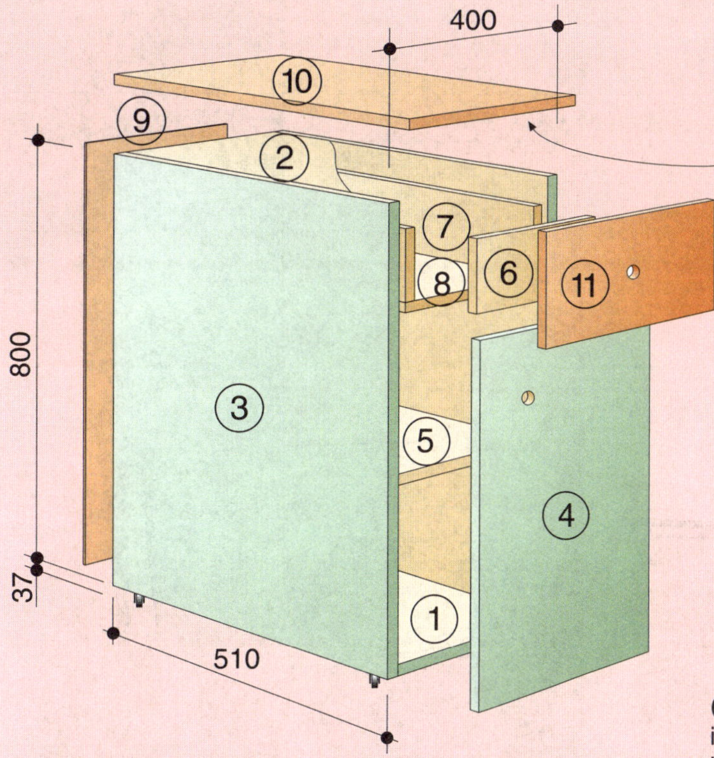

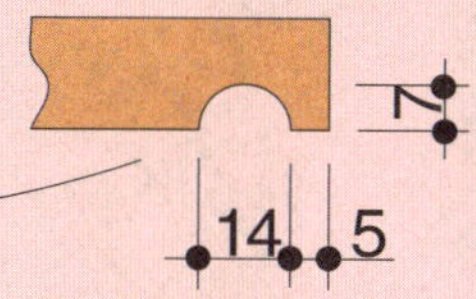

Grifflöcher
in Werkzeugschrank und Roll-Container

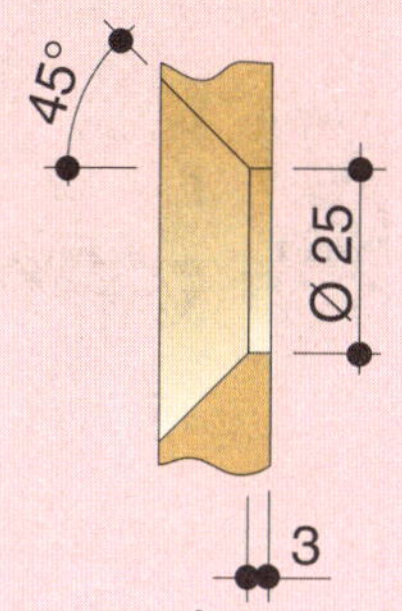

Materialliste

Pos.	Anz.	Bezeichnung	Maße in mm	Material
①	1	Bodenplatte	505 x 368	MDF
②	1	Kopfplatte	510 x 368	16 mm dick
③	2	Seitenwände	800 x 510	
④	1	Tür	596 x 396	
⑤	1	Einlegeboden	480 x 366	
⑥	2	Kastenfront/Rückw.	310 x 140	
⑦	2	Kastenseiten	500 x 140	
⑧	1	Kastenboden	500 x 342	
⑨	1	Rückwand	794 x 388	Hartfaser 3,2 mm
⑩	1	Kopfplatte	545 x 405	Multiplex
⑪	1	Frontblende	396 x 196	15 mm dick

Sonstiges: 4 Möbelrollen, feststellbar, Bauhöhe 37 mm; 1 Paar Rollschubführungen 500 mm; 2 Topfscharniere für aufliegende Türen; Bodenträger; Spanplatten-Schrauben; Flachdübel; Holzleim.

Wie bei den Oberschränken können Sie die Innenseiten der Wände mit System-32-Lochreihen versehen, damit Sie den Zwischenboden jederzeit auch auf eine andere Höhe setzen können. Wenn Sie darauf keinen Wert legen, genügt es auch, wenn Sie einfach zwei Auflagerleisten von innen gegen die Wände nageln, auf denen der Zwischenboden ruht. Schrauben Sie dann die Korpusschienen für die Schubladenführung an. Für die waagerechte Ausrichtung legen Sie am besten einen Schreinerwinkel an die Kante der Wand an.

Damit sich Schublade und Tür auch noch gut öffnen lassen, wenn der Rollkasten direkt an einer Wand steht, empfiehlt es sich, bei Schubladenblende und Türplatte an allen vier Seiten das übliche Spaltmaß von 2 mm abzuziehen. Bei den Arbeitsschritten wird gezeigt, wie die Tür um eben dieses Spaltmaß versetzt nach oben gegen die Seitenwand gelegt wird, um dann die Position für die Topfscharniere festzulegen. Wenn Sie ein Spaltmaß einplanen, haben Sie zu allen Seiten hin etwas Spiel. Auch Schubladen- und Türfront schleifen dann nicht aneinander.

Wenn Sie die Elemente miteinander verleimt haben, schieben Sie auch gleich die Rückwand ein und nageln sie fest. So wird der Korpus rechtwinklig stabilisiert.

In diesem Schrank bringen Sie eine ganze Menge unter. Praktisch ist auch das seitliche Leistenlager. Sperrige Leisten lassen sich hier Platz sparend aufstellen

2 *Setzen Sie dann alle vier Sockelleisten zu einem Rahmen zusammen. Die Verbindungen stellen Sie mit Flachdübeln her. Anschließend gut verspannen*

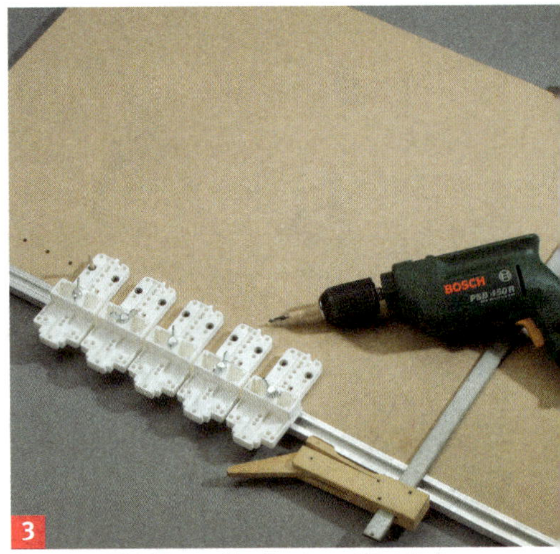

3 *Setzen Sie jetzt die System-32-Löcher für die Bodenträger. Am besten arbeiten Sie hier mit einer Schablone, bestehend aus einer Alu-Schiene und Bohrkörpern*

Schrank mit Leistenlager

Der Werkstattschrank bietet in seinen Schubladen und hinter den Schranktüren jede Menge Platz. Besonders praktisch ist das seitlich angeschraubte Leistenlager, in das sich Leisten der Größe nach in hintereinander abgetrennte Fächer sortieren lassen. Damit der Schrank auf jedem noch so unebenen Untergrund sicher stehen kann, werden unten so genannte Verstellschrauben angebracht. Die dafür nötigen Anschraubwinkel befestigen Sie an den seitlichen Sockelleisten, die mit ihren drei Schichten genügend Halt für die Schrauben bieten. Sind die Verstellfüße montiert, können Sie die vier Sockelleisten mithilfe von Flachdübelverbindungen zu einem Rahmen zusammensetzen.

Werkstattschrank

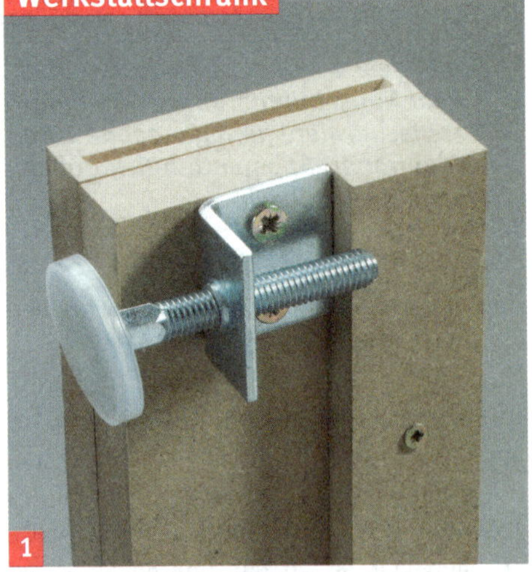

1 *Die Sockelleisten bestehen aus drei aufeinander gesetzten Lagen. Die Anschraubwinkel für die Verstellschrauben montieren Sie von hinten an dem Sockel*

4 *Mithilfe einer Bohrlehre setzen Sie Dübellöcher in das Stirnholz. Dann übertragen Sie die Bohrpositionen mithilfe von Dübelfixen auf die Seitenwände*

Wie bereits die Oberschränke, die Regale und der Rollkasten wird auch der Schrank mit System-32-Lochreihen ausgestattet. Um die Löcher exakt zu setzen, arbeiten Sie am besten mit einer Schablone, wie sie auf Bild 3 zu sehen ist. Spannen Sie eine Aluminium-Schiene an der Seitenkante der Wand fest und arretieren Sie dann eine Reihe Bohrkörper darauf.

Damit in den geräumigen Schubladen nicht alles kreuz und quer durcheinander liegt, werden sie mit einer Einteilung versehen, sodass sechs kleine Fächer entstehen. Um diese Einteilung zu befestigen, brauchen Sie weder Schrauben noch Leim. Setzen Sie einfach die drei Hartfaserplattenstücke in der angegebenen Weise ineinander und schieben Sie diese Konstruktion von oben in die vorbereiteten senkrechten Nuten der Schubladenwände. Falls Sie in einer Schublade auch einmal größere Gegenstände aufbewahren möchten, haben Sie die Einteilung in wenigen Sekunden wieder entfernt.

Wenn die Verleimungen der Schubladenkästen getrocknet sind, können Sie die Blende anbringen. Bohren Sie vorher jedoch das Griffloch. Bei allen Schubladengrifflöchern ist es wichtig, dass sie von der Innenseite angefast werden. Nur so finden die Finger beim Herausziehen Halt.

Das seitlich an den Schrank anschließende Leistendepot wird von der Schrankinnenseite aus mit dem Korpus verschraubt. Es hat fünf hintereinander liegende Fächer, in die sich die Leisten nach Größe sortiert unterbringen lassen. Die beiden Seitenwände erhalten unten eine waagerechte Nut für den Boden und vier senkrechte Nuten in gleichen Abständen für die Zwischenwände.

Um die Frontseite des Schrankes etwas lebendiger zu gestalten, wurde nicht überall die preiswerten MDF-Platten verwendet. Die beiden oberen Schranktüren bestehen aus Multiplex. Die Oberfläche erhielt nur eine Behandlung mit Holzöl, sodass die Holzoptik erhalten blieb. Zuerst mussten die Flächen allerdings mit 180er-Sandpapier angeschliffen werden. Dann wurde das Öl mit einem Pinsel aufgetragen. Am nächsten Tag erfolgte ein Zwischenschliff und ein weiterer Ölauftrag. Die MDF-Flächen wurden dagegen grundiert und anschließend mit Hammerschlaglack gestrichen.

5 *Fertigen Sie für die Möbelverbinder eine Bohrschablone an. Setzen Sie die Bohrungen so an, dass die Mittelachse der Löcher 55 mm vom Rand entfernt sind*

8 *Die Schubladen erhalten Einteilungen aus Hartfaserplatte. Fräsen Sie dafür 3,2-mm-Nuten in die Innenseiten der Wände. Dann einfach einschieben*

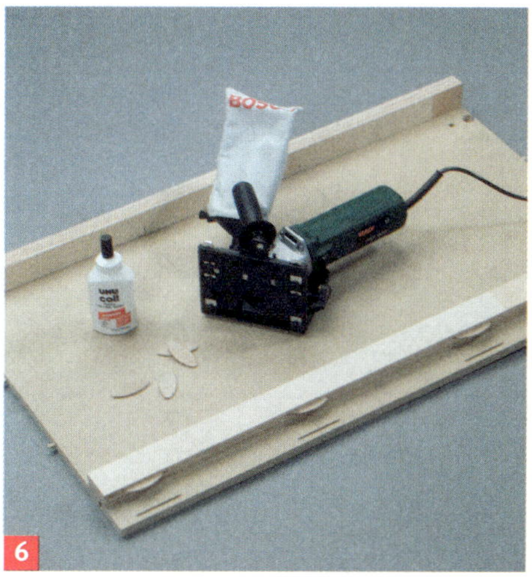

6 *Der Zwischenboden wird durch zwei Querträger verstärkt. Diese Träger werden genutet und dann von unten mit Flachdübeln an den Boden geleimt*

9 *Nun wird das Griffloch mit dem 45°-Anlaufring-Fasenfräser von hinten angeschrägt. Verschrauben Sie die Blende dann mit dem Schubladenkasten*

7 *An den Seitenwänden montieren Sie die Kreuzmontageplatten in den System-32-Löchern und bringen die Schienen für die Schubladenführungen an*

10 *Hier sehen Sie das Leistenlager vor dem Aufsetzen der zweiten Seitenwand. Der Boden wird in seitliche Nuten geschoben. Verleimen und zusätzlich vernageln*

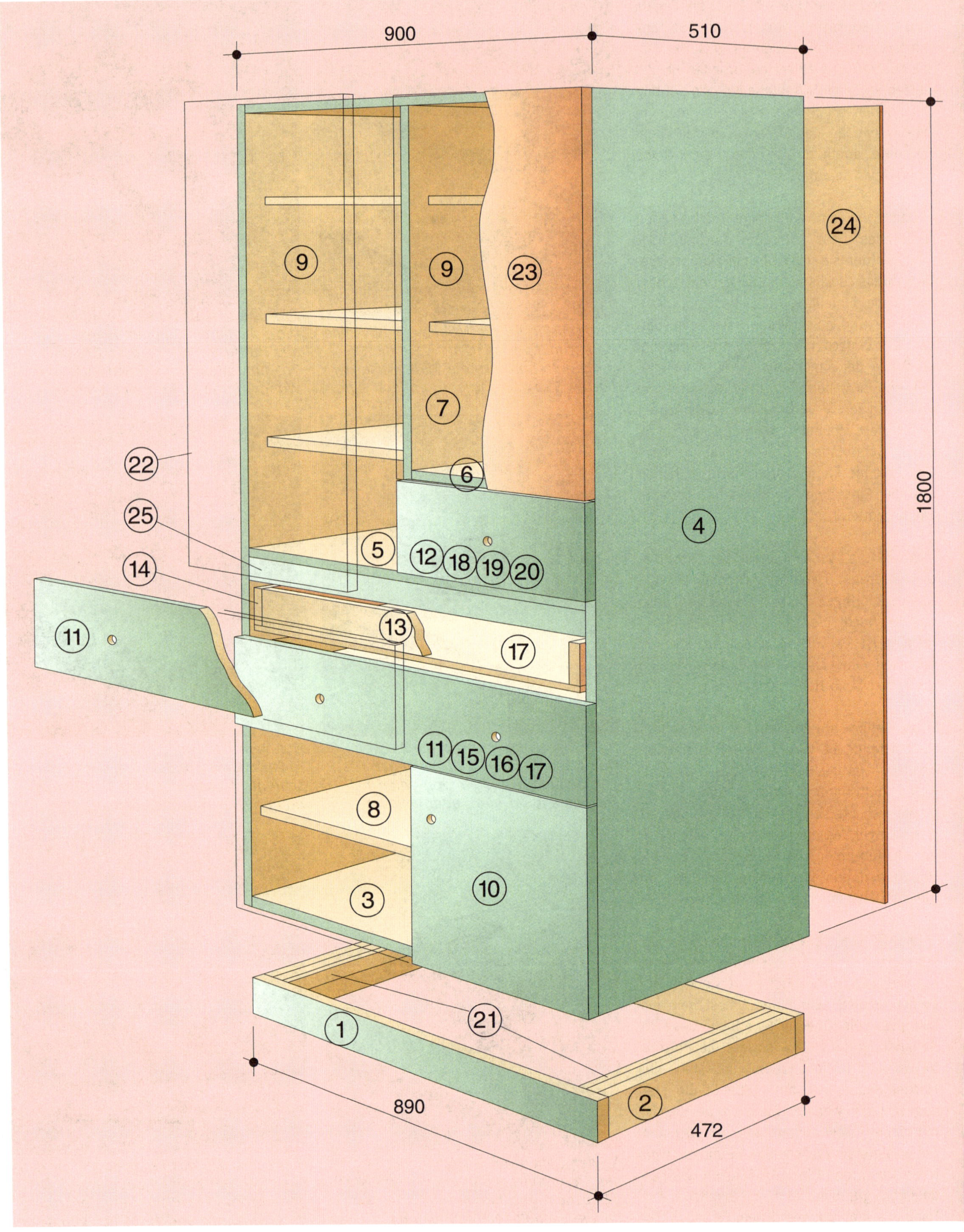
900
510
1800
9
9
23
24
7
6
22
25
4
5
12
18
19
20
14
11
13
17
11
15
16
17
8
10
3
21
1
2
890
472

Leisten-Depot

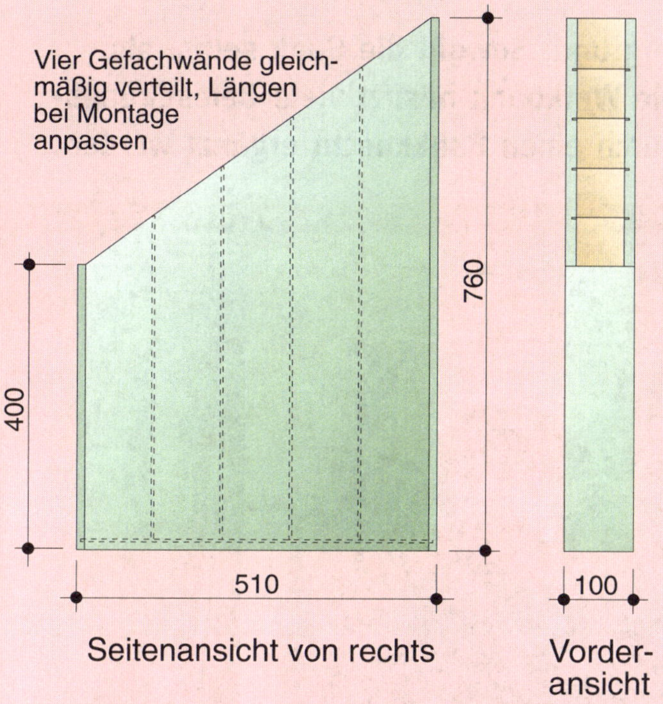

Materialliste

Pos.	Anz.	Bezeichnung	Maße in mm	Material
①	2	Sockelleisten	890 x 75	MDF
②	4	Sockelleisten	440 x 75	16 mm dick
③	2	Boden/Kopfplatte	868 x 510	
④	2	Seitenwände	1800 x 510	
⑤	1	Zwischenboden	868 x 505	MDF
⑥	1	Zwischenboden	426 x 505	16 mm dick
⑦	1	Zwischenwand	983 x 505	
⑧	1	Einlegeboden	865 x 480	
⑨	5	Einlegeböden	424 x 480	
⑩	2	Türen	448 x 400	
⑪	2	Frontblenden	900 x 196	
⑫	1	Frontblende	448 x 196	
⑬	2	Fronten/Rückw.	810 x 135	
⑭	2	Kastenseiten	500 x 135	
⑮	2	Fronten/Rückw.	810 x 180	
⑯	2	Kastenseiten	500 x 180	
⑰	2	Kastenböden	842 x 500	
⑱	2	Fronten/Rückw.	368 x 180	
⑲	2	Kastenseiten	500 x 180	
⑳	1	Kastenboden	500 x 400	
㉑	2	Sockelleisten	440 x 30	MDF 10 mm dick
㉒	1	Tür	999 x 448	Multiplex
㉓	1	Tür	800 x 448	15 mm dick
㉔	1	Rückwand	1790 x 890	Hartfaser 3,2 mm
㉕	2	Querträger	868 x 45	Multiplex 25 mm

Sonstiges:
4 Höhenverstellungen kpl. mit Winkel und Stellschraube; 8 Topfscharniere für aufliegende Türen; 3 Paar Rollschubführungen 500 mm; Bodenträger; Spanplatten-Schrauben; Flachdübel; Holzleim.

Mobile Werkbank mit Rollkästen

Mobilität steht bei dieser Werkbank im Vordergrund. Sowohl die Bank selbst als auch die Schubladenkästen lassen sich rollen. Die Werkbank besitzt viele Befestigungs- und Einspannhilfen. Bei Bedarf kann sie noch durch einen Bankknecht ergänzt werden

Nicht jeder hat eine riesige Werkstatt, in der er sich nach Herzenslust ausbreiten kann. So mancher muss sich bei seinen Holzarbeiten mit einem Raum begnügen, der nur wenige Quadratmeter groß ist. Für eine solche knapp bemessene Arbeitsstätte stellt die hier gezeigte Werkbank die optimale Lösung dar. Durch die untergestellten Rollkästen wird der Raum darunter auch gut genutzt. Ein weiterer Vorteil sind die untergeschraubten Rollen. Die Kästen ziehen Sie mit einem Handgriff unter der Bank heraus, die Bank selbst kippen Sie leicht an und können sie so auch problemlos bewegen. Das hier vorgestellte Modell besitzt die komfortable Länge von 170 cm. Sollte das für Ihre Werkstatt zu groß sein, verkürzen Sie die Bank einfach um eine Rollkastenbreite, was einer Länge von 35 cm entspricht. Alles, was Sie an Handwerkzeugen für die Holzbearbeitung benötigen, verstauen Sie in der praktischen Vollauszug-Schublade direkt unter der Platte. Hier können Sie auch sehr schweres Werkzeug unterbringen,

1 *Vorderzange aus 20/10er-Zwinge*

2 *Hinterzange, Bankhaken-Bohrungen*

3 *Befestigungshilfe für die Oberfräse*

4 *Spannvorrichtungen für die Löcher*

5 *Breite Vollauszug-Schublade*

6 *Links befestigter Schraubstock*

7 *Befestigung des Bohrständers*

Vielseitig einsetzbar

Mit der hier gezeigten Werkbank wird die Holzbearbeitung richtig komfortabel. Sie besitzt vielfältige Einspannmöglichkeiten für Werkstücke. Schraubstock, Oberfräse und Bohrständer lassen sich problemlos anbringen. In einer großflächigen Schublade bringen Sie eine Menge Werkzeug unter und haben es stets griffbereit. Die Werkbank steht sicher auf vier Füßen, lässt sich aber, wenn man sie leicht kippt, rollen.

Mobile Werkbank

1 *Um die Schlitze für die Bankgestell-Verbindungen anzufertigen, versehen Sie die Säge mit einem Tiefenanschlag und sägen mehrere parallele Schlitze ein*

2 *Die dadurch entstandenen dünnen Scheiben können Sie nun mithilfe von Hammer und Beitel herausbrechen. Flächen dann mit einer Raspel glätten*

3 *Die Löcher für die praktischen Bankhaken stellen Sie mit einem 3/4"-Bohrer her. Damit die Löcher senkrecht werden, unbedingt einen Bohrständer benutzen*

4 *Die Überblattungen der Gestellseiten können jetzt miteinander verschraubt werden, sodass sie eine bündige Verbindung bilden. Etwas Leim anfügen*

5 *Lassen Sie die Einschlagmuttern 5 mm tief auf der Unterseite ein. Mit dem 10er-Bohrer setzen Sie anschließend die Löcher für die Flügelschrauben ein*

6 *In die angefertigten Löcher setzen Sie im nächsten Schritt die dazugehörigen Muttern. Verwenden Sie hierzu einen Hammer und ein Einschlageisen*

denn der Boden des Schubkastens besteht aus stabilem 8-mm-Sperrholz und die Vollauszüge besitzen eine jeweilige Belastbarkeit von 30 kg.

Bankhaken, Bankpressen und Einschlagmuttern als Fixierung

Arbeitsplatte, Längszarge und Beine werden mit zahlreichen Bohrungen versehen, sodass Sie eine Vielzahl von Möglichkeiten haben, Bankhaken oder auch die weniger bekannten und noch nicht so verbreiteten Bankpressen anzubringen. Für die Herstellung der Bohrlöcher brauchen Sie einen speziellen 3/4"-Holzbohrer.

Weitere Befestigungshilfen stellen die in die Arbeitsfläche eingelassenen Einschlagmuttern dar. Die hierfür benötigten Bohrlöcher können Sie mit dem 22er- oder 25er-Forstner-Bohrer anfertigen. Eingeschlagen werden sie am besten mit einem abgesägten Senkstift. Mithilfe der Einschlagmuttern können Sie beispielsweise einen Bohrständer befestigen. Berücksichtigen Sie beim Positionieren der Einschlagmuttern die Maße Ihrer persönlichen Werkzeugausstattung und ordnen Sie sie so an, dass die Werkzeuge auch nachher von der für Sie gewohnten Seite erreichbar sind.

Eine Zwinge wird zur Vorderzange

Für die Vorderzange wurde keine spezielle Mechanik gekauft, sondern eine einfache Zwinge. Das Festteil der Zwinge wird in ein 150 mm langes 30 x 30-Vierkantrohr eingeschoben, das mitsamt einer Schutzzulage an der Unterseite der Platte angeschraubt ist und durch ein seitlich angelegtes Futterstück vor dem Ausreißen geschützt wird.

Die Rückwand der Werkbank besteht aus 8 mm dickem Sperrholz. Um sie einzusetzen, werden Arbeitsplatte und Beine mit Nuten versehen, in die Sie anschließend die Rückwand einschieben. Von der Unterseite versteifen Sie die Wand mit einer 19 mm starken Anschlagleiste, damit sie später durch die Rollkästen nicht beschädigt wird. Die Anschlagleiste verschrauben Sie an beiden Seiten zwischen den Gestellrahmen.

Sowohl die Werkzeugschublade unter der Platte als auch die Schubkästen der Rollkästen besitzen keine aufgesetzten Griffe, sondern nur Grifflöcher, die Sie problemlos

7 *Das 15 cm lange 30-mm-Vierkantrohr wird vorgebohrt und dann gegen ein Futterstück verschraubt. So kann das Rohrstück nicht ausreißen*

8 *Fertigen Sie eine kleine runde Zulage an, in die Sie mit dem Forstner-Bohrer mittig eine Vertiefung setzen. So kann das Endstück der Zwinge nicht rutschen*

9 *Setzen Sie die Zwinge an. Das Feststück schieben Sie in das Vierkantrohr, das Futterstück sorgt dafür, dass das Rohr nicht ausreißt. Mit der Zulage verspannen*

Hier sehen Sie die Werkband mit Rückwand. An den Seiten befinden sich die Anschlagleisten für die Rollkästen

10

Die hintere Befestigung erfolgt mithilfe eines Stuhlwinkels. Schrauben Sie dann die Auszüge für die Schublade an den seitlichen Aufdopplungen fest

12

Die Seitenwände der Schublade erhalten Zapfen, die Front und Rückwand entsprechende Schlitze. Der Schubladenboden wird in eine umlaufende Nut gesetzt

11

Die unterseitig angeschraubten Rollen sitzen 2 mm höher als die Füße der Werkbank. Auf diese Weise können Sie die Bank leicht kippen und dann rollen

13

Die Kugellager-Vollauszüge für die Werkzeugschublade sind extrem stabil. Werden sie richtig montiert, kann jeder einzelne ein Gewicht von 30 kg tragen

TIPP HINTERZANGE

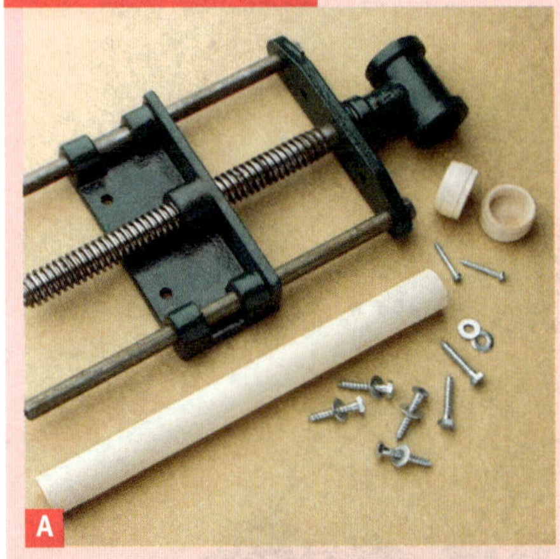

A

B

C

Die Mechanik der Hinterzange entspricht Im Prinzip genau der einer Vorderzange (Bild A). Sie ist leider nicht überall im Handel erhältlich und muss eventuell bestellt werden. Die Spannbacken bestehen aus je zwei übereinander verleimten Multiplex-Platten mit einer Stärke von 24 mm. Bohren Sie dann unter Zuhilfenahme des Bohrständers je drei Löcher in die Platten, in die Sie dann die Mechanik einsetzen können (Bild B). Eine Backe ist schmaler als die andere, weil sie an die Unterkante der Werkbank gesetzt wird. Sie stößt seitlich gegen die Längszarge. Die Mechanik wird von unten gegen die Platte verschraubt (Bild C).

mit dem Forstner-Bohrer herstellen können. Im Werkstattbereich empfiehlt es sich, auf jegliche überflüssigen vorstehenden Knöpfe oder Griffe zu verzichten, weil sie leicht eine Behinderung darstellen können.

Die Rollkästen besitzen auch nicht die üblicherweise verwendeten Kugellager-Auszüge. Das Kugellager hat zwar den Vorteil, dass es die Schubladenführung sehr leichtläufig macht, ist der Boden jedoch etwas abschüssig, kann sich dieser Vorteil auch leicht in einen Nachteil verwandeln, wenn sich die Schubladen – etwa bei Bohrarbeiten immer wieder von selbst öffnen. Der Verzicht auf die Kugellager-Auszüge spart nicht zuletzt auch eine Menge Geld.

Unterschiedlich hohe Schubladen bieten jede Menge Platz

Im gezeigten Beispiel besitzen die vier Rollkästen alle eine unterschiedliche Anzahl von Schubladen, die dadurch natürlich auch verschieden groß ausfallen. Ob Sie alle vier Varianten nachbauen oder beispielsweise den Dreier- durch einen weiteren Vierer-Schubladenkasten ersetzen, ist Ihnen überlassen und hängt davon ab, was Sie darin unterbringen möchten.

Für ganz kleine Teile wie Schrauben und Ähnliches empfehlen sich natürlich die Sechser-Kästen, wobei Sie diese noch mit Einsätzen versehen können (s. Bild 17), um optimal Ordnung zu halten. Die Einsätze können Sie aus dünner Hartfaserplatte herstellen. Um sie zu befestigen, setzen Sie an die Innenseiten der Wände senkrechte Nuten. So kommen Sie völlig ohne Leim aus und können die Einsätze auch, wenn Sie sie einmal nicht mehr benötigen oder wenn Sie die Schublade reinigen wollen, problemlos wieder entfernen.

Die Rahmen der Schubladen werden übrigens stumpf mit Flachdübeln verbunden. Die Rückwände bestehen aus Hartfaserplatte und sitzen in einer Nut, die Sie in die Seiten sowie in die obere und untere Platte der einzelnen Kästen fräsen müssen. Denken Sie daran, die Laufleisten anzuschrauben, bevor Sie die Korpusse zusammensetzen. Beim Verleimen müssen Sie darauf achten, dass die Konstruktion genau rechtwinklig zusammengefügt ist, damit Sie später keine Probleme damit bekommen, die Schubladen einzusetzen.

Die runden Bankhaken und die Bankpressen sind bei der Fixierung von Werkstücken sehr nützlich. Die Löcher werden mit dem 3/4"-Bohrer hergestellt

14

Die Verbindungen der Rollkastenelemente werden mit Flachdübeln hergestellt. Versehen Sie den Winkelschleifer dazu mit einem Vorsatz zum Schlitzfräsen

16

Die zusammengesetzten Rollkästen werden geschliffen, grundiert und lackiert. Wiederholen Sie den Schleif- und Lackiervorgang nach 24 Stunden nochmal

15

Die Wände werden miteinander verleimt. Fertigen Sie in den anliegenden Teilen eine Nut an und schieben Sie dann die Rückwand in diese Nut ein

17

Für bessere Übersicht bei Kleinteilen empfiehlt sich die Anfertigung von Schubladeneinsätzen aus Sperrholz, die Sie in senkrechte Nuten schieben

TIPP BANKKNECHT

So fertigen Sie einen zusätzlichen Bankknecht als Spannvorrichtung an: In ein passend abgelängtes Kantholz setzen Sie mit dem 10er-Bohrer eine Reihe von schrägen Bohrlöchern, die Sie anschließend mit der Säge zu trichterförmigen Öffnungen erweitern (Bild A). Der Fuß besteht aus zwei über Kreuz verleimten und verschraubten Kanthölzern. Den unteren Abschluss bilden vier kleine Quadrate aus Sperrholz, die Sie an die Endpunkte des Kreuzes schrauben (Bild B). Zum Schluss durchbohren Sie noch den Auflageklotz und setzen Gewindestäbe und Flacheisen an. Befestigen Sie diese mithilfe von Stoppmuttern (Bild C).

Rollen machen mobil

Mobil gemacht werden die Rollkästen durch vier untergeschraubte Rollen. Sie stehen vorne auf zwei Lenk- und hinten auf zwei Bockrollen. Auch die Werkbank lässt sich spielend leicht bewegen, wenn man sie ein wenig ankippt. Die zwei Rollen an der linken Seite wurden so angebracht, dass sie – steht die Werkbank waagerecht – 2 mm über dem Boden schweben. Wird die Bank nun auf der rechten Seite angehoben, kann man sie ähnlich einer Schubkarre bewegen. So können Sie die Bank für die Arbeit in die Raummitte rücken und abends wieder zurück an die Wand stellen.

Die Oberflächen aller Holzteile können Sie zum Schluss ölen. Tragen Sie das Öl satt auf, lassen Sie es etwa 20 Minuten lang einwirken und tragen Sie dann das überschüssige Öl ab. Nach 24 Stunden führen Sie den ersten Zwischenschliff durch. Wiederholen Sie den Öl- und Schleifvorgang noch zweimal. Nach einigen Monaten sollte der Auftrag wiederholt werden. Die Platte behandeln Sie am besten einmal pro Jahr.

Die Werkbank ist fertig. Die Rollkästen füllen den Raum unterhalb der Platte genau aus. Sie können aber auch jederzeit problemlos herausgezogen werden

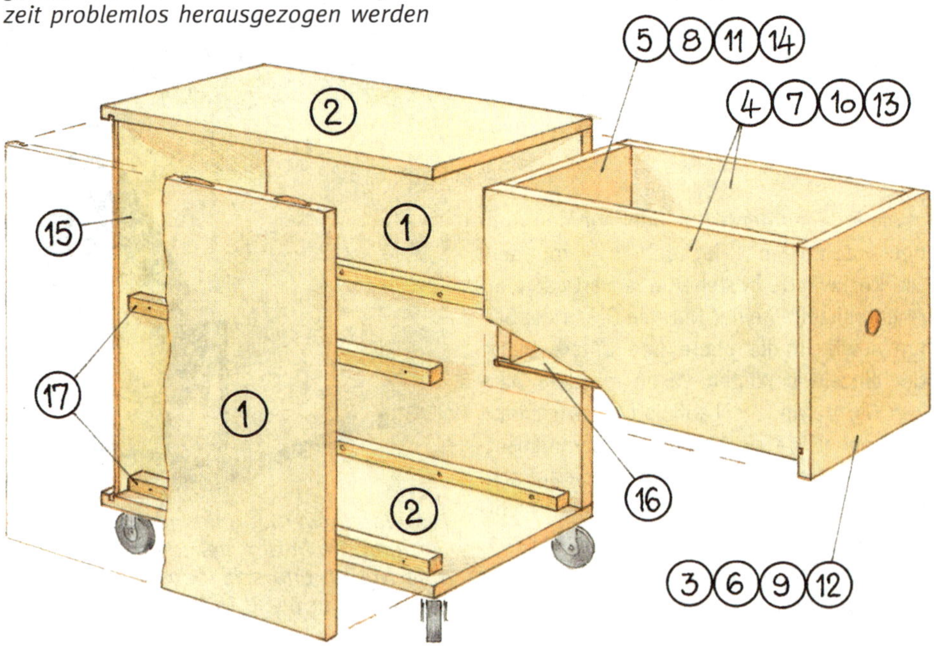

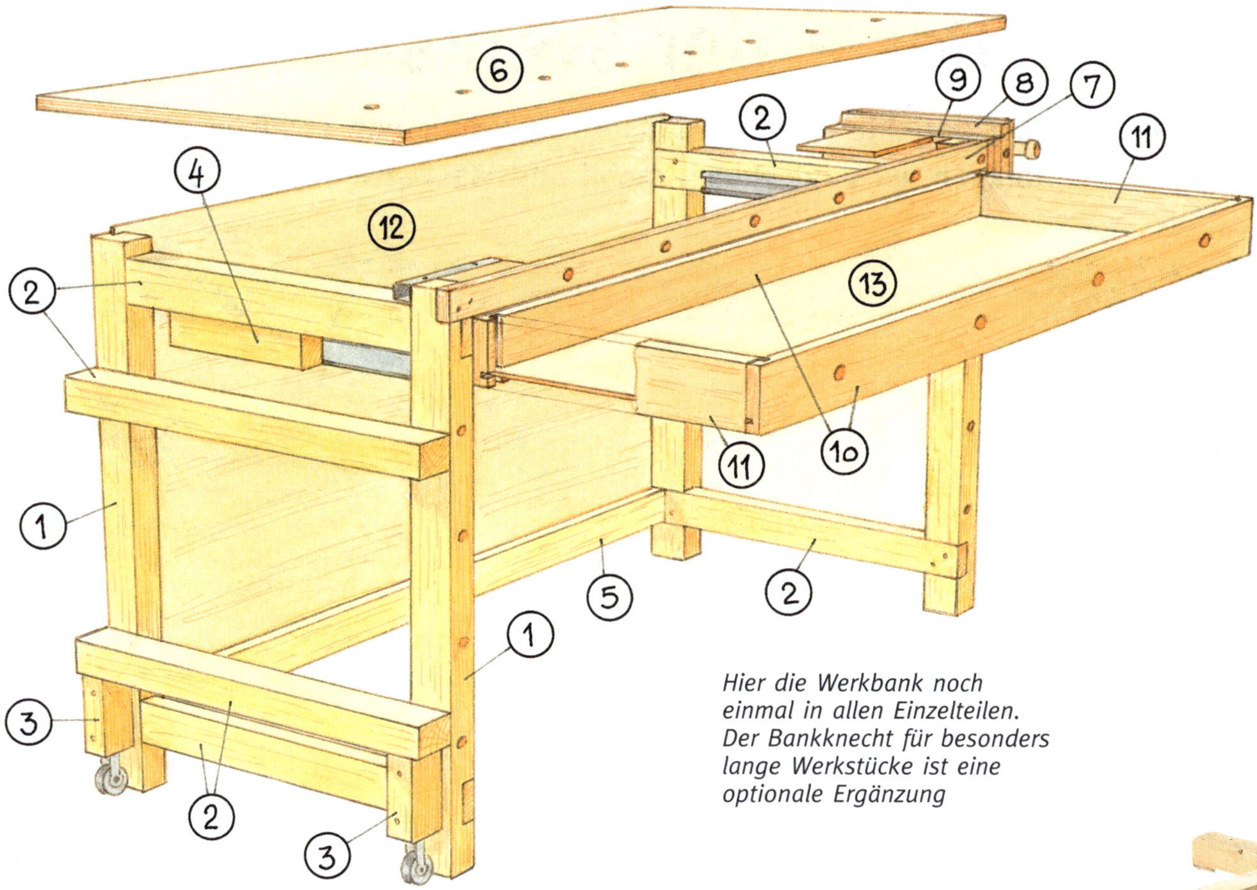

Hier die Werkbank noch einmal in allen Einzelteilen. Der Bankknecht für besonders lange Werkstücke ist eine optionale Ergänzung

Materialliste Werkbank

Pos.	Anz.	Bezeichnung	Maße in mm	Material
①	4	Beine	850 lang	Kiefer
②	6	Querzargen	650 lang	70 x 50 mm
③	2	Rollenträger	130 lang	
④	1	Aufdoppelung	250 lang	Kiefer 50 x 50 mm
⑤	1	Anschlagleiste	1450 x 70	Kiefer 19 mm dick
⑥	1	Arbeitsplatte	1700 x 650	Multiplex
⑦	1	Längszarge	1550 x 50	24 mm dick
⑧	2	Lagen Spannbacke	330 x 120	
⑨	2	Aufdoppelungen	330 x 96	
⑩	2	Längsbretter	1440 x 90	Multiplex
⑪	2	Querbretter	499 x 90	15 mm dick
⑫	1	Rückwand	1470 x 785	Sperrholz
⑬	1	Boden	1424 x 499	8 mm dick

Sonstiges:
Je 1 Futterstück: 180 x 180 x 8 mm dick (Hinterzange) und 100 x 46 x 24 mm dick (Vierkantrohr); 1 Vierkantrohr 30 x 2 x 150 mm lang; 1 Vorderzange mit Handgriff, 178 x 375 mm, Spindel-Durchmesser 22,2 mm, max. Spannweite 210 mm abzüglich Zangendicke; 1 Quadro V6 Vollauszugsystem, 500 mm lang, bis 30 kg belastbar; 2 Bockrollen mit Platte, Bauhöhe 71 mm; 2 Stuhlwinkel 40 x 10 x 2 mm; Einschlagmuttern M8 (Anzahl nach Bedarf); Garnitur Bankhaken rund und Bankpressen 165 und 70 mm; Spanplatten-Schrauben; Holzleim.

Materialliste 4 Container

Pos.	Anz.	Bezeichnung	Maße in mm	Material
①	8	Seitenwände	620 x 582	MDF
②	8	Böden/Kopfplatten	620 x 350	16 mm dick
③	2	Fronten	314 x 287	
④	4	Seitenteile	574 x 270	
⑤	2	Rückwände	282 x 255	
⑥	3	Fronten	314 x 190	
⑦	6	Seitenteile	574 x 173	
⑧	3	Rückwände	282 x 158	
⑨	4	Fronten	314 x 141	
⑩	8	Seitenteile	574 x 124	
⑪	4	Rückwände	282 x 109	
⑫	6	Fronten	314 x 93	
⑬	12	Seitenteile	574 x 76	
⑭	6	Rückwände	282 x 61	
⑮	4	Rückwände	596 x 332	HDF
⑯	15	Böden	581 x 296	5 mm dick
⑰	30	Lauf-/Kippleisten	589 lang	Buche 19 x 19 mm

Sonstiges:
4 Zugleisten 20 x 10 x 100 mm lang; 8 Bockrollen mit Platte, Bauhöhe 71 mm; 8 Lenkrollen mit Platte, Bauhöhe 71 mm; Flachdübel; Spanplatten-Schrauben; Holzleim. Aufteilung der Schubladengefache nach Bedarf.

Idealer Helfer – der Werkstattwagen

Der Werkstattwagen ist der perfekte Assistent für Ihre Holzwerkstatt. Er bietet Schubladen, Halterungen sowie Ablagen, ist dank Rollen mobil und lässt sich sogar abschließen

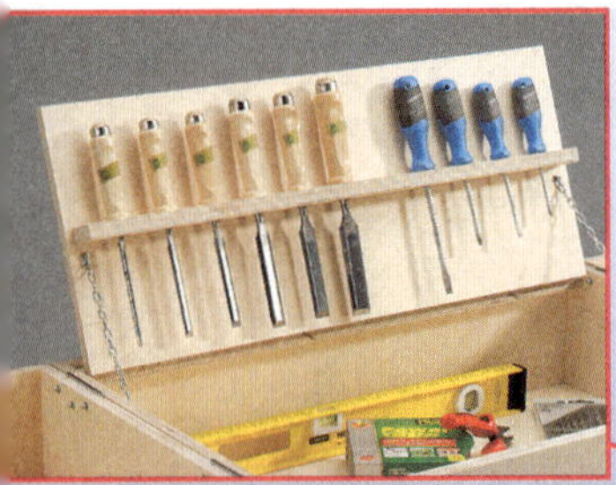

Die Klappe besitzt an der Unterseite eine praktische Halteleiste für Schraubendreher, Feilen und Ähnliches

In den Schubladen mit Einsätzen können Sie auch Kleinteile wie Schrauben und Nägel ordentlich verstauen

Wollen Sie die Oberfräse bis zu ihrem nächsten Einsatz beiseite legen, ist sie im ausgeklappten Seitenkasten gut platziert

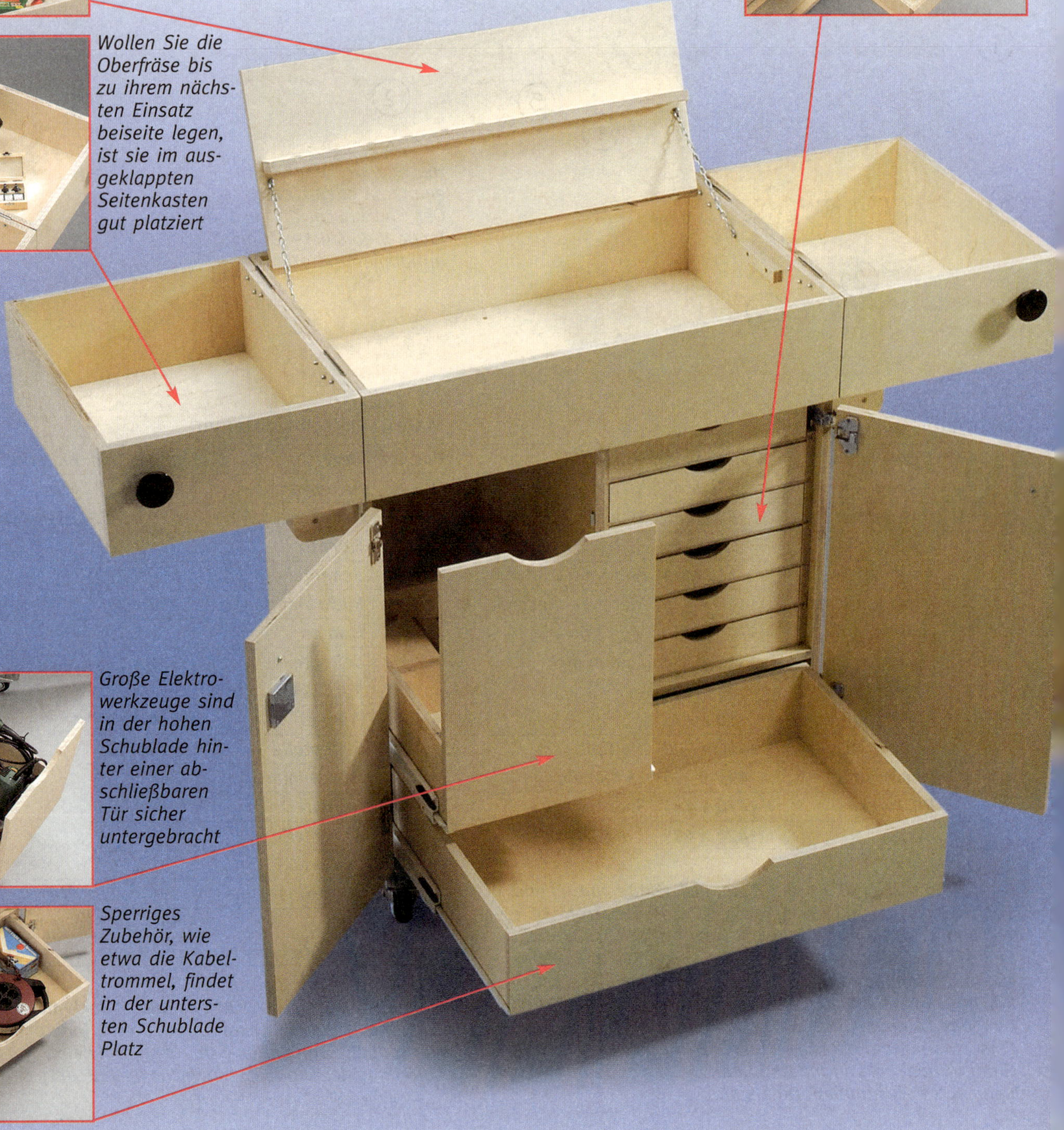

Große Elektrowerkzeuge sind in der hohen Schublade hinter einer abschließbaren Tür sicher untergebracht

Sperriges Zubehör, wie etwa die Kabeltrommel, findet in der untersten Schublade Platz

Äußerst kompakt präsentiert sich der Werkstattwagen in zusammengeklappter Form. Wenn man ihn jedoch öffnet, erlebt man ein Wunder an Übersichtlichkeit. Alles hat in diesem Wagen seinen Platz. Einzelne Halterungen für Werkzeuge machen die Aufbewahrung noch komfortabler. Auch das Problem der Werkzeugablage während des Arbeitens ist nun kein Problem mehr. Oberfräse oder Stichsäge können Sie in den aufgeklappten Seitenteilen sicher ablegen. Dank der hohen Wände kann garantiert nichts herunterfallen und steht zudem auf der Werkbank nicht im Weg herum.

Geschlossen ist der Werkstattwagen ein wirklicher Platzsparer. An den Griffen links und rechts lässt er sich gut fassen und mithilfe der Rollen beiseite schieben

Der Wagen wird komplett aus Sperrholz gefertigt. Die Platten können Sie sich bei Ihrem Händler schon passend zuschneiden lassen. Die Verbindungen zwischen den einzelnen Elementen werden mit Flachdübeln hergestellt. Wenn Sie häufiger Kastenmöbel bauen, lohnt sich unter Umständen die Anschaffung einer Flachdübelfräse, falls nicht, tut es auch eine Multiholzfräse, die Sie als Vorsatzgerät an Ihrem Winkelschleifer befestigen können.

Die Verbindung zwischen festen Seitenwänden und aufklappbaren Kastenteilen bilden verchromte Scharniere. Um die Scharniere zu befestigen, müssen Sie die beiden zu verbindenden Platten fest zusammenspannen. Dann legen Sie die Scharniere auf und zeichnen die Umrisse auf. Mit Hammer und Beitel werden dann Vertiefungen ausgestemmt, in die Sie die Bänder anschließend einlassen können. Orientieren Sie sich beim Ausstemmen an den Lagen des Sperrholzes. Haben Sie zwei Lagen abgetragen, entspricht die Tiefe genau 2 mm und ist für die Bänder genau richtig.

Montage der Schubladenauszüge zunächst nur provisorisch

Denken Sie unbedingt daran, die Auszüge vor dem Zusammenbau des Korpus provisorisch vorzumontieren. Später sind die

Arbeitsschritte

1

Die Verbindungen stellen Sie mit Flachdübeln her. Die dafür nötigen Nuten setzen Sie mit der Flachdübelfräse oder mit dem Winkelschleifer inklusive Aufsatz

2

Spannen Sie die beiden Seitenwandteile zusammen, zwischen denen Sie die Klappverbindung setzen wollen. Bandkontur anzeichnen und ausstemmen

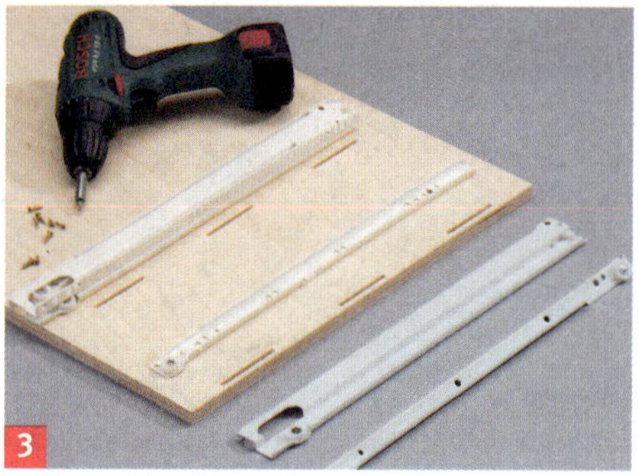

3

Bohren Sie die Löcher für die Auszüge vor. Dann provisorisch fixieren. Achten Sie darauf, dass die unterste Lade nicht an die Lenkrollen-Schrauben stößt

4

Die Löcher zur Verschraubung des Korpus müssen von der Innenseite vorgebohrt werden. Anschließend können Sie sie von der Außenseite aus ansenken

5

Die Flachdübelnuten und die Plattenkante werden mit Leim versehen. Der Leim befeuchtet die Flachdübel, sodass sie aufquellen und so noch sicherer sitzen

6

Pressen Sie alle Verbindungen sorgfältig zusammen, bis der Leim getrocknet ist. Eine zusätzliche Stabilisierung erzielen Sie durch die Verschraubung von außen

7 *Die Schublade für das Zubehör konstruieren Sie genauso wie die seitlichen Klappkästen. Die Schublade erhält aber nur eine 15 mm starke Sperrholzfront*

11 *Die kleineren Schubladen liegen zwischen zwei Seitenplatten, an deren Innenseiten Sie Nuten für die Zwischenböden fräsen. Führungsleiste aufspannen*

13 *Um die Form der Mulde noch zu perfektionieren, spannen Sie auf Ihren Bohrer eine Schleifwalze auf. Am besten arbeitet es sich mithilfe eines Bohrständers*

8 *Sägen Sie nun die Vertiefung für die Oberfräse in eine Ablageplatte. Fräse anlegen, Umrisse anzeichnen und dann mit der Stichsäge ausschneiden*

12 *Die Griffmulden fertigen Sie an, indem Sie zunächst senkrechte Schnitte bis 1 mm über die Anzeichnung setzen und anschließend entlang der Linie sägen*

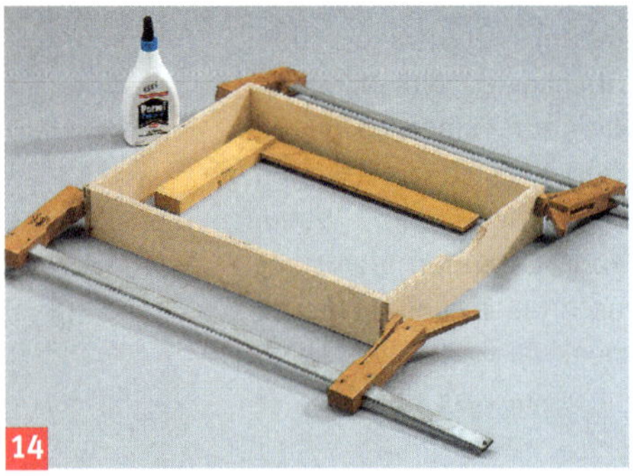

14 *Die Teile des Schubladenrahmens werden mit Flachdübeln aneinander gesetzt. Achten Sie unbedingt auf die Rechtwinkligkeit, damit die Laden später passen*

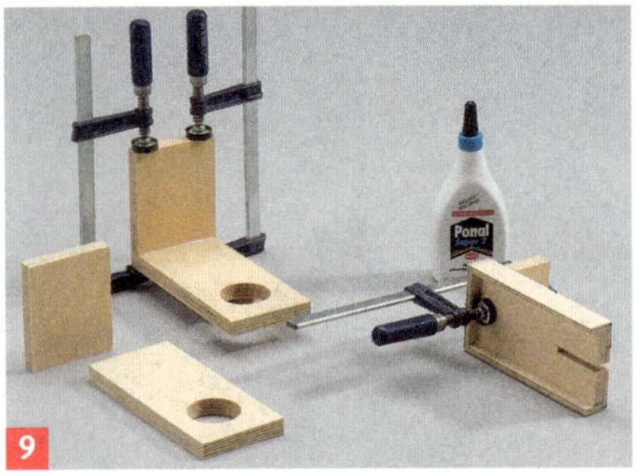

9 *Auch die weiteren Halter für Bohrer, Stichsäge usw. passen Sie Ihren persönlichen Werkzeugen an. Die Löcher mit der Lochsäge etwas größer ausschneiden*

10 *Die Maschinenhalter verschrauben Sie durch die Rückwand. Montieren Sie dann die Gegenstücke der Auszüge, die vorn bündig abschließen sollen*

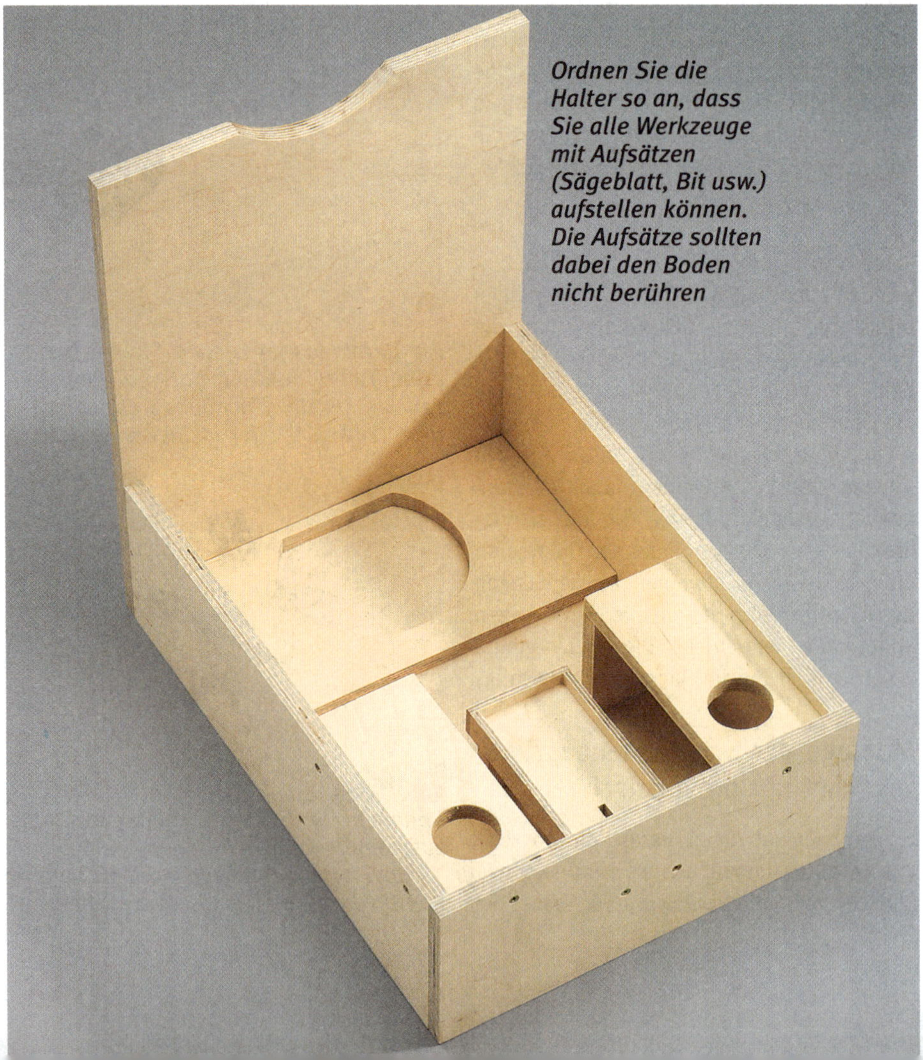

Ordnen Sie die Halter so an, dass Sie alle Werkzeuge mit Aufsätzen (Sägeblatt, Bit usw.) aufstellen können. Die Aufsätze sollten dabei den Boden nicht berühren

Innenseiten sehr schlecht zugänglich, wodurch ein genaues Ausrichten praktisch unmöglich wird. Meist wird das gesamte Innenleben eines Schrankkorpus von der Vorderkante aus zwei Millimeter zurückgesetzt, damit nichts mit den Türen kollidiert. Da bei diesem Werkstattwagen aber ein Türschloss angebracht wird, wurde das Ganze noch einige Millimeter weiter nach hinten gesetzt.

Details werden nach eigenen Maßen angefertigt

Für die Ausschnitte der einzelnen Werkzeughalter werden keine Maße angegeben. Hier verwenden Sie am besten Ihre eigenen Werkzeuge als Schablonen und sägen alles passgenau zu. Die Oberfräse etwa stellen Sie einfach auf die zugeschnittene Platte, fahren mit dem Bleistift einmal rundherum und schneiden das Loch anschließend mit der Stichsäge aus.

Bei dem Stichsägenhalter entspricht die Platte genau der Grundfläche der Säge. Diese Platte umrahmen Sie mit 6,5-mm-Sperrholzstreifen, die die Platte um einige Millimeter überragen. So hat die Stichsäge sicheren Halt. An einer Seite ist die Platte mittig geschlitzt. Hier können Sie das Sägeblatt einführen. Achten Sie darauf, dass die Sperrholzumrahmung hoch genug ist, sodass das Sägeblatt nicht gegen den Boden des Schubfachs stößt.

Auch die Halter für Akkuschrauber und Ähnliches sollten Sie so zuschneiden, dass Sie die Werkzeuge samt Aufsätzen verstauen können, ohne dass diese den Boden berühren. Die Halterungen sind so konstruiert, dass sie zu einer Seite offen sind. So können Sie die Schulade – wenn sie mit Spänen verdreckt ist – besser aussaugen.

Der Schubladenblock bekommt eigene Seitenwände

Für den seitlichen Abschluss des Schubladenblocks, bestehend aus sechs kleinen Schubladen, müssen Sie zwei Platten extra zuschneiden. Die rechte müssen Sie für das Türscharnier leicht ausklinken, so wie Sie es auch auf Foto B im Tippkasten rechts sehen können. Die Seitenplatten erhalten dann fünf parallele Nuten, in die später die Zwischenböden eingesetzt werden. Verschrauben Sie die Seitenplatten dann von innen

15 *Wenn der Leim getrocknet ist, schrauben Sie von unten den Boden an. Sperrholzplatte auflegen, mit Zwingen fest verspannen und die Schrauben setzen*

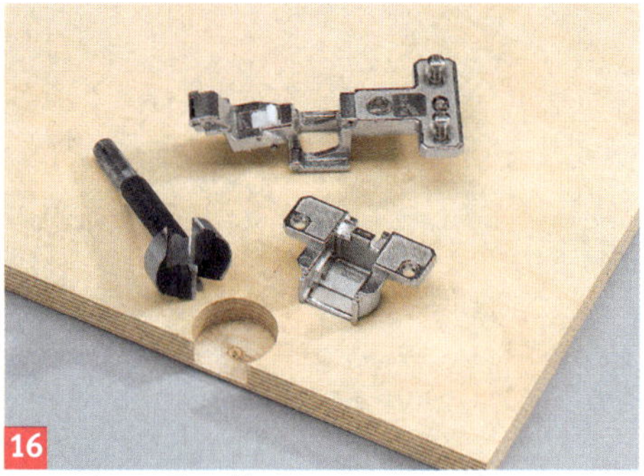

16 *Versehen Sie die Türen nun mit 35-mm-Sacklöchern. Verwenden Sie hierzu den Forstner-Bohrer. Dann die Töpfe der Scharniere einsetzen und verschrauben*

17 *Wie Sie das Schloss an der Tür montieren, entnehmen Sie der dazugehörigen Anleitung. Neben dem Schloss müssen Sie noch einen Schlüsselschild kaufen*

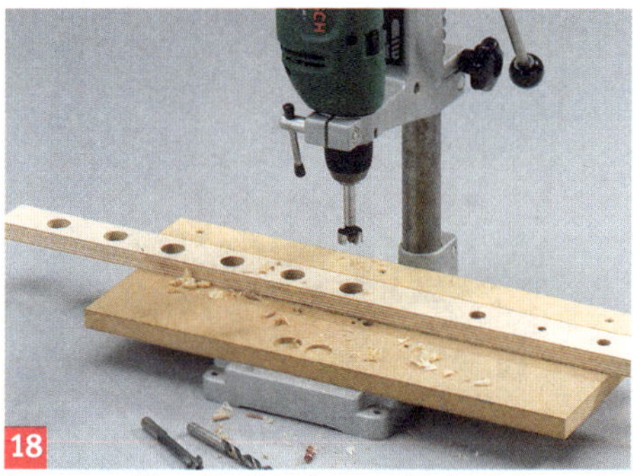

18 *Längen Sie die Werkzeug-Halteleiste ab und setzen Sie mit dem Forstner-Bohrer Löcher für Schraubendreher, Feile und Co. Richten Sie sich nach Ihrem Bedarf*

19 *Messen Sie mithilfe Ihrer Werkzeuge ab, wie breit die Schlitze gesetzt werden müssen. Die Schlitze anzeichnen und dann mit der Stichsäge ausschneiden*

20 *Für die Grifflager leimen Sie zwei Sperrholzstücke übereinander. Schneiden Sie die Rundungen erst grob mit der Stichsäge und arbeiten am Schleifteller nach*

TIPP EINGELENKSCHARNIER

A

B

Für diesen Werkstattwagen brauchen Sie unbedingt Scharniere, die eine weite Öffnung der Türen zulassen. Nur so haben Sie ungehinderten Zugriff auf Werkzeug und Zubehör. Mit den oben gezeigten Eingelenkscharnieren erreichen Sie einen Öffnungswinkel von 270°. Die Töpfe für diese Scharniere müssen Sie extra dazukaufen. Fragen Sie im Beschlagfach- oder Eisenwarenhandel.

mit der Seiten- bzw. Zwischenwand des Wagens. Da die Schubladen nicht die üblichen Führungsleisten erhalten, kann es sein, dass sie sich nur schwer bewegen lassen. Reiben Sie die Böden in diesem Fall mit etwas Kerzenwachs ein – dann gleiten sie gleich viel besser.

Griffe dienen gleichzeitig als Auflager für die Seitenkästen

Für die seitlichen Halterungen leimen Sie zunächst viermal zwei Sperrholzstücke übereinander und schneiden daraus die Lager zu. Versehen Sie die Lager dann mit Sacklöchern und setzen Sie das Rundholz ein, das die Griffstange darstellt. Der Clou bei der Konstruktion besteht darin, dass Sie nicht nur zwei Griffe haben, mit denen Sie den Wagen bewegen können. Wenn die seitlichen Kästen aufgeklappt sind, ruhen sie auf den Lagern und erhalten dadurch mehr Stabilität.

Behandeln Sie die Oberflächen des Werkstattwagens am besten mit Öl. Dann können Sie kleine Macken mit einem nachträglichen Auftrag leicht wieder ausgleichen.

22
Die Verbindung zu den Seitenwänden stellen Sie mit Runddübeln her. Bohren Sie zuerst Löcher in die Lager, dann übertragen Sie die Positionen auf die Wände

24
Ist der Werkzeugkasten geschlossen, können Sie ihn mithilfe der seitlichen Griffe bewegen. Auf den Rollen gleitet er auch schwer beladen problemlos

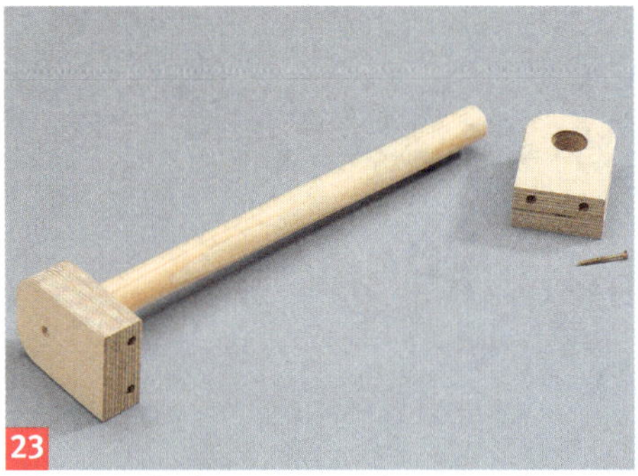
23
Die vorgebohrten Lager können Sie nun mit der Griffstange verschrauben. Die Halterung dann an der Seitenwand ansetzen und von innen verschrauben

25
Doch auch wenn der Kasten aufgeklappt ist, kommt die Halterung zum Einsatz. Die beiden seitlich aufgeklappten Kastenteile ruhen nun auf den Lagern

21
Alle Lager erhalten nun Sacklöcher, die Sie mit dem 35-mm-Forstner-Bohrer herstellen. Hier werden später die Rundstäbe eingesetzt und verschraubt

TIPP HALTER ANPASSEN

Wenn Sie die Schlitze in die Halterung setzen, richten Sie sich mit den Maßen nach Ihren Werkzeugen. Mit einer Schieblehre messen Sie den Durchmesser exakt ab und schneiden den Schlitz nur minimal breiter, damit das Werkzeug nicht herausrutscht.

Die vier untergeschraubten Rollen können jeweils mit 70 kg belastet werden. Die vorderen beiden Lenkrollen lassen sich bei Bedarf auch feststellen

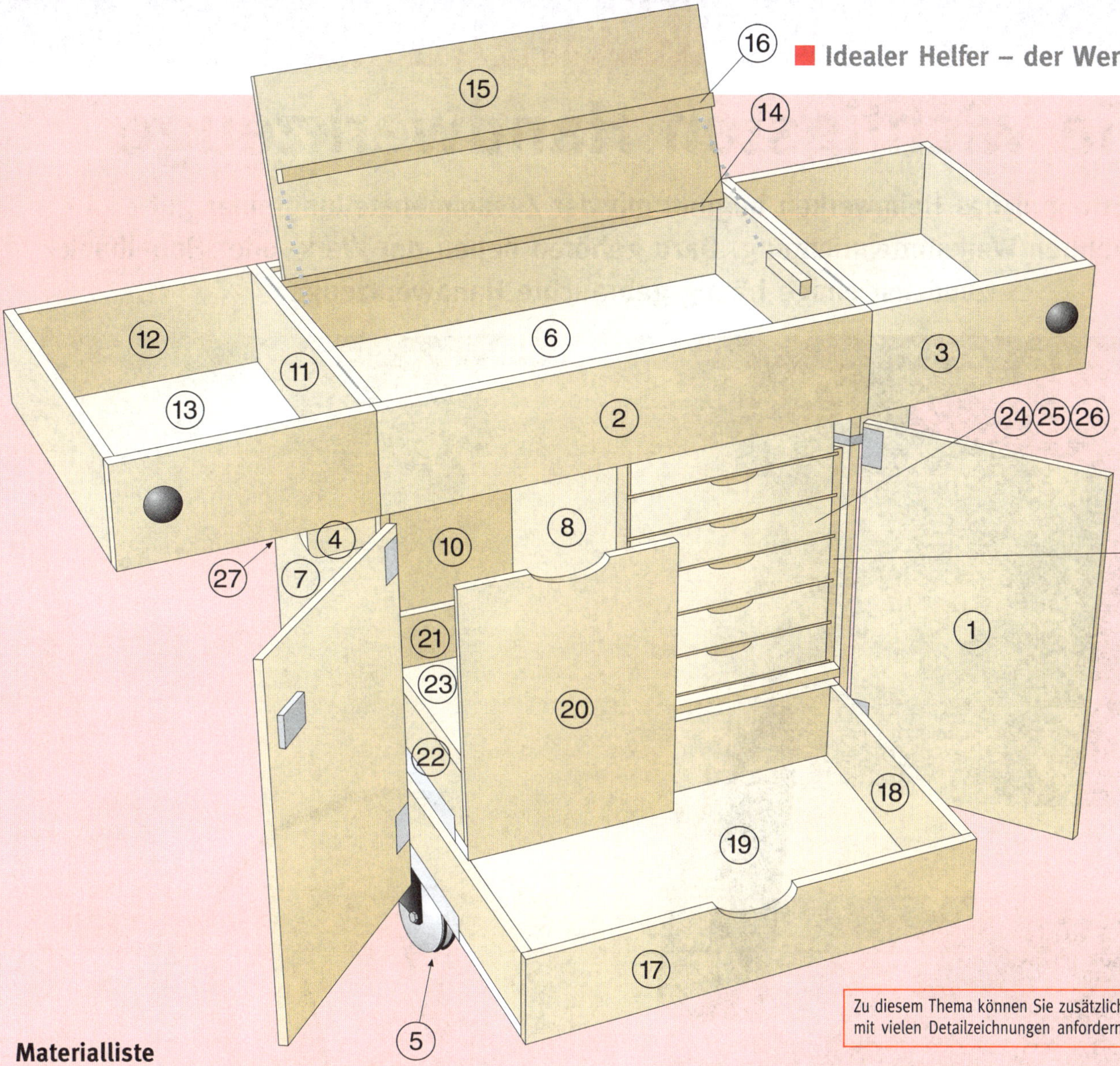

Zu diesem Thema können Sie zusätzlich einen Bauplan mit vielen Detailzeichnungen anfordern (siehe S. 237).

Materialliste

Pos.	Anz.	Bezeichnung	Maße in mm	Material
①	2	Türen	642 x 379	Sperrholz
②	1	Frontblende	760 x 170	18 mm dick
③	2	Frontblenden	380 x 170	
④	8	Lagerteile	100 x 70	
⑤	1	Bodenplatte	730 x 485	Sperrholz
⑥	2	Zwischenböden	730 x 470	15 mm dick
⑦	2	Seitenwände	815 x 485	
⑧	1	Zwischenwand	470 x 450	
⑨	2	Führungsnutenwände	450 x 450	
⑩	1	Rückwand	800 x 730	
⑪	4	Seitenteile	485 x 170	
⑫	2	Rückwände	350 x 170	
⑬	2	Bodenplatten	470 x 350	
⑭	1	Trägerleiste	730 x 30	
⑮	1	Klappe	710 x 300	
⑯	1	Halteleiste	690 x 40	
⑰	2	Front-/Rückwände	705 x 145	
⑱	2	Seitenteile	417 x 145	
⑲	1	Bodenplatte	675 x 417	

Pos.	Anz.	Bezeichnung	Maße in mm	Material
⑳	1	Frontplatte	439 x 325	Sperrholz
㉑	1	Rückwand	325 x 145	15 mm dick
㉒	2	Seitenteile	417 x 145	
㉓	1	Bodenplatte	417 x 295	
㉔	12	Front-/Rückenteile	327 x 60	Sperrholz
㉕	12	Seitenteile	426 x 60	12 mm dick
㉖	6	Bodenplatten	351 x 450	Sperrholz 6,5 mm
㉗	2	Griffstangen	409 lang	Rundstab Ø 35 mm

Sonstiges:
Schubladengefache (pro Schublade): Sperrholz 6,5 mm dick je 2 x 426 x 55 und 303 x 55; Maschinenschublade: Sperrholz 15 mm dick 300 x 300 mm, Sperrholz 6,5 mm dick 420 x 25 mm; Klappenauflager: Sperrholz 18 mm dick 2 x 110 x 20; 4 Lenkrollen mit Montageplatte (zwei feststellbar) Ø 100; 8 Schlossschrauben M8 x 25 mm; 2 Paar Vollauszüge kpl. 450 mm lang; 4 Topfscharniere, Öffnungswinkel 270°; 4 Scharniere 80 x 50 mm (geöffnet); 24 Senkkopfschrauben M4 x 20 mit Scheiben und Hutmuttern; 2 Scharniere 60 x 40 mm (geöffnet); 4 Möbelknöpfe Ø 55; 1 Aufschraubschloss kpl; 2 Zierketten 500 mm lang; Spanplatten-Schrauben; Flachdübel; Holzdübel Ø 8 x 40 mm; Holzleim.

Die wichtigsten Handwerkzeuge

Erfolgreiches Heimwerken beginnt mit der Zusammenstellung einer gut ausgewählten Werkstatteinrichtung. Dazu gehören neben der Werk- oder Hobelbank zunächst einige häufig gebrauchte Handwerkzeuge

Gute Arbeitsergebnisse sind nur mit guten Werkzeugen zu erzielen. Diese Erfahrung macht jeder Heimwerker, wenn er Billigprodukte mit Qualitätserzeugnissen vergleicht. Eine hochwertige Säge beispielsweise liegt gut in der Hand, ist erstklassig geschärft und bleibt auch lange scharf. Das Pendant vom Tisch der Sonderangebote dagegen ist häufig ergonomisch ungünstig geformt, bietet eine deutlich geringere Schnittleistung und wird oft schon nach wenigen Einsätzen stumpf.

Im Folgenden werden die wichtigsten Handwerkzeuge vorgestellt, die Sie zur Bearbeitung von Holz benötigen. Schaffen Sie sich als Anfänger zunächst eine gute Grundausstattung an, die Sie dann bei Bedarf erweitern.

Sägen

Je nach Verwendungszweck weisen die verschiedenen Sägetypen unterschiedliche Zahnformen auf. Grundsätzlich gilt: Je mehr Zähne auf einer bestimmten Länge, desto feiner wird der Schnitt der Säge.

Für grobe, lange Schnitte und zum Querschneiden werden große Fuchsschwänze und Bügelsägen eingesetzt. Mit Rücken- und Feinsägen lassen sich feinere Arbeiten wie das Herstellen von Schlitzen und Zapfen bewerkstelligen. Geschweifte Schnitte erfordern Sägen mit besonders schmalen Blättern.

Als klassische Schreinersäge galt, bevor die Elektrowerkzeuge sich mehr und mehr durchsetzten, die heute kaum noch benutzte Spannsäge. Sie lässt sich mit verschiedenen Blättern bestücken. Mithilfe der drehbaren Griffe kann das Blatt bei der

Ein guter Fuchsschwanz stellt eine Universalsäge dar, geeignet für fast alle Arbeiten, die beim Umgang mit Holz und Holzwerkstoffen anfallen

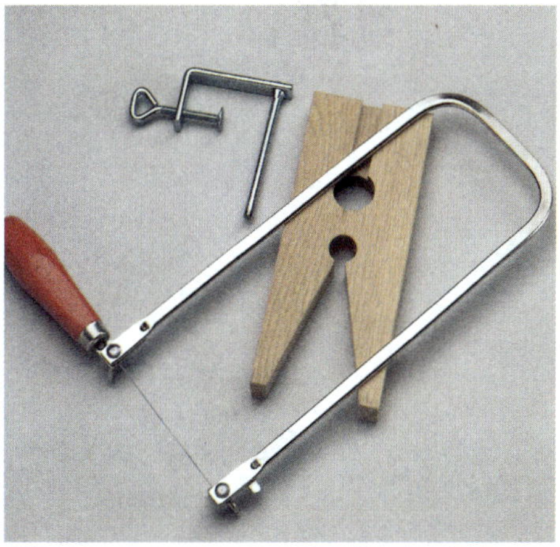

Mit der so genannten Laubsäge lassen sich dünne Bretter und Sperrhölzer trennen. Zum Einfädeln des Sägeblatts wird eine feine Bohrung benötigt

Die Spannsäge kann mit unterschiedlichen Blättern für verschiedenste Einsätze bestückt werden. Mit den drehbaren Griffen lässt sich das Blatt verstellen

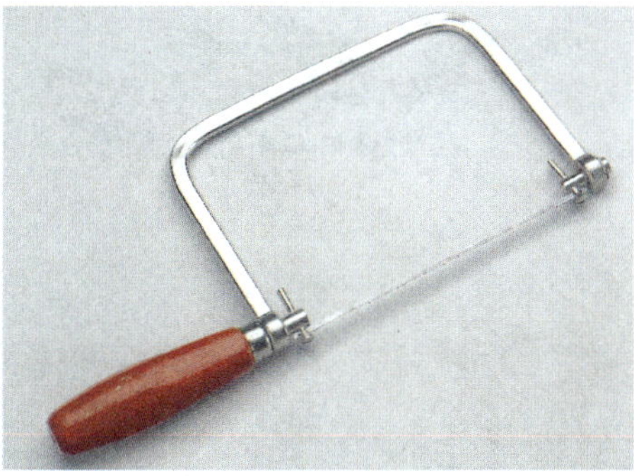

Das schmale Blatt der Formsäge erlaubt geschweifte Schnitte. Ihre Schnitttiefe ist durch den Bügel begrenzt. Sie wird vor allem für Feinarbeiten eingesetzt

Die Stichsäge mit ihrem spitz zulaufenden Blatt kommt zum Einsatz, wo man Bügel- oder Formsägen aufgrund ihrer Schnittbegrenzung nicht verwenden kann

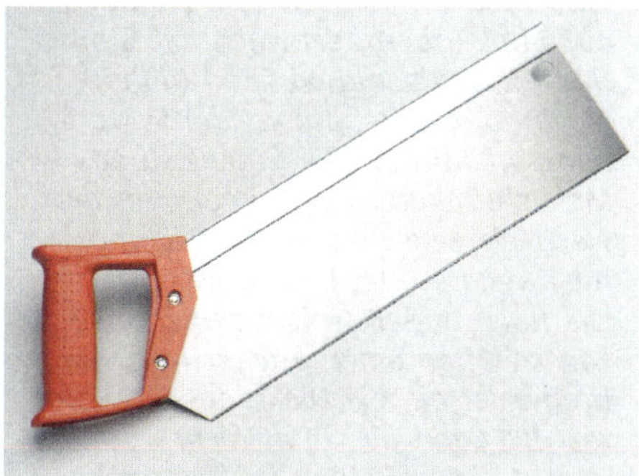

Mit der Rückensäge können Sie besonders exakte Schnitte ausführen – z. B. für Holzverbindungen. Der Rücken ist die Versteifung oben am Blatt

Spannsäge um 360° gewendet und so auf beliebige Schnittwinkel eingestellt werden.

Um besonders diffizile Formen aus dünnen Holzwerkstoffen auszusägen, verwendet man die Laubsäge. Ihr feines Blatt wird mit nach unten weisender Zahnung eingespannt.

Zahnformen bei Handsägen

Bei den Zahnformen gibt es drei Gruppen: „Auf Stoß“ gezahnte Sägen sind besonders gut für lange Trennschnitte geeignet, die Zahnung „schwach auf Stoß“ herrscht bei Universalsägen vor, und beidseitig wirkende Zahnung hat bei Querschnitten Vorteile.

Mit einer feinen Dreieckfeile können Sie stumpf gewordene Sägeblätter nachschärfen. Dazu muss das Blatt knapp zwischen zwei Leisten eingespannt werden, sodass nur die Zähne nach oben herausragen. Jeder Zahn bekommt beim Nachschärfen die gleiche Anzahl Feilstöße.

TIPP ZÄHNE NACHSCHRÄNKEN

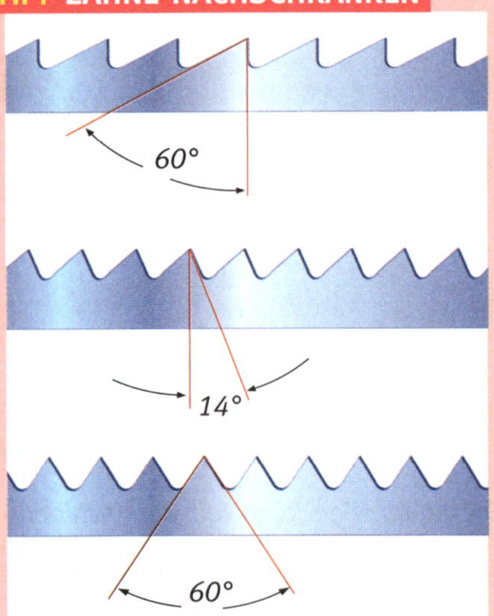

Verschiedene Zahnformen: Zahnung auf Stoß (oben), schwach auf Stoß (Mitte), beidseitig wirkend (unten). Neben der Zahnform ist die Schränkung wichtig für die Sägeleistung. Mit Schränkung bezeichnet man die wechselweise Biegung der Zähne nach rechts oder links außen. Die nach außen weisenden Zahnspitzen schaffen einen Sägeschnitt, der breiter ist als die Dicke des Sägeblattes. So kann das Blatt nicht festklemmen. Geht bei einer häufig benutzten Säge die Schränkung zurück, können Sie die Zähne mit einer Spezialzange nachschränken.

1 Lattenhammer; 2, 4, 5 Schlosserhämmer (500 g, 300 g, 100 g); 3 Schreinerhammer

Hämmer

Drei verschiedene Hämmer sollten Sie auf jeden Fall in Ihrer Werkstatt haben: einen Schreinerhammer von 300 g, einen kleinen 100-g-Hammer sowie einen Schlosserhammer mit 500 g Gewicht. Hammerstiele bestehen aus dem harten, aber zähen Holz der Esche. Sie werden im Hammerkopf durch Holz-oder Metallkeile gesichert.

Für grobe Holzarbeiten wird häufig der so genannte Latten- oder Klauenhammer mit Metallstiel eingesetzt. Zwischen seinen verschieden langen Klauen lassen sich Nagelköpfe fassen, um die Stifte wieder aus dem Holz herauszuziehen.

Mit dem praktischen Latten- oder Klauenhammer lassen sich Nägel unter Einsatz der Hebelwirkung kräftesparend aus dem Holz herausziehen

Hobel

Sägeraue Bretter und Kanthölzer werden durch Hobeln geglättet. Im ersten Arbeitsgang trägt man mit dem Schropphobel grobe Späne ab. Dann wird mit dem Schlichthobel nachgearbeitet. Mit der Raubank, einem Hobel mit besonders langer Sohle, heben Sie schließlich ganz feine Späne ab und geben so dem Werkstück den letzten Schliff.

Da man als Heimwerker meist bereits gehobelte Hölzer verwendet, reicht für die wenigen anfallenden Arbeiten ein Universalhobel. Dieses Werkzeug besteht im Gegensatz zu den aus Buchenholz gefertigten Schreinerhobeln ganz aus Metall. Seine Klinge lässt sich mit einer Stellschraube auf die gewünschte Schnitttiefe einstellen. Stumpf gewordene Messer werden gegen preiswerte neue ausgetauscht. Das Nachschärfen lohnt sich daher beim Universalhobel nicht.

Ebenfalls für den universellen Einsatz geeignet ist der so genannte Doppelhobel (große Grafik rechts). Dieses ganz aus Buchenholz gefertigte Werkzeug besitzt eine über dem eigentlichen Hobeleisen sitzende Eisenplatte (Klappe), die den abgehobenen Span bricht und so verhindert, dass das Holz ausreißt.

Das Hobeleisen sollte etwa 1 mm über die Sohle des Werkzeugs herausragen. Die Klappe wiederum muss so eingestellt sein, dass sie 1 mm über der Schneide sitzt. Ein wenig Wachs auf der Sohle des Hobels lässt das Werkzeug leicht über das Holz gleiten.

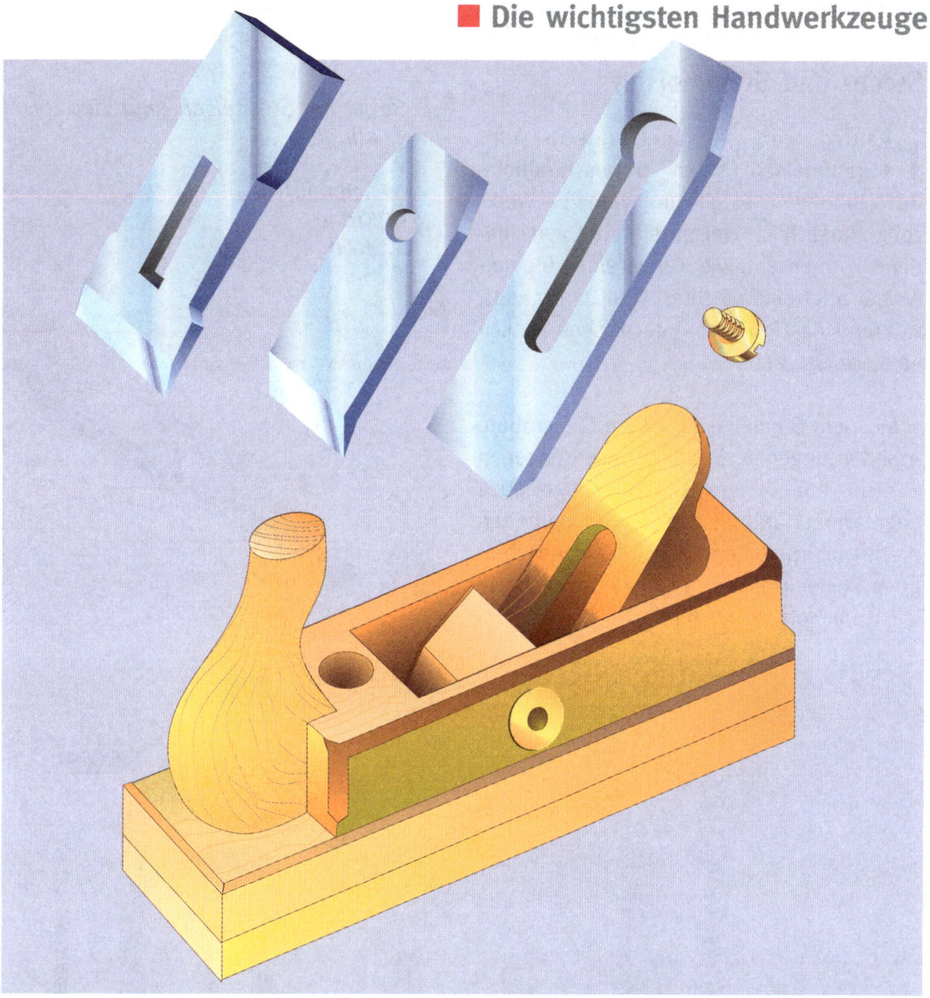

Der Doppelhobel ist mit Keil, Klappe und Hobeleisen (von links nach rechts) bestückt. Eine Schraube verbindet Klappe und Hobeleisen

Der von der Klinge des Doppelhobels abgehobene Span wird durch die direkt darüber sitzende Klappe gebrochen. So kann das Holz nicht ausreißen

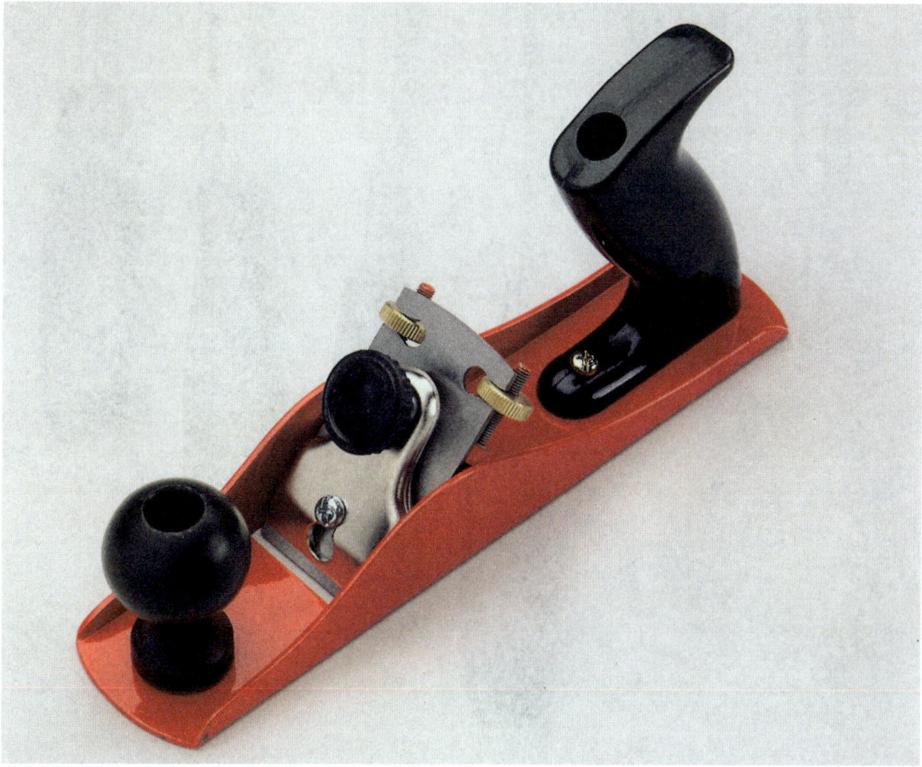

Der so genannte Universalhobel besteht ganz aus Metall. Mittels einer Stellschraube wird seine Schnitttiefe bei Bedarf verändert

Stech- und Stemmeisen

Häufig wird vermutet, Stech- und Stemmeisen seien unterschiedliche Bezeichnungen für ein und dasselbe Werkzeug. Tatsächlich weisen sie aber verschiedene Formen auf. Die Klinge eines Stemmeisens zeigt einen rechteckigen Querschnitt, während das Profil des Stecheisens seitlich abgeschrägt ist.

Mit dem Stemmeisen sollten Sie grobere Arbeiten angehen. Das Stecheisen dagegen erreicht mit seiner gefasten Klinge auch enge Winkel und ist damit für Feinarbeiten prädestiniert. Zudem bewirkt die Abschrägung seiner Flanken, dass es sich nicht so leicht im Holz festklemmt.

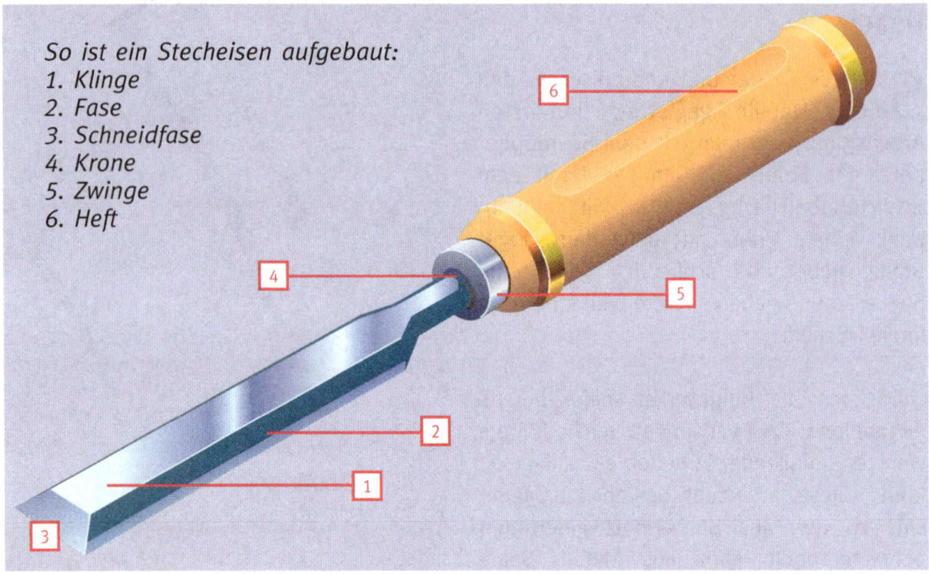

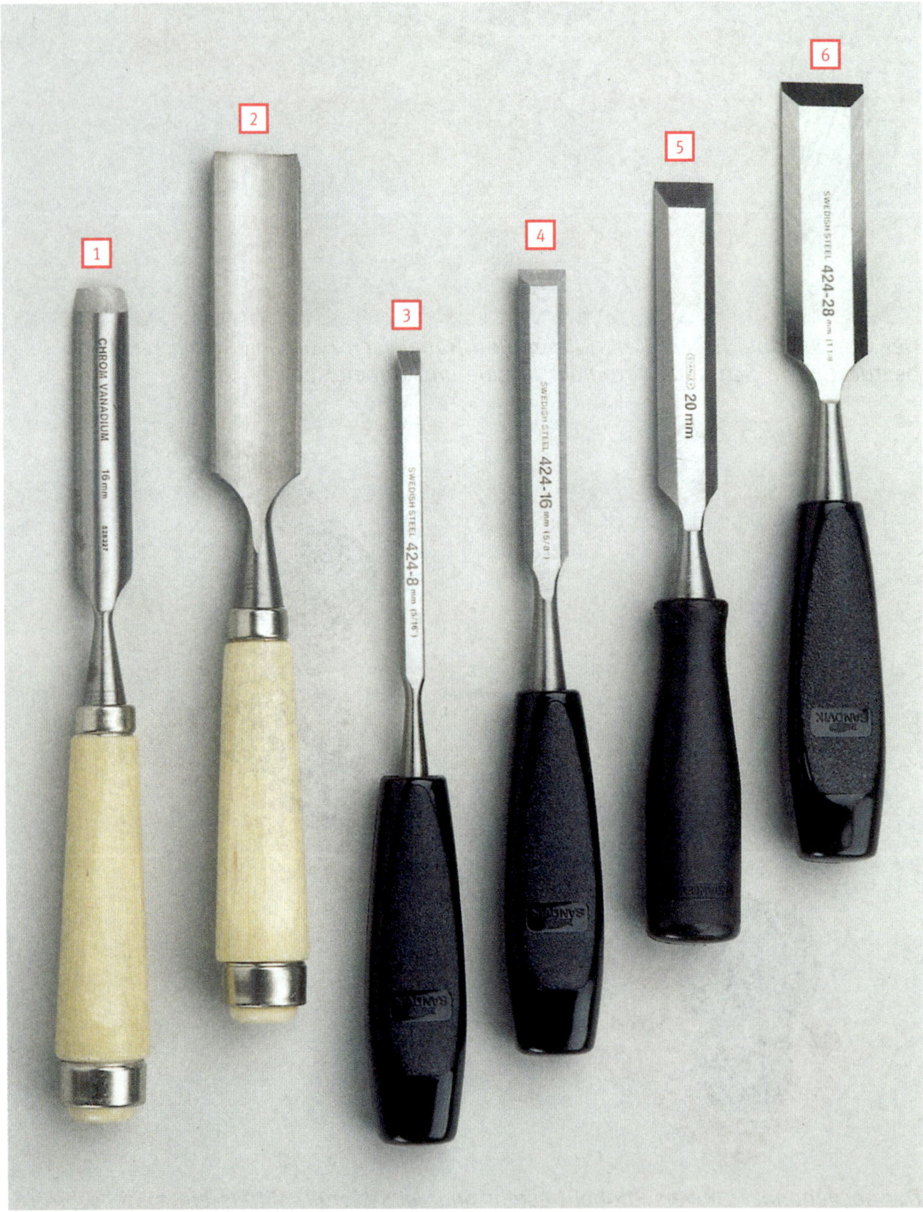

Eisentypen: 1 und 2 Hohlbeitel mit Holzheft, 3 bis 6 Stecheisen mit Kunststoffheft

Beide Werkzeugtypen gibt es ab 4 mm Breite in jeweils um 2 mm steigenden Abmessungen. Zur Standardausrüstung gehören vier Stecheisen von 6, 10, 16 und 20 mm Breite.

Raspeln

Zum Bearbeiten von Holzkanten benötigen Sie Raspeln mit verschiedenen Querschnitten. In der Regel kommen Sie aber mit einer 25 cm langen Halbrundraspel aus. Zum Bearbeiten von Löchern und feinen Kurven sollte eine Rundraspel dazu kommen. Besonders hohe Abtragsleistung bringen Surform-Werkzeuge. Sie vereinen die Vorteile einer Feile mit denen eines Hobels. Zwischen ihren schräg angeordneten Schneiden befinden sich Schlitze, durch die die anfallenden Späne abgeführt werden.

Feilen

Stehen feinere Formarbeiten an Holzkanten an, setzen Sie statt der Raspel eine eigentlich zum Glätten von Metall vorgesehene Feile ein. Eine halbrunde Allzweckfeile von 25 cm Länge mit mittelfeinem Hieb ist für die meisten Arbeiten gut geeignet.

Mit der Halbrundfeile werden Kanten gebrochen und Ecken abgerundet

Raspeln (von oben nach unten): Surform-Werkzeug mit Hobelgriff, Surform-Werkzeug mit Feilengriff, Halbrundraspel, Rundraspel

Schaber und Klingen

Gehobelte Holzoberflächen können vor dem Polieren mit einer breiten Ziehklinge aus Stahl geglättet werden. Dieses Profiwerkzeug muss jedoch häufig nachgeschliffen werden. Der Heimwerker sollte besser mit Schleifpapier arbeiten, das über einen Korkblock gespannt wird.

Gilt es jedoch, alte Lackschichten mechanisch abzutragen, stellen Schaber mit Stahlklingen das ideale Werkzeug dar. Mit dem Schaber gelangen Sie in alle Ecken, die ein Band- oder Winkelschleifer nicht erreicht.

Schaber mit auswechselbaren Klingen zum Säubern und Glätten

Schraubendreher

Sehr häufig werden Verbindungen zwischen Holz- oder Metallteilen durch Schrauben hergestellt. Entsprechend oft müssen Sie die passenden Schraubendreher einsetzen. Weil bei diesen Werkzeugen große Belastungen auf die Klingenspitzen einwirken, müssen sie aus besonders hochwertigem Material bestehen. Um Schraubendreherklinge und Schraubenkopf vor unnötigem Verschleiß zu bewahren, sollten Sie stets die genau zum Schlitz der Schraube passende Klinge verwenden.

So genannte Drillschraubendreher, bei denen die Rechts- oder Linksdrehung durch senkrechten Druck auf das Werkzeug erzeugt wird, besitzen ein Spannfutter, in das verschiedene Klingen eingesetzt werden können.

Seit Einführung der selbstschneidenden Spanplattenschrauben mit Kreuzschlitz werden die entsprechenden Kreuzschlitzschraubendreher immer häufiger verwendet. Achten Sie hier auf den Schlitztyp. Neben dem vorherrschenden Pozidrive-Schlitz gibt es noch immer Schrauben mit dem älteren Philips-Schlitz. Die Pozidrive-Ausführung besitzt die günstigere Geometrie. Das Schraubwerkzeug zentriert sich besser und hat eine wirksamere Kraftübertragung. Dadurch ist der beim Schrauben erforderliche Anpressdruck auch geringer. Benutzt man den falschen Kreuzschlitzschraubendreher, werden sowohl Klinge als auch Schraubenschlitz beschädigt.

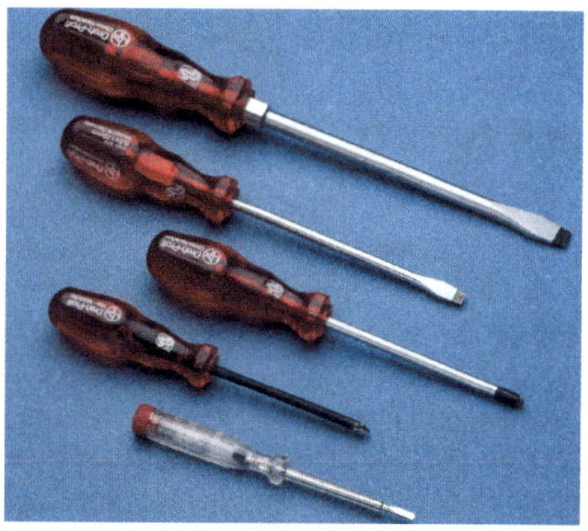

Schraubendreher-Grundausstattung: zwei Schlitz- und zwei Kreuzschraubendreher sowie ein Phasenprüfer

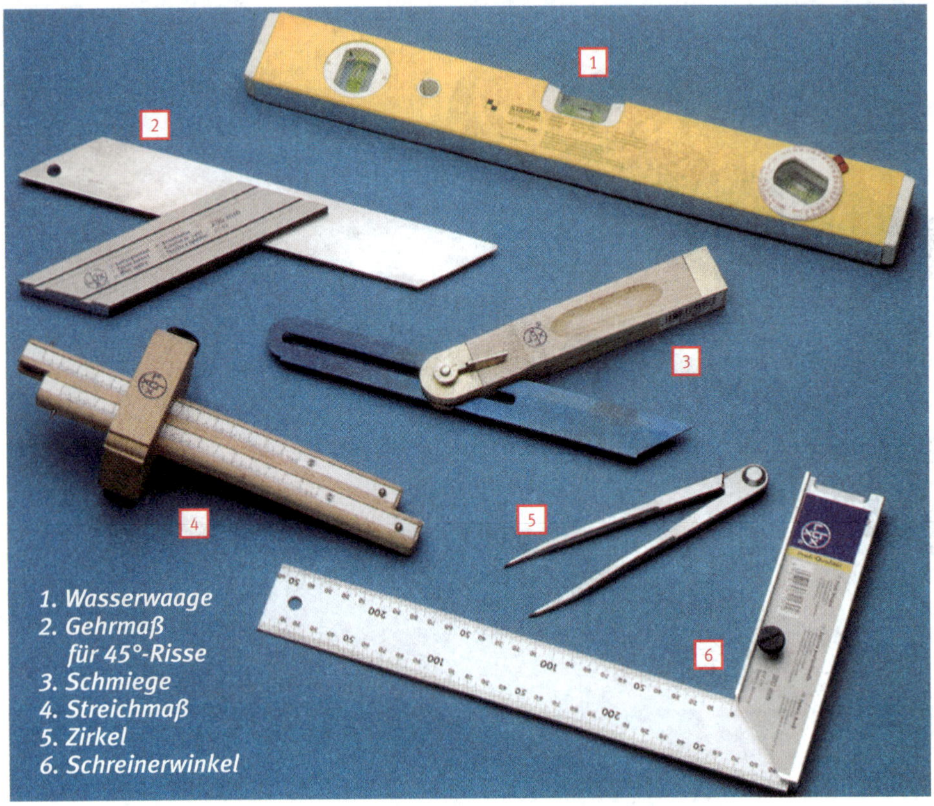

1. Wasserwaage
2. Gehrmaß für 45°-Risse
3. Schmiege
4. Streichmaß
5. Zirkel
6. Schreinerwinkel

TIPP ELEKTRONISCH MESSEN

Laser-Entfernungsmesser können heute beim Ausmessen von Räumen vielfach das klassische Anlegen von Gliedermaßstab oder das Ausrollen eines Bandmaßes ersetzen. Die Messwerte lassen sich sogar auf den Computer übertragen.

Werkzeuge zum Messen und Anreißen

Wichtigstes Messwerkzeug ist der Gliedermaßstab, gemeinhin Zollstock genannt. Ein guter Zollstock besitzt stabile Blechgelenke, die man gelegentlich ölen sollte. Sehr praktisch ist als Ergänzung ein Rollenbandmaß mit zweifacher Längenmarkierung: einmal am Rollenanfang beginnend, zum zweiten in einem Abstand vom Rollenanfang beginnend, der dem Gehäuseaußenmaß entspricht. Mit einem solchen Bandmaß können Sie ganz bequem die Innenmaße von Kästen, Türfuttern usw. abnehmen.

Ein Stechzirkel wird in der Werkstatt benötigt, wenn es darum geht, mehrfach wiederkehrende Maße abzugreifen oder Kreise bzw. Kreissegmente anzureißen.

Zum Anreißen rechter Winkel gibt es Anschlagwinkel in verschiedenen Größen. 45°-Gehrungen werden mit Hilfe des Gehrmaßes (einem fest auf 45° stehenden Anschlagwinkel) oder einer auf 45° eingestellten Winkelschmiege markiert. Die verstellbare Schmiege kann überdies beliebige Winkel an vorhandenen Bauteilen abnehmen, um sie dann exakt auf andere Teile zu übertragen.

Sollen Striche parallel zu gegebenen Kanten gezogen werden, benutzen Sie ein Streichmaß. Es besteht aus ein oder zwei beweglich in einem Anschlagklotz gelagerten Stäben mit eingesetzten Reißnadeln. Das Streichmaß wird vor allem bei konstruktiven Holzverbindungen zum Anreißen von Schlitzen, Zapfen oder Schwalbenschwänzen verwendet (siehe auch S. 89.)

Zwingen zum Fixieren und Zusammenpressen

Am häufigsten werden Zwingen benötigt, um Holzteile beim Verleimen fest aufeinander zu pressen. Daneben brauchen Sie Zwingen auch immer wieder, um Werkstücke beim Sägen, Bohren oder Anreißen in einer bestimmten Position zu fixieren.

Besonders vielseitig einsetzbar sind Schraubzwingen. Sie werden in verschiedenen Spannweiten und Auslegungen angeboten. Ab einer Spannweite von 40 cm nennt der Fachmann sie Schraubknechte.

Um empfindliche Holzoberflächen beim Spannen zu schützen, legt man Zulagen aus Sperrholz unter.

Für leichtere Spannarbeiten können Sie statt Schraubzwingen auch Klemm- oder Exzenterzwingen benutzen. Bei diesen

Hier wird das Streichmaß benutzt, um einen Zapfen anzureißen. Man markiert zuerst das Zapfenende mit dem Schreinerwinkel. Dann zieht man parallel zur Längskante des Werkstücks mit den Reißnadeln des Streichmaßes die Flanken des Zapfens. Der Zapfen muss etwa ein Drittel der Gesamtmaterialstärke messen

Werkzeugen besitzt der bewegliche Spannarm eine Spannbacke aus Hartholz, die durch Umlegen eines Exzenterhebels auf das Werkstück gedrückt wird.

Zum Verleimen auf Gehrung geschnittener Leisten, beispielsweise für einen Bilderrahmen, verwendet man spezielle Gehrungszwingen. Variabel einsetzbar sind Rahmenspanner, die aus einem flexiblen Band, vier Kunststoffecken und einer Spannvorrichtung bestehen. Damit lassen sich beliebig große Bilderrahmen problemlos verleimen.

Als Alternative zu Gehrungszwingen und Rahmenspannern werden auch Gehrungsklammern verwendet, die man mithilfe einer speziellen Spreizzange ansetzt. Sie hinterlassen allerdings feine Löcher in den Rahmenteilen, die man zuspachteln muss.

Spannwerkzeuge (von links nach rechts): Schraubzwingen klein und mittel, Klemmzwinge mit Exzenterhebel

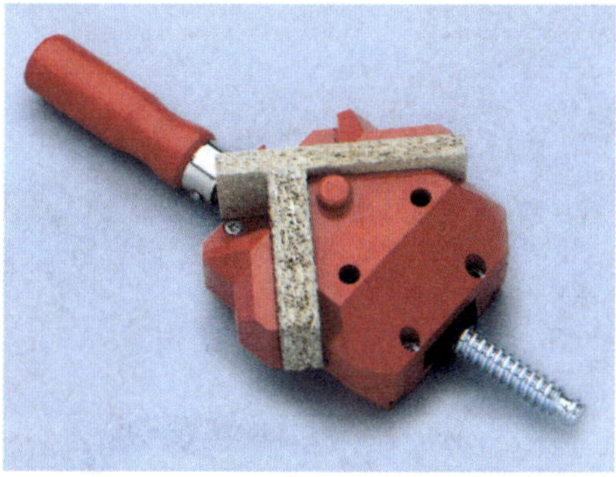

Mithilfe eines solchen Winkelspanners können Sie Leisten exakt in einem Winkel von 90° zum Verleimen zusammenfügen und gegeneinander pressen

Mit insgesamt sieben Klemmzwingen werden hier einzelne Bretter zu einer massiven Holzplatte miteinander verleimt

So genannte Rahmenspanner sind für den Bau von Bilder- und Spiegelrahmen unerlässlich. Ihre Kunststoffecken verhindern, dass die Gehrungen verrutschen

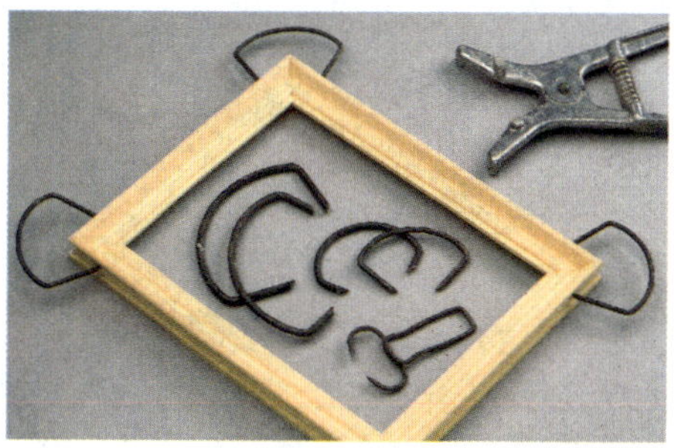

Gehrungsklammern fasst man mit der zum System gehörenden Spreizzange und setzt sie dann unter Spannung auf die zu verleimenden Rahmenecken

Elektrowerkzeuge für die Holzbearbeitung

Aus der professionellen Schreinerwerkstatt wie aus dem Hobbykeller sind Elektrowerkzeuge für die Holzbearbeitung nicht mehr wegzudenken. Bei der Anschaffung sollten Sie auf Qualität achten. Billigprodukte bringen oft keine guten Arbeitsergebnisse

Bevor es für nahezu jedes Einsatzgebiet ein spezielles Elektrowerkzeug gab, war die elektrische Bohrmaschine quasi ein Universalgerät. Sie wurde nicht nur zum Bohren eingesetzt, sondern konnte mit den verschiedensten Vorsätzen auch schleifen, fräsen, sägen usw.

Die heutige Palette der Spezialwerkzeuge für die Holzbearbeitung unterscheidet sich im Heimwerkersektor kaum noch von den Profimaschinen. Die Geräte bieten vergleichbare Leistungen und selbstverständlich einen ebenso hohen Sicherheitsstandard.

Obwohl die verschiedenen handgeführten Elektrowerkzeuge für ganz unterschiedliche Einsatzgebiete konstruiert sind, besitzen sie doch fast alle das gleiche Antriebs-Herz: den so genannten Universalmotor. Die Drehzahl dieses Motors liegt bei 20.000 bis 30.000 Umdrehungen pro Minute. Um diese hohe Drehzahl bei Bedarf für die entsprechenden Einsatzgebiete zu reduzieren und zu regeln, werden mechanische Getriebe sowie elektronische Bauteile eingebaut.

Handkreissäge

Was bei den Handsägen der Fuchsschwanz, ist bei den Elektrowerkzeugen die Handkreissäge. Sie wird für lange, gerade Schnitte in Holz eingesetzt. Der Motor sitzt bei diesem Elektrowerkzeug auf einer Führungsplatte, die Sie zur Veränderung von Schnitttiefe und Schnittwinkel verstellen können. Beim Kauf ist zu beachten, dass sich die Schnitttiefe bei Gehrungsschnitten durch die Schrägstellung deutlich verringert.

Das sich mit hoher Geschwindigkeit drehende Sägeblatt der Handkreissäge birgt eine nicht zu übersehende Verletzungsgefahr. Daher sind die Sicherheitseinrichtungen bei diesem Werkzeug besonders wichtig. Der so genannte Spaltkeil verhindert, dass sich der Schnitt hinter der Maschine zusammenzieht und das Sägeblatt einklemmt. Die Schutzhaube deckt das Sägeblatt zunächst vollständig ab und wird erst zurückgeschwenkt, wenn es Stück für Stück ins Material eintaucht. Wichtig ist auch eine Einschaltsperre, die ein versehentliches Einschalten der Handkreissäge verhindert.

Damit Sie immer eine materialgerechte Drehzahl wählen können, sollte eine Handkreissäge mit Drehzahlvorwahl, besser noch mit zusätzlicher elektronischer Drehzahlstabilisierung ausgestattet sein.

Zur Führung der Maschine am Werkstück dient der zur Grundausstattung gehörende Parallelanschlag. Für wesentlich höhere Präzision beim Sägen sorgt allerdings eine Führungsschiene, die passend zur Handkreissäge angeboten wird. Die Führungsschiene wird mit Zwingen am Werkstück festgeklemmt. Meist kann sie auch zur Führung einer Oberfräse eingesetzt werden.

Handkreissäge

Für lange gerade Schnitte in Brettern und Platten aus Holzwerkstoffen bietet sich die Handkreissäge an. Sie wird mit beiden Händen geführt

Neben Holz schneidet die Handkreissäge auch Kunststoffe wie Acryl oder auch Aluminium oder Kupfer. Man muss nur das passende Sägeblatt wählen

Zur Grundausstattung jeder Handkreissäge gehört ein Parallelanschlag, der auf den jeweils gewünschten Abstand zur Werkstückkante eingestellt wird

So schneidet die Handkreissäge präzise wie ein stationäres Tischgerät: Die Maschine wird auf einer fest angespannten Sägeschiene aus Alu entlanggeführt

Kurvenschnitte sind für die Stichsäge kein Problem. Es gibt spezielle Kurvensägeblätter. Je enger die Radien sind, desto schmaler sollte das Sägeblatt sein

Für feine Laubsägearbeiten spannen Sie die Stichsäge einfach unter einen als Zubehör erhältlichen Sägetisch. Dann haben Sie ein Stationärgerät

Die Stichsäge ist ein Alleskönner

Mit einer Handkreissäge können Sie nur gerade Schnitte bewältigen. Die Stichsäge dagegen ist auch für Kurvenschnitte geeignet. Nach der Bohrmaschine ist sie in der Regel das wichtigste Elektrowerkzeug für den Heimwerker. Sie können damit saubere Parallelschnitte, diverse Gehrungsschnitte und eben auch Kurvenschnitte durchführen. Für Gehrungsschnitte kann die Fußplatte der Maschine bis 45° zu beiden Seiten geschwenkt werden.

Hat das Gerät eine Steuerelektronik, können Sie die Hubzahl genau an das jeweilige Material anpassen. Beim Sägen von Metall braucht man niedrige Hubzahlen, bei Kunststoffen und Sperrholz mittlere und bei Massivholz und Spanplatten hohe Hubzahlen.

Die Schnittleistung lässt sich bei hochwertigen Geräten durch eine zuschaltbare Pendelhubeinrichtung verbessern. Bei dieser Technik wird das Sägeblatt in der Abwärtsbewegung vom Werkstück weggeschwenkt, um die Reibung zu verringern und die Spanabführung zu verbessern. In der Aufwärtsbewegung drückt sich das Blatt dann wieder nach vorn.

Elektrofuchsschwanz

Wenn Sie eine Säge für alle Fälle brauchen, so stellt der Elektrofuchsschwanz eine echte Bereicherung Ihrer Werkzeugausrüstung dar. Dieser Sägetyp wurde im Profibereich entwickelt: speziell für das Durchtrennen von Hölzern und Metallprofilen, die sich nicht in die Werkbank einspannen lassen. Man setzt die Anschlagplatte gegen das Werkstück, und mit jedem Hub des sich in axialer Richtung bewegenden Blatts frisst sich die Säge ins Material hinein. Wenn Sie ein flexibles Bi-Metall-Sägeblatt verwenden, können Sie alte Installationsrohre mit dem Elektrofuchsschwanz sogar bündig zur Wand absägen.

Ein neuerer Sägetyp ist die Universalsäge (auch Tandemsäge genannt) mit feststehendem Sägeblatt und beweglichen Zahnreihen. Das starre Blatt garantiert eine präzise Führung beim freihändigen Durchtrennen von Balken und Kanthölzern. Mit dem passenden Sägeblatt bestückt kann eine solche Säge aber auch Kunststoff sägen, sogar zum Zuschneiden von Porenbeton wird sie auf der Baustelle eingesetzt.

Elektrofuchsschwanz

Der Elektrofuchsschwanz kann mit unterschiedlichen Sägeblättern bestückt werden. Er durchtrennt Holz (hier eine Arbeitsplatte), Metall und Kunststoffe

Wenn Sie den Elektrofuchsschwanz statt mit einem Sägeblatt mit einer Raspel bestücken, wird er zum idealen Helfer bei zahlreichen Feinarbeiten

Universalsäge

Der Spezialist für freihändig geführte Präzisionsschnitte in Holz und Holzwerkstoffen: die Universalsäge mit starrem Blatt und beweglichen Zahnreihen

So wird das Ablängen von Brettern zum Kinderspiel: Man spannt einen ganzen Brettstapel zusammen und schneidet mit der Tandemsäge in einem Zug durch

Die Tandemsäge mit starrem Sägeblatt und beweglichen Zahnreihen spielt ihre Vorteile beim Zuschneiden von Balken und Kanthölzern aus. Hier wird ein Balken ausgeklinkt, um eine konstruktive Holzverbindung herzustellen

Oberfräse mit fest angebautem Fräskorb

Oberfräse, bei der Motor und Fräskorb voneinander getrennt werden können

Oberfräse

Die Oberfräse wird oft als das vielseitigste und kreativste Gerät unter den Elektrowerkzeugen bezeichnet. Sie können damit fälzen, profilieren, nuten, bohren und nach vorbereiteten Schablonen fräsen (siehe auch Seite 92).

Das Spannfutter, in dem das Werkzeug sitzt, wird bei der Oberfräse über die Motorspindel direkt in eine Drehbewegung von bis zu 27.000 Touren versetzt. Die Frästiefe bestimmt man durch Absenken des Motorteils in dem beweglich damit verbundenen Fräskorb. Bei einigen Geräten bilden Motorteil und Fräskorb eine untrennbar verbundene Einheit. Bei anderen kann der Motorteil gelöst und zum stationären Arbeiten in einen Bohr- und Fräsständer montiert werden. Zur Führung an der Werkstückkante ist die Oberfräse mit einem Parallelanschlag ausgestattet. Ein Kurvenanschlag mit Rolle erlaubt auch das Bearbeiten geschweifter Kanten. Mit der Kreisführung stellen Sie kreisförmige Nuten und Profilierungen her.

Eingespannt in einen Bohr- und Fräsständer, wird die Oberfräse zum Stationärgerät, mit dem Sie beispielsweise Leisten profilieren können

Die zur Verfügung stehenden Fräswerkzeuge sind sehr unterschiedlich konstruiert. Alle Fräser, die senkrecht ins Holz eintauchen können, besitzen eine angeschliffene Stirnseite, mit der sie sich zunächst ins Material bohren. Der seitliche Schliff trägt dann beim Vorschub des Fräsers die Späne ab. Nur für die Kantenbearbeitung vorgesehene Fräser können nicht eintauchen. Billige Fräser bestehen aus Hochleistungs-Schnellschnittstahl (HSS-Fräser). Um ein Mehrfaches teurer sind hartmetallbestückte Werkzeuge (HM-Fräser). Sie halten dafür bis zu 25-mal länger.

Bohrmaschine

Die Schlagbohrmaschine ist das wichtigste Elektrowerkzeug für den Heimwerker. Er kann damit bohren, schrauben und sogar Gewinde schneiden. Ideal für den universellen Einsatz ist eine mittelschwere Maschine mit rund 600 Watt Leistung. Die Drehzahl sollte vorwählbar sein.

Wenn Sie unabhängig von der Steckdose arbeiten wollen, sollte als Ergänzung Ihrer Ausrüstung ein akkubetriebener Bohrschrauber nicht fehlen. Mittlerweile werden auch viele weitere Elektrowerkzeuge mit Akkuantrieb angeboten – von der Stichsäge bis hin zum Exzenterschleifer. Ob sich die Anschaffung solcher Geräte lohnt, muss individuell erwogen werden.

Das Bohrfutter einer Standard-Bohrmaschine spannt Werkzeuge bis 16 mm Durchmesser. Für präzise Bohrungen braucht man einen Bohrständer. Damit können Sie die Bohrtiefe einstellen und die Maschine millimetergenau absenken. Kleinere zu bohrende Teile lassen sich im Maschinenschraubstock sicher fixieren.

Die Bohrmaschine bohrt Löcher in Holz, aber auch in Metall und andere Werkstoffe

Elektrohobel

Während beim Hobeln mit dem Handwerkzeug Zug um Zug feine Späne abgehoben werden, tragen beim Elektrohobel zwei auf einer rotierenden Welle montierte Messer die Späne von der Holzoberfläche ab. Die Hobelbreite beträgt bei den meisten Geräten 82 mm, die Spantiefe lässt sich in der Regel stufenlos von 0–3 mm einstellen.

Haupteinsatzgebiet des Elektrohobels ist das Abrichten (Glätten) von Holzoberflächen. Die Messerwelle dreht sich dabei mit hohen Touren. Man muss die Maschine bei geringer Spantiefe vorsichtig über das Werkstück führen, damit keine Riefen entstehen. Um saubere Ergebnisse zu erzielen, sollte das Werkstück nicht breiter sein als die Messer des Werkzeugs.

Ein weiteres typisches Einsatzgebiet ist das Fälzen von Werkstückkanten. Der Parallelanschlag wird auf die gewünschte Falzbreite eingestellt. Dann arbeitet man bei geringer Spantiefe und zügigem Vorschub in mehreren Gängen, bis die gewünschte Falztiefe erreicht ist.

Glätten eines sägerauen Balkens mithilfe des Elektrohobels

Der Schwingschleifer liefert den feinsten Maschinenschliff

Exzenterschleifer sind leistungsstark und vielseitig einsetzbar

Schwingschleifer und Exzenterschleifer

Die Oberflächenbehandlung von Werkstücken aus Holz beginnt stets mit dem gründlichen Schleifen. Das klassische Elektrowerkzeug ist hier der Schwingschleifer, auch Sander genannt. Sein Schleifteller wird durch einen exzentrischen Antrieb in kreisförmige Schwingungen versetzt. Führt man das Gerät mit geringem Druck in geraden Bahnen in Richtung des Faserverlaufs, entsteht ein sehr feines Schliffbild, das dem Handschliff sehr nahe kommt.

Ein mittlerweile sehr beliebtes Schleifwerkzeug, das ursprünglich aus dem Profibereich kommt, ist der Exzenterschleifer. Während beim Schwingschleifer die Schleifbewegung in Kreisen erfolgt, vereint der Exzenterschleifer zwei Schleifbewegungen in einem Arbeitsgang: die Schleiftellerrotation und die Rotation des Schleiftellers um die Antriebsachse des Geräts. Das Ergebnis ist ein besonders hochwertiges Schliffbild bei starker Abtragsleistung. Ein weiterer Vorteil: Der flexible Schleifteller des Exzenterschleifers kann auch gewölbte und konkave Flächen bearbeiten.

Dreieckschleifer für Feinarbeiten

Wenn Sie beim Schleifen in enge Ecken und Winkel gelangen wollen, empfiehlt sich die Anschaffung eines Dreieckschleifers, auch Deltaschleifer genannt. Seine dreieckige Schleiffläche mit der nach vorn weisenden Spitze säubert und glättet überall dort, wo Sie sonst nur mühsam mit einem passenden Schleifklotz in Handarbeit hingelangen. Zubehör wie Lamellenschleifvorsatz und Schleifzunge erweitern die Einsatzgebiete des Gerätes.

Bandschleifer für Arbeiten mit hoher Abtragsleistung

Für den Fall, dass es auf besonders hohe Abtragsleistung ankommt, ist der Bandschleifer den eher für Feinarbeiten geeigneten Schwing- und Exzenterschleifern deutlich überlegen. Ein in sich geschlossenes Schleifband läuft bei dieser Maschine über eine Antriebs- und eine Umlenkwalze. Ein großer Vorteil des Bandschleifers liegt darin, dass man ihn stationär montieren kann. Sie können dann kleinere Werkstücke bequem an das Schleifband heranführen.

Wo andere Elektroschleifgeräte nicht hingelangen, sammelt der Dreieckschleifer Punkte. Seine Spitze können Sie in enge Ecken und Winkel führen

Als Zubehör zum Dreieckschleifer gibt es einen Lamellenschleifvorsatz, der das Arbeiten bei engen Zwischenräumen wie an Holzjalousien möglich macht

Ein weiteres Zubehör des Dreieckschleifers ist die so genannte Schleifzunge. Damit können Sie beispielsweise runde Ausschnitte problemlos nachbearbeiten

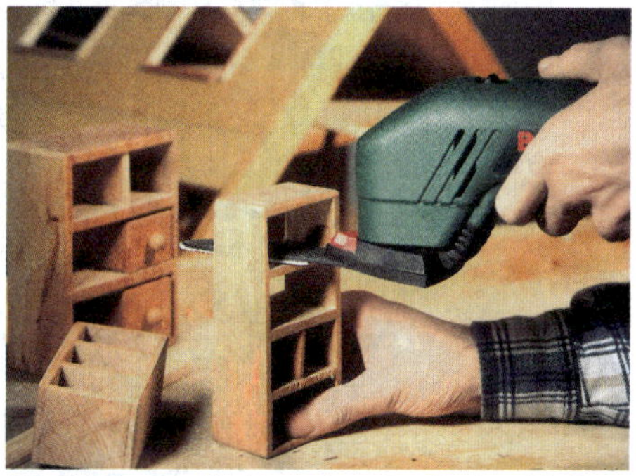

Modellbauer haben den Dreieckschleifer mit Schleifzunge längst für sich entdeckt. Das feine Werkzeug ist besonders vielseitig einsetzbar

Hohe Abtragsleistung – z. B. beim Entfernen von Farbe – ist die Domäne des Bandschleifers

Produkte für die Oberflächenbehandlung

Die Fertigstellung eines jeden Holzmöbelstücks endet mit der Oberflächenbehandlung. Hierbei wird in mehreren Durchgängen geschliffen – von grob bis fein

Zum Oberflächenschliff eignen sich verschiedene Materialien. Stahlwolle, Abziehklinge und Schleifpapier erhalten Sie in unterschiedlichen Ausführungen

Ein wichtiger Teil der Oberflächenbehandlung ist das Schleifen. Holzflächen werden durch den Schleifvorgang geglättet und für den Auftrag von Lack, Lasur oder Wachs vorbereitet. Mit dem Schleifmaterial werden feinste Holzfasern von der Oberfläche abgetrennt, wodurch die glatte Optik entsteht. Neben dem häufig eingesetzten Schleifpapier bietet der Handel auch noch Stahlwolle und – für besonders grobe Arbeiten – Abziehklingen an.

Ganz gleich, für welches Schleifmaterial Sie sich entscheiden, gilt es, einige grundlegende Dinge zu beachten. Zum ersten muss man wissen, dass beim Schleifen nicht alle Späne abgetrennt werden, einige werden auch nur angedrückt. Um auch diese Späne im letzten Schleifgang zu erwischen, empfiehlt es sich, die Holzoberfläche vorher mit warmem Wasser zu benetzen. Die Feuchtigkeit führt dazu, dass sich die angedrückten Späne wieder aufrichten. Ist die Holzoberfläche getrocknet, können Sie auch die letzten Späne sauber abschleifen.

Zum zweiten ist es ratsam, stets in Richtung der Maserung zu schleifen. Andernfalls entstehen leicht Kratzer auf der Oberfläche. Außerdem sollte man nicht zu viel Druck ausüben, da man so den bereits angesprochenen Effekt, dass sich Späne andrücken, noch erhöht. Drittens sollten Sie den beim Schleifen unvermeidlichen Staub so schnell wie möglich von der Oberfläche abnehmen, weil er die weitere Spanabnahme behindert. Entfernen Sie den Staub mit einem Tuch, einer Bürste oder mit Druckluft.

Am häufigsten eingesetzt: das klassische Schleifpapier

Schleifpapier erhalten Sie in Bögen oder Rollen. Farbe und Trägermaterial sind meist ohne Bedeutung – worauf es ankommt, ist die Körnung. Hinweise auf den Körnungsgrad eines Papiers finden Sie

TIPP PAPIERWECHSEL

Wechseln Sie das Schleifpapier rechtzeitig aus! Während des Schleifvorgangs werden die Schleifkörner immer mehr abgetragen und zwischen den verbleibenden sammelt sich Staub an. Die Oberfläche des Papiers wird glatter und kann keine feinen Späne mehr ablösen. Die Holzfasern werden von einem bereits abgenutzten Schleifpapier lediglich niedergedrückt und richten sich bei Feuchtigkeitskontakt wieder auf.

Die wichtigsten Arbeitstechniken

1

Bei der Bearbeitung von rohem Holz ist es ratsam, die gesamte Oberfläche vor dem abschließenden Schleifgang sorgfältig mit warmem Wasser zu benetzen

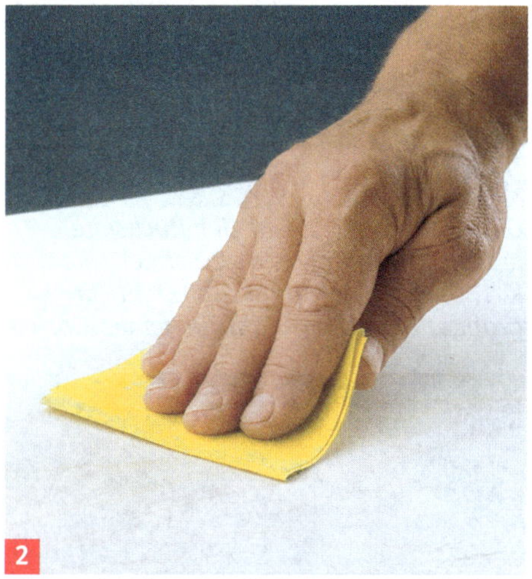

2

Ein optimales Ergebnis ohne störende Kratzer erhalten Sie, wenn Sie nur in Faserrichtung schleifen. Der Druck sollte gleichmäßig und nicht zu groß sein

3

Bei jedem Schleifvorgang entsteht Staub, den Sie sorgfältig abnehmen müssen. Verwenden Sie ein Baumwolltuch, eine Bürste oder arbeiten Sie mit Druckluft

Schleifpapier

1 *Im Handel gibt es Schleifpapier in unterschiedlicher Farbe und mit verschiedenem Trägermaterial. Entscheidendes Kriterium beim Kauf ist jedoch die Körnung*

2 *Die Korngröße ist auf der Rückseite jedes Schleifpapiers verzeichnet (hier K 120). Eine niedrige Zahl steht für grobes, eine hohe Zahl für feines Korn*

3 *Schleifpapier mit der Körnung K 40 bis K 100 ist vor allem für das Glätten rauer Holzflächen oder zum Entfernen alter Lackschichten bestens geeignet*

4 *Papier mit 400er bis 600er Körnung kommt dagegen beim Feinschliff zum Einsatz, z. B. bei der Bearbeitung von Hochglanz- und Schleiflackoberflächen*

Schleifklötze

1 *Das Schleifpapier wird stets um einen Schleifklotz gewickelt. Die Materialien der Klötze reichen von Kork über Holz und Plastik bis zu festem Schaumstoff*

2 *Ein Schleifklotz ist auch schnell selbst hergestellt. Bekleben Sie einfach einen abgerundeten Holzklotz an der Unterseite mit einem Stück dickem Filz*

3 *Wenn Sie Hohlkehlen schleifen müssen, wickeln Sie das Papier um ein schmales Rundholz oder einen Dübel. So gelangen Sie spielend in die Vertiefungen*

4 *Sollen kleinflächige Gehrungskanten gesäubert werden, legt man das Papier auf eine Fläche auf und führt das Werkstück in gleichmäßigen Zügen darüber*

stets auf der Rückseite. Die gröbste erhältliche Körnung trägt die Bezeichnung K 40, während das feinste Papier eine Körnung von K 2000 besitzt. Dieses sehr feine Schleifpapier eignet sich nicht mehr für die Behandlung von Holzoberflächen, sondern ist für die Metallbearbeitung gedacht.

Eine Holzoberfläche wird stets in mehreren Durchgängen geschliffen, wobei man mit einem groben Papier beginnt und mit einem feinen abschließt. Wollen Sie ein altes Möbelstück restaurieren und müssen dabei alte Lacke und tiefe Kratzer entfernt werden, greifen Sie am besten zu einem ganz groben Papier mit einer Körnung zwischen K 40 und K 100. Für den Schliff vor dem Grundierungsauftrag verwendet man in der Regel K 120 bis K 180. Ist die Fläche bereits grundiert, können Sie mit Papier der Körnung K 240 bis K 320 zwischenschleifen. Ein noch feineres Papier müssen Sie nur verwenden, wenn Sie Hochglanzlackierungen oder Versiegelungen aus Schleiflack auftragen möchten. K 300 bis K 600 eignen sich für den Feinstschliff.

Damit das Schleifpapier gut in der Hand liegt, wickelt man es meist um einen Schleifklotz, den Sie kaufen, aber auch aus einem Stück Holz und einer kleinen dicken Filzplatte selbst herstellen können. Nur wenn Sie Rundungen oder Vertiefungen

TIPP EDELSTAHLWOLLE

Stahlwolle ist grundsätzlich ein gut geeignetes Schleifmittel für Holzoberflächen. Sie hat allerdings den Nachteil, dass sie bei Feuchtigkeitskontakt rostet. Da stets kleine Stahlwollepartikel in den Poren haften bleiben, können nach dem anschließenden Auftrag von wasserlöslichen Mitteln unschöne Verfärbungen auftreten. Auch gerbsäurehaltiges Holz (z. B. Eiche) kann Stahlwolle zum Oxidieren bringen. Wer auf Nummer Sicher gehen will, verwendet aus diesem Grund rostfreie Edelstahlwolle.

Abziehklingen

1 *Abziehklingen erhalten Sie in unterschiedlichen Formen, die sich auch gerundeten Werkstücken anpassen. Alter Lack ist mit einer Klinge schnell entfernt*

2 *Abziehklingen müssen hin und wieder geschärft werden. Unregelmäßige Grate entfernen Sie mit der Feile, danach die Klinge liegend und stehend blank reiben*

3 *Einen neuen Grat erhalten Sie, indem Sie die Klinge senkrecht in die Werkbank einspannen und die Dreikantfeile im rechten Winkel darüber führen*

Stahlwolle

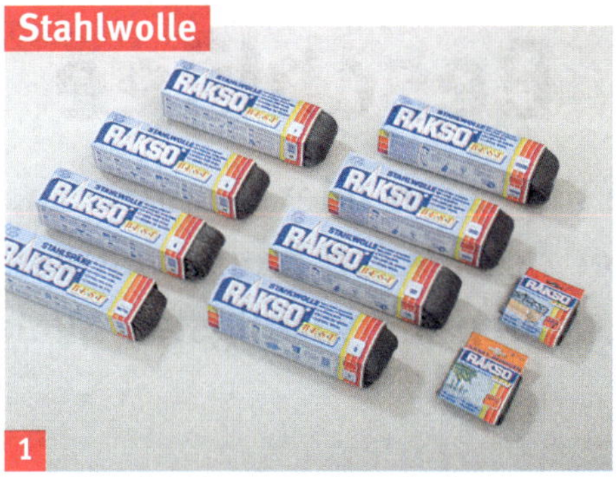

1 *Der Handel bietet Stahlwolle in unterschiedlich großen Paketen an. Sie haben die Auswahl zwischen kleinen handlichen Kissen und langen Strängen*

2 *Hier sehen Sie die verschiedenen Feinheitsstufen von Stahlwolle im Vergleich. Die Kennziffer 5 verweist auf sehr grobe Wolle, 0000 dagegen auf die feinste*

3 *Geht es darum, lackierte Oberflächen zwischenzuschleifen, greifen Sie am besten zu einer feinen Stahlwolle mit einer Kennziffer von 3 bis 0*

4 *Das Fachgebiet der Stahlwolle sind unregelmäßige Oberflächen, wie beispielsweise Schnitzereien. Hier gelangt sie in jeden noch so kleinen Zwischenraum*

5 *Stahlwolle der feinsten Stufe ist gut für den Feinschliff von Schellackpolituren geeignet. Auch Mattieren und Polieren ist mit feiner Stahlwolle möglich*

bearbeiten müssen, nehmen Sie das Papier in die Hand oder umwickeln ein passendes Rundholz damit.

TIPP SCHLEIFMITTEL FÜR JEDEN ZWECK

	Abtrag	*Vorschliff*	*Zwischenschliff*	*Feinstschliff*	*Polieren/ Mattieren*
Schleifpapier	*K40–K100*	*K120–K180*	*K240–K320*	*K300–K600*	
Stahlwolle (Sorte)	*Stahlspäne*	*5–4*	*3–0*	*00–000*	*0000*

Perfekt für unregelmäßige Oberflächen – die Stahlwolle

Schleifpapier ist für die Bearbeitung von Holzoberflächen meist die beste Wahl, es gibt jedoch auch Fälle, in denen sich der Einsatz von Stahlwolle empfiehlt. Besonders bei Oberflächen, die Verzierungen wie Schnitzereien oder Drechselarbeiten aufweisen, ist die Stahlwolle als Schleifmaterial unschlagbar. Gegenüber dem doch sehr starren Papier erreicht die Wolle problemlos jede Vertiefung. Bedenken Sie jedoch, dass Stahlwolle rosten kann. Bleiben Partikel auf einem Möbelstück zurück, die später mit Feuchtigkeit in Kontakt kommen, können Flecken entstehen. Im Zweifelsfall kaufen Sie lieber die etwas teurere Edelstahlwolle. Stahlwolle erhalten Sie im Handel als Kissen oder Stränge in verschiedenen Feinheitsstufen (Kennziffer beachten).

Beschläge

Fertigen Sie Möbelstücke mit Türen oder Klappen an, brauchen Sie Beschläge. Welcher Scharniertyp der richtige ist, hängt von verschiedenen Faktoren ab. Im Folgenden werden die wichtigsten Modelle vorgestellt

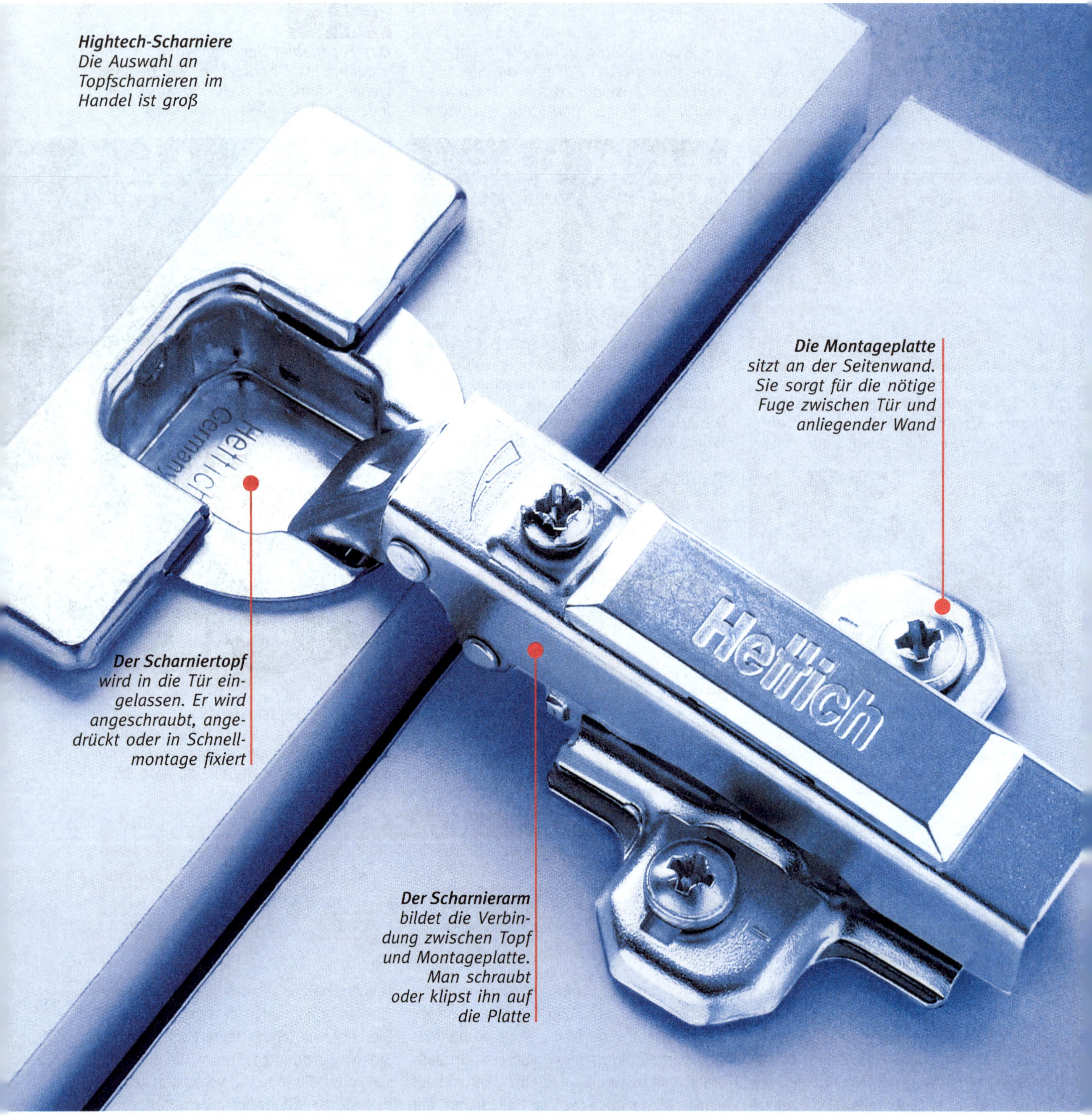

Für Möbelstücke mit aufklappenden Türen oder Deckeln brauchen Sie Scharniere. Wenn Sie sich im Handel umschauen, werden Sie schnell bemerken, dass das Angebot an verschiedenen Modellen sehr umfangreich ist. Raffinierte neue Techniken werden fast jedem Anspruch gerecht.

Bei der Wahl des richtigen Scharniers gilt es folgende Aspekte in die Überlegungen mit einzubeziehen: Wie weit muss die Tür oder Klappe des Möbelstücks zu öffnen sein? Danach richtet sich die Wahl des Öffnungswinkels. Des Weiteren müssen Sie bedenken, wie die Tür an den Korpus anschlägt. Man unterscheidet zwischen den drei Möglichkeiten aufliegender Anschlag, Mittelwandanschlag und einliegender Anschlag.

Beim aufliegenden Anschlag wird die Tür einfach auf den vorne glatt abschließenden Korpus aufgesetzt und verdeckt auch teilweise die Vorderkante der scharnierbesetzten Seitenwand. Der Mittelwandanschlag ist vom Prinzip her ähnlich. Auch hier liegt die Tür auf dem Korpus. Bei einem Schranksystem mit mehreren nebeneinander liegenden Türen müssen Sie die Scharniere teilweise in Mittelwände setzen. Scharniere für den Mittelwandanschlag müssen gekröpft sein, damit die Türen sich auch noch öffnen lassen, wenn sie dicht nebeneinander liegen. Beim einliegenden Anschlag schließlich ist die Tür in den Korpus integriert und schließt sich seitlich an die Seitenwand an. Die Vorderkante der Seitenwand bleibt also komplett sichtbar. Damit sich die Tür öffnen lässt, muss eine schmale Fuge zwischen Tür und Korpus verbleiben.

Unsichtbare Topfscharniere für Küchen-, Wohn- und Schlafmöbel

Topfscharniere haben den entscheidenden Vorteil, dass sie von außen nicht zu sehen sind. Der bei diesen Scharnieren typische Öffnungswinkel von 95–110° ist in den meisten Fällen ausreichend. Ausnahmen bilden natürlich Möbelstücke wie beispielsweise ein Fernsehschrank, bei dem sich die Türen um einiges weiter öffnen lassen müssen. Für solche Fälle bietet der Handel spezielle Weitwinkelscharniere an, die eine Öffnung von bis zu 165° erlauben.

Ein weiterer überzeugender Vorteil des Topfscharniers ist, dass es justierbare

TIPP ÜBERBLICK TOPFSCHARNIERE

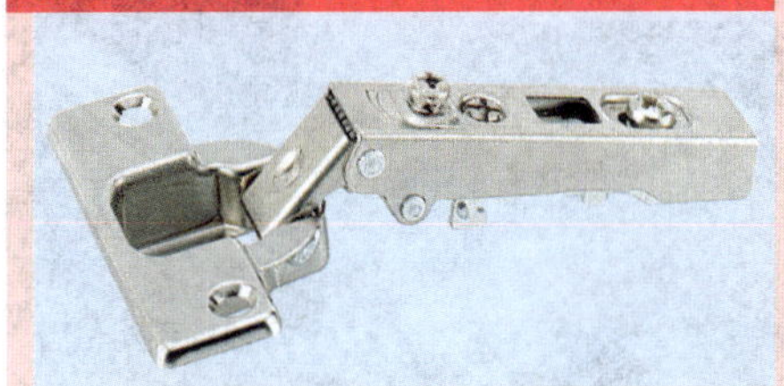

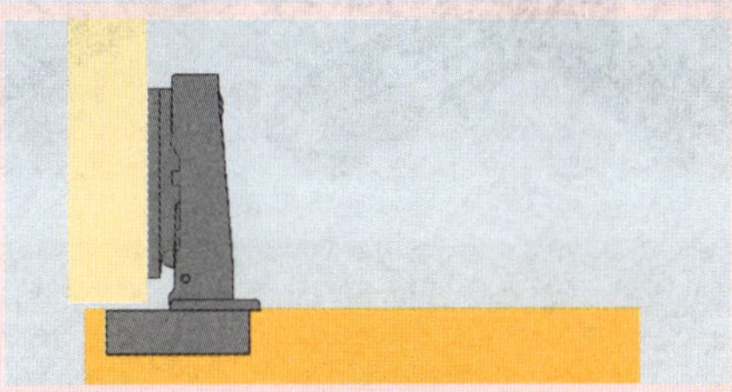

Gerades Topfscharnier
Kröpfung 0 mm, Verwendung bei Türen, die aufliegend (vor der Seitenwand) an den Korpus gesetzt werden

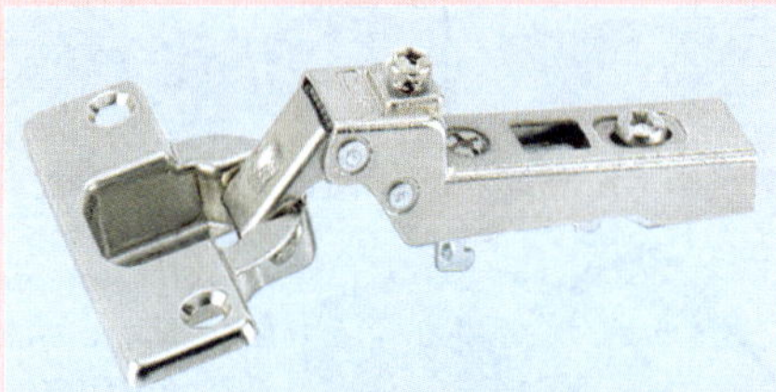

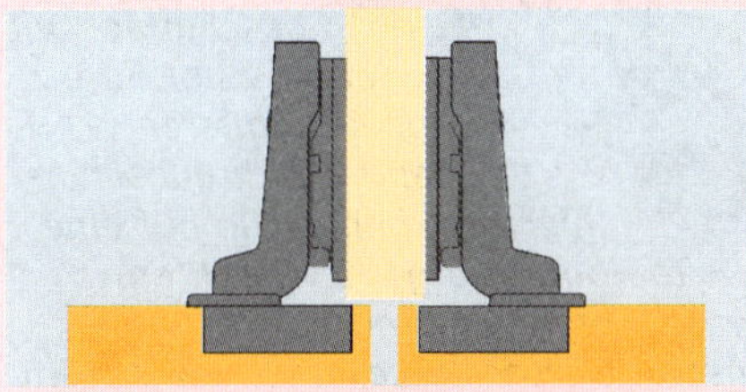

Das Scharnier beim Mittelwand- und einliegendem Anschlag
ist gekröpft (9,5 mm), damit die Tür beim Öffnen ausreichend Platz hat

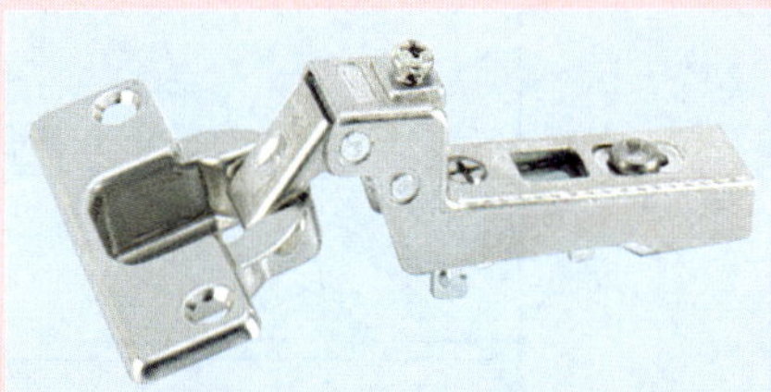

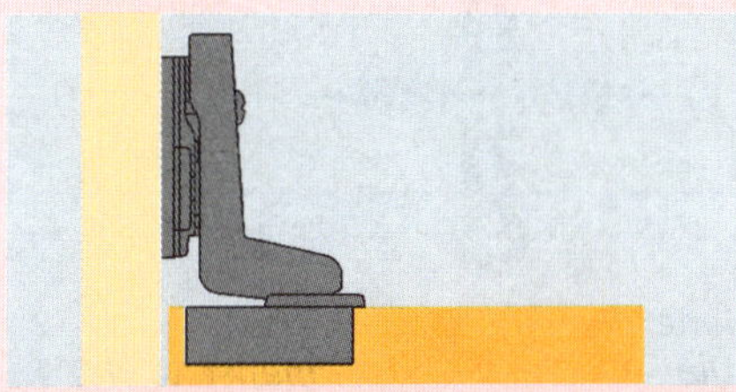

Einliegender Anschlag
Einige Millimeter Platz sind zur Seitenwand nötig. Die Kröpfung (Abbiegung) beträgt hier 16 mm

Schranktür
Schrankseitenwand

Einbau Topfscharnier

1 *Messen Sie zuerst die genaue Position der Montageplatte aus. Dann können Sie die Bohrpunkte anzeichnen. Bohren Sie die Löcher mit Tiefenanschlag*

2 *Für die Herstellung des Topfloches in der Tür verwenden Sie einen 35-mm-Forstner-Bohrer. Der Abstand zum Türrand darf höchstens 6 mm betragen*

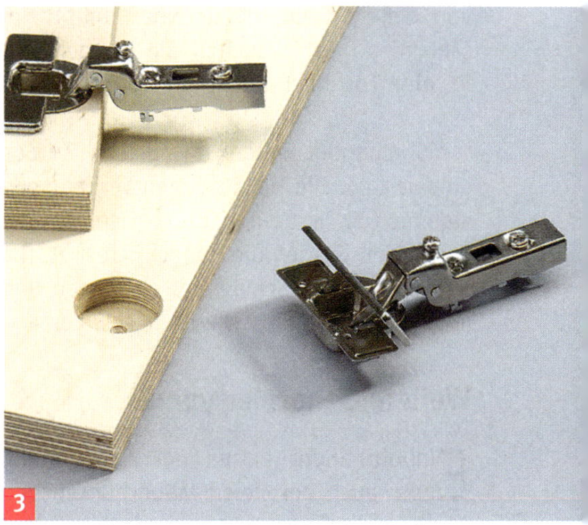

3 *Setzen Sie jetzt den Topf in das Bohrloch ein. Es gibt Modelle, die mit einer Spreizmechanik montiert werden, bei anderen müssen Sie den Topf anschrauben*

TIPP DIE SCHABLONE HILFT

Für die Positionierung der Bohrlöcher für Topfscharniere gibt es spezielle Schablonen. Einfach Schablone anhalten und die Bohrungen mit dem Bleistift markieren. So haben Sie immer exakt genaue Abstände zwischen den einzelnen Löchern.

Schrauben besitzt. Die Position einer nicht ganz gerade montierten Tür kann mithilfe dieser Schrauben auch noch im Nachhinein korrigiert werden. Die so genannte Federkraftverstellung des Topfscharniers erlaubt es Ihnen schließlich noch zu entscheiden, wie sanft oder kraftvoll die Tür zuschlagen soll. Für Küchen-, Wohn- und Schlafmöbel wird meist das Standard-35-mm-Topfscharnier verwendet, kleinere Möbel wie etwa ein Badschränkchen erhalten dagegen Scharniere mit einem 26-mm-Durchmesser.

Flexible Möbelbänder für Türen, Klappen und Deckel

Für kleinere Schränke oder auch Truhen wird oft Möbelband verwendet. Möbelband-Scharnier ermöglicht einen Öffnungswinkel von 180°. Die so genannte Rolle (auch Lochlappen genannt) bleibt jedoch von außen sichtbar. Für eine stumpf einschlagende Tür brauchen Sie ein gerades, für eine Tür mit Falz ein gekröpftes Band.

Möbelbänder werden in Tür und Korpus eingelassen. Die dazu nötigen Vertiefungen stemmen Sie mit einem Stecheisen aus. Mit Schrauben werden die Bänder befestigt. Die Tür lässt sich anschließend einhängen und jederzeit problemlos wieder aushängen.

Weitere Scharniertypen

Einbohrbänder finden bei Zimmertüren, aber auch bei vielen Möbelstücken Verwendung. Ein weiterer Klassiker ist das Stangenscharnier (auch als Klavierband bezeichnet). Weiterhin hält der Handel viele Sonderscharniere für Spezialfälle bereit.

Schnell und einfach

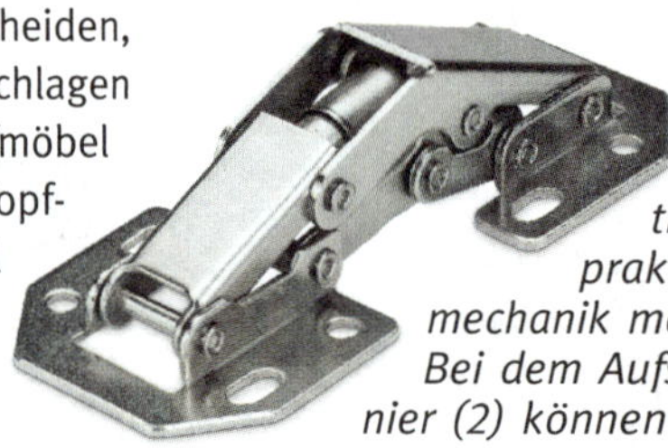

Besonders schnell und einfach lässt sich das Automatikscharnier mit praktischer Spreizmechanik montieren (1). Bei dem Aufschraubscharnier (2) können Sie auf eine Topfbohrung ganz verzichten. Verschiedene Öffnungswinkel und Anschlagsarten lassen sich bei diesem Modell problemlos einstellen

Möbelbänder

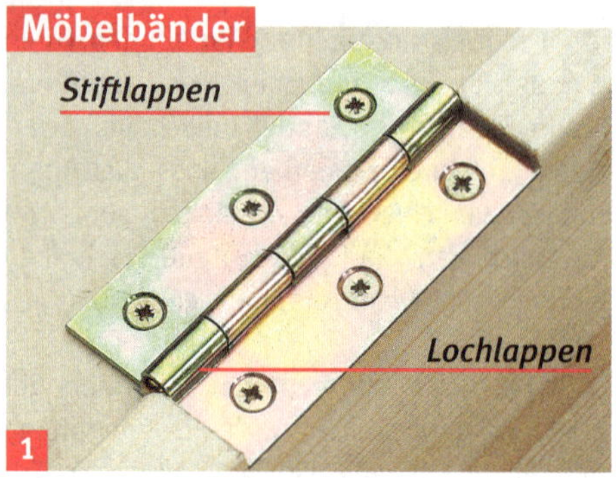

Möbelbänder werden in Tür und Seitenwände eingelassen und mit ihnen verschraubt. Das so genannte Stiftlappen-Band (1) zeichnet sich dadurch aus, dass die beiden Stiftlappen mit einem festen, vernieteten Messingstift verbunden sind. Die Türen lassen sich nach der Montage nicht wieder aushängen. Anders ist es beim so genannten Zylinderband (2, 2a). Die Tür lässt sich jederzeit problemlos aushängen. Ist die Tür geschlossen, bleiben die Rollen der Scharniere an der Vorderseite sichtbar

TIPP TÜRANSCHLAG

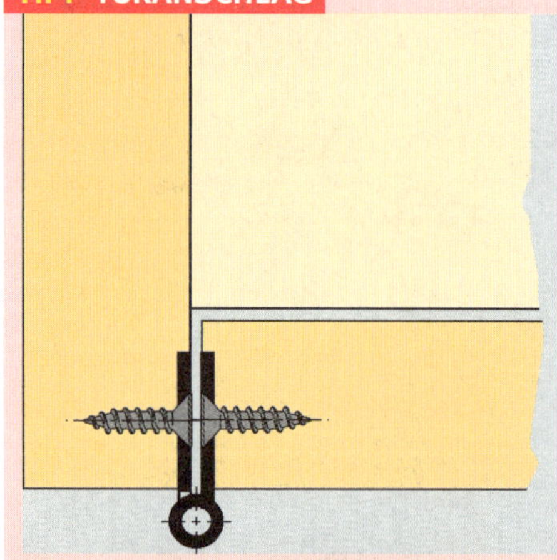

Innenanschlag
Die Tür liegt an der Innenseite der linken Korpuswand an. Ein gerades Band stellt die Verbindung der beiden Teile dar. Von außen sieht man den so genannten Lochlappen (auch als Rolle bezeichnet). Die Tür ist in den Korpus integriert, daher ist die Vorderkante der Seitenwand von vorne vollständig zu sehen.

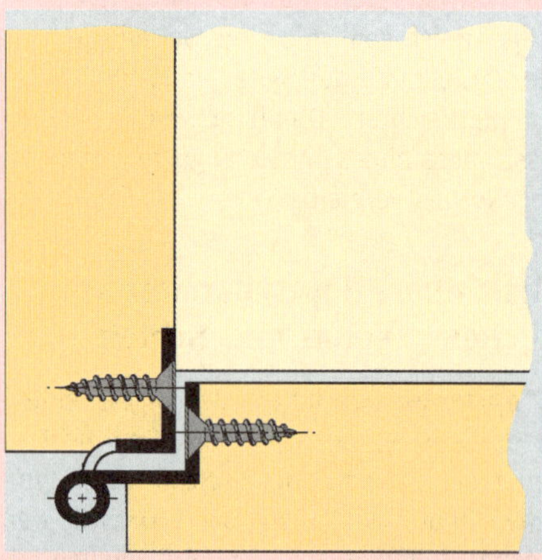

Tür mit Falz
Die Tür wurde überfälzt. Für diesen Fall braucht man ein gekröpftes Scharnier, was bedeutet, dass das Band des Scharniers eine winklige Abbiegung besitzt. Die Lochlappen sind auch bei diesem Modell von außen sichtbar. Die Kante der Seitenwand ist nur halb zu sehen, weil die gefalzte Tür die andere Hälfte verdeckt.

Einbohrband

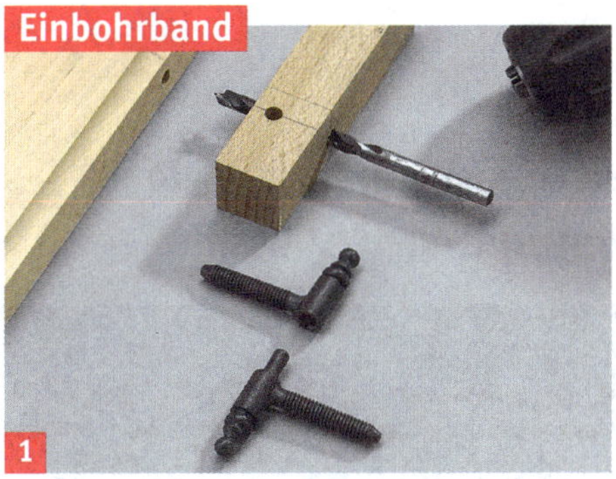

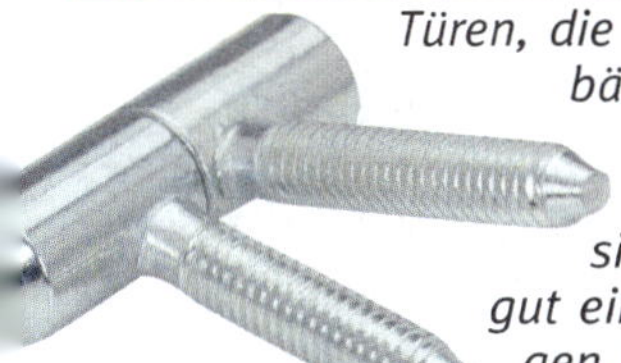

Türen, die mit Einbohrbändern am Korpus montiert wurden, lassen sich besonders gut ein- und aushängen. Die Löcher für die Bänder stellen Sie am besten mithilfe einer selbst gemachten Hartholz-Bohrlehre her. Zuerst das Loch in die Tür bohren (1), dann das zweite Loch in den Korpus setzen (2)

Stangenscharnier

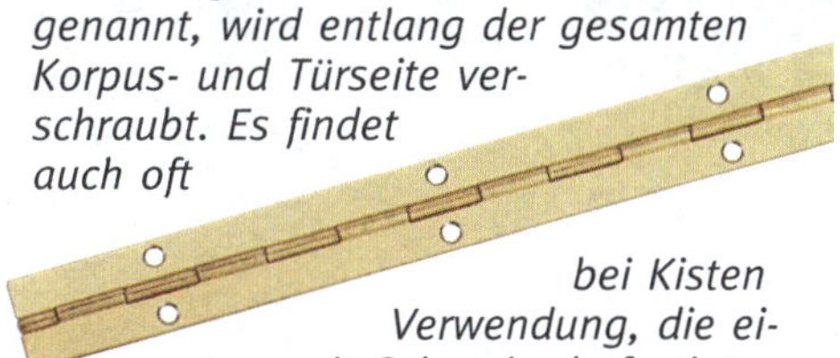

Das Stangenscharnier, auch Klavierband genannt, wird entlang der gesamten Korpus- und Türseite verschraubt. Es findet auch oft bei Kisten Verwendung, die einen mit Scharnier befestigten Deckel besitzen. Stangenscharnier hat den entscheidenden Vorteil, dass es bei geschlossener Tür bzw. geschlossenem Deckel von außen völlig unsichtbar ist

Sonderscharniere

Klappentürscharniere (1) braucht man für Klappen, die sich nach unten öffnen und in der Waagerechten anschlagen sollen (wie beispielsweise bei einem Sekretär). Für Glastüren erhält man spezielle Scharniere (2,3), die auf die Tür gesteckt und mit einer Schraube fixiert werden. Die Glasplatte wird dabei nicht beschädigt

TIPP WIE SCHLÄGT DIE TÜR AN?

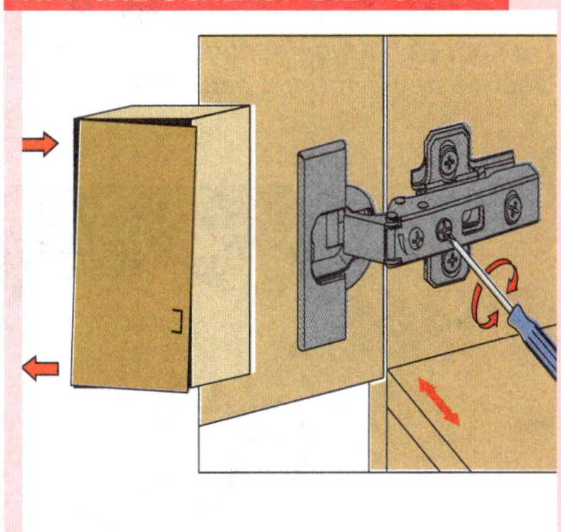

Auflagenverstellung

Hängt die Tür nach der Montage noch nicht exakt gerade vor dem Schrank, können Sie durch Schraubenverstellungen noch kleine Korrekturen durchführen. Drehen Sie die Schraube nach links, verdeckt die Tür einen größeren Teil der Seitenwand-Vorderkante, nach rechts gedreht legen Sie die Kante wieder frei.

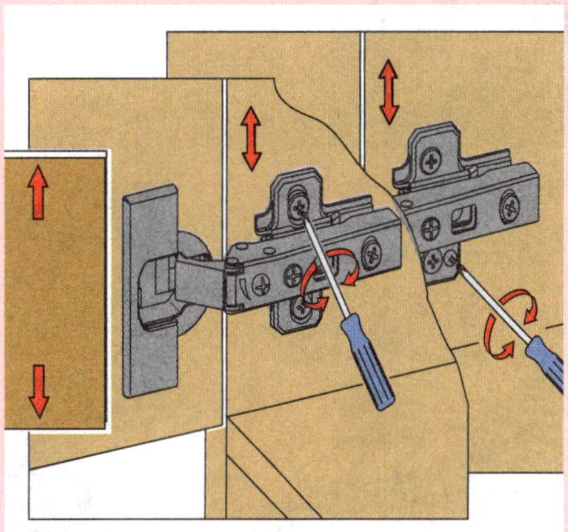

Höhenverstellung

Wollen Sie eine Tür nachträglich in der Höhe verstellen, müssen Sie die Montageplatten innen an der Seitenwand lösen. Oft besitzt die Platte zwei Langlöcher, innerhalb derer sie sich nach oben oder unten verschieben lässt. Andere Modelle haben stattdessen eine Exzenterschraube, die sich ebenfalls lösen lässt und der Platte so Spiel gibt.

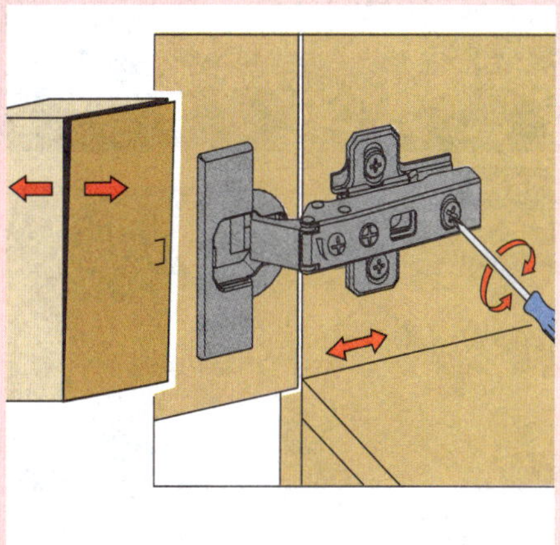

Tiefenverstellung

Kleine Korrekturen sind auch hinsichtlich des Abstands zwischen Korpus und Tür möglich. Eine Schranktür sollte schon aus dem Grund dicht vor dem Korpus sitzen, dass kein Staub ins Innere gelangt. Klafft eine Lücke, lösen Sie die Befestigungsschrauben. So haben Sie die Möglichkeit, den Abstand um bis zu 1,5 mm zu reduzieren.

Hobeln

Die feine Materialabnahme ist das Spezialgebiet des Hobels. Sie können mit einem einfachen Handhobel Leimstellen glätten, Türen kürzen und vieles mehr

Gezinkte Verbindungen geraten nie so, dass sie hundertprozentig eben sind. Ein paar Hobelzüge genügen – und die Oberfläche ist optimal geglättet

Fasen

Leimholzbretter sind an den Längsseiten stets leicht angefast. Eine neu entstandene Schnittkante können Sie mit dem Hobel selbst ganz einfach anfasen

Runden

Auch Rundungen lassen sich mit dem Hobel gut herstellen, wenn die Spanabnahme gering ist. Durch lange Züge erhält die Kante eine gleichmäßige Optik

Glätten

Wollen Sie mit dem Hobel Bohlen glätten, verwenden Sie am besten einen so genannten Schrupphobel. Aber auch ein gerundetes Eisen ist geeignet

Neben Elektrowerkzeugen wie Oberfräse oder Schleifgerät macht der Handhobel leicht einen etwas antiquierten Eindruck, aber was mit Strom läuft, muss nicht für jede Arbeit besser geeignet sein. Der Handhobel ist nach wie vor sehr hilfreich, wenn es darum geht, Holzoberflächen zu glätten, Kanten anzufasen oder Rundungen herzustellen. Kantenabrundungen gelingen mit dem Hobel in der Regel sogar besser als mit einem Schleifgerät. Die Qualität eines Hobels hängt natürlich sehr stark von der Schärfe seines Messers ab. Bereits wenn Sie bemerken, dass die Klinge nur ein wenig

Grundregeln

1 *Wichtig ist, dass Sie den Hobel immer etwas schräg zum Werkstück anlegen und ihn dann in ruhigen und gleichmäßigen Zügen über die Holzkante führen*

2 *Metallhobel zeichnen sich meist dadurch aus, dass sie ausgeformte Griffe besitzen. Die bessere Griffsicherheit geht aber auf Kosten der direkten Führung*

3 *Der Hobel sollte nach jedem Zug ganz abgehoben werden. Zumindest die Schneide darf nicht rückwärts über das Holz gleiten, sie wird sonst stumpf*

TIPP SPANBRUCH

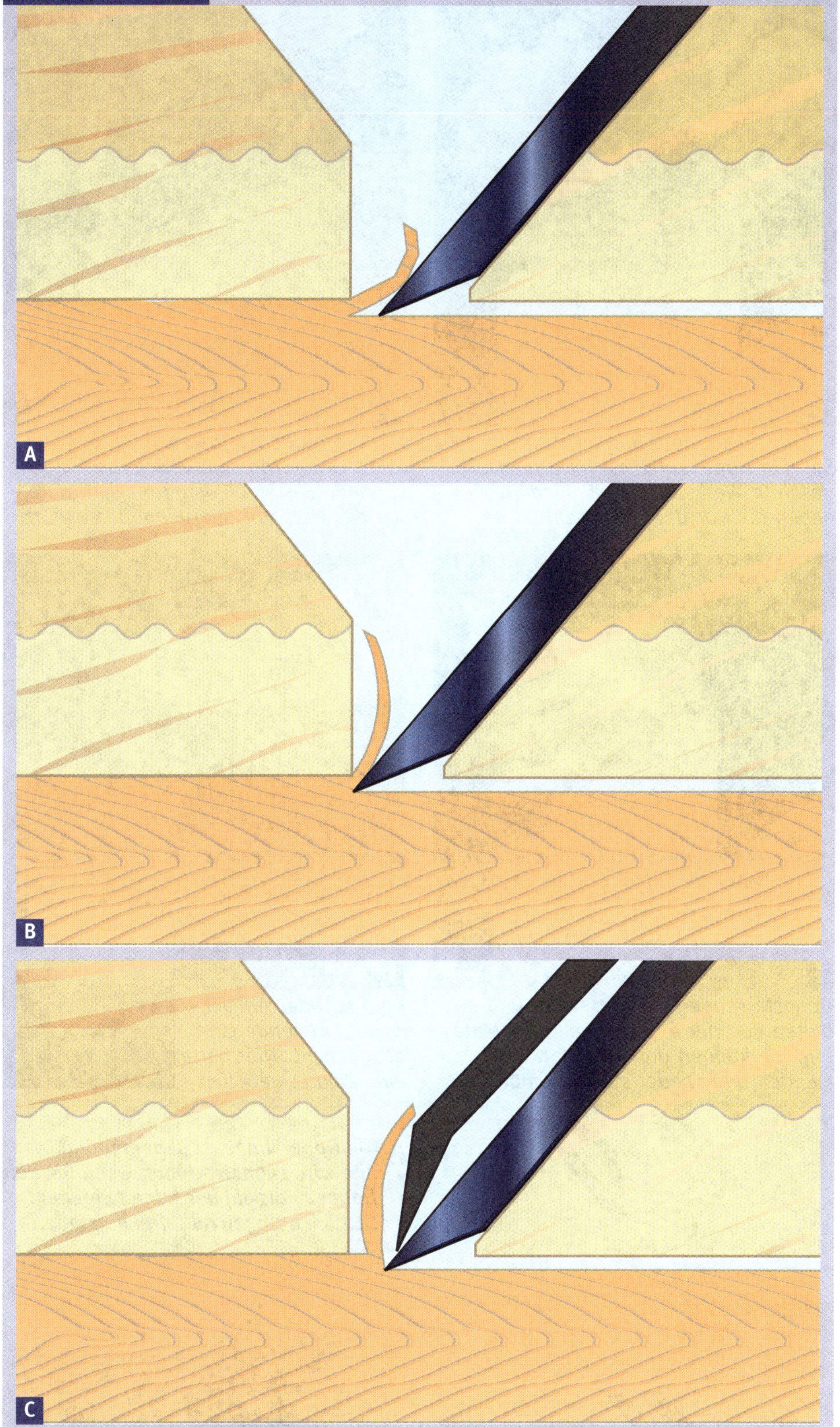

Um ein gutes Arbeitsergebnis zu erzielen, muss die Schneide des Hobels natürlich gut geschärft sein. Mindestens genauso wichtig ist jedoch, dass das Hobelmaul richtig eingestellt ist. Wenn es zu weit ist (A), reißt das Holz bei jedem Zug leicht ein, was die Folge hat, dass die Oberfläche wellig wird. Bei richtiger Einstellung der Maulweite (B) wird der Span auf dem kürzesten Weg nach oben geführt und sauber abgebrochen. Sehr komfortabel arbeiten Sie mit einem so genannten Doppelhobel (C), bei dem eine Klappe den Span nach jedem Schnitt bricht.

Kopfholz bearbeiten

1 Beim Hobeln einer Stirnholzkante ziehen Sie den Hobel zunächst nicht über die gesamte Werkstücklänge, sondern heben ihn vor dem letzten Drittel ab

2 Danach wenden Sie den Hobel und arbeiten von der anderen Seite zur Mitte hin. Sie können das Werkstück auch wenden und wieder stoßend hobeln

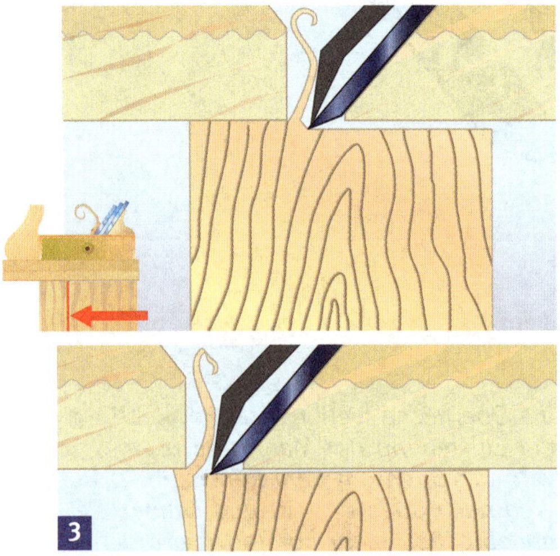

3 Hier sehen Sie, dass das vertikale Holz im Randbereich sehr unstabil ist. Oft hält es dem Druck des Hobels nicht stand und fasert nach hinten aus

4 Wenn Sie das Ausfasern am hinteren Rand von vornherein vermeiden wollen, spannen Sie eine Zulage an die Kante, die das Holz vor dem Einreißen schützt

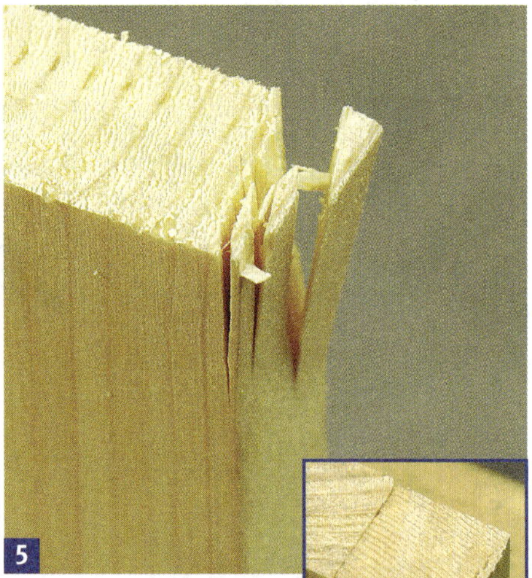

5 Kein schöner Anblick: Das Kantenende ist ausgefasert. Hier hätte eine Zulage geholfen

Türen anpassen

1 Ein häufiges Problem: Türen, die über den Boden schleifen. Hobeln Sie die Unterseite der Tür von beiden Seiten zur Mitte hin auf die gewünschte Länge

2 Zum Schluss sollten Sie die Kanten der Türunterseite unbedingt noch anfasen. Auf diese Weise schützen Sie das aufgeleimte Furnier vor dem Ausreißen

abgestumpft ist, sollten Sie sie demontieren und auf einem Stein abziehen. Warten Sie mit dem Schärfen zu lange, erhalten Sie zum einen keine optimalen Ergebnisse mehr, zum anderen hilft bei einer sehr stumpfen Klinge schließlich nur noch das Schleifen. Ein schnelles Abstumpfen der Klinge vermeiden Sie auch, indem Sie den Hobel nicht auf dem Werkstück liegend zurückführen oder ihn mit dem Messer nach unten abstellen. Doch nicht nur ein scharfes Messer ist wichtig. Auch die Größe des Hobelmauls trägt zur Qualität des Hobels bei. Im Tippkasten auf Seite 75 erfahren Sie, worauf Sie diesbezüglich achten müssen.

Holzausriss an Stirnkanten lässt sich vermeiden

Wenn Sie Bretter in Längsrichtung hobeln, gibt es praktisch keine Probleme. Längs der Maserung lässt sich das Holz so gut abtragen, dass selbst ein Anfänger schon gute Erfolge erzielen kann. Wesentlich schwieriger ist die Bearbeitung von Stirnkanten. Hier müssen Sie vor allem darauf achten, dass das Werkstück an den Kanten nicht ausreißt. Aus diesem Grund sollten Sie eine Stirnkante im ersten Schritt nur auf zwei Drittel der Länge hobeln und dann den Hobel von der anderen Seite in Richtung Mitte ziehen. Wenn es sich bei einem Werkstück nicht vermeiden lässt, über die hintere Kante hinaus zu hobeln, sollten Sie vorher daran denken, eine Zulage gegenzuspannen, die eine Ausfaserung verhindert.

Der Handel bietet Holz- und Metallhobel an. Probieren Sie aus, welches Werkzeug Ihnen angenehmer ist. Bei einem Holzhobel haben Sie einen direkteren Kontakt zum Werkstück, der Metallhobel kann dagegen mit komfortablen Griffen aufwarten.

TIPP LEIMSTELLEN GLÄTTEN

Auch Leimüberstände können Sie gut mit dem Hobel abtragen. Nicht ganz saubere Verbindungsstellen lassen sich im gleichen Schritt begradigen.

Abziehen

Damit Sie das aus dem Hobel herausgenommene Messer beim Abziehen der Klinge gut im Griff haben, spannen Sie es am besten in eine Winkellehre ein

Ist das Messer nur leicht unscharf, verwenden Sie lediglich die feine Seite des Abziehsteins. Tränken Sie den Stein vorher gründlich mit Wasser oder Öl

Führen Sie die Klinge nun mit der Fase nach unten auf der getränkten Steinoberfläche hin und her und machen Sie dabei leicht kreisende Bewegungen

Spannen Sie das Messer anschließend aus der Winkellehre aus und drehen Sie es um. Führen Sie es noch einmal über den Stein, um den Grat abzutragen

Schleifen

Ist die Klinge Ihres Hobels sehr stumpf, muss sie geschliffen werden. Demontieren Sie das Messer und spannen Sie es dann in eine geeignete Halterung ein

Am besten verwenden Sie eine Nassschleifmaschine, damit die Klinge nicht zu heiß wird. Eine Winkelschablone hilft bei der Bestimmung des Schleifwinkels

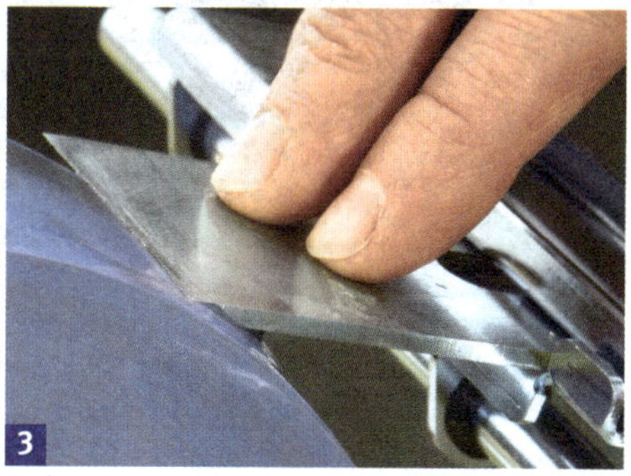

Beim Nassschliff kann die Klinge nicht anfangen zu glühen und dadurch unbrauchbar werden. Bewegen Sie sie beim Schleifen gleichmäßig hin und her

Den Schleifgrat entfernen Sie mithilfe einer Lederscheibe, die vorher mit Schleifpaste präpariert wurde. Danach ist das Messer wieder einsatzbereit

Arbeiten mit Beiteln

Für viele klassische Schreinerarbeiten benötigen Sie Beitel, um sauber ausgestemmte Aussparungen und Vertiefungen herzustellen

Ist bei der Holzbearbeitung von einem Beitel die Rede, so ist damit in der Regel der so genannte Stechbeitel gemeint. Während der Hohlbeitel seit der Erfindung von Bohrmaschine und Oberfräse weitgehend überflüssig geworden ist, gehört der Stechbeitel nach wie vor in jede Werkstatt. Mit dem Beitel können Sie beispielsweise Aussparungen formen, ebenso lassen sich aber auch Holzflächen abtragen und glätten, und nicht zuletzt leistet der Beitel gute Dienste bei der Herstellung von Holzverbindungen.

Der Beitel lässt sich, ist er gut geschärft, mit der bloßen Handkraft vorantreiben. Geht es darum, sehr große Vertiefungen auszuheben, empfiehlt es sich jedoch, unterstützend einen Klüpfel einzusetzen (2.2). Meist besitzen Stechbeitel am Ende des Handgriffs einen genau für diesen Zweck bestimmten Schlagring. Die Beitelklinge besteht aus gehärtetem Stahl, der

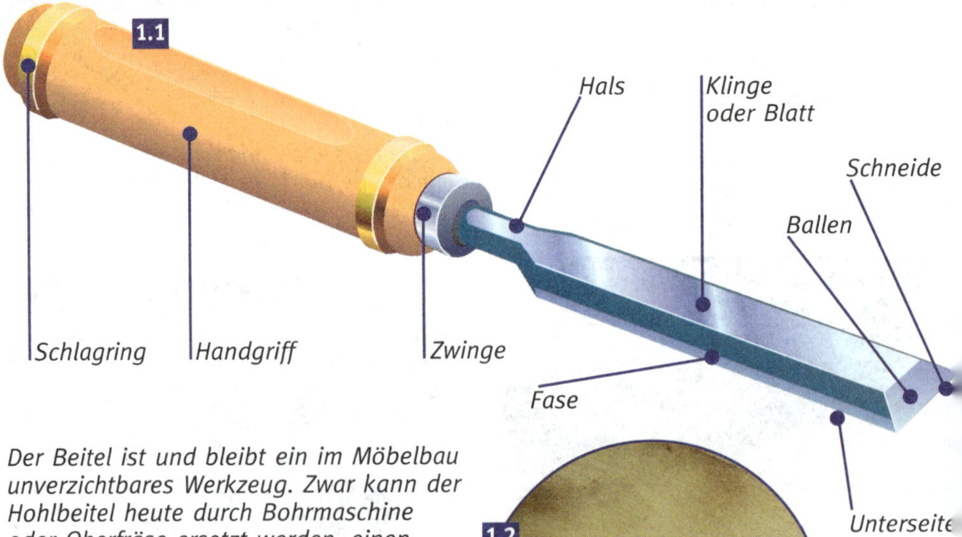

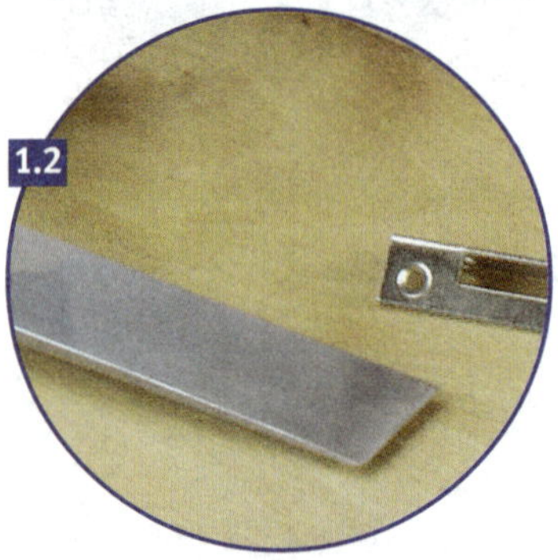

Der Beitel ist und bleibt ein im Möbelbau unverzichtbares Werkzeug. Zwar kann der Hohlbeitel heute durch Bohrmaschine oder Oberfräse ersetzt werden, einen Stechbeitel brauchen Sie aber in jedem Fall. Beitel erhalten Sie in verschiedenen Breiten. Um ein sauberes Arbeiten zu gewährleisten, muss die Klinge scharf sein. Damit sie nicht zu schnell abstumpft, den Beitel nur auf die Ballenseite legen (1.2)

Griff wird traditionell aus Hartholz hergestellt. Alternativen aus Kunststoff findet man immer noch selten. Legen Sie sich am besten ein kleines Sortiment an Beiteln in verschiedenen Breiten zu. Aufbewahren sollten Sie die Werkzeuge trocken und am besten hängend. So verhindern Sie ein vorzeitiges Abstumpfen der Klingen. Wenn Sie einen Beitel während der Arbeit zur Seite legen, dann immer auf die Ballenseite. Auch das schont die Schneide.

Standardeinsätze für den Beitel

Ein wichtiges Einsatzgebiet des Stechbeitels ist die feine Spanabnahme, wie sie zum Beispiel bei der feineren Ausarbeitung von Zapfen notwendig ist. Wird der Beitel auf dem Ballen abgestützt und der Griff beim Vorstoßen noch leicht abgesenkt, können Sie die Späne präzise und in hauchdünnen Schichten von der Oberfläche abtrennen.

Für Schlossbeschläge müssen oft stumpfe Falze eingeschnitten werden. Auch hier ist der Einsatz des Stechbeitels gefragt. Der angezeichnete Abschnitt wird dazu in regelmäßigen Abständen eingekerbt (für diese grobe Arbeit kann der Klüpfel zu Hilfe genommen werden), dann werden die einzelnen Stege ausgestemmt.

Bei der Herstellung von abgerundeten Zapfenlöchern können Sie mit dem Bohrer schon entscheidende Vorarbeit leisten. Den Beitel brauchen Sie dann nur noch, um die zwischen den Bohrlöchern stehen gebliebenen Zwischenräume auszustemmen. Beim Glätten der Seitenkanten muss die Ballenseite stets nach innen zeigen. Nur so gelingen exakt senkrechte Schnitte.

Auch flache Falze stellen für den Beitel kein Problem dar. Je nach Ausmaß sollten Sie jedoch eventuell einen schmaleren Beitel verwenden. Die flachen Vertiefungen, die für Möbelbeschläge hergestellt werden müssen, sind oft nur wenige Millimeter breit. Kerben Sie zuerst die angezeichneten Umrisse an und nehmen Sie dann das Holz in dünnen Schichten ab.

Zinkenverbindungen ausstemmen

Die Herstellung von Zinkenverbindungen (siehe auch S. 86) ist recht arbeitsaufwändig. Mit einem gut geschärften Beitel lassen sich die Zinkenzwischenräume jedoch ohne

Spanabnahme / stumpfe Falze

2.1

2.2

2.3

2.4

Wollen Sie nur wenig Material abnehmen, stützen Sie die Klinge auf dem Ballen ab (2.1). Stumpfe Falze, beispielsweise für Schlossbeschläge, schneiden Sie aus, indem Sie das Holz erst einkerben (2.2, 2.3) und dann ausheben (2.4)

Zapfenlöcher / flache Vertiefungen

3.1

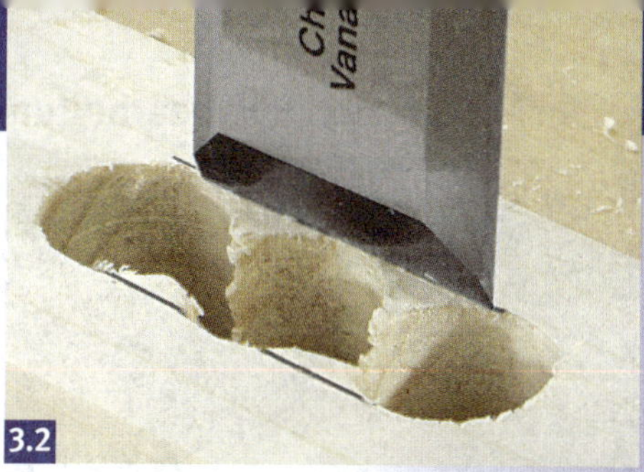

3.2

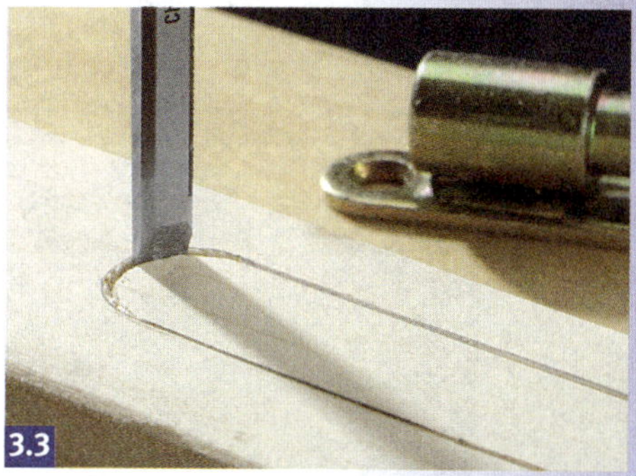

3.3

3.4

3.5

Zapfenlöcher lassen sich am einfachsten herstellen, indem man mit einem Bohrer schon einen Teil des Materials herausnimmt. Stellen Sie den Bohrer auf Zapfenbreite ein und setzen Sie mehrere Löcher nebeneinander. Den Beitel brauchen Sie dann nur noch, um die verbliebenen Zwischenräume abzutragen und die Seiten zu glätten. Setzen Sie den Beitel am Rand mit dem Ballen nach innen an (3.2).
Für die Herstellung flach gerundeter Vertiefungen – etwa für Scharnierbeschläge – brauchen Sie einen schmalen Beitel. Stechen Sie zuerst mit nach innen gerichtetem Ballen die Umrandung ab (3.3), dann können Sie das markierte Stück ausheben. Damit Sie nicht zu viel Holz abnehmen, liegt die Ballenseite unten.

Zinkenverbindungen

4.1

4.2

4.3

4.4

4.5

4.6

4.7

Die Herstellung von Zinken ist ein typisches Einsatzgebiet für den Stechbeitel. Die angezeichneten Zinken werden zunächst mit einer Feinsäge eingeschnitten (4.1). Mit dem Beitel entfernen Sie dann das Holz zwischen den Zinken. Stemmen Sie die Risslinie immer wieder an (4.2), um anschließend Schicht für Schicht das Holz herauszuheben (4.3, 4.4). Zum Schluss übertragen Sie die Zinkenpositionen auf das Gegenstück und fertigen die Schwalbenschwänze an. Am Gegenstück wiederholt sich die Säge- und Stemmarbeit (4.6, 4.7)

viel Kraft ausstemmen. Sind die Zinken auf dem Werkstück angerissen, kommt allerdings zuerst die Feinsäge zum Einsatz. Mit ihr schneiden Sie von der Stirnholzkante aus an den seitlichen Kanten der Zinken entlang.

Mit dem Stechbeitel heben Sie dann die Zinkenzwischenräume heraus, und zwar, indem Sie Schicht um Schicht immer wieder die durch die Risslinie markierte Begrenzung abstemmen und einen Teil des Materials abnehmen. Wenn Sie sich etwa ein Drittel der Holzstärke in die Tiefe gearbeitet haben, wird das Werkstück gewendet und Sie arbeiten von der Gegenseite.

Bei Zinkenverbindungen ist äußerste Präzisionsarbeit gefragt. Sind die Zinken ausgeschnitten, werden die Positionen auf das Gegenstück übertragen, bei dem sich die Arbeitsschritte mit Feinsäge und Beitel wiederholen. Bei den Schwalbenschwänzen müssen Sie darauf achten, dass Sie nicht zu viel Material abnehmen. Die Anrisslinien müssen stehen bleiben, nur so passen Zinken und Schwalbenschwänze nachher perfekt ineinander. Zu stramm dürfen die Zinken aber auch nicht aufeinander sitzen, sonst kann das Holz leicht einreißen.

Stumpfe Beitel rechtzeitig nachschärfen

Haben Sie stets ein Auge darauf, ob Ihre Beitel noch ausreichend scharf sind. Da die Abstumpfung eines Werkzeuges allmählich vor sich geht, bemerkt man oft gar nicht, dass man die nachlassende Schärfe mehr und mehr durch Krafteinsatz wettmacht. Spätestens wenn das Holz bei Stemmarbeiten ausreißt, ist es höchste Zeit für die Schleifmaschine.

Legen Sie den Beitel mit der Spiegelseite nach oben an der Geräteauflage der Bockschleifmaschine an und schleifen Sie die Schneide in einem Winkel von 25° an. Schleifen erfordert Übung. Neben dem richtigen Winkel, den es zu treffen gilt, muss die Schneide auch gleichmäßig über den Stein bewegt werden. Achten Sie vor allem darauf, dass die Vorderkante gerade, d. h. rechtwinklig zu den Seiten bleibt. Ein schräg geschliffener Stechbeitel ist trotz Schärfe nicht mehr hundertprozentig einsatzfähig und muss nachgeschliffen werden.

Achtung Überhitzungsgefahr!

Ist ein Beitel nicht nur stumpf, sondern weist sogar Scharten in der Klinge auf, empfiehlt es sich unter Umständen, zuerst einen groben und später einen feineren Schleifstein zu verwenden. Drücken Sie die Schneide nicht zu fest und nicht zu lange an den Stein an, sonst besteht die Gefahr, dass sich das Metall zu stark erhitzt und ausglüht. Ein sicheres Zeichen für Überhitzung des Stahls ist eine dunkle bis bläuliche Verfärbung. Hier besitzt das Metall nicht mehr die ursprüngliche Härte. Weist Ihr Beitel eine solche „weiche“ Stelle auf, müssen Sie erneut schleifen, bis der verfärbte Bereich restlos abgenommen ist. Alternativ zu der hier gezeigten Bockschleifmaschine können Sie auch eine Bandschleifmaschine verwenden. Behandeln sie die Eisen dann mit bereits gebrauchtem 120er-Schleifpapier. Um den Beitel im 25°-Winkel ansetzen zu können, müssen Sie die Maschine fixieren. Auch bei der stationären Bandschleifmaschine müssen Sie darauf achten, dass sich der Beitel nicht überhitzt. Wollen Sie in Sachen Überhitzung auf Nummer Sicher gehen, schärfen Sie Ihre Eisen am besten an einer Nassschleifmaschine, die allerdings teurer ist.

Abziehen auf öl- oder wasserbenetzten Steinen

Mit dem Schleifen des Beitels ist der Schärfvorgang noch nicht beendet. Das Eisen muss nun noch abgezogen und der entstandene Grat entfernt werden. Hierzu verwendet man Abziehsteine. Man unterscheidet zwischen Öl- und Wassersteinen, wobei die Bezeichnung darauf verweist, mit welcher Flüssigkeit die Steine vor dem Einsatz zu tränken sind. Würde man sie trocken verwenden, würden sich die Poren des Steins zu schnell mit Metallabrieb füllen.

Auf einen Ölstein können Sie jedoch nicht jedes beliebige Öl auftragen. In der Regel benutzt man Maschinenöl, Paraffin eignet sich ebenfalls. Auf keinen Fall dürfen Sie Pflanzenöle verwenden, weil Sie die Poren des Steins verstopfen und ihn unbrauchbar machen. Ein Ölstein muss vor der Verwendung in ein Ölbad gelegt werden, sodass er das Öl in sich aufsaugen kann. Der Umgang mit Wassersteinen ist mit weniger Aufwand verbunden. Sie können zur Benetzung des Steins ganz normales Leitungswasser verwenden und müssen den Stein vorher auch nicht tränken, sondern das Wasser einfach nur oberflächig auftragen.

Mit dem Abziehstein lässt sich am besten arbeiten, wenn Sie ihn auf der Arbeitsfläche fixieren. Die ideale Lösung ist ein aus Leisten gefertigter Rahmen, in den Sie den Stein einlegen können. Legen Sie nun die Fase des Beitels flach auf den Abziehstein. Heben Sie die Klinge leicht an und führen Sie die Schneide in kreisförmigen Bewegungen gleichmäßig über die Oberfläche (6.1). Der Winkel sollte nun 30° betragen. Um beim Schleifen und Abziehen den richtigen Winkel einzuhalten, können Sie eine entsprechende Lehre anlegen.

Zum Schluss müssen Sie noch den Grat entfernen. Drehen Sie den Beitel um und führen Sie nun mit unten liegender Spiegelseite kreisförmige Bewegungen aus (6.2).

Schärfen

5.1

5.2

5.3

Wie bei vielen Werkzeugen ist auch beim Stechbeitel die Schärfe der Klinge entscheidend für die Qualität des Arbeitsergebnisses verantwortlich. Die Schneide sollte stets genau rechtwinklig zu den Seitenkanten verlaufen. Die Fase weist im Idealfall einen Winkel von 25° auf. Um diesen Winkel zu erhalten, stützen Sie das Werkzeug beim Schleifen an der Bockschleifmaschine an der Geräteauflage ab (5.1). Die Klinge darf nicht zu stark aufgedrückt werden und muss gleichmäßig über die gesamte Breite der Schneide geschliffen werden (5.2). Bearbeiten Sie die Fase so lange, bis Sie keine Scharten mehr erkennen können. Messen Sie dann den Winkel der Fase nach. Die Fasenlänge sollte ungefähr doppelt so lang sein, wie das Eisen dick ist. Zum Entgraten ziehen Sie den Beitel zum Schluss über einen Abziehstein (6.1, 6.2)

6.1

6.2

Holzverbindungen herstellen

Für die Herstellung von Holzverbindungen bieten sich zahlreiche Möglichkeiten an. Von Nägeln über Dübel und Federn bis zu aufwändigen Zinkungen wird alles vorgestellt

Auf die Frage „Wie verbinde ich zwei Werkstücke optimal miteinander?“ gibt es keine eindeutige Antwort. Für jede spezifische Situation gibt es Holzverbindungen, die sich mehr und andere, die sich weniger eignen. Im Folgenden werden einige wichtige Verbindungsformen vorgestellt.

Eckverbindungen mit Nägeln sind besser als ihr Ruf

Genagelte Eckverbindungen haben vielfach – völlig zu unrecht – den Ruf, nicht besonders stabil zu sein. Dass Nägel sich aufgrund ihrer glatten Oberfläche in der Regel leicht wieder aus einem Werkstück herausziehen lassen, muss aber nicht heißen, dass sie keiner Belastung standhalten. Ein Fehler, der jedoch häufig gemacht wird, ist, dass man die Nägel senkrecht einschlägt. Eine solche Verbindung ist in der Tat nur bedingt stabil. Schlagen Sie die Nägel dagegen abwechselnd schräg gegeneinander ein (1.1), werden sie sich auch unter starker Belastung nicht lösen.

Wenn Sie Nägel in der Nähe einer Kante einschlagen, kann es leicht geschehen, dass die scharfe Spitze des Nagels das Holz aufreißt. Um dies zu vermeiden, sollten Sie die Nägel für diese Bereiche vor dem Einschlagen mit einigen Hammerschlägen leicht stauchen (1.2).

Ein Nachteil von genagelten Eckverbindungen ist natürlich, dass die herausstehenden Köpfe nicht sehr dekorativ sind. Wollen Sie die Köpfe unsichtbar machen, bieten sich zwei Möglichkeiten an. Die einfachere Methode ist, die Nägel mit einem Senkstift oder dem Kopf eines zweiten Nagels im Holz zu versenken (1.4) und den darüber entstandenen Krater anschließend zuzuspachteln. Wer eine besonders saubere Oberfläche möchte, kann auch mit einem Beitel einen Span von der Oberfläche des Werkstücks abspalten, den Nagel setzen und anschließend den Span wieder aufleimen (1.5). Die genagelte Stelle ist nun praktisch gar nicht mehr zu sehen.

Wenn es nicht so sehr auf die Optik, sondern um größtmögliche Haltbarkeit geht, empfiehlt sich die so genannte Klammernagelung (1.6), bei der ein ausreichend langer Nagel ganz durch die zu verbindenden Stücke durchgetrieben und an der Rückseite umgeschlagen wird.

Genagelte Eckverbindungen

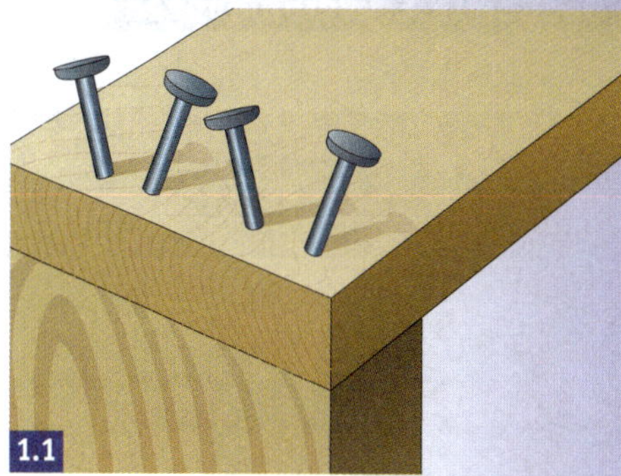

1.1 *Genagelte Holzverbindungen sind haltbarer, wenn die Nägel schräg in Schwalbenschwanzform gesetzt werden*

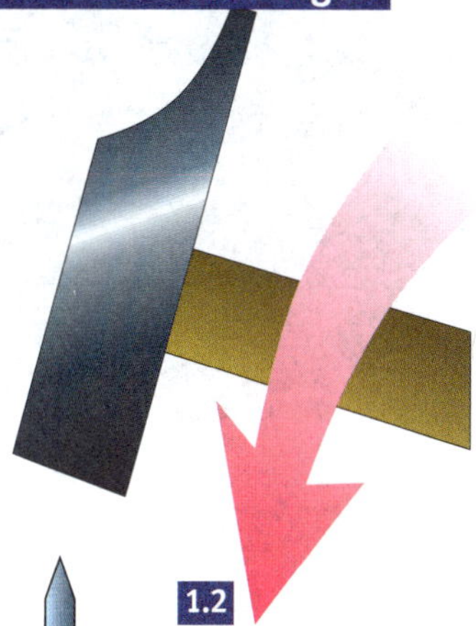
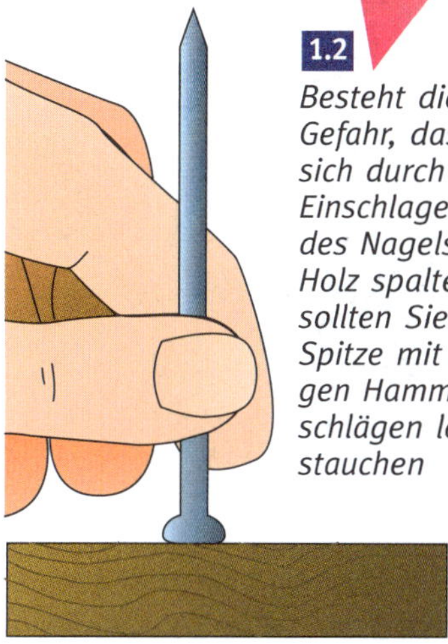

1.2 *Besteht die Gefahr, dass sich durch das Einschlagen des Nagels das Holz spaltet, sollten Sie die Spitze mit einigen Hammerschlägen leicht stauchen*

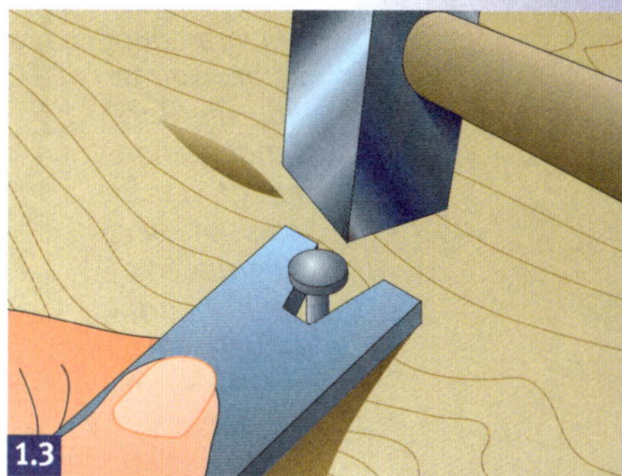

1.3 *Müssen Sie sehr kleine Nägel einschlagen, können Sie diese mit einem kleinen Pappstreifen aufrecht halten*

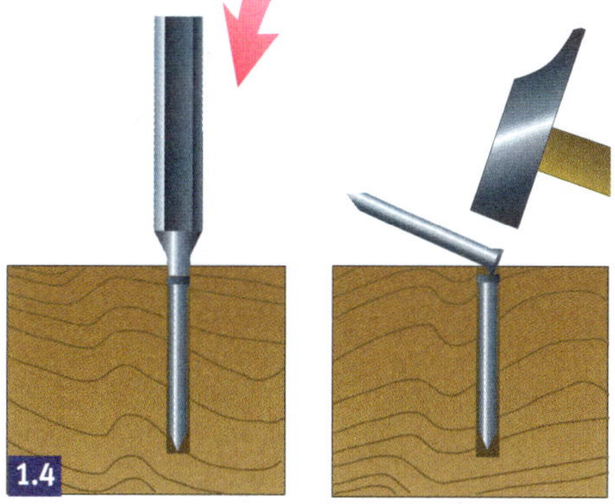

1.4 *Wenn Nagelköpfe versenkt werden müssen, helfen ein Senkstift oder der Kopf eines zweiten Nagels*

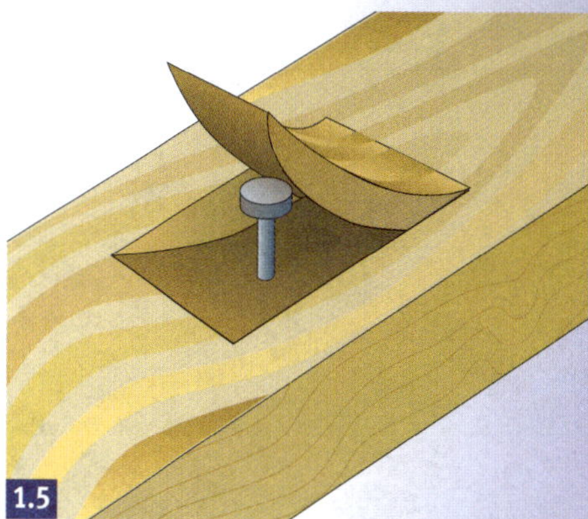

1.5 *Sie können die Nägel auch vollkommen im Holz verschwinden lassen. Heben Sie mithilfe eines Beitels einen Span ab, setzen Sie den Nagel und leimen Sie den Span anschließend wieder auf*

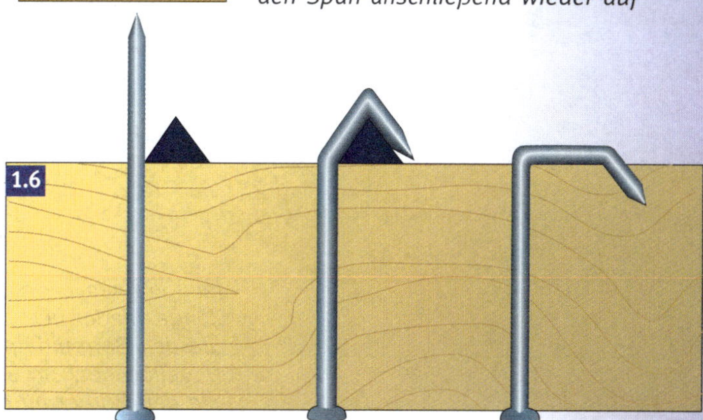

1.6 *Besonders stabile Verbindungen erzielen Sie, wenn Sie die Nägel ganz durch- und auf der Gegenseite umschlagen. Auf diese Weise entsteht eine so genannte Klammernagelung*

Gedübelte Eckverbindungen

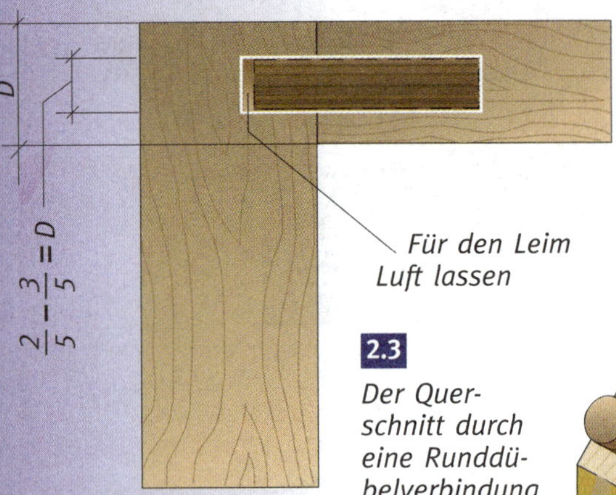

2.3

Der Querschnitt durch eine Runddübelverbindung zeigt, wie genau die Bohrungen angefertigt werden müssen. Bei Gehrungen setzt man die Dübel senkrecht zur Verbindungskante

2.1

Zu den klassischen Holzverbindungen gehört auch der Einsatz von Runddübeln. Die Herstellung der Bohrlöcher ist Präzisionsarbeit, weil die Bohrmittelpunkte millimetergenau sitzen müssen

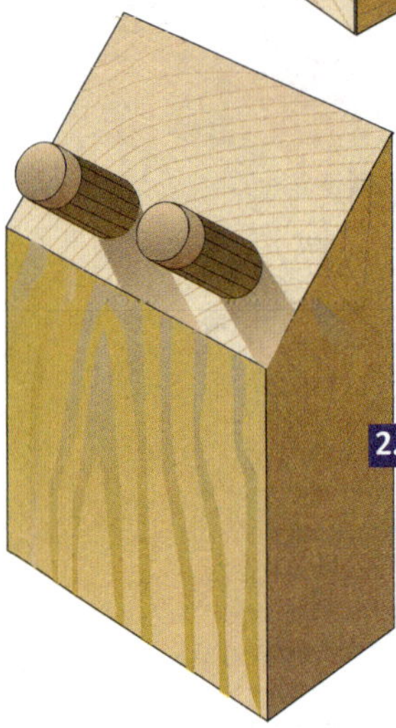

2.4

2.2

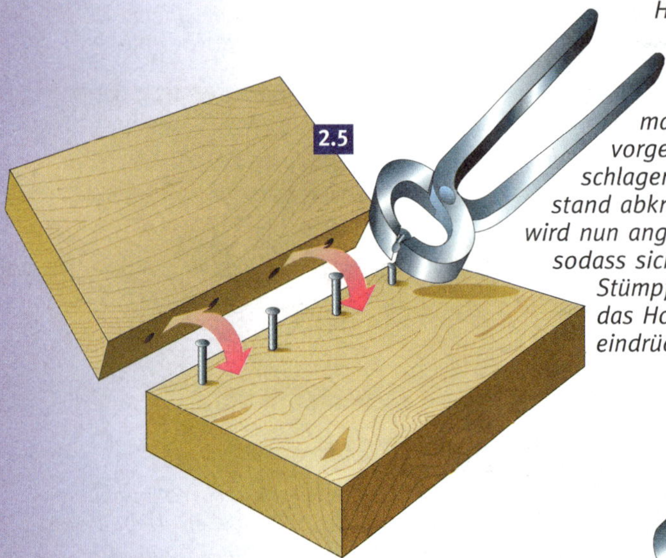

2.5

Haben Sie keine Dübelfixe zur Hand, können Sie Dübelbohrungen auch mithilfe von Drahtstiften markieren. Die Stifte an den vorgesehenen Dübelstellen einschlagen und bis auf 3 mm Überstand abknipsen. Das Gegenstück wird nun angepresst, sodass sich die Stümpfe in das Holz eindrücken

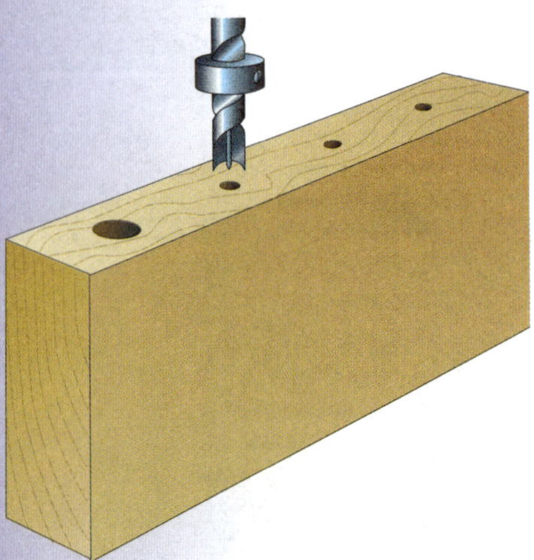

Jetzt können Sie die Drahtstifte mit der Zange wieder herausziehen. Setzen Sie den Bohrmittelpunkt an den vier Nagellöchern, am Gegenstück setzen Sie den Bohrer an den Druckstellen an

Klassische Verbindung mit Runddübeln aus Hartholz

Dübelverbindungen überzeugen zum einen durch hohe Stabilität und haben zum anderen gegenüber einer Nagelverbindung den Vorteil, dass die Oberfläche des Konstruktionsstücks unversehrt bleibt. Die Dübel liegen versteckt im Inneren.

Sie erhalten Dübel im Handel sowohl als fertig zugeschnittene Stücke als auch als Stangenwaren zum Selbstablängen. Sie bestehen in der Regel aus Hartholz wie Buche oder Esche, schließlich müssen sie oft starken Belastungen standhalten. Beim Setzen der Dübellöcher ist Präzision sehr wichtig. Vor allem müssen Sie darauf achten, dass die Löcher der beiden miteinander zu verbindenden Stücke an allen Positionen exakt übereinander stehen. Die Übertragung der Lochpositionen von einem zum anderen Werkstück erfolgt heute meist mithilfe von so genannten Dübelfixen, die Sie in die Löcher des einen Werkstücks einsetzen und dann das zweite dagegen pressen.

Haben Sie keine Dübelfixe zur Hand, lässt sich der gleiche Effekt auch mit kleinen Drahtstiften erzielen. Allerdings bohren Sie in das erste Werkstück dann noch nicht direkt die Dübellöcher, sondern setzen statt dessen die Drahtstifte an die entsprechenden Positionen. Knipsen Sie die Stifte oben bis auf wenige Millimeter ab und pressen Sie dann das zweite Werkstück dagegen. Wie bei den Dübelfixen setzen Sie bei dem zweiten Werkstück die Bohrmittelpunkte an den Druckstellen. Beim ersten Holzstück ziehen Sie die Drahtstifte wieder heraus und verwenden die verbliebenen Löcher als Bohrmittelpunkt.

Auch Verbindungen von auf Gehrung geschnittenen Teilen können Sie mit Runddübeln stabilisieren. Wichtig ist dabei, dass Sie die Dübel im unteren Drittel der Gehrung einsetzen (2.4), damit Sie noch genügend Spiel haben, um in die Tiefe zu bohren. Achten Sie außerdem darauf, dass Sie die Dübel genau senkrecht einsetzen.

Verbindungen mit Nut und Feder

Federverbindungen haben den Vorteil, dass sie die volle Werkstückbreite nutzen können. Sie können Federn lose aus Furnier oder Holzfaser zuschneiden und die beiden Verbindungsstücke nuten (3.1). Alternativ können Sie jedoch auch nur ein Werkstück nuten und an dem Verbindungsstück die dazu passende Feder ausschneiden oder ausfräsen (3.3). Wachsender Beliebtheit erfreut sich die so genannte Lamello-Feder, auch Flachdübel genannt (3.2). Es handelt sich dabei um gerundete Holzplättchen, die unter Zugabe von Leim aufquellen und sich so – auch wenn sie vorher nur lose gesessen haben – genau in die Nuten einpassen.

Gegratete Eckverbindungen

Es gibt nur wenige Fälle, in denen sich der Einsatz von gegrateten Eckverbindungen empfiehlt (4.1). Verwendung findet diese Verbindungsart nur bei T-förmig aneinander stoßenden Teilen aus Vollholz. Es wird zwi-

3.1

Bei Federverbindungen sitzt eine Feder in den beiden genuteten Verbindungsstücken. Sie bestehen aus Querholz, Furnierplatte oder Holzfaserplatte

3.2

Die so genannte Lamello-Feder ist ein im Handel erhältlicher gerundeter Flachdübel, der sich besonders leicht verarbeiten lässt

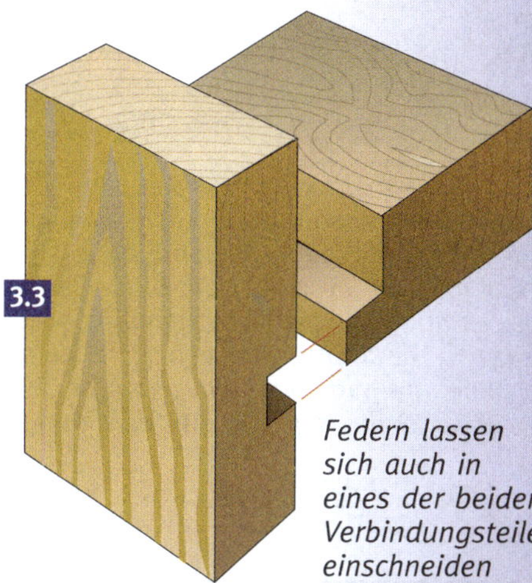

3.3

Federn lassen sich auch in eines der beiden Verbindungsteile einschneiden bzw. einfräsen

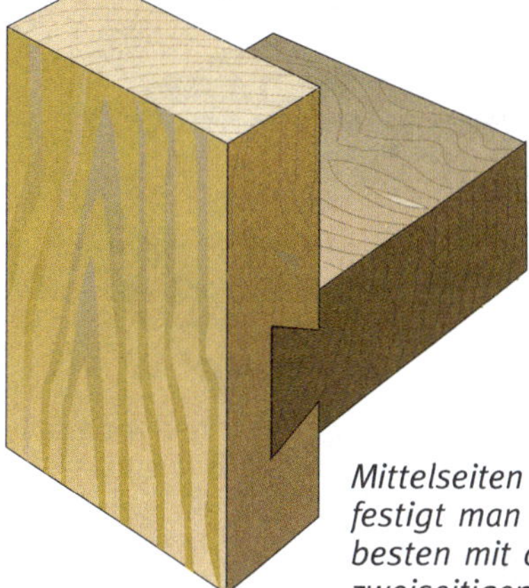

4.1

Mittelseiten befestigt man am besten mit dem zweiseitigen Grat

Den einseitigen Grat setzt man dagegen meist bei Zwischenböden ein

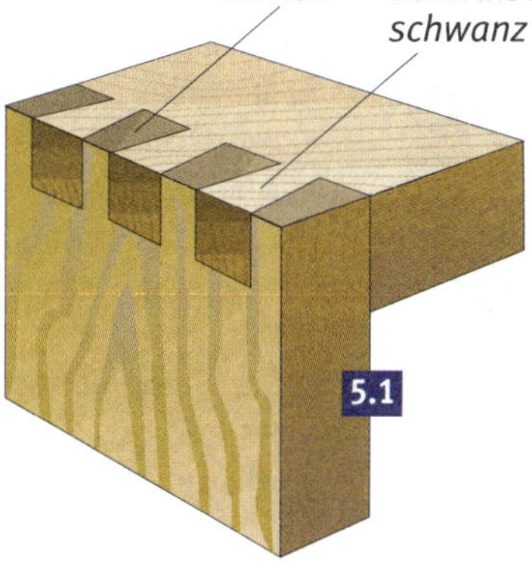

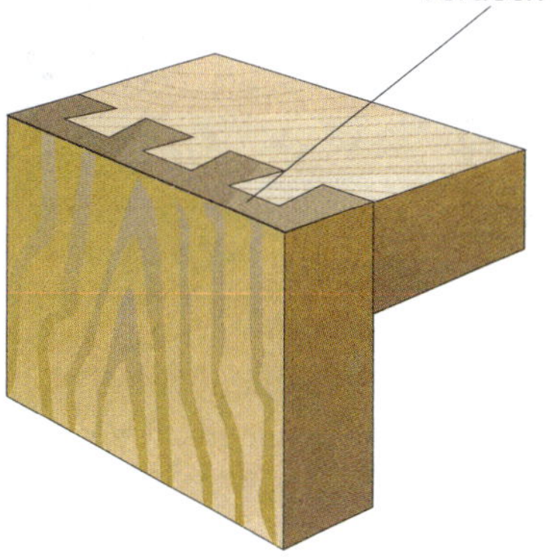

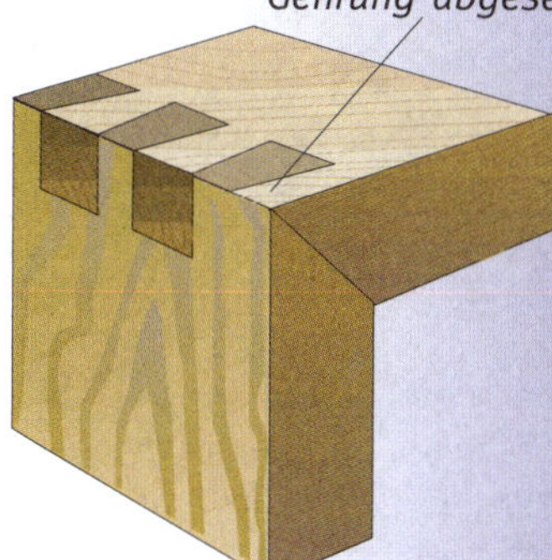

5.1

Bei Zinkverbindungen gibt es mehrere Varianten: Am häufigsten wird die einfache Zinkung (links) verwendet, die halbverdeckte Zinkung (Mitte) ist nur von einer Seite sichtbar, selten sind auf Gehrung gesetzte Zinken (rechts)

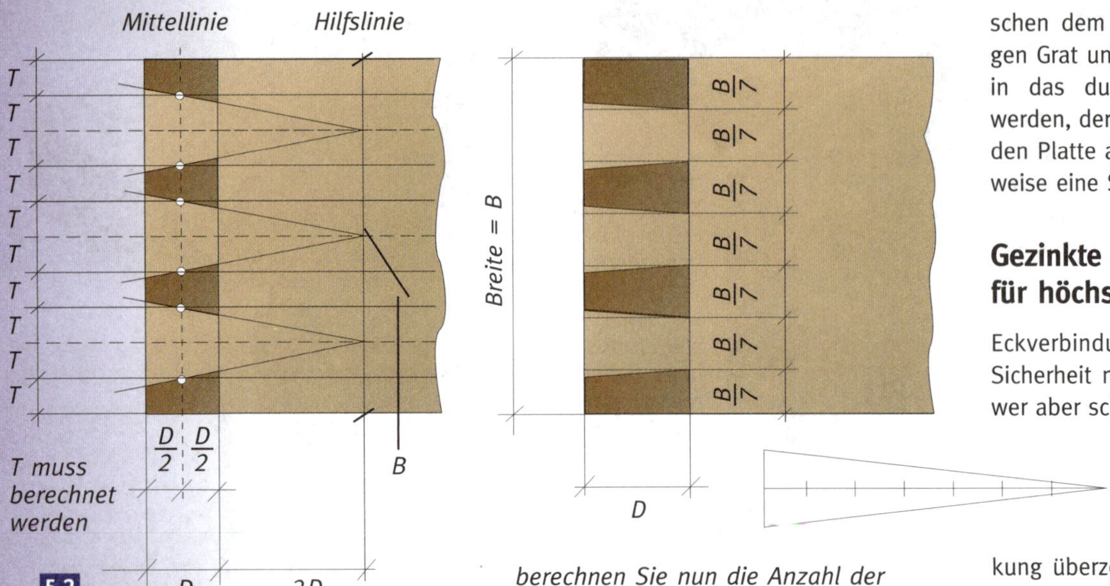

5.2

Die Zinkenkonstruktion: *Bei der Konstruktion der Zinken unterscheidet man zwischen zwei Arten. Wählen Sie die erste, müssen Sie zuerst die Dicke des Brettes auf der Oberfläche anreißen. Zeichnen Sie im Abstand von 1/2 D die so genannte Mittellinie ein, dann im Abstand 3 x D die Hilfslinie. Mit der Formel*

$$\frac{\text{Holzbreite (B)}}{3 \times 1/2\ D}$$

berechnen Sie nun die Anzahl der Schwalben. Runden Sie das Ergebnis auf eine runde Zahl ab und addieren Sie dann die Anzahl der Zinken, die der Anzahl der Schwalben + 1 entspricht. Wenn man diese Summe durch die Holzbreite teilt, erhält man den Wert T.
Die zweite Möglichkeit ist wesentlich einfacher. Teilen Sie die Holzbreite durch eine ungerade Zahl. Die Teilung sollte in etwa der Holzdicke entsprechen. Von den Teilstrichen tragen Sie die gezeigte Schmiege jeweils nach außen ab.

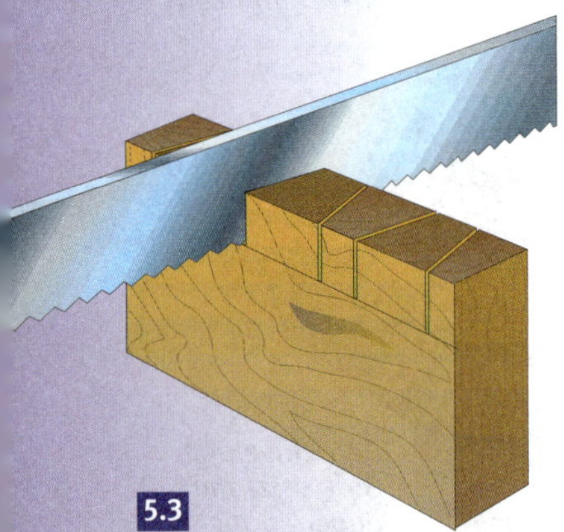

5.3
Beim Aussägen der Zinken ist es wichtig, dass das Sägeblatt senkrecht steht

5.4
Bei der Bearbeitung der zweiten Seite muss das Werkstück fest aufliegen

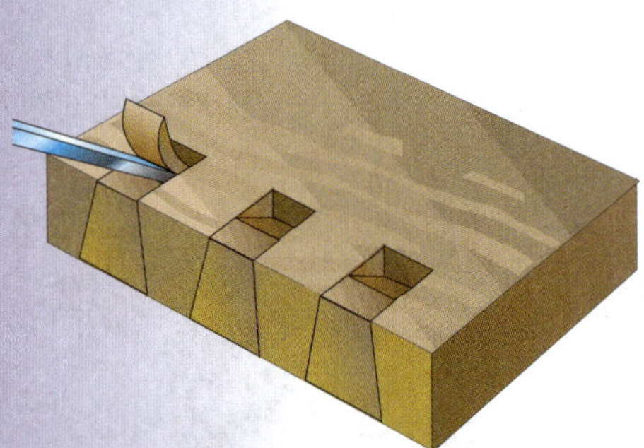

Stemmen Sie beim Ausheben der Zinken von der ersten Seite noch nicht durch

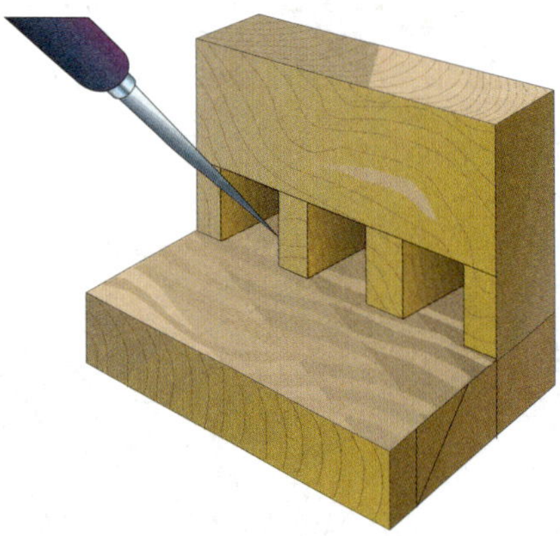

Der Spitzbohrer hilft beim sauberen Anreißen der Schwalbenschwänze

schen dem einseitigen und dem zweiseitigen Grat unterschieden. Die Nut muss stets in das durchgehende Werkstück gefräst werden, der Grat wird an der darauf stoßenden Platte ausgearbeitet. Er erhält üblicherweise eine Schräge von 75–80°.

Gezinkte Eckverbindungen sorgen für höchste Stabilität

Eckverbindungen mit Zinkung sind mit Sicherheit nicht für den Anfänger geeignet, wer aber schon ein wenig Erfahrung mit der Holzbearbeitung hat, sollte die Königsdisziplin unter den Eckverbindungen unbedingt einmal ausprobieren. Die Zinkung überzeugt nicht nur durch bestmögliche Stabilität, sondern bietet auch eine optisch ansprechende Oberfläche.

Die Zinkung besteht aus einer Reihe von keilförmigen Zapfen, die bei dem einen Werkstück als Zinken, bei dem anderen als Schwalbenschwänze bezeichnet werden. Bevor man daran geht, bei den Werkstücken die Zinken bzw. Schwalbenschwänze auszuschneiden, stehen erst einige Vorüberlegungen an. Wichtig ist es vor allem, sich klar zu machen, in welcher Weise die Holzteile später belastet werden sollen. Bei einer Schublade würde man beispielsweise die Zinken an die Front und die Schwalbenschwänze an die Seiten setzen, weil die Verbindung auf diese Weise der Zugkraft von vorn am besten standhält. Außerdem müssen auch optische Gesichtspunkte in die Planung mit einbezogen werden.

Wie Sie die Aufteilung der Zinken und Schwalbenschwänze berechnen, lesen Sie im Kasten links. Haben Sie die Aufteilung berechnet und aufgezeichnet, geht es ans Aussägen. Bei Weichholz verwenden Sie am besten einen feinzahnigen Fuchsschwanz, bei härterem Holz dagegen empfiehlt sich eine Absetzsäge. Dann kommt der Beitel zum Einsatz. Die Zwischenräume werden vorsichtig ausgestemmt, zuerst nur grob, dann senkrecht entlang der vorgezeichneten Linien. Arbeiten Sie mit dem Beitel jeweils nur bis zur Mitte der Holzstärke, drehen Sie das Werkstück dann um und wiederholen Sie die Arbeitsgänge von der anderen Seite.

Die fertig ausgestemmte Zinkenkante dient nun als Schablone für das Gegenstück. Legen Sie die Zinken an und zeichnen Sie so die Umrisse für die Schwalbenschwänze. Zum Anreißen eignet sich ein Spitzbohrer besonders gut. Alternativ können Sie aber auch einen scharf angespitzten Bleistift verwenden. Beim Ausarbeiten der Schwalbenschwänze gehen Sie genauso vor wie bei den Zinken. Zuerst wird gesägt, dann ausgestemmt. Wichtig ist, dass Sie die Werkzeuge genau auf dem Riss ansetzen, sodass er zur Hälfte stehen bleibt. Nur so passen Zinken und Schwalbenschwänze nachher optimal zueinander.

Wenn Sie die Zinkung verputzt und geschliffen haben, können Sie die beiden Verbindungsstücke aneinander setzen. Tragen Sie Leim auf, legen Sie einen Hartholz-Klotz an und schlagen Sie die beiden Teile ineinander, bis sie hundertprozentig verzahnt sind. Achten Sie auch auf die rechtwinklige Ausrichtung.

Zwar ist die Zinkung in vielen Fällen sehr dekorativ, manchmal möchte man aber doch lieber eine glatte Oberfläche, wie beispielsweise bei Schubladenfronten. Auf eine gezinkte Eckverbindung muss man deshalb aber nicht verzichten, denn man kann die Zinkung ebenso gut halbverdeckt ausführen. Die Berechnungen für die Positionierung der Zinken ist denen der normalen Zinkung vergleichbar, allerdings müssen Sie die Holzdicke durch die Höhe der Zinken ersetzen.

Das Aussägen der Zinken gestaltet sich bei der halbverdeckten Zinkung um einiges schwieriger. Da die Vorderseite unversehrt bleiben soll, können Sie die Säge nur schräg von hinten ansetzen. Die anschließende Stemmarbeit mit dem Beitel wird dadurch etwas aufwändiger. Vor allem das Verdeck müssen Sie sorgfältig nachstechen. Wie bei der einfachen Zinkung dient die gezinkte Werkstückkante nun als Schablone für die Schwalbenschwänze auf dem Gegenstück. Reißen Sie die Linien auch hier mit dem Spitzbohrer oder einem spitzen Bleistift an. Dann kommen wieder Säge und Beitel zum Einsatz. Wenn Sie die Eckstücke absetzen, kann ein kleiner hölzerner Anschlagwinkel sehr hilfreich sein (5.8).

Weniger häufig wird die gezinkte Eckverbindung mit einer Gehrung im Randbereich kombiniert. Dazu müssen Sie die seitlichen Zinken und Schwalbenschwänze auf Gehrung schneiden. Es handelt sich hierbei jedoch nur um eine optische Variante.

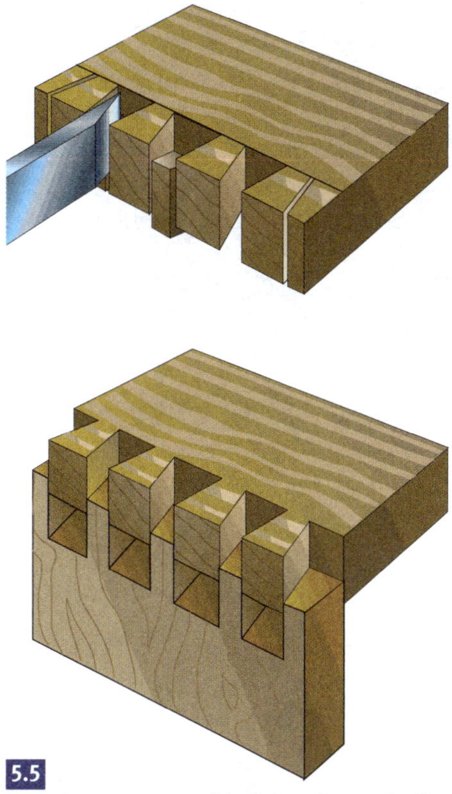

5.5
Das Ausstemmen der Schwalbenschwänze erfolgt mit einem scharfen Beitel. Präzision ist wichtig, damit sich die Verbindungsstücke anschließend problemlos zusammenklopfen lassen

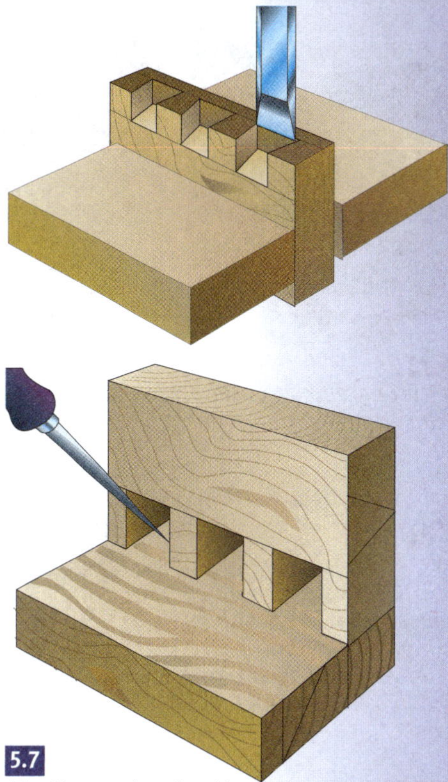

5.7
Die Unterseite des Verdecks muss mit dem Beitel nachgestochen werden, da sie mit der Säge nicht zu erreichen ist. Das Anreißen der Schwalbenschwänze erfolgt auch hier mit dem Spitzbohrer

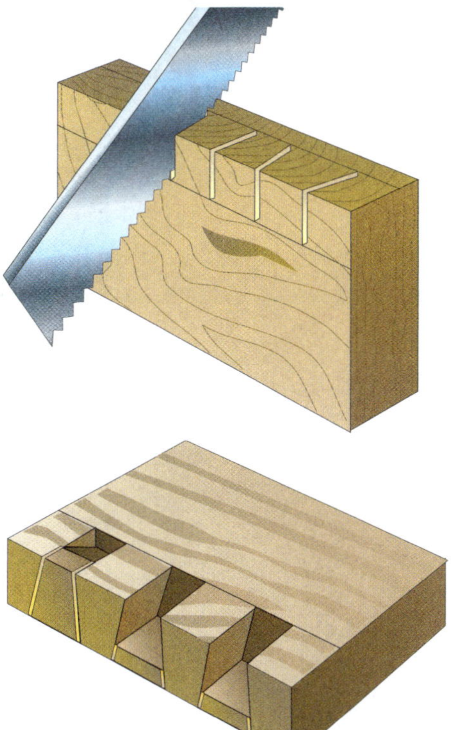

5.6
Bei der halbverdeckten Zinkung verlaufen die Zinken nicht über die vollständige Breite der Kante. Mit einer Säge werden die Zinken eingeschnitten und dann mit dem Beitel nachgestemmt

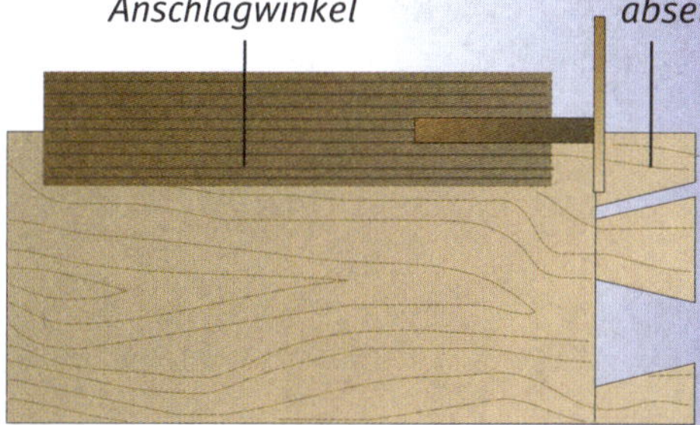

5.8
Wenn Sie das Endstück absetzen wollen, empfiehlt es sich, einen kleinen Anschlagwinkel aus Holz zu verwenden. Auf diese Weise erhalten Sie im Randbereich besonders saubere Kanten

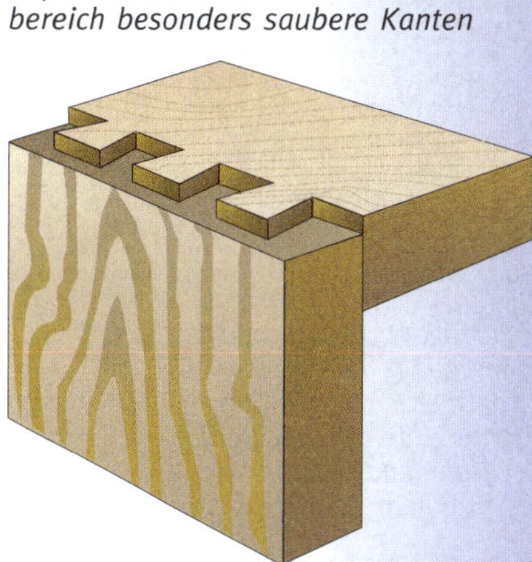

6.1
Gehrungszinkung: Bei dieser Eckverbindung bleibt die aufwändig hergestellte Zinkung nach dem Verleimen unsichtbar

Sonderformen der Zinkung

So attraktiv Zinkenverbindungen auch aussehen, mitunter will man nur ihre hohe Stabilität, nach außen aber sollen sie unsichtbar bleiben. Dies gilt z. B. für die Gehrungszinkung (6.1). Das Verdeck der Zinken und das der Schwalbenschwänze wird dabei auf Gehrung zusammengepasst. Diese Verbindung erfordert höchste Präzision und ist nur etwas für geübte Hobbyschreiner.

Wer auf sauber gearbeitete Zinkenverbindungen nicht verzichten will, sich die Herstellung von Hand aber nicht zutraut, kann heute auch Maschinentechnik in Anspruch nehmen. Die Zeichnungen unter 6.2 zeigen Zinken, die mithilfe der Oberfräse und einer passenden Zinkenfräsvorrichtung hergestellt werden können. Die Oberfräse wird dazu mit einem Zinkenfräser bestückt, der in einer Schablone an die beiden fest eingespannten zu verbindenden Werkstücke herangeführt wird. Folgt man der Kontur der Schablone, schneidet der Fräser in einem Arbeitsgang Zinken und Schwalbenschwänze. Noch leichter ist das Fräsen von geraden Fingerzinken (6.3) mit einem Nutfräser. Die Zinkenbreite sollte hier etwa ein Drittel der Holzstärke betragen.

Das Pendant zur Fingerzinkung sind Fingerzapfen, die man beim Einbau von Zwischenböden einsetzen kann (6.4). Hier ist wieder Handarbeit gefragt.

6.2
Maschinenzinkung: Mit der Oberfräse und einer passenden Frässchablone können Sie sowohl die einfache wie auch die halbverdeckte Zinkung maschinell herstellen

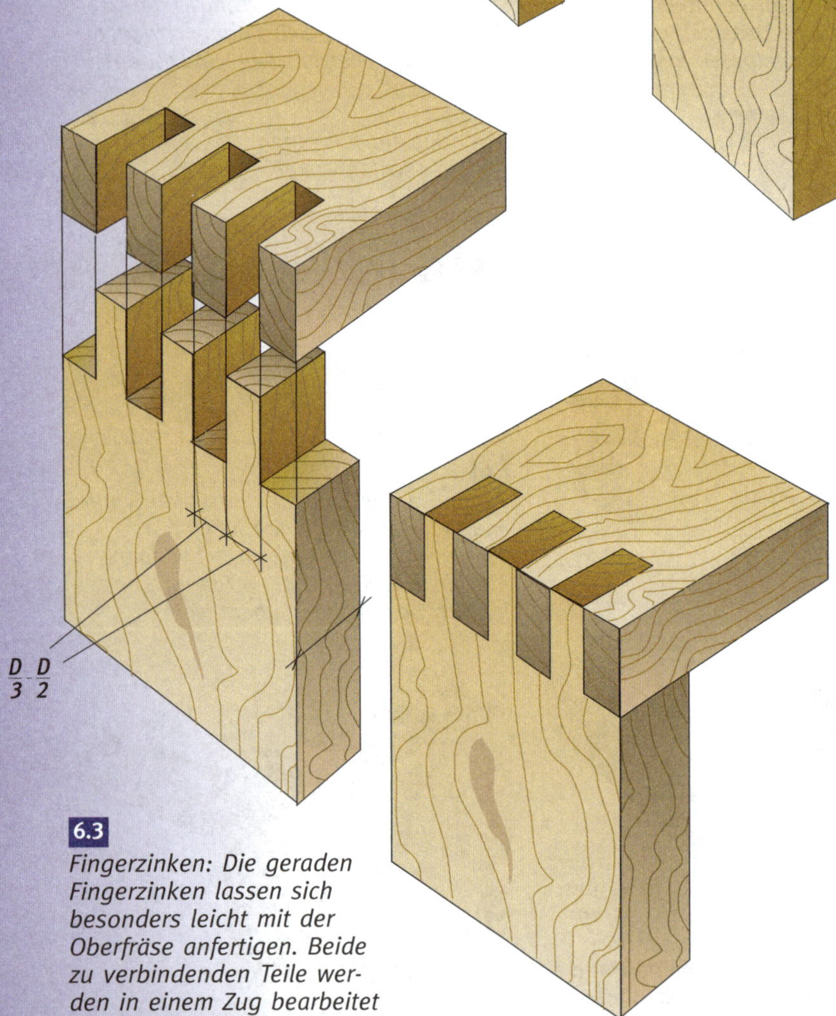

6.3
Fingerzinken: Die geraden Fingerzinken lassen sich besonders leicht mit der Oberfräse anfertigen. Beide zu verbindenden Teile werden in einem Zug bearbeitet

6.4
Fingerzapfen: Die Zinken dieser Verbindung kann man fräsen, die Zapfenlöcher müssen von Hand ausgestemmt werden. Kleine Keile geben der Verbindung zusätzlichen Halt

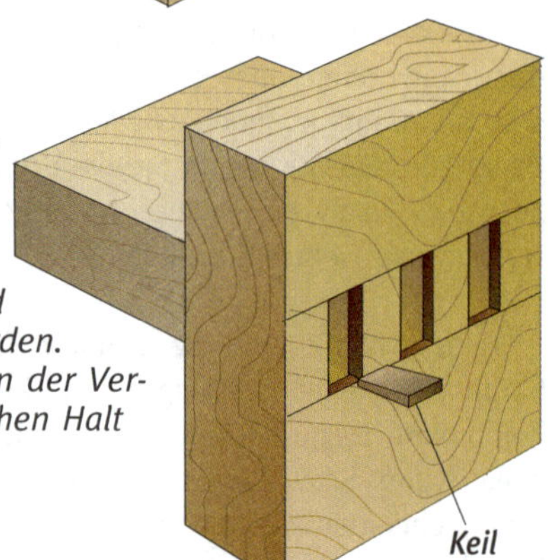

Offener Schwalbenschwanz

1 Was auf den vorhergehenden Seiten theoretisch vorgestellt wurde, nun noch einmal in der Praxis: Mit dem Streichmaß reißen Sie die Brettdicke an

2 Auf der Stirnkante des Werkstücks werden nun die Zinkenmaße angerissen. Wie Sie diese genau konstruieren und errechnen, haben wir auf Seite 86 erklärt

3 Die ermittelten Maße werden im nächsten Schritt mit einem Metallwinkel auf die Seitenflächen bis zur zuvor mit dem Streichmaß markierten Linie übertragen

4 Zum Aussägen der Zinken spannen Sie das Werkstück senkrecht ein. Sie markieren das Abfallholz und sägen so, dass der halbe Strich stehen bleibt

5 Sind die Sägeschnitte bis zur erforderlichen Tiefe angelegt, spannen Sie das Teil waagerecht auf die Werkbank und stemmen die Zwischenräume weg

6 Sind die Zinken schließlich sauber ausgestemmt und verputzt, nehmen Sie das Werkstück als Schablone zum Übertragen der Umrisse der Schwalbenschwänze

7 Anschließend beginnt das Aussägen der Schwalbenschwänze. Erst sägen Sie an der Stirnkante bis zur angerissenen Brettstärke, dann von der Seite

8 Nun können Sie die beiden Teile vorsichtig zusammenfügen. Bei Bedarf wird noch nachgearbeitet, bis es sauber passt. Zuletzt verleimen Sie die Teile

Halbverdeckter Schwalbenschwanz

1 Nachdem Sie den Schwalbenschwanz an einem Teil bereits angefertigt haben, halten Sie die beiden Hölzer bündig und zeichnen die Zinkenmaße an

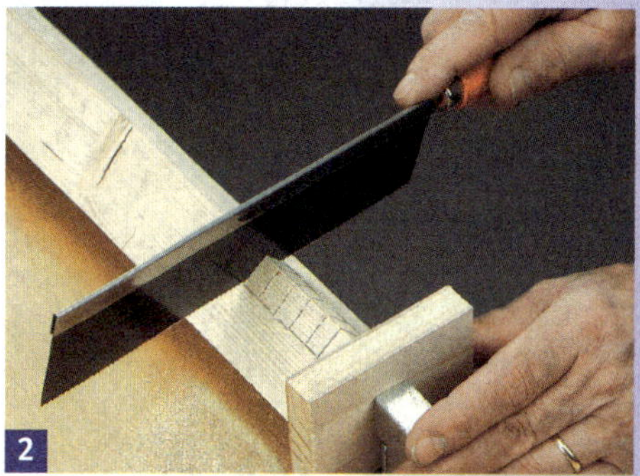

2 Mit der Feinsäge wird nun die Werkstückkante auf dem halben Strich eingeschnitten. Zusätzliche Schnitte im Abfallholz erleichtern das Ausstemmen

3 Das fest eingespannte Teil wird nun mit dem Stechbeitel bearbeitet. Vorsichtig stemmen Sie das markierte Abfallholz weg, bis der Schwalbenschwanz passt

4 So fügen sich die beiden Teile schließlich zusammen. Der halbverdeckte Schwalbenschwanz eignet sich auch zum Verbinden unterschiedlich dicker Teile

Der Einsatz der Oberfräse

Die Oberfräse ist heutzutage ein unentbehrliches Werkzeug bei der Holzbearbeitung. Mit dem entsprechenden Zubehör können Sie die Vielseitigkeit noch erhöhen

Oberfräsen besitzen meist einen Drehzahlregler. Bei der Holzbearbeitung arbeiten Sie jedoch stets auf höchster Stufe

Die Tiefenskala gibt bei der groben Voreinstellung der Frästiefe eine nützliche Orientierung

Die Frästiefe fixieren Sie mit dem Feststellknopf, der sich hinter dem linken Griff befindet

Der Schalter befindet sich gut erreichbar am rechten Handgriff

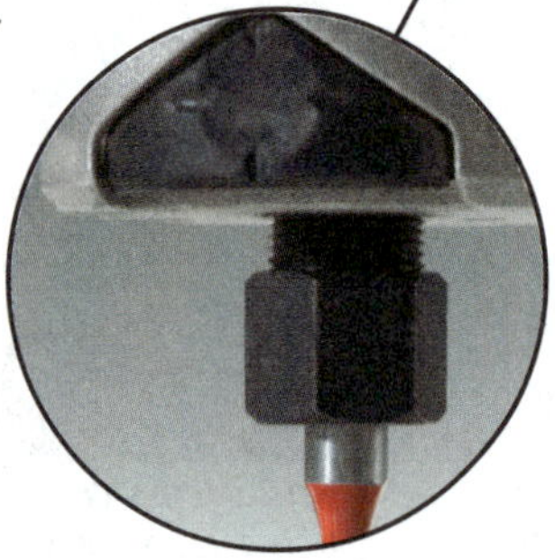

Der Fräserwechsel erfolgt hier per Knopfdruck. Die Spindelarretierung löst sich automatisch und dreht sich so auch wieder fest

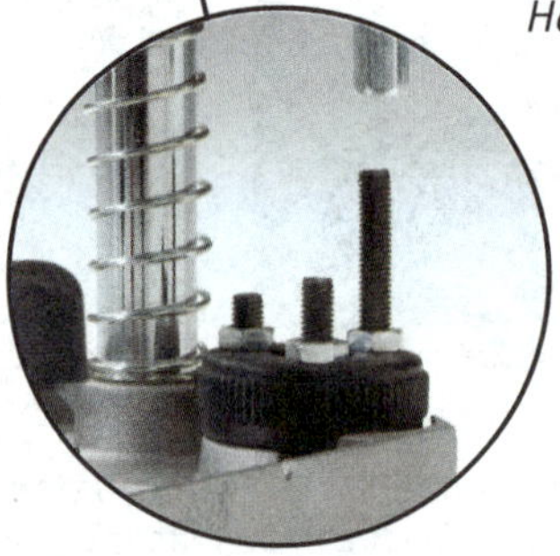

Mit dem Revolveranschlag können Sie schnell zwischen mehreren voreingestellten Frästiefen wechseln

Obwohl die Oberfräse bei genauerer Betrachtung nichts anderes ist als ein Universalmotor, der mit Führungen ausgestattet wurde, stellt sie doch ein sehr vielseitiges Werkzeug dar, dass bei Holzarbeiten unentbehrlich ist. Sie lässt sich für die Herstellung der verschiedensten Holzverbindungen ebenso gut einsetzen wie für die Verzierung von Oberflächen. Mitunter kann sie sogar teure Spezialgeräte ersetzen.

Die Abtragung des Holzes erfolgt durch einen Fräser, der mit der beeindruckenden Geschwindigkeit von bis zu 20.000 Umdrehungen in der Minute in seiner Halterung rotiert. Ein Nachbearbeiten ist meist unnötig, weil es kaum zu Ausrissen kommt.

Die bekannteste und im Heimwerkerbereich stets verwendete Oberfräse ist die so genannte Tauchfräse, bei der sich der Fräser aus dem Gerät in das zu bearbeitende Werkstück absenkt, praktisch also in das Holz eintaucht. Diese Bewegung läuft über zwei Führungsholme, die fest an der Grundplatte sitzen. Bei einer guten Oberfräse sollte diese Mechanik stabil und dennoch leichtgängig sein.

TIPP ZUBEHÖR

Beim Anfertigen gerader Nuten hilft der seitlich angesetzte Parallelanschlag

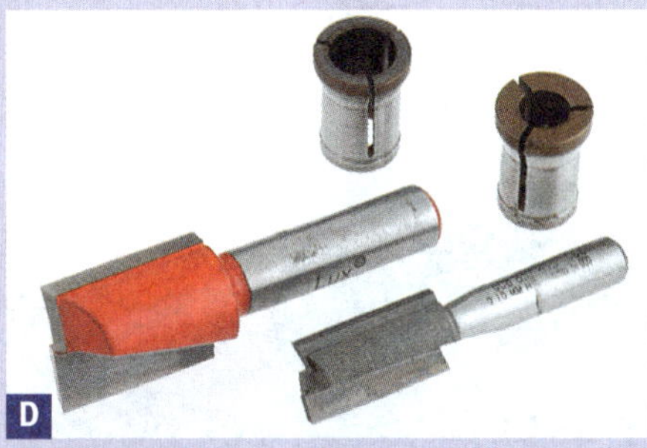

Falls Ihre Oberfräse nur eine Spannzange besitzt, noch eine dazukaufen

Dämpfungsfedern an den Halteschrauben sorgen für eine sanfte Führung

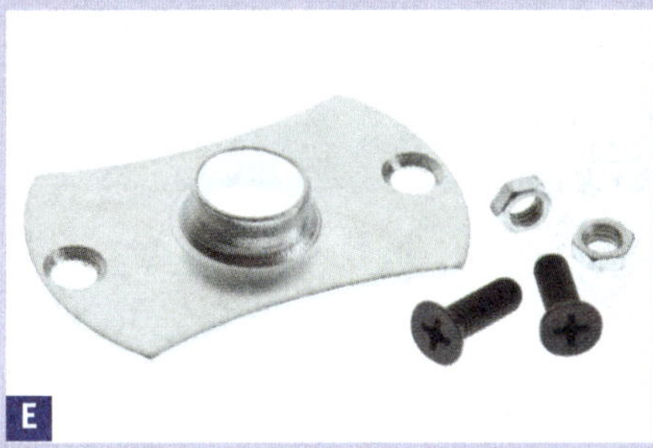

Eine solche Kopierhülse brauchen Sie für die Fräsarbeit mit Schablonen

Die Stellschraube ist für die Feinjustierung des Parallelanschlags zuständig

Das A und O guter Fräsarbeiten ist eine sichere Führung. Da bei der Holzbearbeitung die meisten Nuten parallel zu einer geraden Kante gefräst werden müssen, gehört zum Lieferumfang jeder Oberfräse ein so genannter Parallelanschlag. Bei den Justierungsmöglichkeiten des Anschlags gibt es jedoch große Qualitätsunterschiede. Preiswertere Modelle kommen mit einfachen Blechausführungen aus, die sich lediglich über den Fräskorb einstellen lassen. Wer etwas mehr Geld investieren kann, sollte sich für eine Ausführung mit Stellschrauben entscheiden, die sich für die Feinjustierung am besten eigenen. Eine einfache Oberfräse lässt sich aber meist auch problemlos mit Stellschrauben nachrüsten. Für geschwungene Formen eignet sich der Parallelanschlag meist nicht – auch wenn Sie eine Führungsrolle aufsetzen. Die punktuelle Führung gewährleistet kein optimales Ergebnis. Arbeiten Sie in diesem Fall besser mit speziell angefertigten Schablonen, an denen Sie dann mit der Kopierhülse entlangfahren. Nicht zuletzt hilft auch der Anlaufring bei der sicheren Führung der Oberfräse. Ihn setzen Sie ein, wenn Sie Werkstückkanten fräsen müssen.

Praktische Details

Besonders genau arbeiten Sie, wenn Ihre Oberfräse eine Feinjustierung für die Frästiefe besitzt. Meist besitzen aber nur große Profi-Fräsen diese Ausstattung

Drehknöpfe eignen sich für die Regulierung der Frästiefe besonders gut, weil sie sich sehr genau einstellen lassen und auch feine Korrekturen möglich sind

Achten Sie beim Kauf darauf, dass sich die einzelnen Fräser mit wenigen Handgriffen austauschen lassen. Bei guten Modellen genügt meist ein Knopfdruck

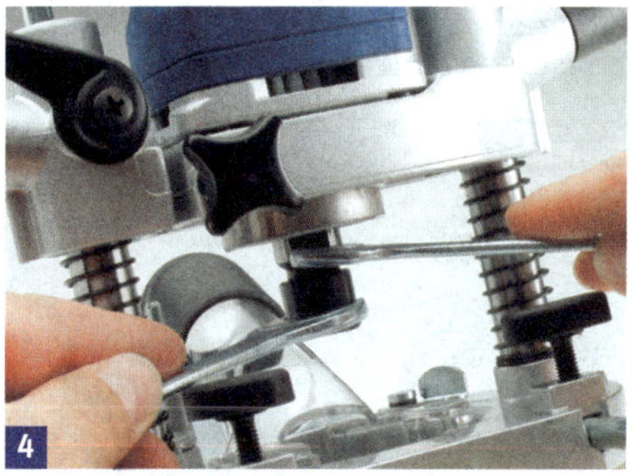

Hier die wesentlich aufwändigere Alternative: Bei älteren Oberfräsen müssen Sie die Fräser unter Zuhilfenahme von zwei Schlüsseln an- und abmontieren

Ein weiterer Qualitätspluspunkt ist eine gute Handlichkeit, die durch eine kompakte Konstruktion erzielt wird. Größere Oberfräsen können zwar oft mit einer höheren Motorleistung aufwarten, die Sie aber nur in Ausnahmefällen, wie etwa zum Fräsen von Küchenarbeitsplatten, benötigen. Als Erstgerät ist deshalb ein kleineres Modell absolut empfehlenswert.

Die Spindelarretierung erleichtert den Fräserwechsel

Ihre Oberfräse sollte gut zu handhaben sein. Bei preiswerteren Geräten spart man vielleicht ein wenig Geld, verliert aber mitunter viel Zeit beim Wechseln der einzelnen Fräser oder beim Justieren des Parallelanschlags. Die werkzeuglose Spindelarretierung finden Sie heute glücklicherweise bei nahezu allen Modellen. Per Knopfdruck können Sie mithilfe dieser Automatik die Motorwelle festsetzen. Bei älteren Maschinen fehlt die Spindelarretierung oft. Wollen Sie hier den Fräser austauschen, schaffen Sie das nur mithilfe zweier Schraubenschlüssel.

Stellschrauben für die Feinjustierung des Parallelanschlags finden Sie nicht an allen Geräten, sie sind jedoch sehr nützlich, weil Sie nicht für jede kleine Korrektur wieder die Fixierung am Fräskorb verstellen müssen. Eine Feinjustierung für die Frästiefe ist auch überaus praktisch, aber nur an teuren Profi-Geräten zu finden. Hier sollten Sie genau überlegen, ob Sie für diesen Luxus zusätzliches Geld investieren möchten. Zum Standard gehört dagegen aber die so

Manchmal gehört beim Kauf einer Oberfräse auch eine so genannte Anschlagplatte dazu, die sich gut für die Bearbeitung von Werkstückkanten eignet

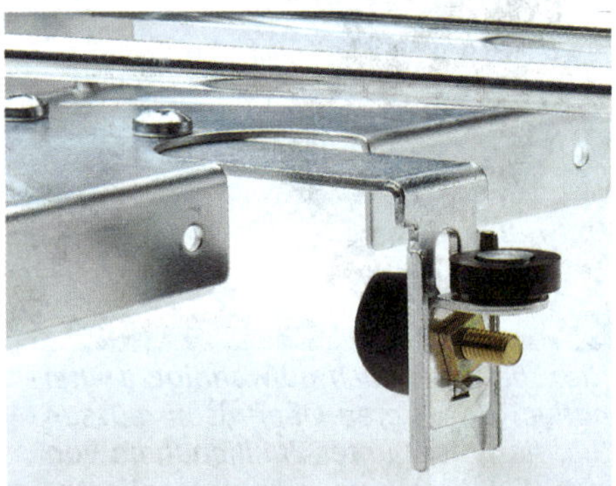

Links: der Kurvenanschlag mit Rolle erleichtert das Bearbeiten von Kanten, wenn Sie mit Fräsern arbeiten, die selbst keinen Anlaufring besitzen

TIPP FRÄSRICHTUNG

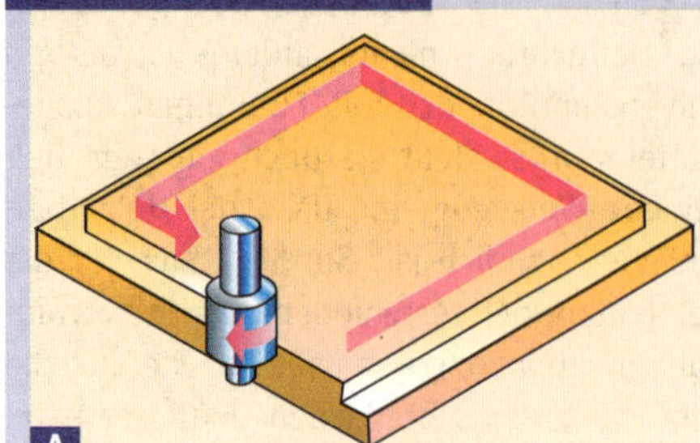

A

Stets gegen den Uhrzeigersinn und damit gegen die Kante fräsen

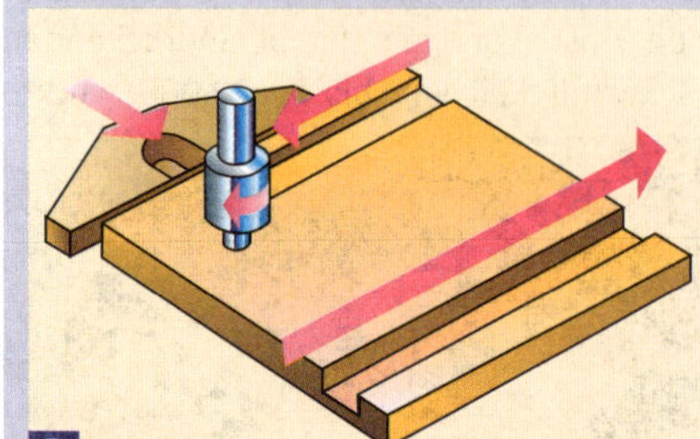

B

Auch bei der Arbeit mit dem Parallelanschlag sollte die Kante rechts liegen

C

Mit dem Anlaufring in einer Schablone fräsen Sie mit dem Uhrzeigersinn

D

Fräsen Sie gegen einen Anschlag, arbeiten Sie stets von links nach rechts

Durch die schnellen Drehungen des Fräsers entstehen Schubkräfte, mit denen Sie richtig umgehen müssen. Die Faustregel lautet: Arbeiten Sie immer so, dass die Drehrichtung des Fräsers von hinten gegen das Werkstück läuft. So wird das Material vorne vom Anschlag weg abgetragen, wodurch der Fräser immer wieder leicht zum Anschlag zurückgeschoben wird. Würde man den Fräser anders herum laufen lassen, könnte er leicht vom Anschlag wegdriften.

Fräser einsetzen

1

Bevor Sie den ausgewählten Fräser einsetzen, müssen Sie die für den entsprechenden Fräser geeignete Spannzange in das Futter der Oberfräse einsetzen

2

Drehen Sie die Überwurfmutter zunächst nur lose auf. Dann können Sie den Fräser von unten einführen und hochschieben, bis er oben auf den Anschlag trifft

3

Ziehen Sie den Fräser anschließend wieder ein Stück aus der Spannzange heraus und ziehen Sie die Überwurfmutter bei gedrückter Spindelarretierung fest

genannte Revolverschaltung, mit deren Hilfe Sie schnell und bequem zwischen mehreren vorher eingestellten Frästiefen wechseln können. Diese Zusatzfunktion kommt jedoch in der Praxis der Holzbearbeitung eher selten zum Einsatz.

Die Form der Griffe unterscheidet sich bei den einzelnen Modellen leicht. Probieren Sie aus, mit welcher Form Sie am besten zurechtkommen. Oft ist der Netzschalter in den rechten Griff integriert, was für besonders sicheres Arbeiten sorgt. Beim Loslassen der Maschine schaltet sie sich sofort ab. Ein Nachteil des integrierten Netzschalters ist, dass sie beim Fräsen mit Schablonen nicht umgreifen können, ohne das sich das Gerät abschaltet.

Die richtige Ausstattung

Als Zubehör brauchen Sie unbedingt zwei Spannzangen mit 6 und 8 mm Aufnahme, damit Sie alle gängigen Fräser befestigen können. Der Parallelanschlag gehört meist zum Lieferumfang, eine Kopierhülse müssen Sie aber in der Regel dazukaufen. Wichtigstes Zubehör sind natürlich die Fräser selbst. Hier sollten Sie nicht sparen. Kaufen Sie ein Set, in dem alle Fräser-Grundtypen enthalten sind. Fräser für spezielle Arbeiten oder Ersatz für verschlissene Fräser können Sie später einzeln nachkaufen. Für Kantenarbeiten empfiehlt sich noch die Anschaffung einer kugelgelagerten Führungsrolle.

TIPP FRÄSER LÖSEN

Zuweilen kommt es vor, dass ein Fräser sich nicht ohne weiteres wieder lösen lässt, weil sich der Schaft in der Spannzange verkantet hat. Montieren Sie den Fräserschaft deshalb so, dass Sie ihn mit einer Spitzzange noch gut erreichen und herausdrehen können. Den Kopf des Fräsers oder die Schneiden sollten Sie niemals mit Metallwerkzeugen anpacken. Zu leicht können Sie den Fräser dadurch beschädigen oder eine Unwucht verursachen.

Gängige Fräsertypen

Viertelstabfräser *Mit diesem Fräser können Sie Kanten abrunden. Die exakte Führung an der Werkstückkante wird durch einen Anlaufzapfen oder eine Andruckrolle gewährleistet*

Nutfräser *Neben Nuten können Sie mit diesem Fräser auch Falze, Überblattungen und Zinken herstellen. Arbeiten Sie mit der Kopierhülse, kommt der Nutfräser ebenfalls zum Einsatz*

Zinkenfräser *Dieser Fräser verjüngt sich nach oben hin und eignet sich daher für die Herstellung von Grat- und Zinkenverbindungen. Er wird auch bei Zinkenfräsgeräten eingesetzt*

Hohlkehlfräser *Mit diesem Fräser lassen sich dekorative Hohlkehlen in Holzoberflächen herstellen. Auch Ziernuten oder raffinierte Randprofilierungen lassen sich problemlos fräsen*

Scheibennutfräser *Mit diesem Fräser stellen Sie Nuten für Nut- und Flachdübelverbindungen, überlappende Holzverbindungen und Türfüllungen her. Die Frässcheibe ist austauschbar*

Erweitern Sie die Einsatzmöglichkeiten der Oberfräse

Für eine erfolgreiche Arbeit mit der Oberfräse brauchen Sie meist eine seitliche Führungshilfe. Nur wenn Sie sehr wenig Material abtragen, können Sie unter Umständen auf eine Führung verzichten. Je nach Art der Fräsarbeit empfiehlt sich der Einsatz von Anlaufzapfen oder -ringen, des Parallelanschlags oder externen Führungshilfen, die Sie am Werkstück fixieren. Theoretisch können Sie mithilfe des Anschlags auch Kreise ausschneiden, probieren Sie

TIPP FRÄSZIRKEL SELBST BAUEN

Ein Fräszirkel für die Herstellung runder Platten ist schnell gebaut. Versehen Sie ein Sperrholzbrett mit Bohrlöchern für den Fräser und die Befestigungsschrauben. Fixieren Sie die Platte dann mit einem Nagel am Mittelpunkt des auszuschneidenden Kreises. So führen Sie die Oberfräse sicher herum

Arbeiten mit Anlaufring

1 *Geht es um die exakte Bearbeitung von Werkstückkanten, kommt der kugelgelagerte Anlaufring zum Einsatz. Bei Hartholz kommt es kaum zu Ausrissen*

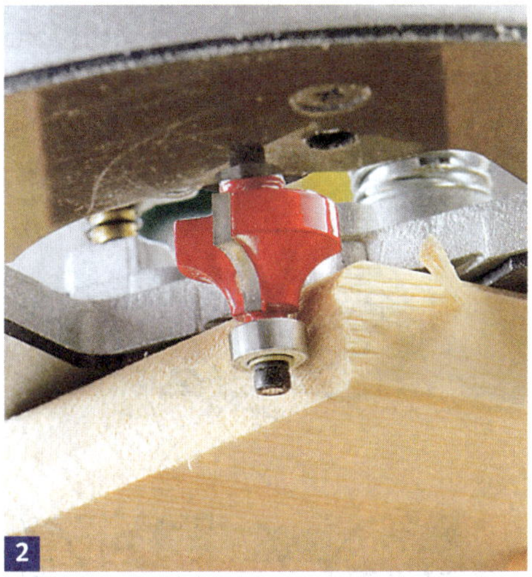

2 *Weichholz reißt leichter aus. Beginnen Sie deshalb an einer Stirnholzkante, damit ein Abriss mit dem Fräsen der nächsten Kante mit abgenommen wird*

3 *Wenn Sie sich an diese Regel halten, gelingt die Kantenbearbeitung problemlos. Auch beim Abrunden oder Falzen erhalten Sie stets saubere Ergebnisse*

Arbeiten mit Bündigfräser

1 *Wenn Sie an geschwungenen Linien entlangfräsen müssen, arbeiten Sie besser mit einer Schablone. Schneiden Sie das Werkstück mit der Stichsäge grob aus*

2 *Dann setzen Sie den Bündigfräser an. Es handelt sich um einen Nutfräser mit gleich großem Anlaufring. Die Schablone gegen den Uhrzeigersinn abfahren*

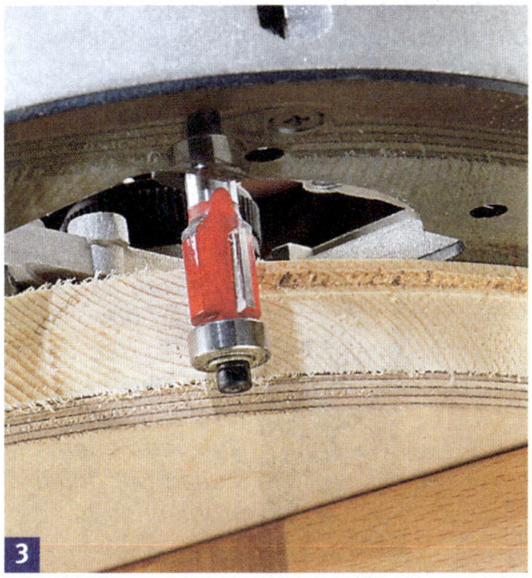

3 *Wenn der Fräser nicht die ganze Stärke des Werkstücks bewältigen kann, drehen Sie das Holz anschließend um und fräsen es im zweiten Arbeitsgang plan*

Arbeiten mit Kopierhülse

1 *Wenn Sie mit der Kopierhülse arbeiten, denken Sie daran, dass Sie die Schablone den Maßen der Hülse anpassen müssen, da auf Abstand gefräst wird*

2 *Wegen des unterschiedlichen Fräser- und Kopierhülsen-Umfangs, des so genannten Versatzes, muss die Schablone entsprechend kleiner sein*

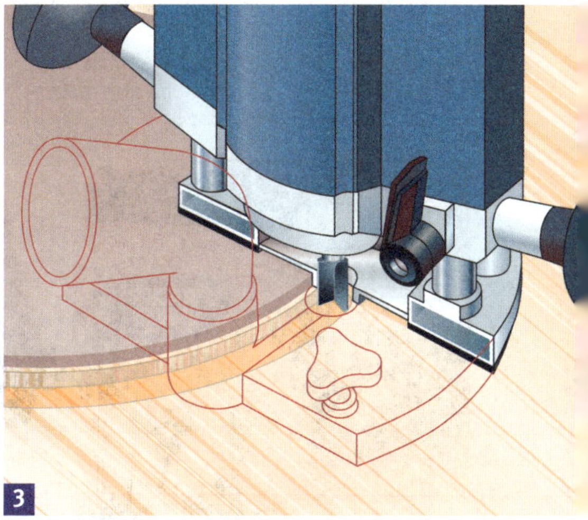

3 *Die Schablone muss unbedingt dicker sein als die Bauhöhe der Kopierhülse. Nur so kann die Hülse problemlos an der Schablonenkante entlangfahren*

TIPP FRÄSEN STATT SCHNITZEN

A *Die Oberfräse mit Schaftfräser, Schablonen und Fixierungsrahmen*

B *Die Schablone liegt fest im Fixierungsrahmen. Sie wird mehrmals gewendet*

C *Als Ergebnis erhalten Sie eine exakte und saubere Oberflächenverzierung*

Im Fachhandel erhalten Sie auch interessantes Spezialwerkzeug für Verzierungsarbeiten. Eine besonders raffinierte Erfindung ist ein Schaftfräser, der sich, wenn man ihn in Zusammenhang mit speziellen Schablonen einsetzt, während des Arbeitens in der Höhe variieren lässt. Die Schablonen können Sie als Fertig-Elemente dazukaufen. Bevor Sie mit der Arbeit beginnen, müssen die Schablonen in den dazugehörigen Fixierungsrahmen gelegt werden. Dann verspannt man sie mit dem Werkstück. Die Schablone wird innerhalb des Rahmens mehrmals gewendet. Die Schablone gibt dem Schaftfräser sowohl in Bezug auf die Umrisse als auch die Frästiefe eine Orientierung. Am Ende erhalten Sie ein dekoratives Ergebnis, das einer Schnitzerei ähnelt, diese aber an Exaktheit bei Weitem übertrifft.

Mit dem Scheibenfräser können Sie die nötigen Nuten für Verblendungen oder Türfüllungen anfertigen. Auch Verbretterungen mit Nut und Feder stellen Sie damit problemlos her

jedoch zuerst an einem Probestück aus, ob das Ergebnis wirklich überzeugen kann. Gerät es nicht exakt, setzen Sie lieber eine Schablone ein. Dazu wird eine rechteckige Sperrholzplatte durchbohrt, mittig mit einem Nagel fixiert und kann so als Zirkel eingesetzt werden (s. Tippkasten S. 94).

Wenn Sie mit relativ dünnem Material arbeiten, lässt sich mit der Zirkelschablone in nur einem Arbeitsgang ein exakter Kreis herstellen. Ist das Material jedoch dicker, empfiehlt es sich, zuerst eine kreisförmige Schablone aus dünnem Sperrholz herzustellen, die Sie dann an das Werkstück anlegen. Würde man eine zu dicke Platte direkt fräsen, könnten die Späne nicht mehr ausreichend abtransportiert werden und der Fräser würde sich zu stark erhitzen.

Wenn Sie eine kreisförmige Schablone verwenden, wird zunächst mit der Stichsäge

TIPP FLACHDÜBEL

A

B

Flachdübelverbindungen bieten gegenüber anderen Verbindungstechniken klare Vorteile. Sie lassen sich mit wenig Zeit- und Arbeitsaufwand herstellen und sind dennoch äußerst stabil. Für die Herstellung der Nuten eignet sich am besten eine spezielle Flachdübelfräse. Wer die Investition in ein solches Gerät scheut, kann die Nuten aber auch mit der Oberfräse setzen. Den Fräser kaufen Sie passend zu den Dübeln. Setzen Sie die Oberfräse auf der oberen Kante auf und fräsen Sie dann seitlich die Nuten (A). Gibt die Kante zu wenig Führung, spannen Sie eine Zulage auf (B).

grob ausgeschnitten, dann arbeiten Sie die Kante mit dem Bündigfräser nach. Ist die Platte sehr dick, müssen Sie einmal von oben und einmal von unten rundfräsen.

Müssen Sie kompliziertere geschwungene Formen fräsen, arbeiten Sie am besten mit einer Kopierhülse, die dann die Führung des Fräsers übernimmt. Berücksichtigen Sie beim Einsatz der Kopierhülse den so genannten Versatz. Die Schablonen müssen um die Größendifferenz zwischen Fräser- und Hülsenumfang kleiner sein.

Ein weiteres Einsatzgebiet der Oberfräse ist die Herstellung von Holzverbindungen. Für die heute gängigen Flachdübelverbindungen brauchen Sie nicht unbedingt eine spezielle Flachdübelfräse anzuschaffen. Wenn Sie die Oberfräse mit einem entsprechenden Scheibennutfräser ausstatten, arbeiten Sie damit fast ebenso gut.

TIPP KOMBI-FRÄSER

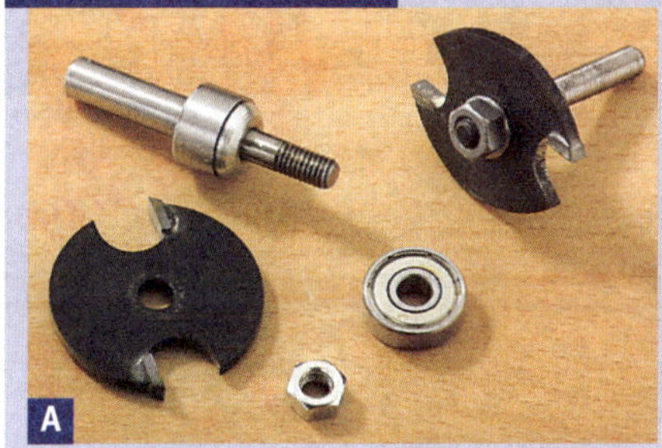

A

B

Bei einigen Frasertypen bietet es sich an, sie nicht aus einem Teil herzustellen, sondern aus mehreren Kombi-Elementen. Auf diese Weise lässt sich Material einsparen und die Fräser werden dadurch auch preiswerter. Besonders bei Scheibennutfräsern empfiehlt sich das Kombi-System. Sie kaufen nur einen Dorn und können diesen dann mit verschiedenen Scheiben bestücken. Sie können bei dieser Konstruktion auch problemlos einen zusätzlichen Anlaufring montieren. Bei Abrund- und Profilfräsern ist das Kombi-System nur bedingt zu empfehlen, da es leicht zu Unwuchten kommt.

TIPP FRÄSTISCH

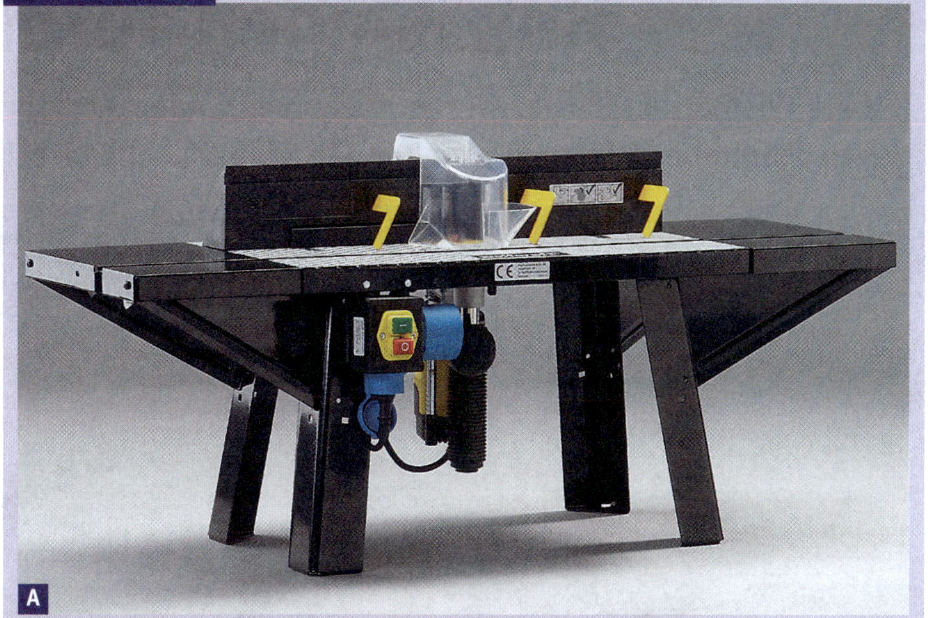

A

Mit einem Frästisch verwandeln Sie Ihre Oberfräse in ein Stationärgerät

B

Führungen, Andruckhilfen und eine Absaugung erleichtern die Arbeit

C

Auch sehr schmale Werkstücke wie Leisten lassen sich leicht bearbeiten

Für jemanden, der oft mit der Oberfräse arbeitet, lohnt sich unter Umständen auch die Anschaffung eines Frästisches. Die Oberfräse wird von unten an dem Tisch montiert und wird auf diese Weise zu einem stationären Gerät. Der Frästisch bietet einige entscheidende Vorteile. So können beispielsweise auch sehr schmale Werkstücke wie Leisten bearbeitet werden, die Sie auf dem Tisch ganz sicher entlangführen können. Die Arbeit wird weiterhin durch verstellbare Anschläge, Anpresshilfen und eine Absaugung erleichtert. Das mühevolle Anbringen von Zulagen und Führungsleisten entfällt und Sie arbeiten viel effizienter. Am Frästisch haben Sie den Fräser im Gegensatz zur Handführung immer im Blick. Sie sollten aber in jedem Fall die Sicherheitsabdeckung verwenden, um sich vor Verletzungen zu schützen.

Sind die Werkstücke so schmal, dass Sie keine Flachdübel setzen können, empfehlen sich Federverbindungen. Auch diese lassen sich mit der Oberfräse herstellen

Holzflächen furnieren

Viele Edelhölzer sind schwer zu bekommen oder einfach unverhältnismäßig teuer. Mit einer Furnierbeschichtung erhalten Sie eine täuschend echte Oberfläche für wenig Geld

Sollen größere Teile furniert werden, schneidet man die die einzelnen Furnierstücke passend zu und fixiert sie zunächst mit Furniernadeln auf der zu beschichtenden Fläche

Massivholz ist – vor allem, wenn es sich um edle Hölzer handelt – ziemlich teuer. Wer seinen Geldbeutel schonen, aber dennoch nicht auf die Massivholzoptik verzichten möchte, entscheidet sich am besten für furnierte Platten. Großflächige Furnierarbeiten werden industriell wesentlich besser angefertigt als in Handarbeit. Bei kleineren Werkstücken können Sie Furniere aber durchaus selbst aufkleben oder -leimen. Furniere sind hauchdünne Holzschichten, die in verschiedenen Techniken von einem Baumstamm abgenommen werden können. Die Sägetechnik hat als älteste Methode den Nachteil, dass bei ihr sehr viel Spanabfall entsteht. Aus diesem Grund werden heute meist Schäl- und Messertechnik angewendet. Die Schältechnik hat den Vorteil, dass durch die Endlos-Schälung um den rotierenden Baumstamm wenig Abfall anfällt und man großflächige Furnierstücke erhält. Allerdings entsteht bei der Schältechnik nicht die für Massivholz so typische Maserung der Oberfläche. Geschältes Furnier wird deshalb meist nur verdeckt angebracht. Es eignet sich beispielsweise gut für die Herstellung von Sperrholz. Legt man auf die Optik Wert, sollte man Furnier wählen, dass mit der Messertechnik geschnitten wurde. Dieses Furnier ist hochwertiger und daher auch teurer, Sie erhalten jedoch eine täuschend echte Oberflächenoptik. Furniere sind aufgrund ihrer sehr geringen Materialstärke sehr empfindlich gegen Feuchtigkeit. Sie müssen stets trocken gelagert werden.

Grundtechniken

1.a

Das Schwierigste beim Furnieren ist die saubere Bearbeitung der Kanten. Der Überstand muss vorsichtig mit der Hammerlängskante abgebrochen werden

1.b

Achten Sie beim Abtrennen der Überstände mit dem Beitel darauf, dass Sie nicht zu viel Material abnehmen. Vermeiden Sie unsaubere Blitzkanten

1.c

Einfacher geht's nicht: Mit Heißkleber beschichtete Furnierplatten müssen nur noch auf das Blindholz aufgebügelt und mit einem Klotz glatt gestrichen werden

Furnierherstellung

Sägefurnier *Um Furnier mit einer Massivholz ähnelnden Oberfläche herzustellen, wird ein Baumstamm mit einer Gattersäge in hauchdünne Scheiben zerteilt*

2.a

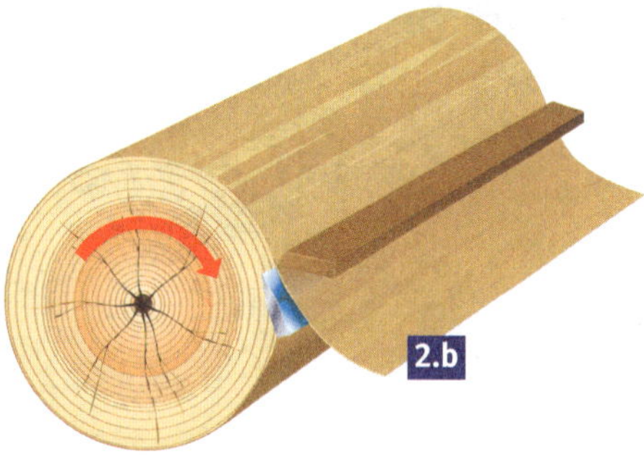

2.b

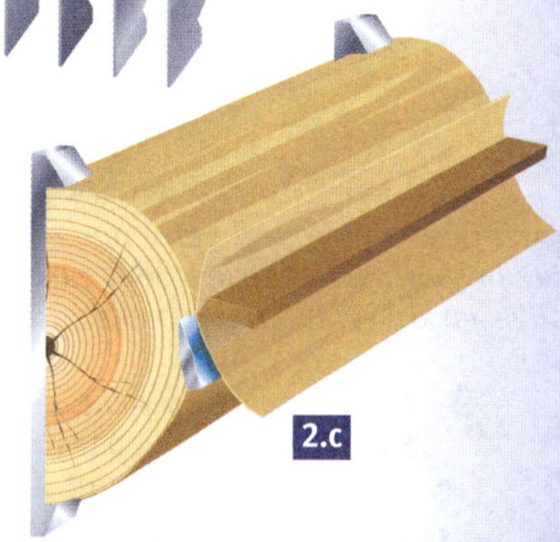

2.c

Schälfurnier *Während sich der Baumstamm um die eigene Achse dreht, wird das Furnier als Endlosstück abgetragen*

Messerfurnier *Bei dieser Methode wird ein halbierter Stamm eingespannt und das Furnier in Scheiben abgenommen*

Im Überblick: Arbeitsverfahren beim Furnieren

Verfahren	Eignung	Wichtigste Arbeitsschritte	Vorteile	Nachteile
Leimen	kleine Flächen	Flächen gleichmäßig mit Kaltleim einstreichen, mit Zeitungspapier Schraubzwingen verspannen, bis der Leim abgebunden hat (am besten über Nacht)	Furniere in vielen Holzarten erhältlich, preiswert	hohe Presskraft notwendig, lange Abbindezeit
Kleben	kleinere bis mittelgroße Flächen	Blindholz mit Kontaktkleber einstreichen, nach Anleitung ablüften lassen, danach Furnier aufpressen und mit Furnierhammer oder Restholz-Klotz entlang der Maser kräftig andrücken	mit geringem Werkzeugaufwand möglich, Rundungen können bearbeitet werden	Ablüften erfordert großen Zeitaufwand, Belastung durch Lösemittel im Klebstoff
Bügeln	kleinere bis mittelgroße Flächen, Kanten als Umleimer	Furnier mit der vorgeleimten Fläche aufs Blindholz auflegen, mit Bügeleisen von der Mitte aus den Heißleim anlösen und gleichzeitig kräftig auf das Blindholz pressen, mit Furnierhammer oder Restholz andrücken	schneller Arbeitsfortschritt, Fehlstellen können nachbearbeitet werden	eingeschränkte Furnierauswahl, Gefahr des Ansengens bei empfindlichen Furnierhölzern, höherer Preis der Furniere

Hilfsmittel

Fugenpapier *Man braucht es, um mehrere Furnierbahnen aneinander stoßen zu lassen. Sie erhalten das Papier gelocht oder ungelocht. Die Klebeschicht muss angefeuchtet werden*

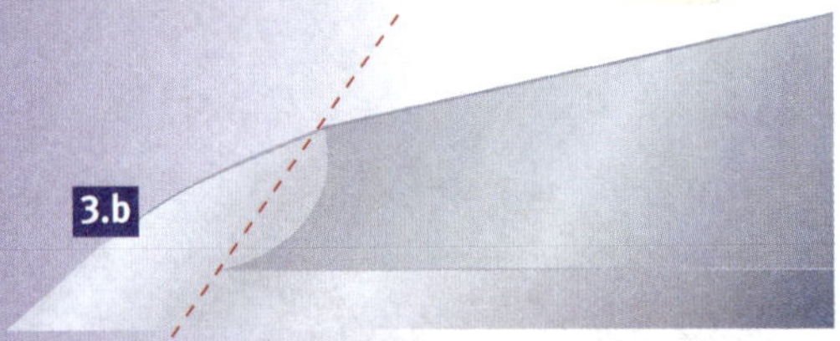

Furniermesser *Vergleichbar einem Schnitzmesser. Für Intarsien oder Kurven Spitze im 60°-Winkel anschleifen*

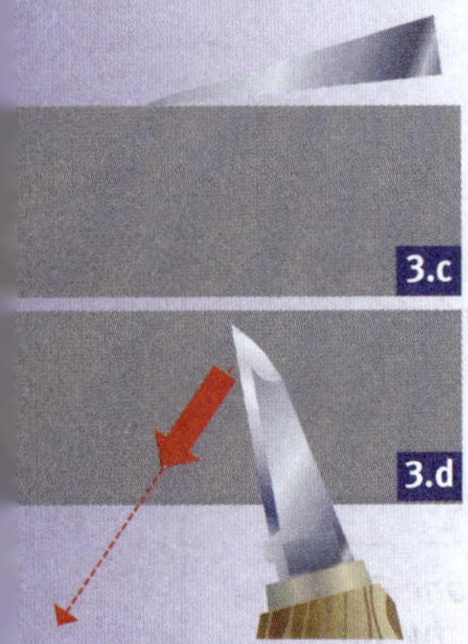

Messer schärfen *Achten Sie stets darauf, dass das Furniermesser gut geschärft ist. Mit einer stumpfen Klinge können Sie das Furnier leicht beschädigen. Zum Schärfen eignet sich ein so genannter Abziehstein. Führen Sie das Messer im flachen Winkel über den Stein, den Grat entfernen Sie anschließend mit Zügen über die Klingenseite*

Furniersäge *Dieses Werkzeug eignet sich besonders gut, wenn Sie mehrere Lagen Furnier in einem Schritt trennen wollen*

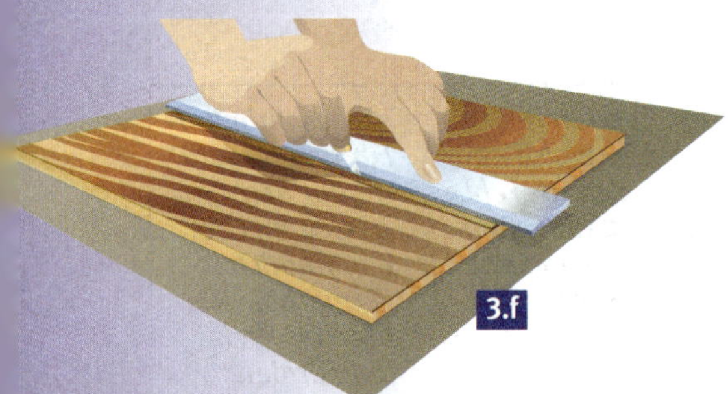

Lineal *An Verbindungsstellen lassen Sie die Furniere leicht überlappen. Dann entlang des Lineals einen Schnitt ziehen*

Kleben

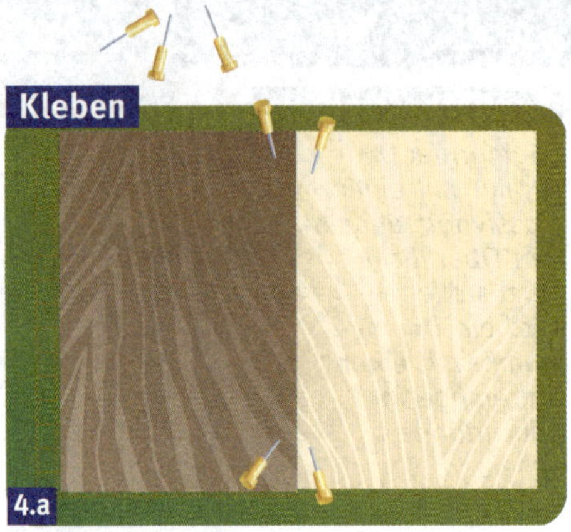

Furniernadeln *Sie dienen der Fixierung und sind so dünn, dass ihre Löcher beim Aufleimen des Furniers zuquellen*

Fugenpapier *Es wird an Verbindungsstellen von oben aufgeklebt und lässt sich später rückstandslos wieder entfernen*

Bügeln

Bügelfurnier *Die Unterseite ist mit Heißkleber beschichtet, der bei der Bearbeitung mit dem Bügeleisen flüssig wird*

Mit dem Furnierhammer oder einem Restholz-Klotz wird das Bügelfurnier in Maserungsrichtung angedrückt

Die wichtigsten Werkzeuge und Hilfsmittel

Der Zuschnitt des Furniers erfolgt mit einem Furniermesser. Sie können alternativ aber auch ein normales Schnitzmesser verwenden. Achten Sie darauf, dass das Messer immer gut geschärft ist, sonst kann das Furnier beim Schneiden leicht einreißen. Schärfen Sie das Messer mit einem Abziehstein, an den Sie die Klinge im flachen Winkel anlegen und darüberziehen. Die Schneide sollte nicht mithilfe von Maschinen geschärft werden. Ein Cuttermesser eignet sich für die Furnierbearbeitung übrigens nicht. Es ist zu unsicher in der Führung und kann zudem bei Kurvenschnitten abbrechen.

Müssen Sie sehr viele Furnierteile zuschneiden, lohnt sich eventuell die Anschaffung einer Furniersäge. Mit ihr lassen sich mehrere Schichten Furnier in einem Arbeitsgang sauber durchtrennen. Legen Sie eine Leiste als Führung an und sägen Sie daran entlang. Auch wenn Sie mit dem Messer schneiden, brauchen Sie eine Führungshilfe. Bei der Durchtrennung einer einzelnen Furnierschicht genügt jedoch ein Stahllineal oder zur Not sogar ein Holzlineal mit eingelassener Stahlkante.

Oft kommt es vor, dass Sie mehrere Furnierstücke auf einer Fläche aneinander setzen müssen. Schneiden Sie das Furnier entsprechend zu und legen Sie die Teile, so wie sie verbunden werden sollen, auf einer Grundplatte nebeneinander. Verbinden Sie die Furnierplatten jetzt mit Fugenpapier, das Sie anfeuchten und dann auf der Sichtseite über alle Verbindungsstellen kleben. Nun haben Sie eine stabile Platte, in dem Format, das Sie benötigen. Wenn Sie das Furnier auf die Fläche aufgebracht haben, können Sie das wasserlösliche Furnierband problemlos wieder entfernen.

Besonders komfortabel – Furnierplatten zum Aufbügeln

Am leichtesten lässt sich Furnier verarbeiten, das einseitig mit einer Heißkleberschicht versehen ist. Dieses Furnier muss nur noch auf das Blindholz aufgebügelt werden. Wählen Sie die mittlere bis höchste Temperatureinstellung. Unter Hitzeeinfluss verflüssigt sich der Kleber und sorgt dafür, dass Furnier und Blindholz sicher verbunden werden. Reiben Sie die Fläche anschließend noch einmal mit einem Holzklötzchen oder mit dem Furnierhammer entlang der Maserung nach, damit sich das Furnier an allen Stellen gut andrückt.

Lassen Sie die furnierte Fläche nun abkühlen und benetzen Sie sie dann mithilfe eines Schwamms mit Wasser. Während des Trocknungsprozesses können Sie erfühlen, ob sich unter dem Furnier eventuell noch Blasen befinden. Sollte dies der Fall sein, nehmen Sie das Bügeleisen noch einmal zur Hand und erhitzen das Furnier erneut. Anschließend wieder glätten.

Unbeschichtetes Furnier ankleben oder anleimen

Besitzt das Furnier, das Sie aufbringen möchten, keine vorbereitete Klebeschicht, müssen Sie diese selbst auftragen. Hierzu eignet sich am besten Kontaktkleber, den Sie sowohl auf die Furnierunterseite wie auch auf das Blindholz auftragen. Lassen Sie den Kleber nach Herstellerangaben eine Weile ablüften und setzen Sie das Furnier dann auf. Auch hier müssen Sie mit einem Holzklotz oder dem Furnierhammer kräftig in Maserungsrichtung reiben, damit das Furnier gut anhaftet und sich an der Unterseite keine Blasen bilden.

Etwas aufwändiger, aber dafür sehr haltbar, ist eine Leimverbindung. Hierfür müssen Sie auf jeden Fall eine Spannvorrichtung vorbereiten. Eine selbst gebaute Leimpresse besteht aus zwei Platten, die mithilfe von Schrauben mit Flügelmuttern zusammengepresst werden. Die Schrauben sitzen an quer liegenden Leisten, die an der Oberseite unbedingt leicht konkav gehobelt sein sollten. Nur so entsteht auf der Fläche ein gleichmäßiger Druck. Legen Sie auf der Furnierseite zur Federung noch einige Lagen Zeitungspapier zwischen.

Kanten sauber abbrechen

Furnierflächen werden stets mit einem leichten Überstand aufgebracht. Dieser Überstand wird nach dem Trocknen des Klebers oder Leims mit der Längskante des Hammers über die Kanten gebrochen und dann mit dem Beitel abgetrennt. Alternativ können Sie das Werkstück auch mit der Furnierseite nach unten auf eine Grundplatte legen und den Überstand mit einem scharfen Messer rundum abschneiden. Achten Sie darauf, dass keine Blitzkanten entstehen.

Kleben

6

Zum Aufkleben verwenden Sie Kontaktkleber. Wichtig ist, dass Sie ihn vor dem Zusammenpressen ablüften lassen

Leimen

7.a

Nach Auftragen des Leims das Furnier auf das Blindholz legen. Verwenden Sie beim Verspannen Papier und Zulage

7.b

Für die Verleimung größerer Flächen brauchen Sie eine Presse. Die Spannhölzer müssen nach oben konkav sein

7.c

An gerundete Formen können Sie das Furnier am besten mithilfe einer Form anpressen, die mit Sand gefüllt ist

Zuerst übertragen Sie die Form des Blindholzes in das Sandbett, dann leimen Sie das Furnier auf. Das furnierte Werkstück kann nun mit Zwingen in den Sand gepresst werden

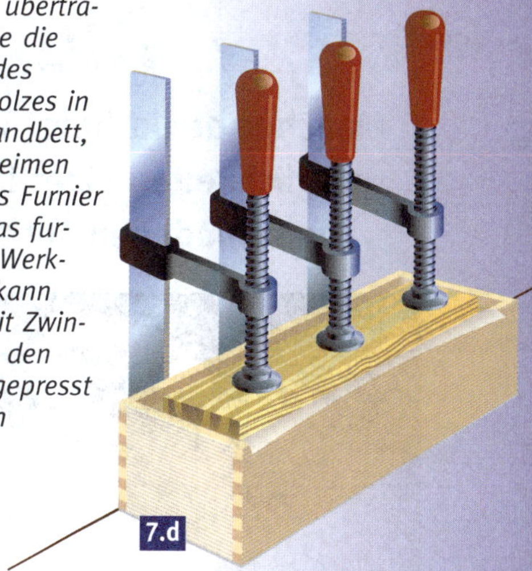

7.d

Kanten brechen

Mit der Längsseite des Hammerkopfes brechen Sie das überstehende Furnier (8.a), dann trennen Sie die Bruchkanten mit einem scharfen Beitel ab (8.b). Alternativ kann man das überstehende Furnier auch rückseitig mit einem Cutter oder Furniermesser abtrennen (8.c)

8.a

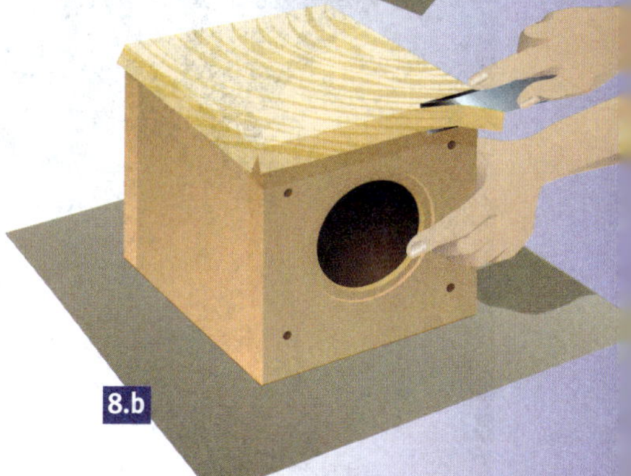

8.b

8.c

Die Kunst des Drechselns

Mancher denkt beim Thema Drechseln nur an runde profilierte Tischbeine. Die Einsatzmöglichkeiten einer Drechselbank sind jedoch weitaus vielfältiger. So können Sie mit verschiedenen Techniken auch Dosen, Armreifen oder kleine Tischplatten fertigen

Die Drechselbank gehört mit Sicherheit nicht zu den Standardwerkzeugen der heimischen Werkstatt. Für die Herstellung vieler Holzteile, wie beispielsweise runde Tischbeine, ist sie jedoch unerlässlich. Drechseln ist in den meisten Fällen nicht nur Handwerk, sondern auch Kunsthandwerk, denn mit den verschiedenen Eisen, die zur Verfügung stehen, lassen sich sehr dekorative Profile am Holz herausarbeiten.

Das zu bearbeitende Werkstück wird in die Bank eingespannt. Eine einseitig angebrachte Mitnehmerspitze versetzt das Holz in Rotation, während es auf der gegenüber liegenden Seite durch die Körnerspitze zentriert und stabilisiert wird. Rotiert das Holz, werden die spanabnehmenden Werkzeuge eingesetzt.

Beim Kauf einer Drechselbank sollten Sie bedenken, wie groß die Werkstücke sind, die Sie damit bearbeiten wollen. Achten Sie

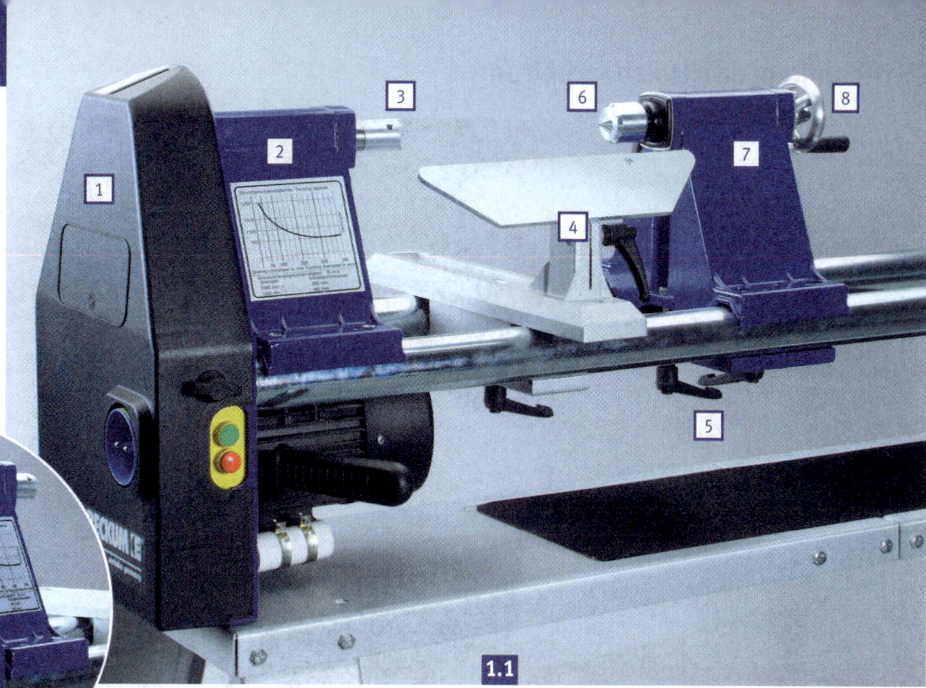

1.1

Hier sehen Sie eine Drechselbank mit ihren verschiedenen Auflage- und Arretierungsmöglichkeiten. Prüfen Sie beim Kauf Spitzenweite und Spitzenhöhe

1 Antrieb mit Abdeckung
2 Spindelstock
3 Mitnehmerspitze
4 Hand- und Werkzeugauflage
5 Feststell-Vorrichtungen
6 Körnerspitze (Pinole)
7 Reitstock
8 Handrad

1.2

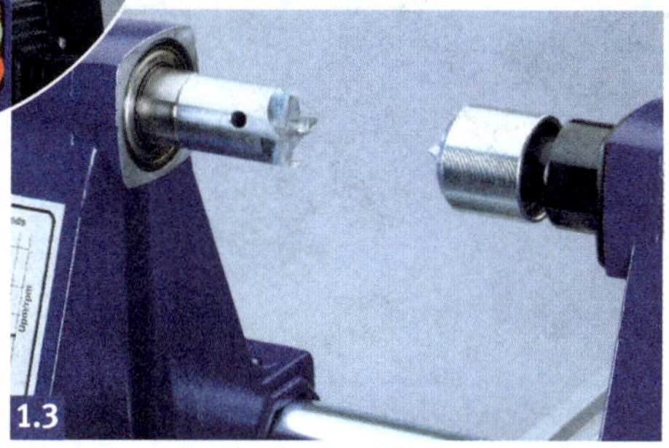

1.3

Sie können die Drehzahl der Spindel in der Regel mit einem Riemen anpassen

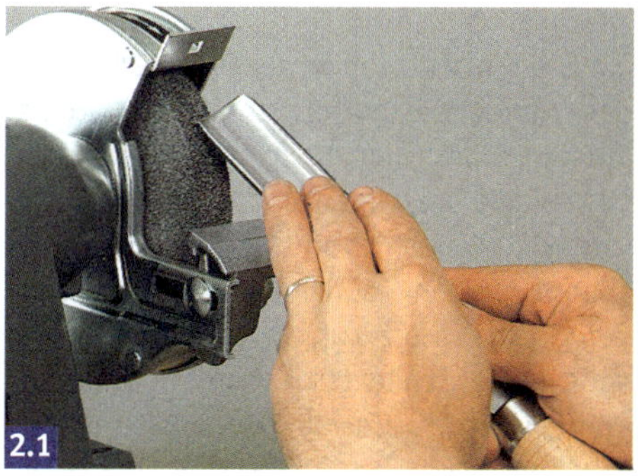

2.1

Wichtig ist, dass das Eisen scharf ist. Kann es den Span nicht mehr sauber abnehmen, umgehend nachschleifen

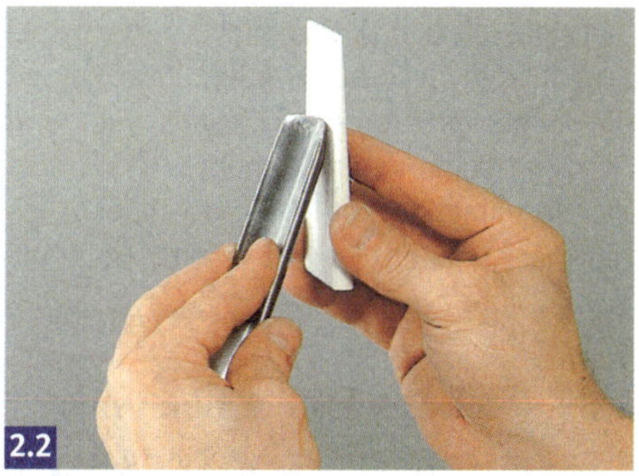

2.2

Den Schleifgrat entfernen Sie mithilfe eines Abziehsteins, den Sie vorher mit Schleiföl oder Wasser benetzen müssen

2.3

Hier das Grundsortiment der wichtigsten Eisen. Von links: Ausdrehstahl mit gerader, dann mit runder Schneide, zwei unterschiedlich breite Abstechstähle, mit denen Sie bearbeitete Rohlinge abtrennen können, Schrupppröhre, Formröhre und Schlichtstahl

3.1 *Das Werkstück wird an beiden Enden mittig markiert und angekörnt. Die Mitnehmer demontieren Sie zum Festschlagen und schlagen am Gerät nur leicht nach*

3.2 *Bei Kanthölzern kommt zuerst die Schrupppröhre zum Einsatz. Führen Sie das Werkzeug in mehreren Zügen von der Mitte nach außen, wodurch sich das Holz rundet*

darauf, wie weit sich Mitnehmer- und Körnerspitze auseinander ziehen lassen (man nennt diesen Abstand die Spitzenweite). Des Weiteren ist die Spitzenhöhe von Bedeutung, sie entscheidet nämlich darüber, wie groß der Radius eines Werkstückes sein darf, das Sie querdrechseln wollen. Die Drehzahl Ihrer Werkbank sollte zwischen 500 und 2.500 Umdrehungen über einen Treibriemen verstellbar sein.

Beim Drechselwerkzeug auf Qualität achten

Damit Sie leicht und sauber arbeiten können, sollten Sie bei den Eisen auf Qualität achten. Legen Sie sich ein Grundsortiment zu, wie es auf S. 103 vorgestellt wird, und kaufen Sie für eventuell anfallende Spezialarbeiten das entsprechende Werkzeug nach.

Achten Sie unbedingt darauf, dass die Eisen immer gut geschärft sind. Ein stumpfes Eisen kann den Span nicht mehr sauber abschneiden, sondern schabt ihn nur stumpf ab. Schleifen Sie die Werkzeuge also schon bei der kleinsten Abstumpfung nach, und entgraten Sie sie dann mit einem öl- oder wasserbenetzten Abziehstein.

Ein Kantholz wird zum Rundholz

Ein Grundeinsatzgebiet der Drechselbank ist das Runddrehen von Kanthölzern. Zuerst müssen Sie an den beiden Stirnseiten den Mittelpunkt markieren und ankörnen, dann kann das Werkstück in die Maschine eingespannt werden. Mit einem Hammer schlagen Sie das Holz auf die Mitnehmerspitze, sodass die Schneiden in das Holz greifen können. Dann wird die Körnerspitze eingeschoben.

Lassen Sie das Werkstück bei niedrigster Drehzahl rotieren. Achten Sie darauf, dass das Holz mit den Kanten nicht an der Werkzeugauflage anschlagen kann. Nun kommt die Schrupppröhre zum Einsatz. Sie wird leicht nach oben geneigt angesetzt. Führen Sie sie immer von der Mitte zu beiden Seiten nach außen weg, bis das Holz die gewünschte runde Form hat.

Längsdrehend Profile herstellen

Wenn aus dem Kantholz ein Rundholz geworden ist, müssen Sie zuerst die Werkzeugauflage nachjustieren, da das Werk-

4.1 *Anschließend „schlichten" Sie die gerundete Oberfläche mit dem Drehmeißel*

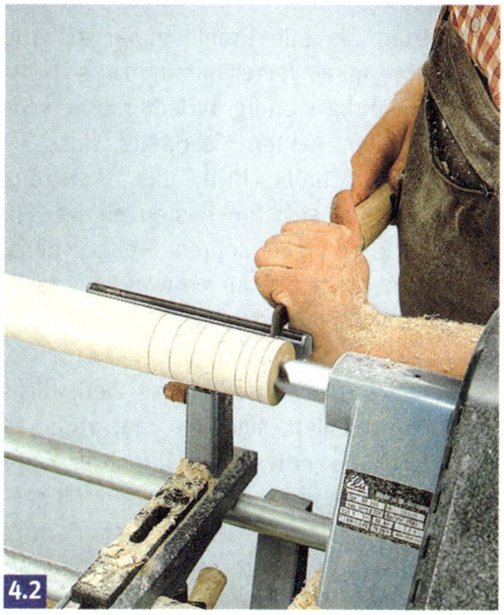

4.2 *Mit der Spitze des Drehstahls können Sie Kerben in das Holz einschleifen*

4.3 *Die Arbeitsrichtung bei Kerben und Kehlen geht vom Rand aus zur Talsohle*

4.4 *Wechseln Sie dann die Hand und arbeiten Sie vom anderen Rand in die Tiefe*

4.5 *Für die Ausarbeitung von Profilen verwenden Sie eine kleine Formröhre*

4.6 *Bei der Profilherstellung sollten Sie das Holz stets nach unten hin bearbeiten*

4.7 *Wollen Sie an einer Endkante frei drechseln, drehen Sie zunächst einen Zapfen*

4.8 *Den Zapfen schlagen Sie anschließend stramm in das Spundfutter der Maschine*

4.9 *Jetzt kann die gegenüber liegende Stirnseite problemlos bearbeitet werden*

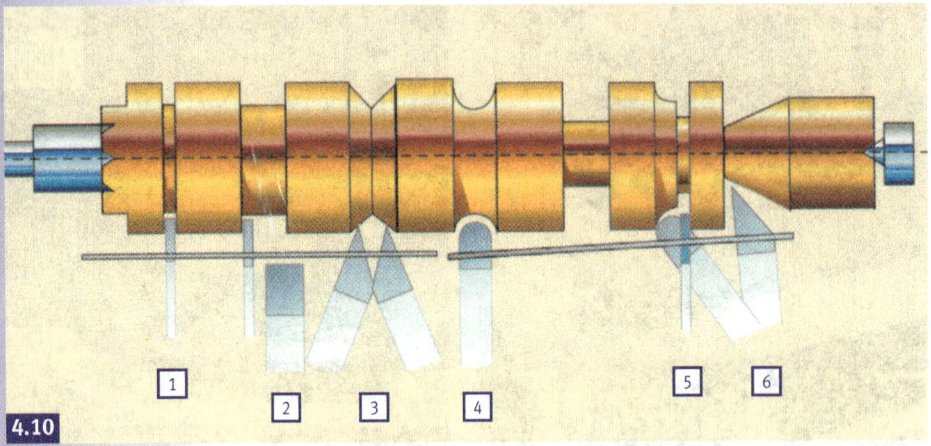

4.10 *Vertiefte Formen können Sie mit folgenden Eisen herstellen: 1 schmale Platte mit Abstechstahl, 2 Platte mit Abstech- oder Plattenstahl, 3 Kerbe mit Drehmeißel, 4 Hohlkehle mit Formröhre, 5 Viertelkehle mit Formröhre und 6 Stufe mit Drehmeißel*

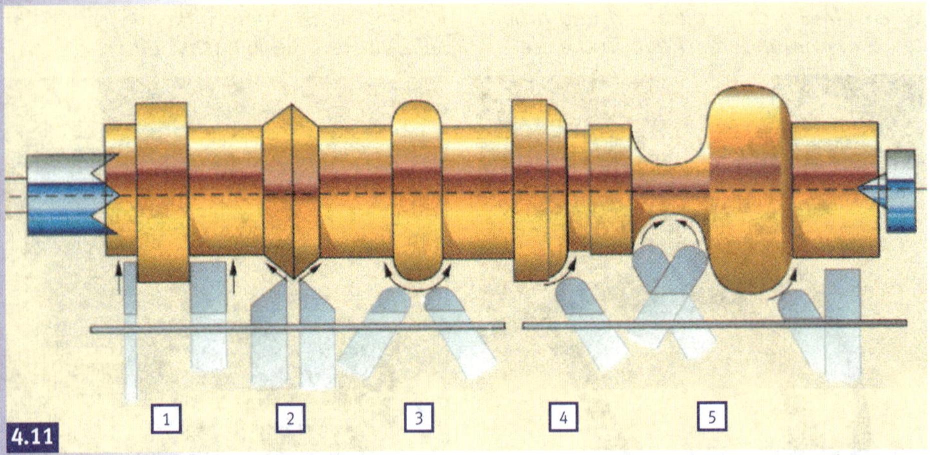

4.11 *Bei der Herstellung von erhöhten Formen bieten sich folgende Möglichkeiten der Profilierung: 1 Platte mit Abstechstahl, 2 Spitze mit Drehmeißel, 3 Rundstab mit Formröhre, 4 Viertelstab mit Formröhre, 5 Karnies mit Formröhre herausarbeiten*

5.1

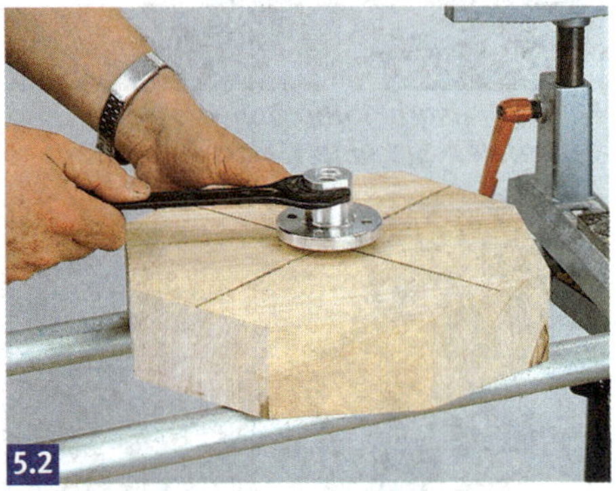

5.2

5.3

Beim Querdrechseln wird das Werkstück vorher mit einer Säge leicht in Form gebracht. Drehen Sie ein Schraubfutter in der Mitte auf und ziehen den Rohling mit der Schrupppröhre ab. Den Rand mit dem Abstechstahl nachbearbeiten

stück schmaler geworden ist. Nun geht es ans Glätten bzw. Schlichten der Oberfläche. Setzen Sie den Drehmeißel im 45°-Winkel an und führen Sie ihn genau wie die Schrupppröhre von innen nach außen an dem Holz entlang.

Jetzt können Sie mit der künstlerischen Gestaltung des Werkstücks beginnen. Geplante Profile zeichnen Sie zuerst mit dem Bleistift auf, während Sie das Holz per Hand drehen oder Sie ritzen die Markierungen bei laufender Maschine mit einem Stechzirkel ein. Mit dem Drehstahl lassen sich Kerben ziehen. Arbeiten Sie dabei stets bergab, also von den Bereichen mit dickerer Materialstärke in die Vertiefungen hinunter. So vermeiden Sie ein Einreißen des Holzes oder, dass das Eisen zurückschlägt.

Arbeiten Sie alle Profile zunächst grob und dann immer feiner heraus. Da sich die Arbeitsrichtung ständig ändert, müssen Sie oft umgreifen. Achten Sie darauf, dass Sie für jeden Arbeitsschritt das Werkzeug benutzen, das sich am besten eignet. Für größere Rundungen sollten Sie beispielsweise ein breites Eisen verwenden, damit sie gleichmäßiger ausfallen.

Wenn Sie die Stirnseite eines Werkstücks bearbeiten wollen, sind ein paar vorbereitende Schritte notwendig. Das Holz lässt sich nicht wie gewohnt zwischen Mitnehmer- und Körnerspitze spannen, sondern es muss einseitig arretiert werden. Fertigen Sie an der gegenüberliegenden Stirnseite einen Zapfen an, den Sie in ein Hohlfutter einschlagen, sodass er stramm sitzt. Dann können Sie das Holz sowohl seitlich als auch an der einen Kopfseite bearbeiten.

Querdrechseln mit Schraubfutter

Wollen Sie eine Platte querdrechseln, bringen Sie das Werkstück zunächst mit einer Stich- oder Bandsäge ein wenig in Form. Dann markieren Sie den Mittelpunkt und drehen dort ein Schraubfutter ein. Spannen Sie das Holz auf die Antriebsachse der Drechselbank und richten Sie die Werkzeugauflage längs zu der Holzplatte aus. Stellen Sie die Maschine nun auf die niedrigste Drehzahl ein und runden Sie die Platte mit der Schrupppröhre. Anschließend können Sie den Rand mit einem Abstechbeitel noch in Form bringen und die Fläche mit verschiedenen Werkzeugen bearbeiten.

Ein paar Drechseltricks

Neben Möbelteilen lassen sich mit der Drechselbank auch viele verschiedene Accessoires herstellen, wie beispielsweise Schalen oder Dosen. Wollen Sie eine Schale anfertigen, müssen Sie auf den bereits gerundeten Rohling bündig eine Zulage aufsetzen. Arretieren Sie das Werkstück an der Zulagenseite und drehen Sie an der gegenüber liegenden Stirnseite eine Aufnahme aus, in der Sie ein metallenes Spreizfutter montieren, das sehr stramm sitzen muss.

Jetzt können Sie das Holzstück umdrehen und mithilfe des eingespannten Futters befestigen. Die Zulage wird wieder abgenommen. Anschließend können Sie die Schale mit der Formröhre aushöhlen. Wenn Sie die Oberfläche behandeln wollen, lassen Sie die Schale dazu noch aufgespannt und drehen Sie die Maschine von Hand.

Natürlich können Sie auch durchgängige Hohlformen herstellen, wie man sie für Serviettenringe oder Armreifen benötigt. Spannen Sie für die Herstellung eines Serviettenringes das bereits gerundete Holz in ein Einschlagfutter und bohren Sie es von innen aus. Danach wird die Oberfläche bearbeitet. Anschließend stechen Sie das Werkstück seitlich ab. Jetzt müssen Sie noch diese zuletzt entstandene Schnittkante bearbeiten. Drehen Sie zu diesem Zweck an dem verbliebenen Stumpf einen Falz, auf den Sie den Serviettenring spannen können. Jetzt haben Sie optimalen Zugriff auf die verbliebene Schnittkante.

6.1 *Für die Herstellung einer Schale Zulage aufleimen und Spreizfutter einsetzen*

6.2 *Dann am Spreizfutter montieren und die Zulage mit dem Abstechstahl abdrehen*

6.3 *Mit der Formröhre kann die Schale nun Schicht für Schicht ausgehöhlt werden*

6.4 *Tragen Sie auch das Finish auf, solange das Holz noch in die Bank gespannt ist*

6.5 *Serviettenringe stellen Sie her, indem Sie zuerst die Innenbohrung einbringen*

6.6 *Dann formen Sie die Außenseite, schleifen und stechen den Ring seitlich ab*

6.7 *Drehen Sie auf den verbliebenen Stumpf einen Falz, um den Ring aufzustecken*

6.8
Sitzt der Ring stramm auf, kann die abgestochene Seite bearbeitet werden

6.9
Armreifen drehen Sie zu Beginn grob aus und stechen Sie danach seitlich ab

6.10
Den Reif bearbeiten Sie anschließend auf einem konusförmigen Hilfsstück weiter

Alle Elemente dieses Bistro-Tisches wurden gedrechselt. Die runde Form bildet im Wohnraum ein angenehmes Gegengewicht zu den anderen meist eckigen Möbeln

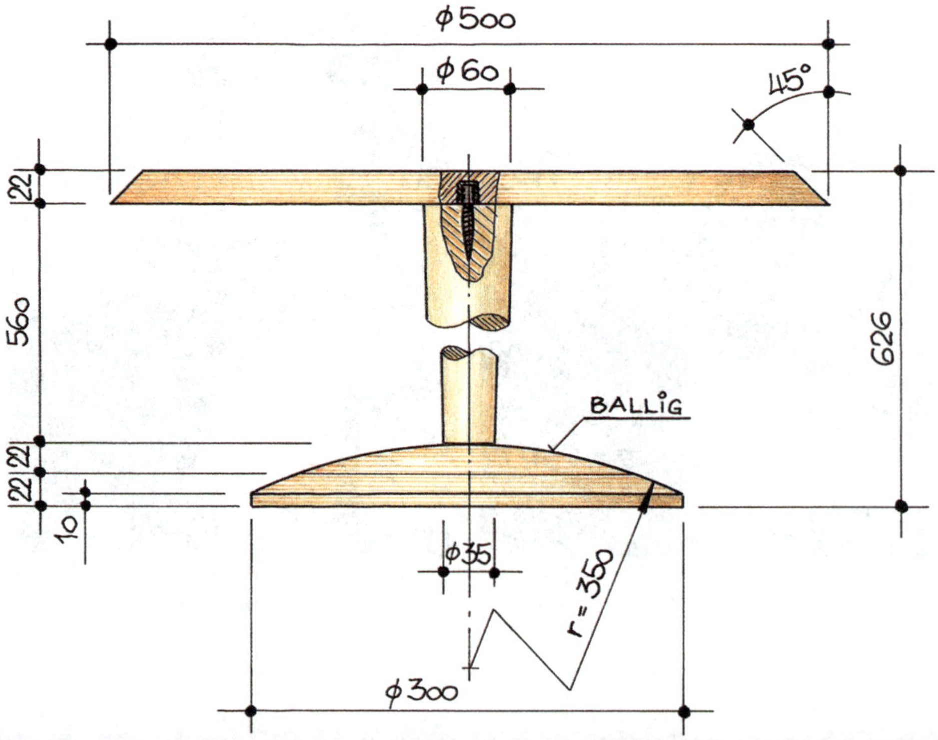

Ein kleiner Bistro-Tisch – von Kopf bis Fuß gedrechselt

Bei dem hier gezeigten Bistro-Tisch kam die Drechselbank bei allen Teilen zum Einsatz. Die Kopf- und dreischichtige Fußplatte bestehen aus Multiplex, das Standbein aus Esche. Oft bietet der Handel schon fertig gerundete Multiplex-Platten an. Falls Sie nur rechteckig zugeschnittenes Material finden, können Sie die Platten aber auch selbst – wie unter Querdrechseln gezeigt – runden. In jedem Fall müssen Sie die Kante der Kopfplatte aber noch anschrägen. Die Schichtstruktur des Multiplex gibt dem Randbereich eine schöne Optik. Noch interessanter erscheint die Oberfläche bei dem über die komplette Oberfläche angeschrägten Fuß des Tisches. Alternativ zum hier gezeigten Farbanstrich können Sie dieses Muster auch sichtbar lassen und den Tisch nur ölen oder klar lackieren.

Als Rohling für die Herstellung des Standbeins verwenden Sie ein einfaches Kantholz aus Esche. Es wird zuerst gleichmäßig rundgedreht, dann tragen Sie das Material so ab, dass sich das Rundholz in eine Richtung verjüngt. Die Verbindung der drei Elemente erfolgt mithilfe von Einschraubmuttern, die Sie an Kopf- und Fußplatte anbringen. Sie werden mit dem Schraubendreher in vorgebohrte 10-mm-Sacklöcher eingedreht. Die Muttern besitzen ein Gewinde für M8-Stockschrauben, die Sie an den beiden Enden des Tischbeins befestigen. Dann drehen Sie die drei Teile zusammen. Auf diese Weise bleiben alle Arretierungen unsichtbar.

Materialliste
Maße in mm

Birke-Multiplex 22 dick	
1 Tischplatte	*500 Ø*
2 Fußplatten	*300 Ø*
Kantholz 65 x 65	
(Esche oder anderes Hartholz)	
2 Rahmenbretter 312 lang;	

Sonstiges:
2 Stockschrauben M8 x 50;
2 Einschraubmuttern M8;
Holzleim.

7.1
Die Werkzeugauflage unterstützt die Peilung bei sich verjüngenden Werkstücken

7.2
Am Schraubfutter kann die schräge Tischkante quergedrechselt werden

7.3
Das schräg angedrechselte Multiplex ergibt am Fuß eine sehr schöne Struktur

7.4

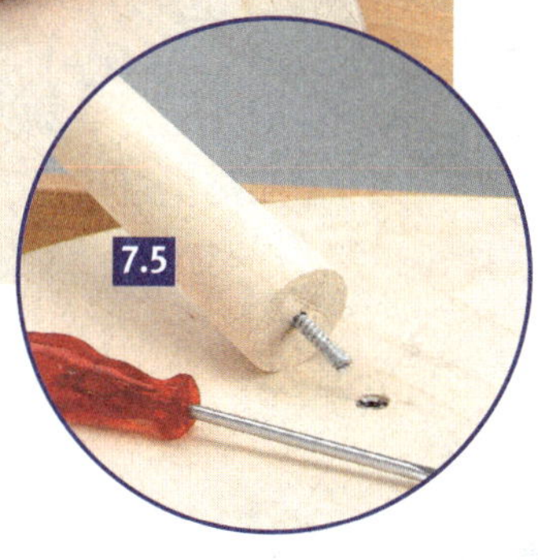

7.5

Die Verbindungen zwischen den drei Bauteilen des Bistro-Tisches stellen Sie mithilfe von Einschraubmuttern her

Grundkurs Schnitzen

Beim Schnitzen sind der Kreativität keine Grenzen gesetzt. Wer die Grundtechniken erlernt, kann die ausgefallensten Reliefs oder Figuren herstellen. Anfangs sollte man an vorgefrästen Rohlingen üben. Ist Ihnen das Werkzeug vertraut, können Sie richtig loslegen

Das Schnitzen ist mit Sicherheit die Form der Holzbearbeitung, die am meisten Geschick erfordert und bei der das Künstlerische am stärksten im Vordergrund steht. Wie aus einem einfachen Holzklotz eine filigran herausgearbeitete Figur entsteht, ist immer wieder faszinierend.

Als Anfänger sollten Sie jedoch nicht mit einem völlig unbearbeiteten Schnittholzstück beginnen. Um mit den gängigen Werkzeugen des Schnitzhandwerks vertraut zu werden, bietet es sich an, einen vorgefrästen Rohling zu kaufen und diesem mit Schnitzeisen und -messer feinere Konturen zu verleihen. An dem hier vorgestellten Werkstück – einem maschinell vorgefrästen Reliefrahmen mit Blumenmotiv – können Sie die Arbeit mit den verschiedenen Hohleisen, Ball-, Flach- und Blumeneisen sowie dem V-förmigen Geißfuß erproben.

Ein Zusammenspiel aus Schnitz- und Führungsarbeit

Vor Beginn der Arbeit ist es ratsam, den Rohling einzuspannen, damit Sie sich mit beiden Händen dem Schnitzen widmen können. Eine Spannvorrichtung können Sie selbst bauen oder im Fachhandel kaufen. Bei der Bearbeitung eines Reliefs reicht es jedoch, wenn Sie das Holz an Ihrer Werkbank einspannen. Auch Figuren lassen sich notfalls mithilfe eines Brettes und einer Stockschraube an der Werkbank festzwin-

Der grobe Rohling vorne erhält in drei- bis vierstündiger Arbeit die feinen Konturen, die Sie bei dem hinteren Modell sehen können

Rohling bearbeiten

1 Mit dem Hohleisen wird das gewölbte Blatt herausgearbeitet. Der Daumen der abgelegten linken Hand bietet beim Aushöhlen der Form eine gute Führung

2 Die Arbeit wird dann mit einem flacheren Hohleisen fortgesetzt. Zwei aufgelegte Finger der linken Hand sorgen für kontrollierte Bewegungen des Eisens

3 Den Fruchtstand glättet man mit dem so genannten Blumeneisen. Damit sich die Klinge der Blütenwölbung anpassen kann, muss sie gewendet werden

4 Die feinen Linien zwischen den einzelnen Blütenblättern werden mit einem schlanken Hohleisen oder mit dem V-förmigen Geißfuß mühelos hergestellt

5 Mit dem so genannten Balleisen rundet man dann ein Blütenblatt nach dem anderen ab. Zwei Finger der linken Hand unterstützen wieder die Führung

6 Wer auch mit der linken Hand schnitzen kann, spart Zeit, denn er muss den Rohling nicht so oft wenden, um einen besseren Zugriff auf die Details zu haben

7 Der Abstand zwischen den Blumenstielen wird mit einem schlanken Hohleisen oder dem V-förmigen Geißfuß verbreitert. Die andere Hand kontrolliert

8 Den inneren Teil des Rahmens säubert man nun mit dem Blumeneisen. Die linke Hand wird dabei zur Führung auf dem Werkstückrand aufgestützt

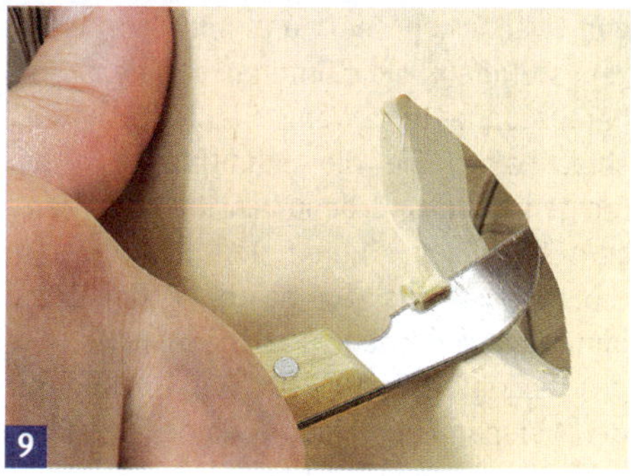

9 Nun geht es an die Bearbeitung der Rückseitenöffnungen. Mit dem Schnitzmesser, das man wie beim Apfelschälen hält, werden die Löcher abgerundet

10 Anschließend wird der Reliefrahmen noch mit einem flachen Blumeneisen geglättet. Auf diese Weise entfernt man neben Unebenheiten auch Flecken

11 Für die Oberflächenversiegelung wird farbloses oder getöntes Wachs verwendet. Es schützt das Holz, verleiht ihm Glanz und verdeckt die Maserung nicht

12 Manchmal stellen sich einzelne Fasern durch den Flüssigkeitskontakt auf. Sie können mit einem angespitzten Buchenrundholz wieder angedrückt werden

gen. Versuchen Sie nun, mit dem Werkzeugsortiment die Konturen aus dem Holz herauszuarbeiten. Wenn Sie Rechtshänder sind, halten Sie die Schnitzeisen in der rechten Hand und benutzen die linke Hand zum Abstützen, Führen und Kontrollieren. Um das jeweils zu bearbeitende Detail immer gut erreichen zu können, müssen Sie das Werkstück in der Regel einige Male aus der Verspannung lösen, wenden und anschließend wieder neu fixieren.

Das richtige Holz auswählen

Es gibt eine ganze Menge Holzarbeiten, die sich fürs Schnitzen eignen. Der Anfänger ist allerdings gut beraten, wenn er ein Holz auswählt, das weder zu hart noch zu weich ist. Die Bearbeitung von hartem Holz wie beispielsweise Eiche ist gerade im Detail besonders schwierig und lässt zudem die Klingen schnell stumpf werden. Doch auch sehr weiches Holz wie Tanne oder Kiefer hat seine Tücken. Wer mit den Werkzeugen noch nicht so sicher umgehen kann, dringt schnell zu tief in die Fasern ein und nimmt zu viel Material ab. Für den Anfänger eignet sich am besten Lindenholz, das durch seine helle fein gemaserte Optik überzeugt und sich aufgrund seiner gleichmäßigen Struktur sehr gut schneiden lässt.

Schnitzholz

Für Schnitzarbeiten empfiehlt sich das fein gemaserte Lindenholz. Im Fachhandel erhalten Sie unterschiedliche Holzstücke oder auch vorgefräste Rohlinge

Einspannen

Eine Einspannvorrichtung lässt sich aus Holzplatten und Schrauben selbst anfertigen (links). Die im Handel erhältliche Variante (oben) ist relativ teuer

TIPP ÄSTE BEARBEITEN

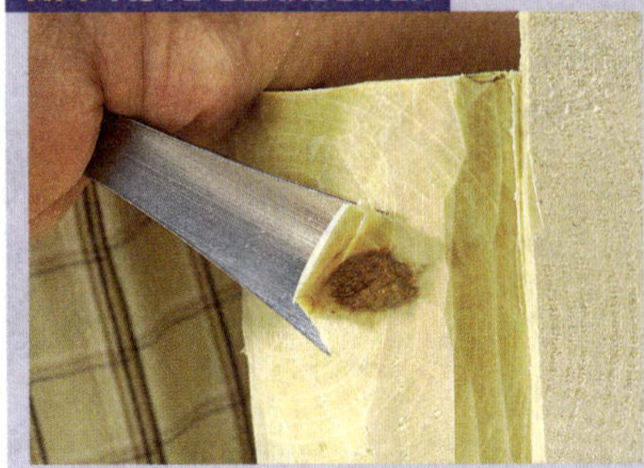

Die Bearbeitung von Aststellen ist meist nicht ganz leicht. Das Holz ist härter und lässt sich wegen des anderen Faserverlaufs nicht so gut abnehmen. Achten Sie von vornherein darauf, dass Sie Äste nicht an schwierig zu schnitzenden Stellen positionieren. Schärfen Sie die Klingen gut und nehmen Sie das Holz in dünnen Schichten ab.

TIPP EISENFORMEN

Flacheisen | *Hohleisen* | *Gekröpfte Form* | *Geißfuß*

Hohleisen | *Blumeneisen* | *Hohleisen* | *Messer*

Der Handel bietet eine große Vielfalt an Schnitzwerkzeugen an. Ein wichtiges Grundwerkzeug ist das Schnitzmesser, das eine kurze Klinge besitzt. Des Weiteren gibt es eine große Auswahl an Schnitzeisen, die in ihrer Form Stechbeiteln ähneln. Hohleisen besitzen eine gekrümmte Klinge. Die Krümmungsgrade der einzelnen Modelle unterscheiden sich jeweils. Ist die Krümmung sehr gering, spricht man auch von einem Flacheisen. Die Klinge des Geißfußes ist V-förmig, das Blumeneisen wird zur Schneide hin breiter, die Klinge der so genannten gekröpften Form ist löffelförmig ausgehöhlt.

Gut geschärfte Werkzeuge vermindern das Verletzungsrisiko

Wahrscheinlich gibt es keinen passionierten Schnitzer, der sich bei der Arbeit noch nie einen Finger verletzt hat. Legen Sie also vorsichtshalber ein paar Pflaster bereit. Das Verletzungsrisiko lässt sich aber deutlich verringern, wenn Sie darauf achten, dass Sie stets mit geschärften Messern und Eisen arbeiten. Nicht alle Eisen sind beim Kauf schon gebrauchsfertig geschliffen. Oft müssen Sie für das Schleifen einen Aufpreis zahlen, oder Sie schleifen die Werkzeuge selbst. Wenn Sie mit scharfen Eisen schnitzen, brauchen Sie viel weniger Kraft. Neben der geringeren Verletzungsgefahr wird das Arbeitsergebnis sauberer.

Denken Sie daran, dass die Eisen, stoßen sie etwa versehentlich gegen das Metall einer Zwinge, stumpf werden. Auch wenn Ihnen einmal ein Werkzeug herunterfällt, muss es in der Regel neu geschliffen werden. Versuchen Sie aber nicht, ein herunterfallendes Eisen noch aufzufangen. Lieber sollten Sie das Eisen nachschleifen als einen Schnitt in der Handfläche zu riskieren.

Dekorativer Wanderschuh im Charlie-Chaplin-Look

Wer sich mit den Schnitzwerkzeugen vertraut gemacht hat, kann bald von den vorgefrästen Rohlingen zu einem völlig unbearbeiteten Stück Holz übergehen, aus dem es eine Figur herauszuarbeiten gilt. Für den Einstieg eignet sich der hier vorgestellte Wanderschuh, den Charlie Chaplin in seiner Rolle als Tramp getragen haben könnte, besonders gut, weil er keine zu kleinen und schwierigen Details enthält.

Für die Herstellung des Schuhs brauchen Sie einen Geißfuß, Hohl-, Ball- und Blumeneisen, das Hohleisen mit gekröpfter Form sowie ein Schnitzmesser. Weiterhin benötigen Sie einen Klüpfel, eine Feinsäge, eine Einspannvorrichtung und eine Bohrmaschine. Beim Holz fiel die Wahl auf Linde, das – wie bereits erwähnt – durch eine schöne gleichmäßige Optik sowie durch eine gute Bearbeitbarkeit überzeugen kann.

Da der Schuh mit seinen 20 cm Länge und 14 cm Höhe schon relativ groß ist, fand man im Handel kein ausreichend dickes Holzstück. Also mussten zwei Holzstücke miteinander verleimt werden. Achten Sie beim Verleimen darauf, dass Sie die beiden Splint- und nicht die Kernholzkanten aneinandersetzen, damit sich das Holz nicht krümmen kann (vgl. auch Tippkasten Seite 115). Außerdem müssen die beiden miteinander zu verleimenden Flächen vollkommen glatt sein, damit beim späteren Bearbeiten keine Fuge sichtbar wird.

Hat der Leim abgebunden, entfernen Sie die Zwingen und beginnen mit der Aufzeichnung des Motivs. Bei dem Schuh genügt es, wenn Sie die Form seitlich andeu-

Ein gutes Übungsstück und zudem sehr dekorativ ist dieser rund 14 Zentimeter hohe und 20 Zentimeter lange Wanderschuh aus hellem Lindenholz

Erste Schritte

Für die Herstellung des Schuhs leimen Sie zwei Holzstücke aufeinander. Pressen Sie das Holz zusammen und lassen Sie den Leim über Nacht trocknen

Nehmen Sie am nächsten Tag die Zwingen ab und zeichnen Sie dann mit dem Bleistift die Umrisse des Motivs auf eine Längsseite des Werkstücks auf

Mit dem Hohleisen wäre die Abnahme des Überstandes ziemlich mühselig und zeitaufwändig. Verwenden Sie hierfür aus diesem Grund lieber eine Säge

Den Schuhschaft können Sie manuell aushöhlen. Wer schneller und leichter zum Ziel kommen will, kann die Bearbeitung alternativ auch mit einer Bohrmaschine mit Forstner-Aufsatz vornehmen

Detailarbeit

Jetzt brauchen Sie unbedingt eine Einspannvorrichtung, in die Sie das Holz einschrauben. Mit dem Geißfuß den Abschluss des Schuhrückens anritzen

Mit dem Hohleisen trennen Sie lange Späne ab. Die linke Hand gibt der Klinge eine leichte, aber sichere Führung, sodass Sie nicht zu viel Holz abnehmen

Das Balleisen eignet sich am besten, um die runde Form des Schuhrückens sauber herauszuarbeiten. Sie können es je nach Bedarf beidseitig einsetzen

Lässt sich ein Span nur schwer abtrennen, kann der Klüpfel helfen. Schlagen Sie nicht zu fest, sondern locker, wobei der Blick auf das Werkstück gerichtet ist

Jetzt kommt das Blumeneisen mit leicht gekrümmter Klinge zum Einsatz. Glätten Sie damit vorsichtig die Oberfläche der senkrecht hoch stehenden Schuhlasche.

Das löffelförmige Eisen mit gekröpfter Klinge eignet sich für die Ausarbeitung von schwer zugänglichen Vertiefungen. Schaufelnd trennt es feine Späne ab

Vorderkappe

Runden Sie nun die Vorderkappe des Schuhs ab. Während Sie das Eisen in der rechten Hand halten, wird mit der linken die Bewegungsrichtung reguliert

Mit dem Geißfuß setzen Sie seitlich geschwungene Rinnen, sodass der Eindruck entsteht, der Schuh sei aus mehreren Lederstücken zusammengenäht

ten, um sie grob ausschneiden zu können. Alle anderen Details können Sie später frei von Hand schnitzen.

Spannen Sie das Werkstück nun ein und nehmen Sie den angezeichneten Überstand ab. Wer sich auf das Schnitzwerkzeug beschränken will, nimmt dafür ein Hohleisen zur Hand. Schneller und einfacher geht es jedoch mit der Feinsäge, die das Gröbste mit wenigen Schnitten abtrennt. Bei der Aushöhlung des Schuhs von oben kann der Einsatz der Bohrmaschine mit Forstner-Aufsatz eine enorme Zeitersparnis bringen. Der Purist würde hier dagegen das Hohl- oder Blumeneisen einsetzen. Der Klüpfel leistet beim Aushöhlen auch gute Dienste.

Nach Abschluss der groben Vorarbeiten geht es an die Details. Für die komplette Ausarbeitung müssen Sie etwa 20 Stunden einplanen. Wann ein geschnitztes Stück fertig ist, entscheiden Sie natürlich selbst. Manchmal kann eine grobere Optik ebenso dekorativ sein wie eine bis ins kleinste Detail fein ausgearbeitete Schnitzerei. Zum Schluss behandeln Sie den Schuh mit Wachs, Klarlack oder einer Lasur.

TIPP HOLZVERLEIMUNG

Bevor Sie zwei Holzstücke flächig miteinander verleimen, sollten Sie sich bewusst machen, dass Massivholz sich mit der Zeit verziehen kann. Das Holz krümmt sich stets in die vom Holzkern abgewandte Richtung. Verleimen Sie zwei Stücke daher immer so gegeneinander, dass die Splintseiten aneinander stoßen. Bei der Herstellung einer Leimholzplatte werden die Krümmungstendenzen des Holzes mitbedacht. So setzt man immer zwei Kern- und zwei Splintseiten aneinander, damit sich Verziehungen gegenseitig ausgleichen und die Platte formstabil bleibt.

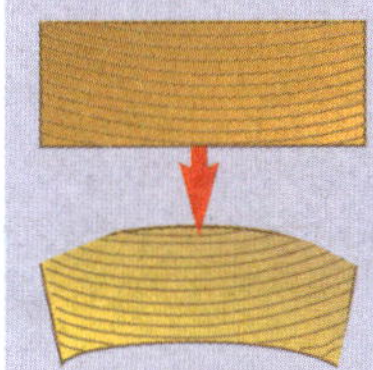

Holz krümmt sich in Richtung Splint

Splint an Splint verzieht sich nichts

Wechselseitig verleimte Platte

Schuhschaft mit Schlaufe

Der Schuhschaft soll oben eine Schlaufe erhalten, daher die leichte Erhöhung. Mit dem Geißfuß die Umrisse markieren, anschließend den Überstand absägen

Der äußere Schaft wird mit dem Blumeneisen abgerundet. Für die Glättung der Innenseiten brauchen Sie ein leicht gekrümmtes Hohleisen und den Klüpfel

Abgelöste Sohle

Damit der Eindruck entsteht, die Sohle würde sich langsam ablösen, setzen Sie mit dem Geißfuß eine deutliche Rinne zwischen Vorderkappe und Sohle

Zum Abrunden der Sohle nehmen Sie den Schuh aus der Spannvorrichtung und ziehen den Rand mit dem Schnitzmesser wie beim Apfelschälen entlang

Schnürsenkel und Oberfläche

Zum Schluss erhält der Schuh noch Löcher für die Schnürsenkel. Spannen Sie ihn dazu in die Werkbank ein und setzen Sie mit dem Bohrer sechs Löcher

Um die Optik perfekt zu machen, können Sie die Schuhsohle auch noch mit einem Profil versehen. Das Muster wird mit dem Geißfuß leicht eingeritzt

Krippenfiguren aus vorgefrästen Rohlingen herausschnitzen

Der Fachhandel bietet – wie bereits erwähnt – ein breites Sortiment an gefrästen Holzrohlingen an, an denen nur noch die Feinarbeit geleistet werden muss und die sich daher auch für Anfänger gut eignen. Seit vielen Jahrhunderten beliebt sind holzgeschnitzte Krippenfiguren, die aus diesem Grund auch häufig als Rohling angeboten werden. Obwohl die Grundformen bei der hier gezeigten Joseph-Figur schon recht präzise gefräst wurden, ist die Herausarbeitung der Details auch für den geübten Schnitzer eine Herausforderung. Hier kommt es auf eine ruhige Hand und Geschicklichkeit an.

Für die Bearbeitung der etwa 20 cm hohen Joseph-Figur brauchen Sie die üblichen Schnitzwerkzeuge: Flach-, Ball- und Hohleisen sowie einen Geißfuß. Für die Modellierung von Gesicht und Gliedmaßen lohnt sich die Anschaffung eines Miniatur-Holzschnitzeisen-Sets. Auch ein Satz Holzschnittmesser in verschiedenen Größen leistet Ihnen gute Dienste. Damit Sie das Werkstück gut von allen Seiten bearbeiten kön-

Die Figur nach der Detailausarbeitung. Nun gilt es, die Oberflächenbehandlung auszuwählen: Wachs, Farbe oder Beize

Der Umhang

1 *Montieren Sie den Rohling in einer für Sie angenehmen Höhe. Sie brauchen unbedingt eine Einspannvorrichtung. Achten Sie auch auf ausreichendes Licht*

2 *Die runde Schulterpartie können Sie gut mit einem schmalen Balleisen herausarbeiten. Kontrollieren Sie stets mit der linken Hand die Bewegungen des Eisens*

3 *Mit dem Flacheisen gelangen Sie problemlos in Vertiefungen, wie beispielsweise zwischen Ärmel und Schulter. Die Späne werden sauber abgetrennt*

4 *Bei der Aufarbeitung des Faltenwurfs am Rücken besteht die Gefahr, dass das Eisen nach unten abrutscht. Setzen Sie den linken Zeigefinger als Bremse ein*

5 *Fahren Sie nun mit dem Flach- oder Balleisen sorgfältig über den gesamten Umhang und säubern Sie so die Oberfläche von den faserigen Frässpuren*

6 *Gerade beim Abnehmen langer Späne sollten Sie darauf achten, dass Sie entlang des Faserverlaufs arbeiten. Sonst dringt das Eisen leicht zu tief ins Holz*

7 *Für die Herstellung kleiner filigraner Figuren bietet der Handel so genannte Miniatur-Holzschnitzeisen an. Mit einem solchen Set arbeiten Sie noch präziser*

Füße und Hände

1 *Beim Herausschnitzen der Füße müssen Sie zunächst den Überstand abnehmen. Verwenden Sie hierzu ein Schnitzmesser, das eine abgeschrägte Klinge besitzt*

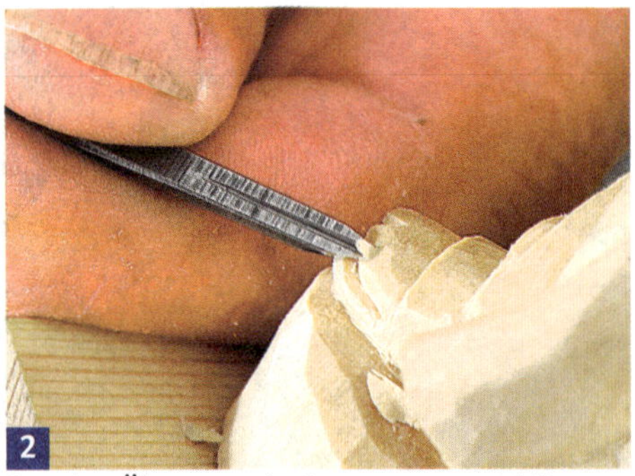

2 *Ist der Überstand abgenommen, können Sie die einzelnen Zehen modellieren. Schneiden Sie die Zwischenräume vorsichtig mit einem kleinen Hohleisen aus*

3 *Die Hände bearbeiten Sie nach dem gleichen Prinzip. Allerdings müssen Sie Acht geben, dass Sie nicht zu viel Druck ausüben, damit das Holz nicht bricht*

4 *Mit der linken Hand können Sie die empfindlichen Partien von hinten etwas abstützen. Wieder modellieren Sie die Details mit einem kleinen Hohleisen*

Kopf und Laterne

1 *Bei der Bearbeitung des Kopfes beginnen Sie mit dem Haar. Hier müssen Sie wegen der Proportionen darauf achten, dass Sie nicht zu viel Material abnehmen*

2 *Ist der Überstand der Haarpartie abgetrennt, beginnen Sie mit dem Gesicht. Die Stirn lässt sich mit einem schmalen, leicht gekrümmten Messer säubern*

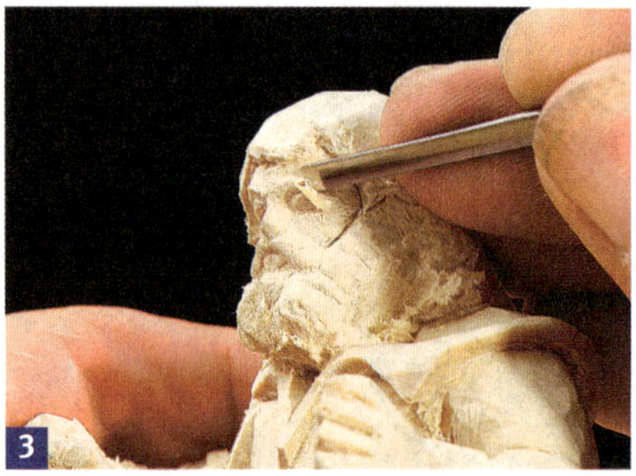

3 *Mit demselben Messer modellieren Sie auch das restliche Gesicht. Bei der Herausarbeitung der Augenhöhlen und der Brauen ist eine ruhige Hand gefragt*

4 *Den Bart schnitzen Sie von oben nach unten. Um das Eisen sicherer führen zu können, legen Sie beim Schneiden zwei Finger auf den Kopf der Figur*

5 *Jetzt wird auch das Kopfhaar noch einmal nachbearbeitet. Mit einem schmalen Hohleisen oder einem Geißfuß lassen sich die einzelnen Strähnen gut formen*

6 *Hohleisen und Geißfuß kommen auch bei der Laterne zum Einsatz. Ritzen Sie zuerst die Kreuze an und spanen Sie anschließend die Vertiefungen aus*

Grundieren

1 *Jetzt geht es an die Oberflächenbehandlung. Zuerst müssen Sie eine Grundierung auftragen. Hasenleim hat sich für diesen Zweck am besten bewährt*

2 *Wenn Sie einen Teelöffel Hasenleim in einem Achtelliter Wasser auflösen, reicht diese Mischung für die Grundierung von drei Figuren der gezeigten Größe*

nen, sollten Sie sich unbedingt eine Einspannvorrichtung bauen oder kaufen. Stellen Sie diese auf eine Höhe ein, dass Sie mit geradem Rücken schnitzen können.

Drei verschiedene Möglichkeiten der Oberflächenbehandlung

Geschnitzte Figuren brauchen in jedem Fall eine Oberflächenbehandlung. Wollen Sie die natürliche Optik des Lindenholzes belassen, müssen Sie die Figur zumindest wachsen, um sie vor Nässe zu schützen. Es ist ratsam, das Wachs in mehreren Schichten aufzutragen. Eine Grundierung entfällt.

Alternativ können Sie die Figuren mit Wasserfarbe bemalen oder beizen. In beiden Fällen müssen Sie zuerst grundieren. Wenn Sie zum Kolorieren Wasserfarbe verwenden, mischen Sie den Farben stets etwas Beize unter, damit sie nicht zu grell geraten. Tragen Sie immer die hellen vor den dunklen Tönen auf. Statt Farbe können Sie auch nur Beize verwenden. Durch Kombination verschiedener Beizen und Verdünnung mit Wasser erhalten Sie unterschiedliche Farbtöne.

TIPP SCHLEIFEN

A

B

Zum Schleifen von Metallklingen eignet sich am besten eine Nass-Schleifmaschine. Da der Schleifstein bei jeder Umdrehung durch ein Wasserbad läuft, kann er sich nicht überhitzen. Wollen Sie ein Hohleisen schärfen, spannen Sie es in die obige Halterung ein und schwenken es unter gleichmäßigem leichten Druck über den Stein (A). Anschließend entfernen Sie den beim Schleifen entstandenen Grat an einer Lederabziehscheibe (B).

Kolorieren der Oberfläche

1

Benutzen Sie für die Farbanmischung eine weiße beschichtete Arbeitsplatte. Mischen Sie die Farbtöne aus Wasserfarbe und geben Sie etwas Beize hinzu

2

Wenn Sie Karminrot mit der wässrigen nussbaumbraunen Beize vermischen, erhalten Sie einen Farbton, der sich hervorragend für die Hautpartien eignet

3

Wenn Sie die noch feuchte Farbe an einigen Stellen des Umhangs mit einem Tuch wieder abwischen, können Sie interessante Schattierungseffekte erzielen

4

Für die Gesichtsdetails brauchen Sie einen sehr feinen, aber dennoch festen Pinsel. Auf die zunächst weißen Augenflächen setzen Sie eine dunkle Iris

5

Es ist ratsam, zuerst die hellen Farben aufzutragen. Diese lassen sich immer noch dunkel übermalen. Im umgekehrten Fall müssen Sie Deckweiß einsetzen

Beizen

1

Nun wird die Joseph-Figur noch einmal rundherum gebeizt. Unterschiedliche Farbnuancen erzielen Sie, indem Sie mal mehr, mal weniger Wasser auftragen

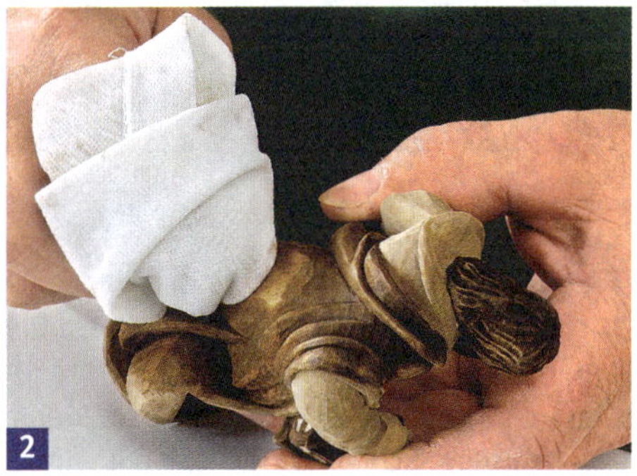

2

Mit einem Tuch entfernen Sie die Beize anschließend wieder. In den Vertiefungen bleibt sie zurück und gibt der Figur so ein noch plastischeres Erscheinungsbild

Wachsen / Polieren

Wollen Sie die Figur vor Nässeschäden schützen, empfiehlt sich ein Wachsauftrag. Eine Politur mit Stahlwolle bringt das Holz der Figur zum Glänzen

Holzoberflächen schleifen

Schleifen ist heute keine Schwerstarbeit mehr. Fürs Grobe bietet der Handel eine Vielzahl von elektrischen Geräten an, Spezialmaschinen gelangen in alle Ecken und Winkel

Beim Schleifen handelt es sich um eine feinstmögliche Materialabnahme. Die dabei anfallenden Späne sind nur staubkorngroß. Der Abtrag erfolgt durch kleine scharfkantige Schleifkörner, die auf einem Träger sitzen und so das entsprechende Schleifmittel (Schleifpapier, Schleifvlies, Schleifscheiben) bilden.

In der heimischen Werkstatt wird meist das Schleifpapier als Schleifmittel eingesetzt. Dieses Papier besitzt eine Oberflächenbekörnung aus Korund, einem natürlichen Mineral. Die Körner sind mit einem Bindemittel auf der Oberfläche verleimt. Höherwertige Schleifpapiere sind zusätzlich mit Metalloxyden veredelt. Bei sehr teuren Papieren klebt das Mineral in einer Kunstharzeinbettung auf dem Schleifgewebe.

Die höherwertigen Schleifpapiere bringen in der Regel keine bessere Schleifleistung, sie nutzen sich aber im Gegensatz zu den

Welches Schleifmittel einsetzen?

Schleifer	Material	Schliffgüte	Schleifmittel
Schwing-Schleifer 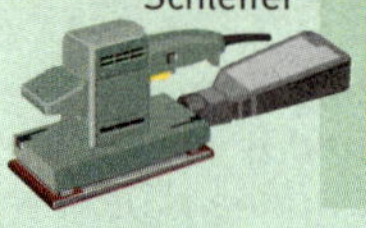	Holz	fein grob	Schleifpapier, Korund
	lackierte Flächen		Schleifpapier, beschichtet
	Metalle		Schleifpapier, Aluminiumoxid
	alle Werkstoffe	sehr fein	Schleifvlies
Exzenter-Schleifer 	Holz	fein grob	Schleifpapier, Korund
	lackierte Flächen		Schleifpapier, beschichtet
	Metalle		Schleifpapier, Aluminiumoxid
	alle Werkstoffe	sehr fein	Schleifvlies
Winkel-Schleifer 	Holz	sehr grob	HM-Granulatscheibe
		grob-mittel	Fiberschleifblätter
	Metall	fein-mittel	Fiberschleifblätter
		fein-mittel-grob	Fächerschleifscheibe
		grob	Schruppscheibe
Band-Schleifer 	Holz		Schleifbänder

preiswerteren Varianten nicht so schnell ab. Wenn Sie also sehr große Flächen zu bearbeiten haben, lohnt sich der Kauf eines teureren Papiers, da Sie es nicht so oft auswechseln müssen. Je härter das zu schleifende Material ist, desto schneller nutzt sich auch das Schleifpapier ab. Während man bei Weichholz problemlos normales Korund verwenden kann, sollte man bei Hartholz schon auf Edelkorund setzen. Papiere mit Kunstharzeinbettung brauchen Sie aber meist nur in der Metallbearbeitung.

Wann kann die Maschine den Handschliff ersetzen?

Maschinen sollte man prinzipiell einsetzen, wenn der Schliff großflächig ist und viel Material herunter soll. Beim Abtragen alter Farbanstriche oder beim Ebnen roher Holzflächen sollte man, wenn möglich, die Maschine die Schwerarbeit erledigen lassen, bevor man sich per Hand um die Feinheiten kümmert. Der Vorteil beim Handschliff ist, dass Sie die Wirkung des Schleifpapiers sehr genau dosieren können. Soll eine große Fläche fein geschliffen werden, kann aber auch wieder eine Maschine helfen: der Schwingschleifer.

Der Schleifpapierwechsel ist bei Maschinen mit flacher Papierführung heute in wenigen Sekunden erledigt. Das Papier wird durch eine Klettfläche gehalten, muss also

So arbeitet Schleifpapier

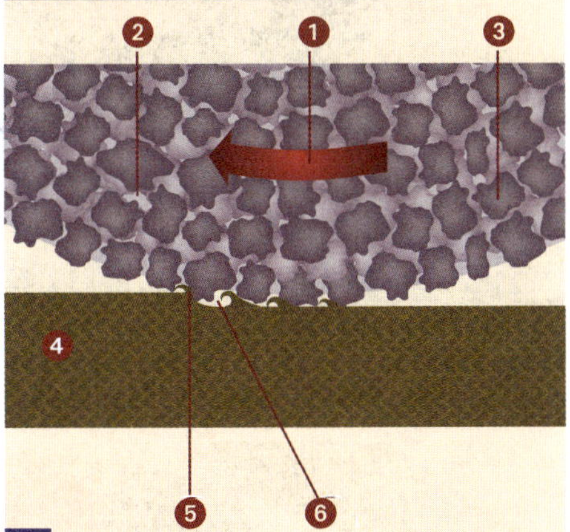

1.1

(1) kennzeichnet die Vorschubrichtung des Schleifpapiers. Ein Bindemittel (2) hält die Schleifkörner (3) auf dem Trägerpapier. Indem die Körner über das Werkstück (4) geführt werden, bilden sich Späne (5). Die darunter frei gelegten Hohlräume (6) werden sofort von weiteren Körnern bearbeitet, sodass noch mehr Späne abgetrennt werden

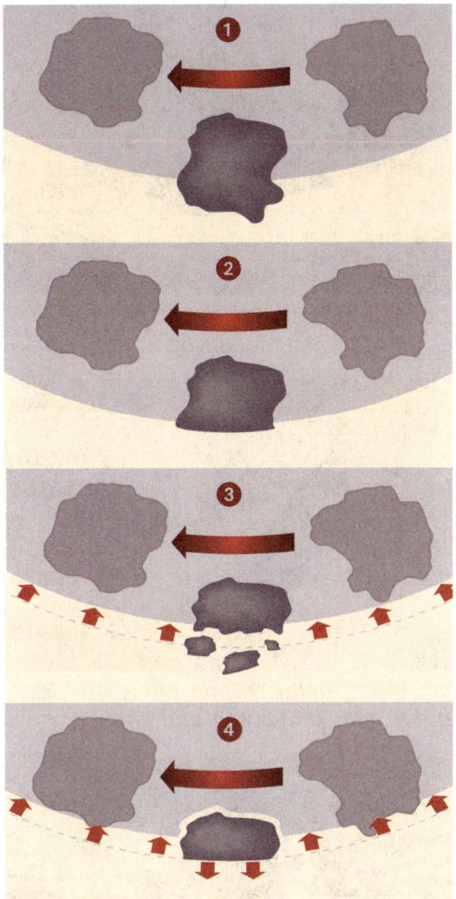

1.2

Ein scharfes, oberflächig liegendes Schleifkorn (1) bricht ab (2), wobei neue scharfe Kanten entstehen (3). Wird das Korn weiter abgenutzt, rücken neue, tiefer liegende Körner an die Oberfläche, wo sie zum Einsatz kommen (4)

1.3

Bei manchen Firmen geben unterschiedliche Farben Auskunft über das Material

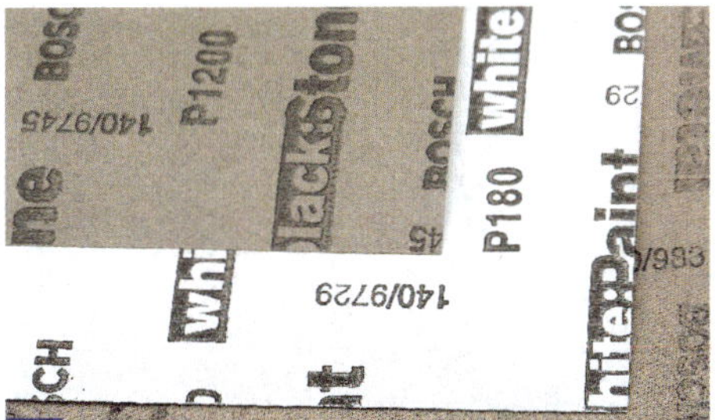

1.4

Als Trägermaterial werden Papiere und verschiedene Gewebearten eingesetzt

Handschliff oder Maschine?

2.1

Feine Körnungen verwendet man für den Zwischenschliff von Holzoberflächen

2.2

Hier arbeiten Sie am besten von Hand. Schleifen Sie entlang der Maserung

2.3

Mithilfe von Klettflächen kann das Papier an der Maschine befestigt werden

2.4

Für größere Tellerschleifer gibt es allerdings auch oft selbstklebende Papiere

2.5

Schleifzylinder bestehen aus gummiertem Schaumstoff oder sind luftgefüllt

Verschiedene Schleifgeräte

3.1 *Bandschleifer arbeiten sehr effizient. Im Wechsel schräg auf der Fläche ansetzen*

3.2 *Kleinere Werkstücke bearbeiten Sie dagegen am stationären Bandschleifer*

3.3 *Für die Kantenbearbeitung eignet sich ein Mini-Bandschleifer besonders gut*

3.4 *Mit Schleifband versehene elektrische Feilen gelangen in enge Zwischenräume*

3.5 *Der Schwingschleifer erledigt den Feinschliff. Der Materialabtrag ist minimal*

3.6 *Mit einem Deltaschleifer erreichen Sie problemlos alle Ecken und Winkel*

3.7 *Der Exzenterschleifer trägt das Material in kleinen ovalen Schleifbewegungen ab*

3.8 *Der Winkelschleifer mit Schleifteller trägt viel ab, arbeitet aber sehr unsauber*

3.9 *Der Tellerschleifer eignet sich gut für die Nachbearbeitung von Sägeschnitten sowie die Kantenbearbeitung*

Spezielle Geräte

4.1 *Sehr kleine Werkstücke bearbeiten Sie mit handlichen Universalmaschinen*

4.2 *Die Minischleifer können mit Schleifwalzen oder Schleiftellern bestückt werden*

4.3 *Viele moderne Geräte besitzen einen Akku, was sie noch handlicher macht*

4.4 *Oszillierend arbeitende Deltaschleifer erbringen eine bessere Abtragleistung*

einfach nur angedrückt werden. Nach Gebrauch zieht man es einfach wieder ab. Für manche Geräte gibt es aber auch Papiere mit einer Klebbeschichtung.

Das richtige Schleifgerät

Ein Schleifgerät mit unterseitigem Schleifpapier sorgt schon für einen sauberen und relativ gleichmäßigen Materialabtrag, ein optimales Ergebnis bei großen Flächen erzielen Sie aber mit einem Bandschleifer. Das geschlossene Band läuft in der Maschine rund und legt dabei 200 bis 400 Meter in der Minute zurück. Da der Bandschleifer sehr viel Material abnimmt, müssen Sie aufpassen, dass keine Furchen entstehen. Wird die Maschine jedoch gleichmäßig geführt, wird die Oberfläche sauber und glatt. Bei sehr großen Flächen empfiehlt es sich, den Bandschleifer im Wechsel schräg über das Werkstück zu führen. Dabei sollte die Maschine nicht angedrückt werden.

Zur Bearbeitung kleinerer Werkstücke können Sie den Bandschleifer auch stationär anbringen. Das Band liegt dann oben, und Sie können Leisten, Kanthölzer und Ähnliches bequem darüber führen. Im Handel erhalten Sie passende Maschinenhalterungen für den Stationärbetrieb sowie Führungen für die Kleinteile.

Für Bereiche, die mit einem herkömmlichen Bandschleifer schwer zu bearbeiten waren, gibt es heute Spezialgeräte, die auch hier ein sauberes Arbeiten möglich machen. Die schmalen Kanten eines Fensterrahmens schleifen Sie am besten mit einem modernen Mini-Bandschleifer. Sogar für kleine Kerben bietet der Handel passende Geräte an. Die mit Schleifband arbeitende elektrische Feile ist nicht breiter als das entsprechende Handgerät.

Der Spezialist für Ecken und Winkel aller Art ist der so genannte Deltaschleifer. Das Schleifdelta befindet sich während des Betriebs in einer leichten Schwingbewegung, die für einen gleichmäßigen Abtrag sorgt. Noch effektiver sind oszillierend arbeitende Maschinen, bei denen sich die Schleiffläche kreisförmig bewegt.

Der Exzenterschleifer eignet sich besonders für Fälle, in denen viel Material abgenommen werden und gleichzeitig eine fein geschliffene Oberfläche entstehen soll. Er arbeitet in dieser Hinsicht von allen Schleifgeräten am effizientesten. Eine mehrfach überlagerte Rundbewegung der Schleiffläche bearbeitet auch gewölbte Flächen, ohne dass Riefen entstehen. Natürlich könnten Sie Flächen auch beim Handschliff kreisförmig bearbeiten. Meist hinterlässt eine solche Führung aber Kratzspuren. Daher gilt für den Handschliff: Immer in Richtung der Maserung arbeiten.

Eine extrem hohe Abtragsleistung erhalten Sie mit dem Winkelschleifer. Das mit 10.000 Umdrehungen pro Minute rotierende Gerät eignet sich nur für allergröbste Schleifarbeiten. Sägeschnitte an kleinen Werkstücken glätten Sie mit einem Tellerschleifer. Das Holz wird einfach an den senkrecht stehenden Teller herangeführt.

Viele Schleifgeräte erhalten Sie heute auch mit einem eingesetzten Akku. Das erleichtert die Handhabung – vor allem, wenn es darum geht, schwierige Stellen zu erreichen – und ermöglicht auch ein Arbeiten ohne Stromanschluss in nächster Nähe.

Neben den Handgeräten, die sich mit entsprechenden Halterungen in ein Stationärgerät umwandeln lassen, gibt es natürlich auch Maschinen, die stets an Ort und Stelle bleiben. Für kleine Werkstücke sind Stationärgeräte besonders gut geeignet, weil Sie eine präzise und kontrollierte Führung ermöglichen.

Achtung: Atemschutz tragen!

Beim Schleifen entsteht feiner Staub, der nicht eingeatmet werden sollte, da er Schäden an der Lunge verursachen kann. Arbeiten Sie am besten mit einer Absaugung, die den anfallenden Staub direkt aufnimmt, so dass er gar nicht erst in die Luft gelangt. Besitzen Sie keinen Sauger, müssen Sie unbedingt eine Staubschutzmaske tragen.

Stationärgeräte

5.1 *Am stationären Bandschleifer lassen sich Kanten gleichmäßig und gut abtragen*

5.2 *Manche Schleifmaschinen sind sowohl für Holz als auch für Metall geeignet*

5.3 *Mit einem Spezialkunststoff reinigt man die Maschinen von Körnern und Staub*

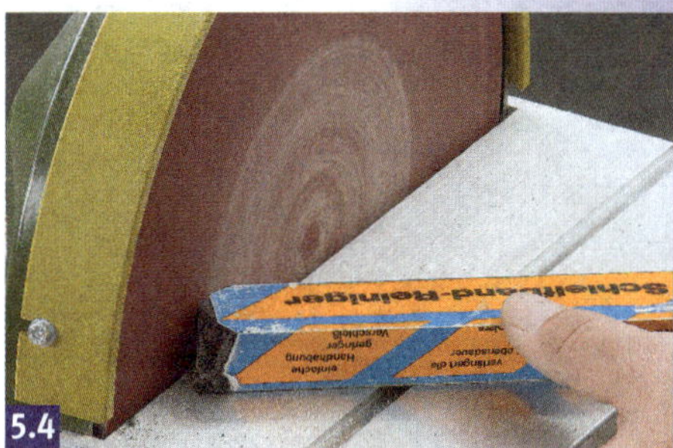

5.4 *Die mit dem Kunststoff gereinigte Schleiffläche sieht nachher wie neu aus*

Absaugen und filtern

6.1 *Manche moderne Schleifgeräte besitzen einen Staubsauger mit Lamellenfilter*

Anwendung	Werkstoff	Einsatzfall	Filterklasse
Schleifen	Metall	Stahl	P2
		Edelstahl	P3
		Rost	P1
	Gestein	Mauerwerk	P1
		Quarzhaltig	P2
		Beton	P2
	Holz		P2

6.2 *Ohne Absaugung brauchen Sie einen Mundschutz der richtigen Filterklasse*

Beizen

Bei der Oberflächenbehandlung mit Beize schlagen Sie zwei Fliegen mit einer Klappe. Sie können das Holz farblich verändern, ohne dass die holztypische Maserungsstruktur verloren geht. Mit Spezialbeizen lassen sich interessante Effekte erzielen

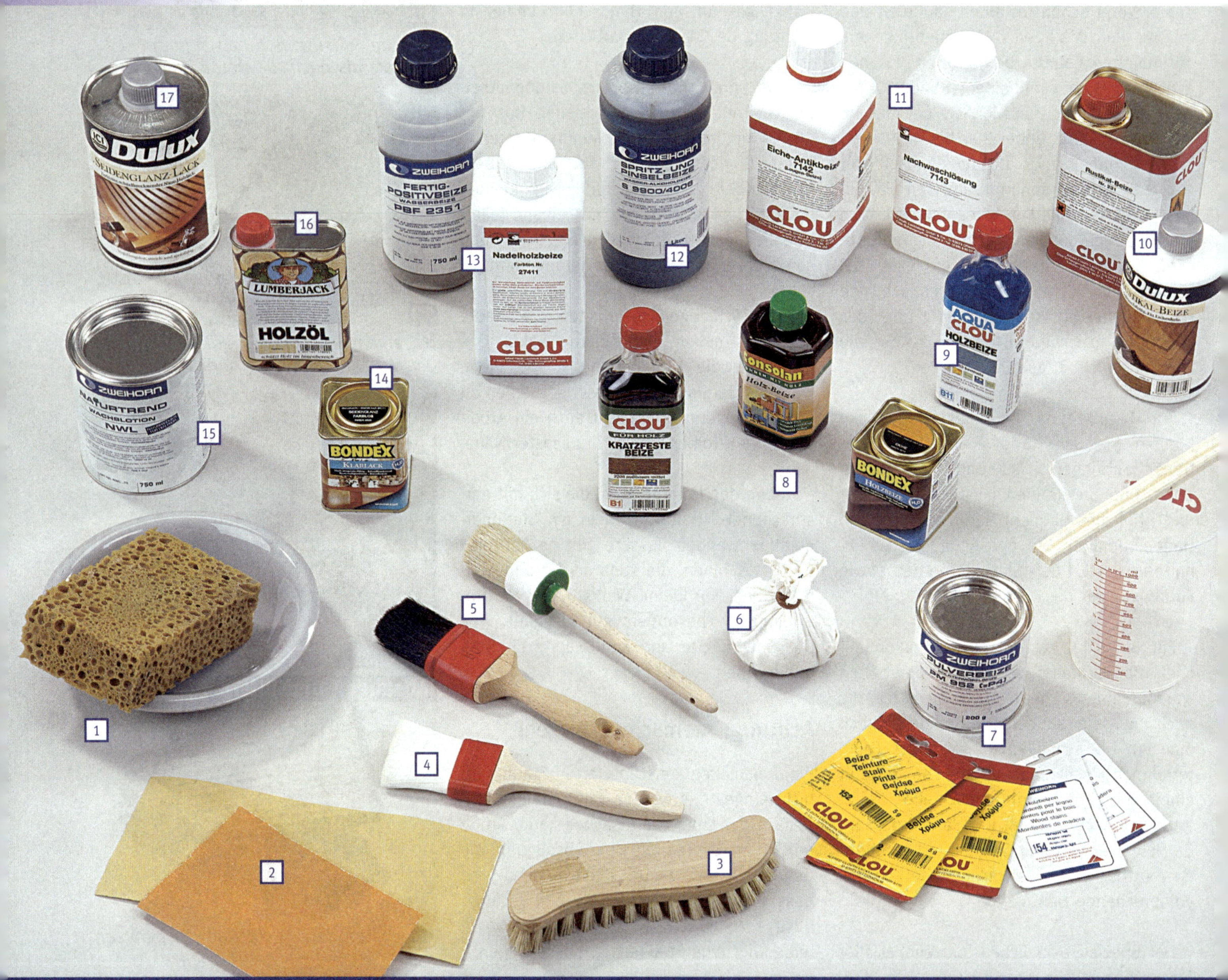

Hilfsmittel, Werkzeuge, Beizen und Produkte zur Oberflächenversiegelung

1 *Schale und Schwamm zum Wässern*
2 *Schleifpapiere verschiedener Körnung*
3 *Bürste mit Kunststoffborsten zum Reinigen der Poren beim Rustikalbeizen*
4 *Nylonpinsel zum Auftrag von Eiche-Antik-Beize*
5 *Metallfreie Pinsel zum Auftrag von Beizen und Vertreiben des Überschusses*
6 *Fusselfreier Stoffballen*
7 *Wasserlösliche Beizen in Pulverform mit Spachtel und Messbecher aus Plastik*
8 *Gebrauchsfertige wasserlösliche Beizen*
9 *Pigmentbeize*
10 *Rustikalbeizen*
11 *Eiche-Antik-Beize mit Nachwaschlösung*
12 *Wasser-Alkohol-Beize*
13 *Positiv- oder Nadelholzbeize*
14 *Lack auf Wasserbasis zum Versiegeln von Pigmentbeizen*
15 *Holzwachs*
16 *Holzöl*
17 *Lack auf Lösemittelbasis zum Versiegeln von wasserlöslichen Beizen*

Wer einem Möbelstück etwas Farbe verleihen will, ohne die Holzstruktur zu verdecken, greift am besten zu einer Beize. Die Auswahl an Farben ist groß. Neben verschiedenen natürlichen Brauntönen erhalten Sie Beize auch in allen anderen erdenklichen Farben.

Wie das Farbergebnis aussieht und vor allem, wie sich die Optik der Maserung verändert, hängt aber auch von der Art der Beize ab. Farbbeizen etwa dringen unter die Oberfläche und verdecken die Maserung kaum, während Pigmentbeizen aufgrund der gröberen Körnung mehr an der Oberfläche des Holzes bleiben und daher auch etwas stärker decken. Chemikalische Beizen können die Maserung dagegen sogar künstlich hervorheben.

Grundsätzlich empfiehlt es sich, die Oberflächenbehandlung erst an einem Reststück zu testen, weil jedes Holz individuell auf eine Beize reagiert. Weiterhin müssen Sie bedenken, dass auch die anschließende Lackierung den Farbton noch einmal verändert. Natürlich können Sie auch Beizen des gleichen Typs miteinander vermischen, um neue Farbnuancen zu erzeugen.

Zuerst wässern und schleifen

Bevor man die Beize aufträgt, muss die Holzoberfläche absolut glatt geschliffen sein. Vor dem abschließenden Feinschliff empfiehlt es sich, das gesamte Möbelstück intensiv zu wässern und trocknen zu lassen. Durch die Feuchtigkeit richten sich lose Späne auf, die nach dem Trocknen des Holzes mit 180er-Schleifpapier abgenommen werden. Verwenden Sie ein noch unbenutztes Schleifpapier, damit die Fasern wirklich abgetrennt und nicht erneut niedergedrückt werden. Nach dem letzten Feinschliff muss die Holzfläche noch einmal gründlich von Staub befreit werden, damit die Beize gut einziehen kann.

Für den Beizenauftrag verwenden Sie am besten einen Pinsel oder Stoffballen. Auf keinen Fall dürfen Sie die Beize direkt auf das Holz gießen, weil auf diese Weise unschöne Flecken entstehen können (vgl. Tippkasten S. 126). Achten Sie darauf, dass die Beize nicht mit Metall in Berührung kommt, weil das zu einer chemischen Reaktion und so zu Farbveränderungen führt. Verwenden Sie aus diesem Grund am

Farbwirkung

1.1 *Links sehen Sie die Beize „Eiche mittel“ mit wachsendem Schwarzanteil, rechts werden verschiedene Holzarten mit und ohne Beize im Vergleich nebeneinander gestellt*

Vorbehandlung

2.1 *Benetzen Sie die Fläche mit warmem Wasser, so richten sich die Fasern auf*

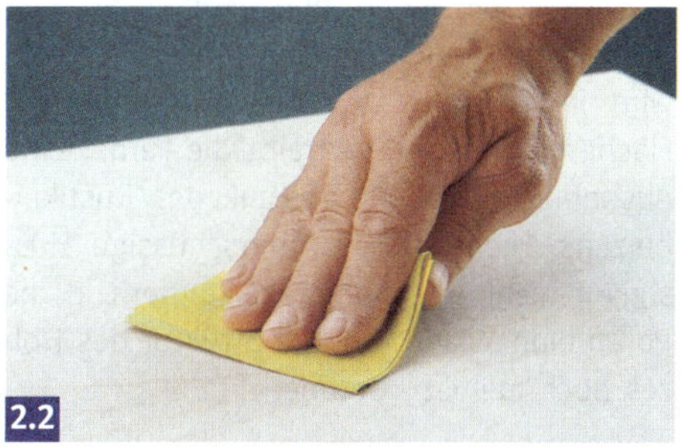

2.2 *Wenn das Holz trocken ist, bearbeiten Sie die Fläche mit 180er-Schleifpapier*

Beizauftrag

3.1 *In Richtung der Maserung wird die Beize nun satt mit dem Pinsel aufgetragen*

3.2 *Beizenspritzer vermeiden Sie, indem Sie Möbel von unten nach oben bearbeiten*

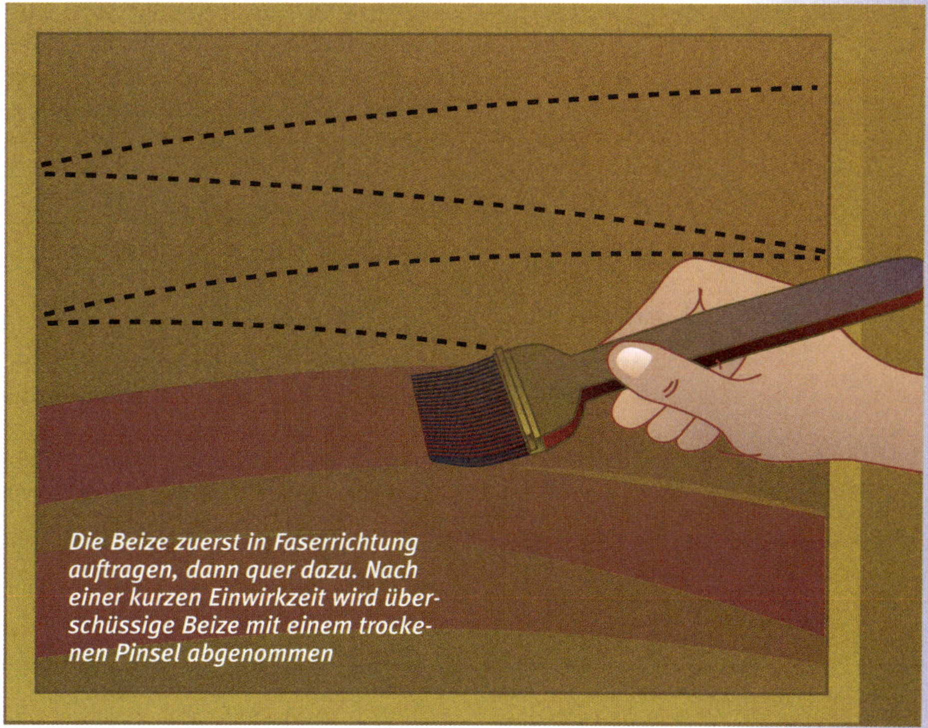

Die Beize zuerst in Faserrichtung auftragen, dann quer dazu. Nach einer kurzen Einwirkzeit wird überschüssige Beize mit einem trockenen Pinsel abgenommen

Beizarten

4.1 *Wasserlösliche Beize wird in heißem Wasser aufgelöst und gut vermischt*

4.6 *Für manche Pigmentbeizen reicht eine Lackierung mit wasserlöslichem Lack*

4.2 *Fertige Flüssigbeizen lassen sich untereinander und mit Pulvern mischen*

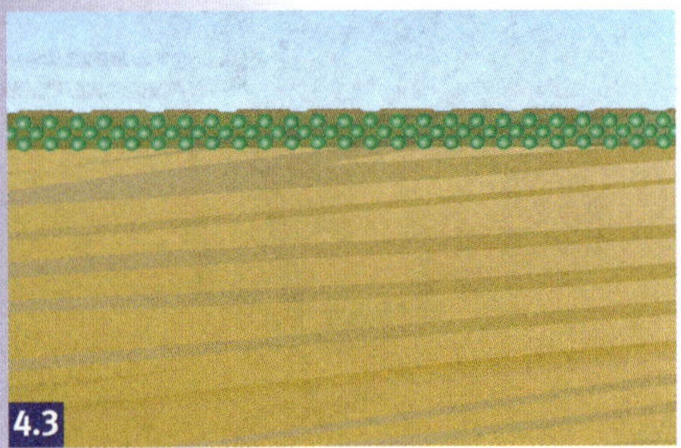

4.3 *Die feinen Farbstoffe passieren die Holzoberfläche und lagern sich darunter ab*

4.4 *Die Maserung ist nach dem Beizauftrag dunkler, bleibt aber immer sichtbar*

4.5 *Pigmentbeize deckt stärker ab, weil die Pigmente auf der Oberfläche verbleiben*

besten einen Pinsel aus Kunstoff und Gefäße aus Glas oder Plastik.

Sie erhalten Beize in Pulverform, die Sie mit heißem Wasser gründlich vermischen müssen, oder als gebrauchsfertige Flüssigmischung. Tragen Sie die Beize satt, aber gleichmäßig auf das Holz auf, zuerst in Richtung der Maserung, dann ziehen Sie quer darüber. Abschließend streicht man ein zweites Mal in Faserrichtung. Lassen Sie die Beize kurz einziehen, und nehmen Sie den Überschuss dann ab. Ein trockener Pinsel wird in Richtung der Maserung über die Fläche geführt und vertreibt die Farbe. Eine Ausnahme bildet die Technik des Rustikalbeizens. Hier wird die überschüssige Flüssigkeit nicht abgenommen, sondern in die Poren einmassiert, um die Struktur des Holzes noch mehr zu betonen.

Beim Beizen von Möbelstücken sollten Sie stets von unten nach oben arbeiten. So vermeiden Sie, dass Beize auf noch unbehandelte Holzstellen spritzt. Wie direkt aufgegossene Beize können Spritzer Flecken hinterlassen, die auch nach dem anschließenden Überstrich sichtbar bleiben.

Mit Beizen und speziellen Techniken Effekte erzielen

Wie bereits erwähnt, gibt es verschiedene Typen von Beizen. Grundsätzlich zu unterscheiden sind färbende Beizen, die allein durch den Auftrag von Farbpigmenten eine Veränderung der Oberfläche bewirken, und chemische Beizen, die eine bestimmte Farbveränderung durch chemische Reaktionen mit den Holzinhaltsstoffen hervorrufen.

Wie man auf den Fotos erkennen kann, entsteht durch den Auftrag von Beize in der Regel ein so genanntes Negativbild, d. h., Partien, die im natürlichen Maserungsbild hell sind, erscheinen nachher dunkel und umgekehrt. Diese Umkehrung der Helligkeit entsteht dadurch, dass das hellere Holz, das aus Schnellwuchszeiten des Baumes stammt, weicher ist als das langsam gewachsene dunkle Holz. Das helle, weiche Holz saugt die Beize schneller und intensiver auf, während sie in die dunklen Partien nur schwer eindringt.

Bei Nadelhölzern zeichnet sich dieses negative Beizbild besonders intensiv ab. Sie erhalten im Handel aber auch so genannte Positivbeizen, mit der sich die Optik bei Nadelhölzern wieder in sein Gegenteil verkehren lässt (5.2). Bei Harthölzern hat Positivbeize dagegen eher einen ausgleichenden Effekt auf die Maserung.

Die bereits erwähnte Rustikalbeize eignet sich besonders für grobporiges Holz wie Eiche, Esche oder Nussbaum. Indem man den Überschuss in die Holzporen einmassiert, verfärben sich diese sehr dunkel und bewirken den gewünschten Rustikaleffekt.

Wenn Sie mit chemischen Beizen, wie etwa Eiche-Antik-Beize arbeiten, sollten Sie daran denken, dass die Chemikalien äußerst aggressiv sind. Das Tragen von Schutzbrille und Gummihandschuhen sollte aus diesem Grund selbstverständlich sein. Man trägt die Antik-Beize mit einem Nylonpinsel satt auf und vertreibt den Überschuss nach einer kurzen Einwirkzeit. Die chemische Reaktion braucht seine Zeit. Zuerst wird das Holz rotbraun, später jedoch dunkler. Der Antik-Beizen-Auftrag erfordert eine Nachbehandlung mit einer so genannten Nachwaschlösung. Anschließend wird die neutralisierte Fläche dann noch einmal mit klarem Wasser gereinigt.

TIPP BEIZE AUFTRAGEN

Die Beize darf nicht direkt auf das Holz gegossen werden. Das Holz saugt die Flüssigkeit an dieser Stelle sonst zu stark auf, und es entsteht ein dunkler Fleck. Verwenden Sie stets einen Pinsel oder Ballen.

Eine Alternative zum Antikbeizen ist das Räuchern. Beide Verfahren verändern die Holzfarbe durch eine chemische Reaktion zwischen der Beize und der Gerbsäure im Holz. Beim Räuchern wird die Beize jedoch nicht aufgestrichen. Man setzt das Werkstück statt dessen Salmiakdämpfen aus, wodurch die Oberfläche eine dunkle Patina erhält. Bauen Sie ein Zelt aus Leisten und einer Plastikplane und stellen Sie Möbelstück und offene Salmiakgefäße darunter.

5.5 *Beim Antikbeizen Beize und Nachwaschlösung auftragen, klarspülen*

5.7 *Zum Räuchern brauchen Sie eine Plastikplane, Gefäße und Salmiakgeist*

Maserung betonen

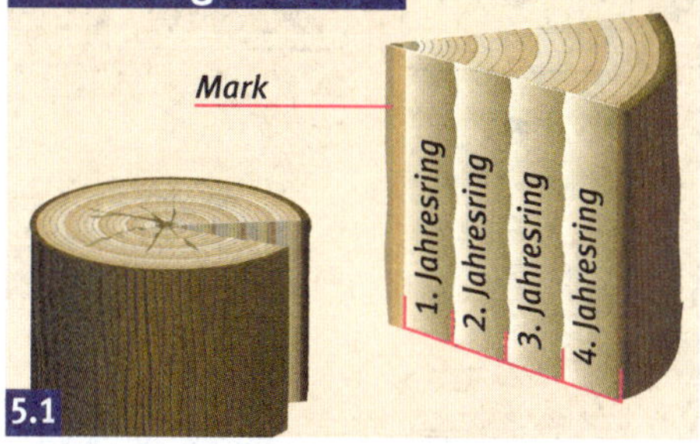

5.1 *Die Maserung entsteht durch den Wechsel von Frühjahrs- und Spätholz*

5.6 *Durch die Behandlung mit Chemikalien erhält Eiche eine dunkelbraune Farbe*

5.8 *Werkstück und offene Salmiakgefäße unter ein Plastikplanengerüst stellen*

5.2 *Unten sehen Sie ein negatives, oben ein positives Beizbild mit gefärbten Fasern*

Durch das Räuchern hat die Wiege eine dunkle Farbe erhalten. Grund ist eine chemische Reaktion zwischen Salmiak und der im Eichenholz enthaltenen Gerbsäure

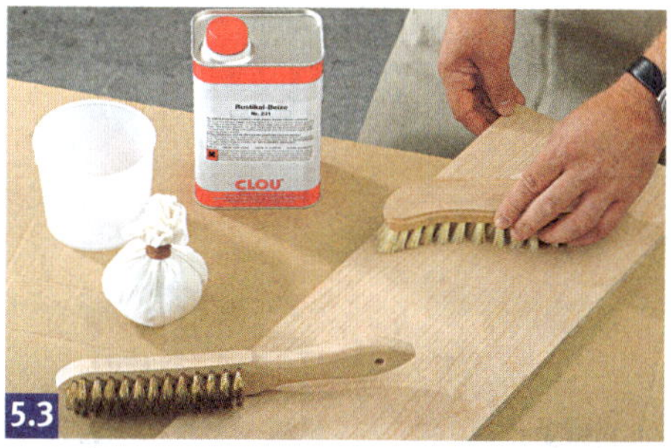

5.3 *Vor dem Rustikalbeizen wird mit Kunststoff- oder Messingborsten vorbehandelt*

5.4 *Beim Rustikalbeizen den Überschuss mit dem Pinsel in die Poren einmassieren*

Nachbehandlung

Nach dem Beizen muss die Oberfläche unbedingt noch versiegelt werden

Lackieren und Polieren mit Schellack

Eine Oberflächenbehandlung mit Schellack verleiht Möbeln einen unbeschreiblich edlen Glanz. Eine stilechte Schellack-Politur erfordert aber Übung und vor allem viel Zeit. Schneller geht es mit Streichlack, mit dem Sie auch schöne Ergebnisse erzielen

Mit dem Wort Schellack bringen viele sicher in erster Linie ein Material in Verbindung, aus dem vor langer Zeit einmal Schallplatten hergestellt wurden. Der Einsatz von Schellack ist aber weitaus vielfältiger. Dass Roh-Schellack ein Naturprodukt ist, wissen nur die wenigsten. Lieferant ist die thailändische Lackschildlaus. Schellack wird schon seit vielen Jahrhunderten zum Veredeln von Möbeln und Musikinstrumenten verwendet. Beindruckend ist der Glanz, den der Lack auf Holzflächen erzeugen kann, wodurch die Möbel eine sehr edle Wirkung erhalten.

Lange herrschte die Meinung vor, Schellackverarbeitung sei nur etwas für Profis.

TIPP NATÜRLICH LACKIEREN

Bei Lacken denken die meisten an giftige Chemikalien. Roher Schellack ist jedoch ein reines Naturprodukt. Gewonnen wird Roh-Schellack von der asiatischen Lackschildlaus (Laccifer lacca). Diese Laus scheidet über die Körperoberfläche so genannten Stocklack aus, den Sie im rechten Bild im Vordergrund sehen. Weiterverarbeitet wird daraus Körnerlack, auch Granat- oder Rubinlack genannt (als großes Stück rechts im Bild). Nach weiteren Arbeitsgängen des Waschens und Umschmelzens gewinnt man schließlich Schellack in unterschiedlichen Farben und Reinheitsgraden. Farblosen Schellack erhält man durch Bleichen. Im Handel erhalten Sie Schellack als

Tafeln, Blätter oder bereits fertig angerührte Lösungen. Ob fest oder flüssig, Sie müssen vor der Verarbeitung in jedem Fall noch Schellack-Löser hinzugeben. Über das richtige Mischverhältnis informiert der Hersteller.

Diese Zeiten sind aber lange vorbei. Im Handel sind mittlerweile Schellackprodukte erhältlich, die sich vom Laien ohne großes Vorwissen verarbeiten lassen. Wahr ist allerdings, dass die Arbeit mit Schellack – vor allem das Polieren – Übung und Geduld erfordert. Um den edlen Glanz zu erzeugen, der eine Schellackbehandlung so attraktiv macht, sind viele Arbeitsgänge notwendig. Der Glanz verstärkt sich durch jede neu aufgetragene Schicht.

Schnell und einfach – Schellack als Fertig-Streichlack

Wer nicht die Arbeit zahlreicher Polier- und Schleifdurchgänge auf sich nehmen will, trotzdem aber nicht auf Schellack verzichten möchte, wählt am besten Schellack-Streichlack, der sich wie ein handelsüblicher Klarlack verarbeiten lässt. Nachdem die Oberfläche fein geschliffen und entstaubt ist, tragen Sie den Lack in Maserungsrichtung auf. Streichen Sie dann quer zur Maserung, anschließend noch einmal längs.

Wenn der Streichlack trocken ist, erfolgt ein Zwischenschliff. Drücken Sie das Schleifpapier oder die Stahlwolle nicht zu fest an. Der Materialabtrag soll minimal sein. Es geht lediglich darum, kleine Unebenheiten auszugleichen. Vergessen Sie nicht, auch nach diesem Zwischenschliff die Fläche wieder gründlich zu entstauben. Anschließend wiederholen Sie den Streichlack-Auftrag nach dem bereits beschriebenen Muster.

Beim Streichlack-Auftrag mit dem Pinsel sind zwei Schichten absolut ausreichend. Weitere Arbeitsgänge können sich sogar nachteilig auswirken, weil die Oberfläche klebrig werden kann. Ihnen sollte aber klar sein, dass Sie mit der Streich-Technik nicht den Effekt erzielen können, den Sie von schellackbehandelten Antikmöbeln kennen. Diese Optik erhalten Sie nur durch zeitaufwändiges Polieren.

Polieren mit Schellack

Haben Sie sich für die Poliertechnik entschieden, müssen Sie zunächst einen Ballen anfertigen, mit dem Sie die Politur auftragen. Als Einlage für den Ballen verwenden Sie Baumwolle oder Schafwolle, als Hülle dient ein nicht zu feines Leinentuch, das vorher ausgewaschen wurde. Der Ballen muss so gefaltet werden, dass die Untersei-

Streich-Schellack

Schellack-Streichlack und Schellack-Löser erhalten Sie einzeln in Flaschen. Vor der Verarbeitung den Streichlack im Verhältnis 1:3 mit Löser verdünnen

Die Oberfläche sollte vor dem Auftrag gut geschliffen und entstaubt worden sein. Tragen Sie das Gemisch mit einem Pinsel zügig in Maserungsrichtung auf

Dann streichen Sie die Fläche quer, zum Schluss noch einmal längs. Der Streichlack sollte über Nacht trocknen, bevor Sie die Fläche weiter bearbeiten

Es folgt ein weiterer Zwischenschliff, anschließend wird wieder entstaubt. Tragen sie dann nach dem gleichen Verfahren die zweite Schellack-Schicht auf

TIPP ANFEUERN

Eine Oberflächenbehandlung mit Lack führt immer dazu, dass sich das Erscheinungsbild des Holzes verändert. Auch durch farblose Lacke, bei denen man vielleicht keine große Wirkung erwartet, wird das Holz „angefeuert", wie der Fachmann sagt. Gemeint ist damit, dass die Struktur des Holzes nach dem Auftrag deutlicher hervortritt. Rechts sehen Sie verschiedene Hölzer vor (im Hintergrund) und nach (im Vordergrund) der Lackierung. Man erkennt gut, dass der Anfeuerungs-Effekt bei dunkleren Holzarten stärker zum Tragen kommt als bei helleren. Wenn Sie sich unsicher sind, wie ein Überzug mit Klarlack die Oberfläche eines Möbelstücks verändern wird, können Sie einen einfachen Trick anwenden. Befeuchten Sie eine Stelle der Holzoberfläche leicht mit dem Finger oder mit einem Lappen. Die farbliche Veränderung des Holzes bei Wasserkontakt ist der eines Lackauftrags vergleichbar. Ein solcher Test ist vor allem bei alten Möbelstücken zu empfehlen, bei denen man nicht genau weiß, um welche Holzart es sich handelt.

Ballen formen

1 *Schellack lässt sich auch sehr gut mit einem Ballen auftragen. Als Material eignet sich Baumwolle, manche Experten empfehlen jedoch auch Schafwolle*

2 *Ein Baumwollballen besteht aus einer Einlage und einer Hülle. Für die Einlage können Sie ein großes, weißes, gut ausgewaschenes Baumwolltuch verwenden*

3 *Legen Sie das Baumwolltuch sorgfältig zusammen und achten Sie darauf, dass keine Falten entstehen. Die Oberfläche des Ballens muss ganz glatt sein*

4 *Am besten falten Sie abwechselnd längs und quer. Fassen Sie den Stoff nicht zu locker. Auf diese Weise erhalten Sie am Schluss ein kompaktes Stoffpaket*

5 *Achten Sie vor allem darauf, dass die Unterseite glatt bleibt, denn hier wird später der Lack aufgetragen. Am Ende sollte das Stoffpaket rechteckig sein*

6 *Jetzt können Sie zwei der Enden nach oben klappen, sodass auf der Unterseite eine quadratische Fläche entsteht. So erhalten Sie die endgültige Ballenform*

7 *Der Ballen ist im Prinzip fertig. Er braucht nur noch eine Hülle, damit das zusammengefaltete Baumwolltuch auch die gewünschte kompakte Form behält*

8 *Die Hülle besteht aus grob gewebtem Leinen. Es ist wichtig, dass das Leinen durchlässig ist, damit sich die innen liegende Baumwolle gut vollsaugen kann*

9 *Halten Sie mit einer Hand die Einlage an der Oberseite fest zusammen und legen Sie das Leinen über die Unterseite. Wieder dürfen keine Falten entstehen*

10 *Schlagen Sie das Leinentuch nun um die Einlage herum und drehen Sie die vier Enden an der Oberseite zusammen. So wird der Stoffballen besonders fest*

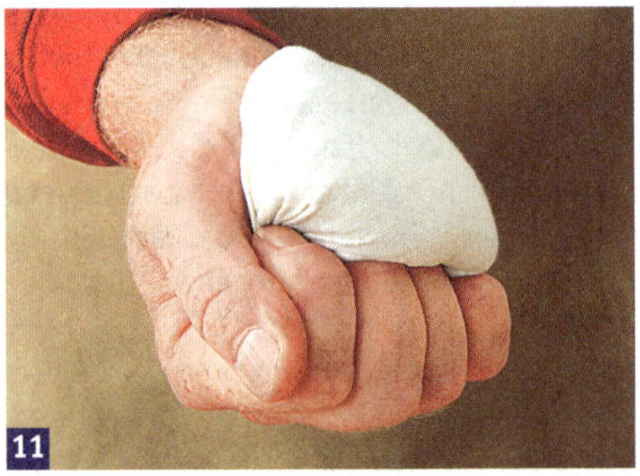

11 *Die zusammengedrehten Enden bilden beim späteren Arbeiten den Griff. Der Ballen muss stramm in der Faust liegen. Die Einlage darf sich nicht bewegen*

12 *Im Handel erhalten Sie auch ein Fertigpaket, bestehend aus Einlage, Stahlwolle zum Schleifen und einem Becher mit breitem Deckel zur Ablage des Ballens*

te vollkommen glatt ist. Falten würden für einen uneinheitlichen Anpressdruck sorgen, was sich negativ auf die Oberflächenoptik auswirken kann.

Zum Tränken des Ballens brauchen Sie eine flache Schale. Der Ballen muss beim Polieren stets gut durchtränkt sein, darf aber nicht triefen. Tropfen dürfen nur bei starkem Druck austreten. In kreisenden Bewegungen lassen Sie den Ballen nun über die geschliffene und entstaubte Holzoberfläche gleiten. Wichtig ist, dass Sie beim Arbeiten nie innehalten, sondern den Ballen immer zügig weiterbewegen. Streichen Sie stets etwas über die Werkstückkanten hinweg, damit der Politur-Auftrag im Randbereich nicht intensiver wird als in der Mitte. Wie viel Politur auf die Fläche gelangt, lässt sich durch die richtige Dosierung des Anpressdrucks gut kontrollieren.

Haben Sie die komplette Oberfläche poliert, wird zwischengeschliffen. Den Ballen sollten Sie unterdessen in einem luftdichten Gefäß aufbewahren, damit er nicht trocknet. Einen politurgetränkten Ballen, der einmal getrocknet ist, können Sie nur noch wegwerfen. Nach dem Schleifen und Entstauben wird wieder poliert. Wiederholen Sie den Polier- und Schleifgang so oft, bis Sie mit der Oberflächenoptik zufrieden sind. Zu den wirklichen Profi-Tricks gehören noch das Porenfüllen mit Bimsmehl und die Anwendung von Polieröl, aber auch mit der hier gezeigten Grundmethode kommen Sie schon nah an ein Profi-Ergebnis heran.

TIPP GEBLEICHTER SCHELLACK

Lässt man die natürliche Färbung des Schellacks unverändert, verleiht er dem Holz eine leicht gelbliche Färbung. Bei dunklem Holz kann ein solcher Effekt durchaus dekorativ sein, bei hellem Holz, das mit der Zeit ohnehin zu einer gelblichen Verfärbung neigt, ist eine solche farbliche Veränderung in der Regel unerwünscht. Eine Alternative stellt gebleichter Schellack dar.
Mit ihm erhalten Sie wie bei anderen Klarlacken einen Farblos-Effekt.

Polieren mit dem Ballen

1 *Wollen Sie eine Fläche mit Schellack polieren, arbeiten Sie mit einer entsprechenden Politur und einem Löser. Mischen Sie die Flüssigkeiten im Verhältnis 1:3*

2 *Der Auftrag erfolgt mit einem Stoffballen. Um den Ballen zu tränken, brauchen Sie eine flache Schale, in die Sie das Politur-Löser-Gemisch einfüllen*

3 *Beim ersten Tränken sollten Sie den Ballen ohne Hülle ins Politurbad setzen. Dann legen Sie das Leinen darum. Der Ballen darf aber nicht tropfnass sein*

4 *Führen Sie den getränkten Ballen nun in kreisförmigen Bewegungen über die Holzoberfläche. Zwischendurch müssen Sie immer mal wieder nachtränken*

5 *Durch stärkeren oder schwächeren Anpressdruck des Ballens können Sie genau bestimmen, wie intensiv der Schellack-Auftrag wird. Arbeiten Sie zügig*

6 *Der Ballen sollte ständig in Bewegung sein. Verweilen Sie zu lange an einer Stelle, saugt das Holz die Politur dort zu stark ein und es entsteht ein Fleck*

7 *Ist die Politur getrocknet, erfolgt ein Zwischenschliff. Führen Sie ein Stück feine Stahlwolle über die Fläche und entstauben Sie sie nachher gründlich*

8 *Nun geht es wieder ans Polieren. Wie oft Sie Politurauftrag und Stahlwolleschliff wiederholen, hängt von der Oberflächengüte ab, die Sie erzielen wollen*

Abbeizen

Das Ablösen alter Lackschichten muss nicht in einen Kraftakt ausarten. Mit pulverförmigem oder flüssigem Abbeizer können Sie hartnäckige Beschichtungen anlösen und anschließend mithilfe von Spachtel, Bürste oder Edelstahlwolle entfernen

Was Sie benötigen

1 Abbeizer: als Pulver oder flüssig
2 Zum Schutz: Handschuhe
3 Gegen Austrocknen: Plastikfolie
4 Zum Entfernen von Abbeizer und Lack: Bürste, Spachtel, Schaber, Stahlwolle
5 Zum abschließenden Reinigen: Wasser, Essig, Schwamm, Bürste

Viele Möbelstücke, die einen alten, schon leicht abblätternden Farbanstrich besitzen oder sogar mehrfach überstrichen wurden, will man oft nur noch zum Sperrmüll geben. Bei manchen Stücken lohnt es sich jedoch zu schauen, was sich unter den hässlichen Farb- und Lackschichten verbirgt. Oft kommt eine schön gemaserte Naturholzoberfläche zum Vorschein, die das Möbelstück in völlig neuem Glanz erstrahlen lässt.

Abbeizer erleichtert das Lösen alter Lackbeschichtungen

Beim Ablösen alter Oberflächenbeschichtungen hilft so genannter Abbeizer, der auf das Holz aufgetragen wird. Nach einigen Stunden Einwirkzeit lassen sich die Lackschichten dann mechanisch entfernen. Bevor Sie einen Abbeizer kaufen, gilt es jedoch herauszufinden, welche Inhaltsstoffe der alte Anstrich enthält und ob das Möbelstück massiv oder furniert ist. Bei Unsicherheit setzt man am besten einen Universalbeizer ein. Eventuell können Sie den Abbeizer auch an einer kleinen, nicht sichtbaren Stelle ausprobieren und bei Misserfolg noch auf ein anderes Produkt umsteigen.

Pulver- oder Flüssigabbeizer?

Der Handel bietet Abbeizer in Pulver- und Flüssigform an. Das Pulver wird mit Wasser zu einer Paste angerührt, die sich wunderbar an senkrechten Flächen verarbeiten lässt. Für Furniere ist die Paste allerdings

TIPP MIT CHEMIE RICHTIG UMGEHEN

Abbeizen erfolgt stets in zwei Schritten. Zuerst wird die alte Lackschicht mit Abbeizer angelöst, darauf folgt dann die mechanische Entfernung des Lacks. Ob Sie ein lösemittelhaltiges oder ein alkalisches Produkt wählen, hängt von der Art der zu entfernenden Schicht ab. Lacke und Dispersionsfarben entfernen Sie am besten mit lösemittelhaltigem Abbeizer, während Sie für alte Möbel, die oft noch mit Ölfarben gestrichen wurden, ein alkalisches Produkt brauchen. Alkalische Abbeizer haben jedoch den Nachteil, dass sich gerbsäurehaltige Holzarten wie Eiche bei Kontakt mit dem Mittel leicht verfärben können. Müssen Sie mehrere Lackschichten entfernen, ist manchmal auch mehr als ein Abbeizdurchgang notwendig. Verwenden Sie aber auf keinen Fall Chemikalien wie Ätznatron, um den Vorgang zu beschleunigen. Die im Handel erhältlichen Abbeizer sind heute weitgehend gesundheitlich unbedenklich. Es empfiehlt sich aber dennoch, den direkten Kontakt mit den Mitteln zu vermeiden. Tragen Sie daher Gummihandschuhe, am besten auch eine Schutzbrille. Vor austretenden Dämpfen schützen Sie sich am besten, wenn Sie im Freien arbeiten. Vermeiden Sie dann aber unbedingt die pralle Sonne. Beizen Sie Ihre Möbel im Haus ab, muss der Raum gut belüftet sein. Lackabfälle geben Sie in den Sondermüll.

Abbeizer als Pulver

1

Pulverförmiger Abbeizer wird mit Wasser zu einer streichfesten Paste vermischt. Wie viel Wasser Sie zugeben müssen, ist stets auf der Packung angegeben

2

Das pastöse Gemisch tragen Sie mit dem Spachtel auf. Es eignet sich besonders gut für senkrechte Flächen, da es aufgrund seiner Festigkeit gut haftet

3

Abbeizer können auch mehrere Farbschichten in einem Arbeitsgang ablösen. Dass das Mittel gewirkt hat, erkennen Sie daran, dass es sich braun verfärbt

4

Nun geht es daran, den Abbeizer zusammen mit den gelösten Farbschichten abzunehmen. Ein dreieckiger Schaber hilft beim Abschaben schmaler Kanten

5

Bei großen Flächen lässt sich die Masse am besten mit dem Spachtel abnehmen. Aber Vorsicht: nicht zu fest andrücken, sonst zerkratzen Sie leicht das Holz

6

In der Regel reicht es, wenn Sie das abgebeizte Holz im Anschluss mit klarem Wasser reinigen. Oft wird aber auch Essig zur Neutralisation empfohlen

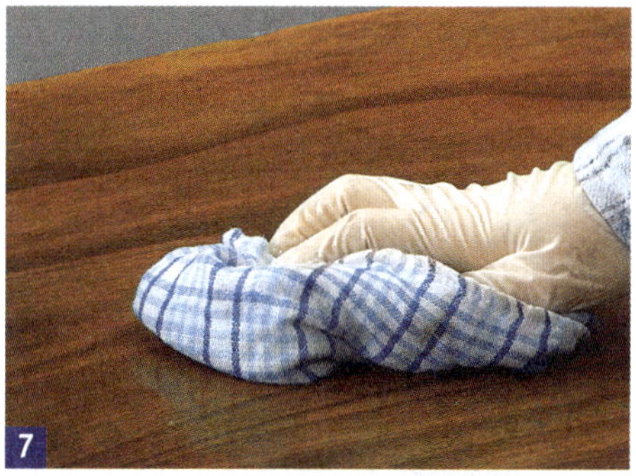

7

Nach dem Wasser- bzw. Essigauftrag wischen Sie das Möbelstück mit einem Tuch ab, damit die Feuchtigkeit nicht zu tief eindringt. Dann trocknen lassen

TIPP LUFTDICHT ABGEDECKT

Müssen mehrere Farbschichten abgelöst werden, sollten Sie den Abbeizer über Nacht einwirken lassen. Damit er nicht auf der Oberfläche antrocknet, überspannen Sie das Möbelstück luftdicht mit einer Plastikfolie. Auch beim Arbeiten in warmen Räumen kann eine Abdeckung mit Folie sinnvoll sein.

Schonende Alternativen

1 *In manchen Fällen, wie etwa bei runden Holzteilen, können Sie auf Abbeizer verzichten und stattdessen mit einer Ziehklinge arbeiten. Das schont das Holz*

2 *Eine weitere schonende Alternative zum Abbeizen ist das Arbeiten mit Heißluft. Diese Methode ist allerdings mühseliger und erfordert ein wenig Übung*

TIPP BESCHLÄGE ENTFERNEN

Denken Sie vor dem Abbeizen daran, alle Beschläge und sonstigen Metallteile von dem Möbelstück zu entfernen. Es ist wichtig, dass der Abbeizer die komplette Oberfläche erreicht. Wollen Sie beispielsweise später einmal die Beschläge austauschen, kommen darunter unter Umständen noch hässliche Farbreste zum Vorschein. Das Entfernen aller Metallteile ist aber auch wichtig, weil sie – bleiben sie am Möbelstück – mit dem Abbeizer chemisch reagieren können. Das Produkt solcher Reaktionen sind im schlimmsten Fall hässliche Verfärbungen auf der Holzoberfläche.

überhaupt nicht geeignet. Ein sicheres Zeichen dafür, dass der Abbeizer gewirkt hat, ist eine bräunliche Verfärbung der Paste. Diese zeigt sich nach drei bis vier Stunden.

Wollen Sie mehrere Lackschichten in einem Arbeitsgang entfernen, muss der Abbeizer entsprechend länger einwirken. Da in diesem Fall die Gefahr besteht, dass die Paste auf dem Holz antrocknet, sollten Sie das Möbelstück mit Folie überdecken, sodass keine Luft mehr an die Oberfläche gelangt. Unter der Folie kann der Abbeizer auch problemlos über Nacht einwirken. Nach ausreichender Einwirkzeit können Sie den Abbeizer und die gelösten Lackschichten mit einem Spachtel abnehmen. Drücken Sie den Spachtel jedoch nicht zu fest an, damit das Holz keine Kratzer erhält.

Aus einem Kilogramm Pulver gewinnen Sie zweieinhalb Kilogramm Abbeizer, womit Sie eine Fläche von 0,8 Quadratmetern bestreichen können. Bei einem größeren Möbelstück verbraucht man also leicht mehrere Pakete. Wesentlich ergiebiger sind flüssige Abbeizer, bei denen ein Liter für drei Quadratmeter Holzfläche ausreicht.

Flüssigabbeizer erhalten Sie gebrauchsfertig. Man trägt sie unverdünnt auf die Lackschicht auf. Auf ebenen Flächen kann die Flüssigkeit mit einem Spachtel verteilt werden, Profilierungen benetzen Sie mithilfe eines Pinsels. Wie lange der Flüssig-Abbeizer einwirken muss, hängt von der Dicke der Lackschicht ab. Schauen Sie von Zeit zu Zeit nach dem Werkstück, damit Sie den optimalen Zeitpunkt zur Abnahme des abgelösten Lacks nicht verpassen. Warten Sie nämlich zu lange, trocknet die Farbe ganz aus und lässt sich dann nur schwer entfernen. Bei glatten Flächen erfolgt die Abnahme mit dem Spachtel, bei Profilen und Schnitzereien greifen Sie am besten zu Edelstahlwolle oder zu einer Metallbürste. Mit einer Bürste gelangen Sie auch am besten in die Poren des Holzes.

Nach dem Abbeizen muss die Oberfläche abgewaschen werden. Manche Hersteller empfehlen, statt Wasser Essig zu benutzen. Trocknen Sie das Holz anschließend mit einem Tuch ab und stellen Sie es am besten an einen luftigen Ort. Das Abbeizen ist für Holz stets strapaziös. Schonendere, aber aufwändigere Alternativen sind Abziehklingen oder das Arbeiten mit Heißluft.

Flüssigabbeizer

1 *Neben den pulverförmigen Abbeizern bietet der Handel auch gebrauchsfertigen Flüssig-Abbeizer an. Er wird unverdünnt auf die Holzflächen aufgetragen*

2 *Mit dem Spachtel verteilen Sie den Abbeizer auf ebenen Flächen. Profilierte Stellen mit dem Pinsel bestreichen. Den Abbeizer satt in 2–3 mm Dicke auftragen*

3 *Nach etwa vier Stunden können Sie die aufgeweichte Farbe entfernen. Warten Sie nicht zu lange, sonst kann es sein, dass die Farbe komplett austrocknet*

4 *Zum Säubern von aufwändig profilierten oder geschnitzten Partien verwenden Sie am besten rostfreie Edelstahlwolle, die in jeden kleinsten Winkel dringt*

Auch eine Bürste mit Metallborsten kann beim Säubern von Profilen gute Dienste leisten. Die feinen Borsten gelangen auch sehr gut in die Holzporen hinein

Zum Schluss muss das Werkstück gründlich abgewaschen werden. Wischen Sie das Holz mit einem Schwamm oder einer Wurzelbürste ab

Bei den ebenen Flächen kommt wieder der Spachtel zum Einsatz. Nehmen Sie die angelöste Farbe vorsichtig ab, sodass Sie das Holz nicht zerkratzen

TIPP BÜRSTENQUALITÄT

Man unterscheidet zwischen Stielbürsten (A und B), Pinselbürsten (C) und Handbürsten (D). Welches Modell Sie verwenden, hängt in erster Linie von der Größe der zu behandelnden Fläche ab. Bürsten eignen sich besonders gut, um den Abbeizschlamm aus den Holzporen herauszuholen. Die Borsten sollten nicht aus Eisen bestehen, da diese bei Wasserkontakt rosten und auf dem Holz Flecken hinterlassen können. Für weiche Nadelhölzer empfiehlt sich der Einsatz von Bronze-Bürsten, deren weiche Borsten das Holz schonen. Hartholz wie Buche verträgt dagegen durchaus eine Behandlung mit einer vermessingten Stahlbürste.

TIPP ARBEITSTECHNIKEN IM ÜBERBLICK

Wie Sie beim Abbeizen am besten vorgehen, hängt von mehreren Faktoren ab. Zum einen sind die Holzart und die Holzbeschaffenheit entscheidend. Auch die Oberflächenbeschaffenheit und nicht zuletzt die Anstrichart sind von Bedeutung. In der unteren Tabelle sehen Sie im Überblick, für welche Fläche sich welche Arbeitstechnik am besten eignet. Sie können auch verschiedene Methoden wie Heißluft und Flüssigabbeizer kombinieren.

Oberfläche	Abbeizprodukt	Werkzeug	Alternative
Nitro-, Kunstharz- oder Dispersions-Acryllack, Wasserlack	Universalabbeizer, lösemittelhaltige Abbeizer	Spachtel, Japanspachtel	Heißluftgebläse, Ziehklinge, Schleifen von Hand oder Maschine
Naturharzlack, Ölfarbe	Universalabbeizer, alkalische Abbeizer	Spachtel, Japanspachtel	Heißluftgebläse, Ziehklinge, Schleifen von Hand oder Maschine
Profile	Pulverförmiger Abbeizer, Flüssigabbeizer	Spachtel, Metallbürste, Schaber, Kittmesser, Edelstahlwolle	Heißluftgebläse, Ziehklinge, Schleifen von Hand mit geradkantigem Schleifklotz
Schnitzereien	Flüssigabbeizer	Edelstahlwolle, Weichholz: Bronzebürste, Hartholz: vermessingte Bürste	Arbeiten mit Heißluftgebläse, Ziehklinge oder Schleifen nicht möglich
Furnier	Flüssigabbeizer	Spachtel, Japanspachtel, wenn sehr dünn: Edelstahlwolle	Heißluftgebläse. Vorsicht bei Ziehklinge und Schleifen: geringe Materialdicke

Regale schaffen Ordnung und bieten schnellen Zugriff

Regale sind so vielfältig wie die Dinge, die wir darin verstauen. Vom Buch über die CD bis zur Zahnbürste – in den vorgestellten Modellen bringen Sie alles unter

Ob klassisch oder modern, ob für den Wohnbereich oder das Bad – Regale kommen in unterschiedlichsten Aufmachungen daher und sind in jedem Raum einsetzbar

Klassisches Bücherregal

Das im großen Bild links vorgestellte Bücherregal mit zwei integrierten Schubladen zeigt klassische Formen, ist aber gleichzeitig ganz modern. Ein besonderer Clou sind die seitlich eingesetzten Diagonalkreuze, die den Büchern Halt geben, ohne dem Regal die offene und luftige Optik zu nehmen.

In erster Linie braucht ein Bücherregal natürlich stabile Böden, aber auch die Seitenwände müssen einiges an Druck aushalten können. Die Diagonalkreuze bestehen aus 5 mm starken Leisten, die in drei Schichten aufeinander geleimt werden. Für einen sauberen Zuschnitt brauchen Sie eine Grundplatte, die dem lichten Maß einer seitlichen Fachöffnung plus 1 mm in der Tiefe (= 365 x 281 mm) entspricht. Durch die minimale Zugabe stehen die Kreuze später unter Spannung und haben so besseren Halt. Als Alternative können aber auch verstärkende Holzdreiecke in die Winkel zwischen Böden und Stützen eingesetzt werden (vgl. Tippkasten unten). Die Grundplatte für den Zuschnitt der Diagonalkreuze sollte mindestens 19 mm dick sein, damit sie beim Arbeiten mit der Feinsäge eine gute Führung bietet.

Erst dübeln, dann verleimen

Der Aufbau beginnt mit der Rückseite. Zargen und Stützen werden auf den Boden gelegt und miteinander verdübelt. Es folgen der Regalboden und die obere Deckplatte mit den jeweils anschließenden Seitenwandelementen. Für die Bodenträger und die Schubladenführungen brauchen Sie

TIPP DIAGONALKREUZE

Die Diagonalkreuze sind so bemessen, dass sie einen Millimeter breiter ausfallen, als es der lichten Weite zwischen vorderem und hinterem Rahmen entspricht. Auf diese Weise soll erreicht werden, dass die Kreuze leicht unter Spannung stehen und so mehr Stabilität haben. Alternativ können Sie die Kreuze aber auch passgenau zuschneiden und sie ohne Spannung einfügen. Mit der Gehrungslade schneiden Sie kleine Holzdreiecke zu, die in den Winkeln für Stabilität sorgen.

Arbeitsschritte

1 *Fixieren Sie die Leisten mit doppelseitigem Klebeband auf der Platte. Die beiden kurzen Stücke werden in der Gehrungslade im 15°-Winkel abgelängt*

2 *Um der Konstruktion Stabilität zu verleihen, leimen Sie beim Aufsetzen der nächsten Schicht die durchgehende Leiste auf die geteilte und und umgekehrt*

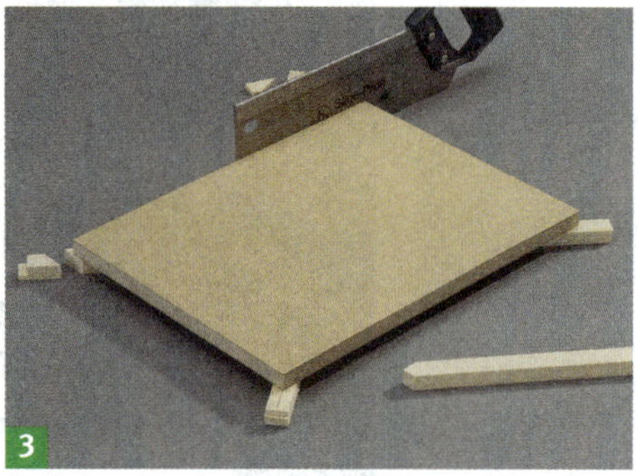

3 *Bei der dritten Lage verfahren Sie wieder genau anders herum. Drehen Sie die Platte und schneiden Sie die Überstände mit einer Feinsäge (steifes Sägeblatt) ab*

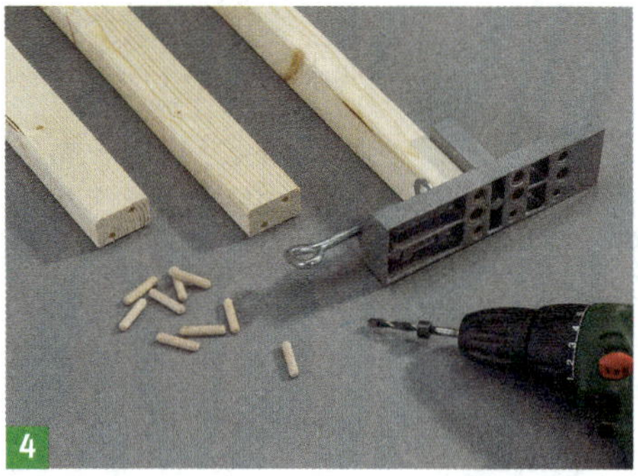

4 *Bohren Sie im nächsten Schritt Dübellöcher in die Stirnseiten der Längszargen. Eine aufgespannte Bohrlehre erleichtert hier das präzise Arbeiten*

5 *Schablonen helfen beim exakten Ausrichten der Zargen und Stützen. Mit Dübelfixen werden die Positionen der Löcher auf die Stützen übertragen*

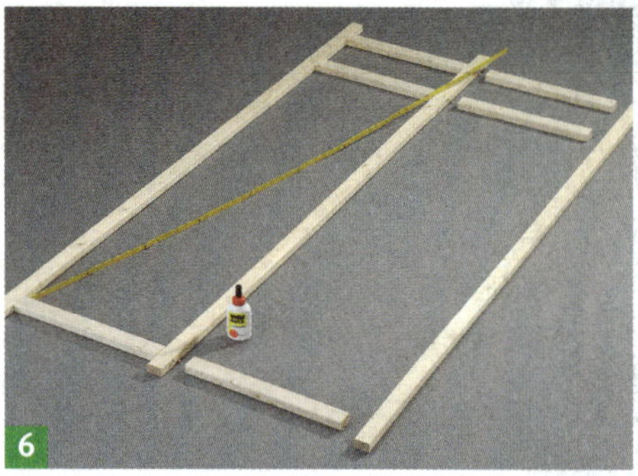

6 *Der Rahmen lässt sich nun mithilfe von Holzdübeln zusammenstecken. Prüfen Sie, ob die beiden Diagonalen gleich lang sind. Dann können Sie verleimen*

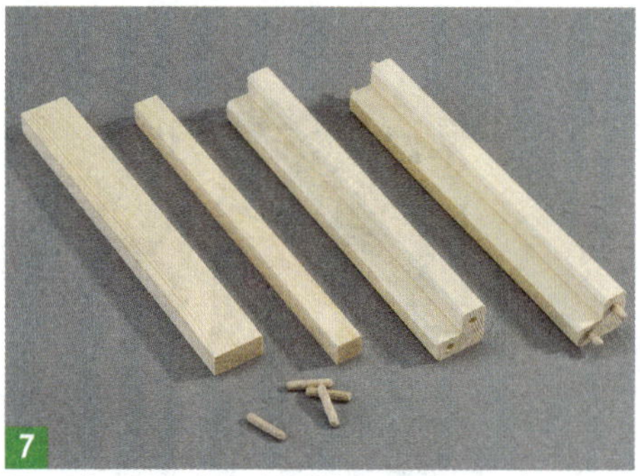

7 *Für die Schubladenführung brauchen Sie Lauf- und Führungsleisten. Die Bodenträger bestehen wie die Führungsleisten aus Querholz und Trägerleiste*

8 *Bohren Sie Dübellöcher in die Stirnseiten der Führungen und Bodenträger. Mithilfe von Dübelfixen übertragen Sie die Positionen auf die Längszargen*

9
Dübeln Sie nun die längeren Seitenwände rechtwinklig an den untersten Regalboden, die kurzen Seitenbretter dagegen an die obere Deckplatte des Regals

10
Befestigen Sie die Boden-Seiten-Verbindung nun mit der auf dem Boden liegenden Zargen-Stützen-Konstruktion. Verfahren Sie ebenso mit der Deckplatte

11
Benutzen Sie die Grundplatte des Diagonalkreuz-Zuschnitts als Schablone. So können Sie die Abstände der einzelnen Bodenträger ganz exakt abmessen

12
Nachdem die Dübellöcher gebohrt sind, können Sie die Bodenträger einstecken. Beschriften Sie alle Einzelteile, bevor Sie den zweiten Rahmen aufsetzen

13
Tragen Sie nun den Leim auf und bringen Sie Klemmen an. Leimen Sie die Sockelbretter an die Stützen. Sie treffen an den Ecken stumpf aufeinander

14
Die Regalböden werden sowohl mit den Trägerleisten als auch mit den seitlichen Querleisten verleimt. Verspannt wird unter Zuhilfenahme der Mittelstütze

15
Bringen Sie nun die Blenden der Bodenplatten an. Verwenden Sie 35 mm breite Längshölzer, die Sie genau zwischen Seiten- und Mittelstütze einpassen

16
Der obere Zierkranz wird auf Gehrung geschnitten. Prüfen Sie zuerst, ob die Hölzer im Eckbereich wirklich gut zusammenpassen, bevor Sie hinten ablängen

zwei Leisten, die aneinander geleimt werden müssen. Nachdem sie positioniert sind, setzen Sie die Diagonalkreuze ein. Auf diese Konstruktion wird nun der vordere Rahmen aufgesetzt. Arbeiten Sie hier am besten zu zweit, denn die zahlreichen Verbindungsstellen sowie die Tatsache, dass die Diagonalkreuze einen Millimeter hervorstehen, machen die Sache etwas knifflig. Die abgebildeten Klemmen sorgen dafür, dass beim Trocknen des Leims Druck erzeugt wird. Noch besser als Klemmen eignen sich für diesen Zweck allerdings Zwingen. Legen Sie alle Klemmen bzw. Zwingen einmal probeweise an, bevor Sie den Leim auftragen.

Behandeln Sie das Regal mit Holzöl und lassen Sie es über Nacht trocknen. Nachdem Sie es am nächsten Tag mit 240er-Schleifpapier abgeschliffen haben, wiederholen Sie den Ölauftrag noch einmal.

TIPP RAUMTEILER

Wenn Sie das Regal als Raumteiler verwenden wollen, führen Sie das Zierrahmenprofil einfach auch über die Rückseite. Befestigen Sie beidseitig Schubladengriffe, sodass Sie optimalen Zugriff auf den Inhalt haben

17 *Lassen Sie den Leim erst trocknen, bevor Sie die zweite Kranzleiste 25 mm weiter oben aufsetzen. Auch hier erst die Gehrung prüfen, dann ablängen*

19 *Mit Handkreissäge oder Nutfräser schneiden Sie Nuten in die Innenseite aller Schubladenseiten. In diese Nuten wird der Schubladenboden eingefügt*

18 *So geht es am besten: Zuerst die vordere Leiste anbringen, dann die seitlichen Leisten an die bereits verleimte Front anpassen und evtl. Gehrung korrigieren*

20 *Verdübeln Sie zuerst die Schubladenfront mit den Seitenwänden. Der Boden wird von hinten eingeschoben. Als letztes setzen Sie die Rückwand ein*

Materialliste

Pos.	Anz.	Bezeichnung	Maße in mm	Material
①	6	Stützen	2000 x 45	Latten
②	12	Längszargen	450 x 45	28 mm dick
③	1	Sockelbrett	1073 x 90	Leimholz
④	2	Sockelbretter	355 x 90	19 mm dick
⑤	2	Seitenwände	350 x 280	
⑥	2	Seitenbretter	280 x 85	
⑦	12	Längshölzer	450 x 35	
⑧	6	Querhölzer	280 x 35	
⑨	5	Böden	997 x 280	
⑩	1	Kranzbrett	1073 x 50	
⑪	2	Kranzbretter	355 x 50	
⑫	1	Kranzbrett	1111 x 50	
⑬	2	Kranzbretter	374 x 50	
⑭	2	Schubladenfronten	446 x 178	
⑮	4	Schubladenseiten	298 x 178	
⑯	2	Schubladenrücken	446 x 178	
⑰	4	Laufleisten	280 x 40	
⑱	4	Führungsleisten	280 x 20	
⑲	6	Trägerleisten	280 x 16	
⑳	48	Diagonalleisten	470 lang	Kiefer 20 x 5 mm

Sonstiges: Sperrholz 6 mm dick: 2 Schubladenböden 425 x 318 mm ; 2 Möbelgriffe; Spanplatten-Schrauben; Holzdübel; Holzleim.

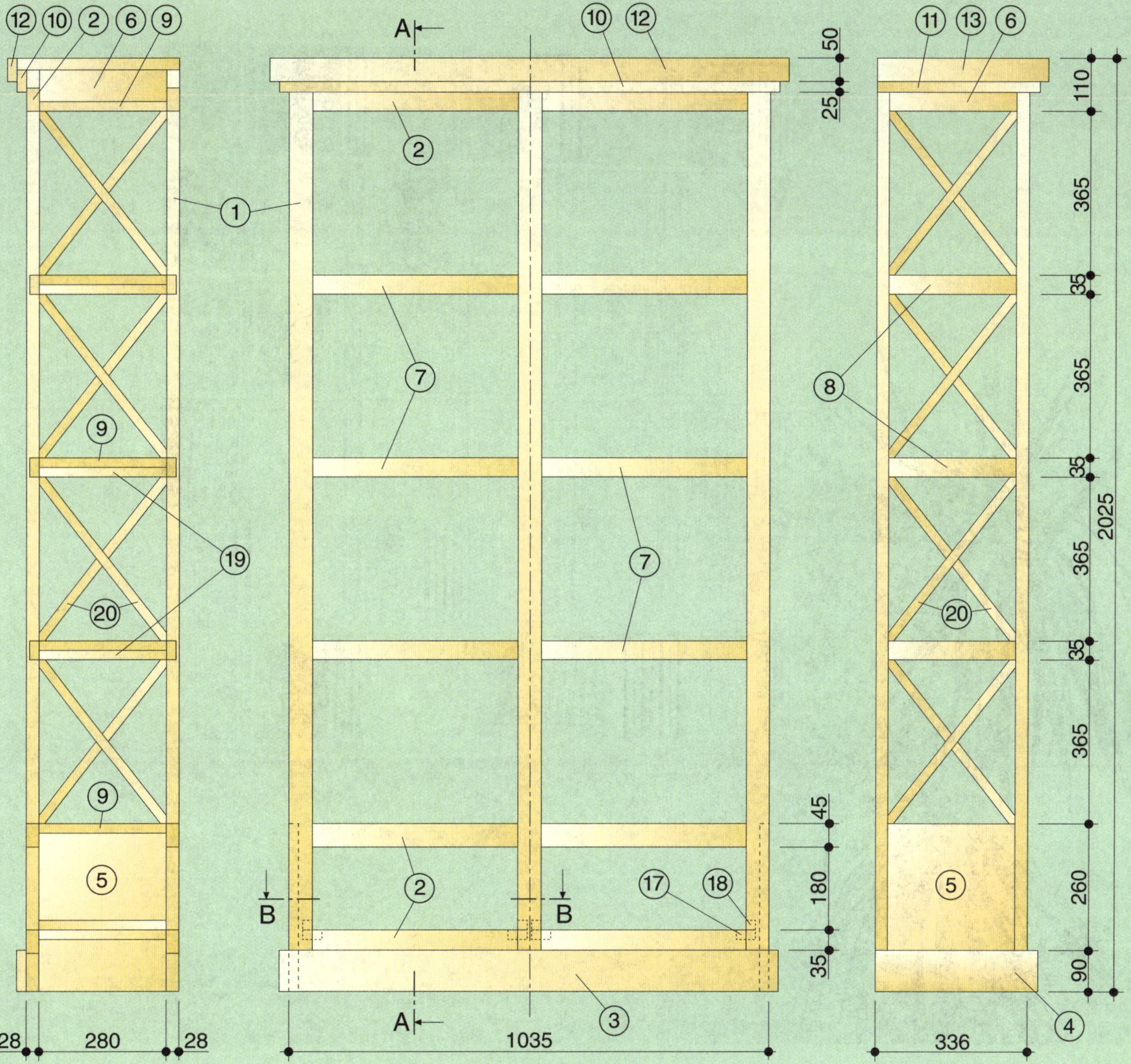

Schnitt A÷A

Vorderansicht (ohne Schubladen)

Seitenansicht

Der Aufbau des oberen Kranzprofils lässt sich an Schnitt A÷A besonders gut nachvollziehen

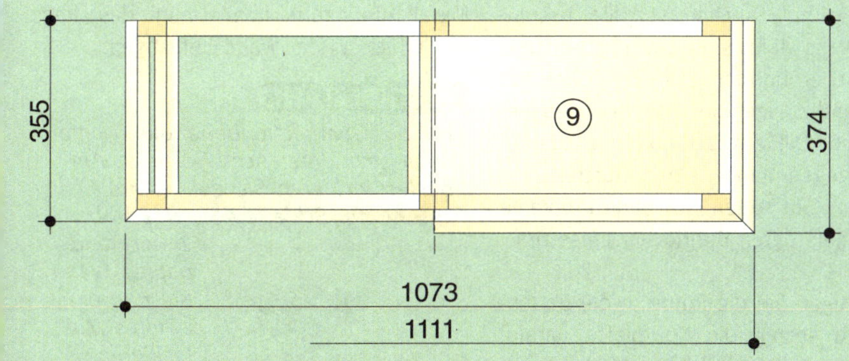

Halbschnitt B÷B

halbe Draufsicht

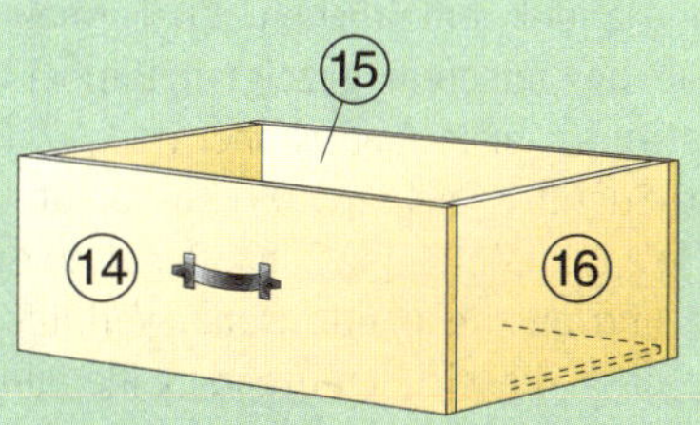

Die Seitenteile der Schublade erhalten an den Innenseiten eine durchlaufende Nut, in die der Boden eingesetzt wird

Praktisches Hängeregal bringt die CD-Sammlung auf Augenhöhe

Das quadratische CD-Regal bietet Platz für 432 CDs. Im Gegensatz zu den vielfach im Handel erhältlichen CD-Türmen haben Sie bei unserem gezeigten Baubeispiel alle Tonträger in Augenhöhe, was Auswahl und Zugriff erleichtert. Die Kombination von Holz und Metall gibt dem Regal eine moderne und ansprechende Optik. Verblüffend ist, dass die sich kreuzenden Metallstangen ein Fächergerüst bilden, in dem die CDs sicher stehen können. Beim Kauf der Metallrohre können Sie zwischen zwei Alternativen wählen. Die glänzenden Alu-Rohre mit Kennrillen sind etwas preiswerter, haben jedoch den Nachteil, dass sie mit ihren 15,5 mm Durchmesser für 16-mm-Bohrlöcher zu dünn sind. Sie müssen also 15-mm-Löcher bohren und die Rohre mit Hammer und Zulage vorsichtig in die Löcher einschlagen. Die etwas teureren eloxierten Rohre dagegen haben einen Durchmesser von 16 mm. Sie lassen sich ohne Probleme in die vorgefertigten Bohrlöcher einsetzen.

Zuerst fügen Sie die Rohre in die Bodenplatte und setzen die Kopfplatte darauf. Dann werden die restlichen Metallstangen in eine der Seitenwände gesteckt. Nachdem die beiden Elemente ineinander gesetzt worden sind, kann die letzte Seitenwand aufgesetzt werden. Mithilfe von Dübeln und Metallaufhängern kann man das Regal schließlich an der Wand befestigen.

TIPP HOLZLACK

Für die Oberflächenbehandlung empfiehlt sich klarer Acryl-Holzlack. Am besten lackieren Sie das Holz gleich zu Anfang. Schleifen Sie das Holz mit 240er-Sandpapier. Wenn Sie nun ein zweites Mal lackieren, ist das Holz optimal geschützt

Arbeitsschritte

1
Übertragen Sie das Lochraster, wie in der Zeichnung angegeben, auf die vier Rahmenbretter. Mit dem Forstner-Bohrer lassen sich die Löcher präzise setzen

2
Bohren Sie nun je drei Dübellöcher in die Stirnseiten der Kopf- und Bodenplatte. Eine Dübellehre sorgt dafür, dass der Bohrer sicher sitzt und nicht abrutscht

3
Übertragen Sie im nächsten Schritt die Lochpositionen der Stirnseiten auf die vorgegebenen Positionen an den Innenseiten der rechten und linken Wand

4
Da das Regal an der Wand hängen soll, müssen Sie noch zwei Löcher in die Kopfplatte bohren. Die Schraubhaken werden später von unten eingeschoben

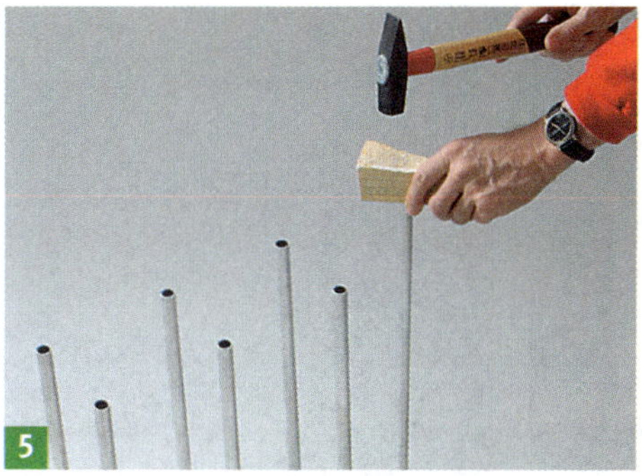
5
Wenn Sie 16-mm-Rohre verwenden, lassen diese sich problemlos in die Löcher setzen. Bei 15,5-mm-Rohren müssen Sie mit Hammer und Zulage nachhelfen

6
Unten liegt eine Seitenwand mit den Rohren, die später die Böden bilden. Die Fachabtrennungen mit oberem und unterem Abschluss von oben einsetzen

7
In dem Regal finden 432 CDs Platz. Achten Sie darauf, dass Sie die Aufhängung gut in der Wand verankern, damit sie das Gewicht der Sammlung tragen kann

Der Durchmesser der Sacklöcher richtet sich nach der Rohrdicke. Entscheiden Sie sich für 16-mm-Rohre, lassen sich mit dem Forstner-Bohrer exakt passende Löcher herstellen. Wer 15,5-mm-Rohre kauft, muss den Forstner-Bohrer dagegen auf 15 mm einstellen. Die Rohre gleiten dann nicht so problemlos in die vorgefertigten Löcher, sondern werden unter Zuhilfenahme einer Zulage mit dem Hammer eingeschlagen

Materialliste

Maße in mm
Buche-Leimholz 18 dick:
2 Seitenwände 896 x 145,
2 Boden-/Kopfplatten 860 x 145;
20 Alu-Rohre 15,5 x 2 x 888 lang;
Holzdübel; Holzleim

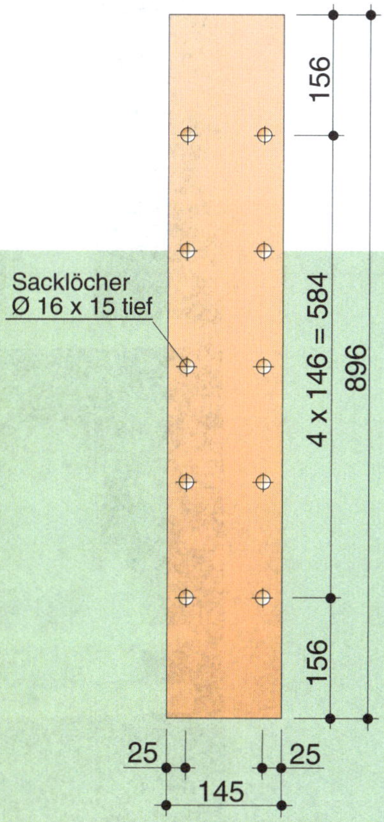

Seitenwand

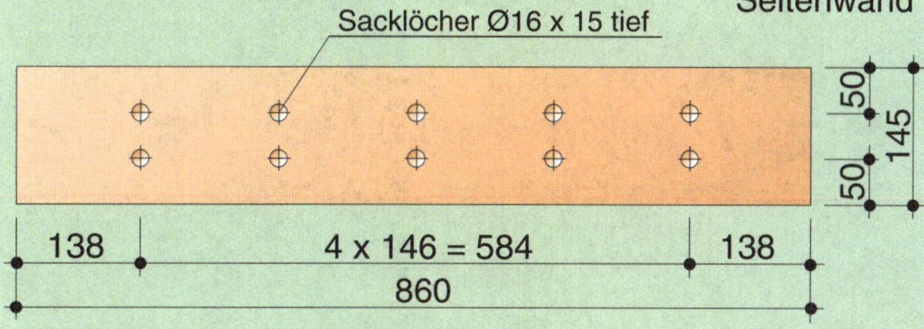

Boden-/Kopfplatte

Elegant und unempfindlich – beschichtetes Badregal

Ein Dauerproblem in den meisten Badezimmern ist mangelnde Abstellfläche. Jedes Haushaltsmitglied besitzt eine Vielzahl an Gegenständen, die täglich in Gebrauch sind. Hier kann ein Regal Abhilfe schaffen. Zwar geht der Trend bei Möbeln heute wieder in Richtung Naturholz, die beschichtete Spanplatte überzeugt jedoch eindeutig durch ihre Unempfindlichkeit gegenüber Feuchtigkeit und Schmutz und wird aus diesem Grund in Küche und Bad nach wie vor gerne eingesetzt.

Das hier vorgestellte Regal ist so schmal, dass es fast in jedes Bad passt. Es wirkt besonders elegant, weil die Böden nicht direkt an die Seitenwände anschließen, sondern durch 40-mm-Metallbolzen auf Abstand gehalten werden. Zwei Metallstangen im unteren Bereich dienen als Handtuchhalter. Die unschönen Spanplatten-Schnittkanten verschwinden unter Umleimer, den Sie einfach aufbügeln. Um beim Arbeiten alle Abstände exakt einzuhalten, empfiehlt sich der Einsatz von Schablonen.

Arbeitsschritte

Bügeln Sie Umleimer auf die Schnittkanten. Ein Papier dazwischen legen und mit einem Klotz nachstreichen. Überstände mit einem Beitel entfernen

Fertigen Sie mit dem Forstner-Bohrer die Handtuchhalter-Löcher an. Die obere Stange liegt fast an der Vorderkante, die untere etwas nach hinten versetzt

3

Bohren Sie nun die 12 mm tiefen Löcher in die Seiten der Böden. Hier werden später die Abstandhalter eingesetzt. Am besten eine Dübellehre verwenden

4

Um der Konstruktion mehr Stabilität zu geben, erhält das unterste Fach eine Rückwand. Zuerst vorbohren, dann die Rückwand mit den Böden verschrauben

5

Mit Dübelfixen können Sie die Positionen der Bohrlöcher auf die Seitenwände übertragen. Besonders exakt arbeiten Sie, wenn Sie Schablonen verwenden

6

Wie an den Seitenkanten der Böden werden auch in die Seitenwände 12 mm tiefe 7-mm-Löcher gesetzt. Für die Metallstange durchgehende Löcher bohren

7

Nun geht es ans Ablängen der Abstandhalter aus Metall. Am besten arbeiten Sie hier mit einer Schneidlehre, die Sie auf der Hobelbank festspannen

8

Jetzt brauchen Sie Böden und Seitenwände nur noch zusammenzustecken. Tragen Sie an allen Verbindungsstellen noch ein wenig Sekundenkleber auf

9

Nun wird der Handtuchhalter befestigt. Die Position der Stange festlegen, ein wenig verschieben, Kleber auftragen und vorsichtig wieder zurückschieben

Materialliste

Maße in mm

Spanplatte 19 dick (ulmebeschichtet, blau): 2 Seitenwände 1000 x 200, 4 Böden 210 x 160, 1 Rückwand 210 x 253; Umleimer zum Aufbügeln; 2 Alu-Rundstangen Ø 15,5 x 1000 lang (Handtuchstangen); 16 Alu-Rundstangen Ø 7,5 x 40 lang (Dübel); Spanplatten-Schrauben; Spezialkleber.

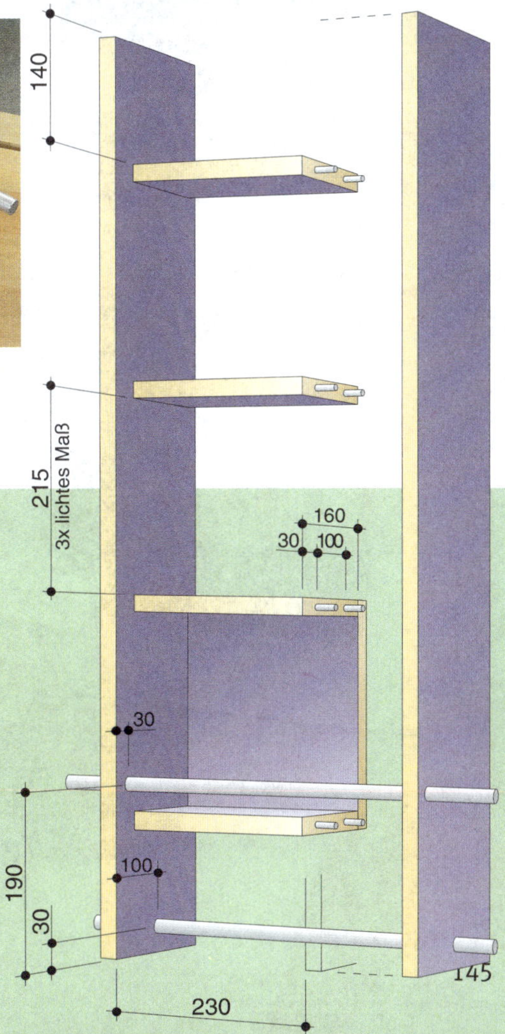

Angelehntes Regal setzt spielerischen Akzent im Wohnbereich

Erstaunlich stabil ist das „anlehnungsbedürftige“ Regal aus Leimholz und MDF-Platte. Besonders praktisch ist, dass die Böden Tiefen von 185 mm oben bis 460 mm unten aufweisen. So kann man von der kleinen Blumenvase bis zur Stereo-Anlage alles unterbringen. Das Gewicht liegt auf einem Rahmen aus zwei Leimholzschichten und einer zwischengelegten MDF-Platte. Die Böden liegen links und rechts auf Aluminiumstiften auf, die in der MDF-Platte verankert sind. An der Rückseite werden sie zusätzlich durch die Verschraubung mit einem senkrechten Flachprofil aus Metall stabilisiert. Für das Profil muss oben in der Mitte der Rückseite ein kleiner Keil angesetzt werden, der es auf Abstand hält. Beim waagerechten Ausrichten der einzelnen Böden muss sehr präzise gearbeitet werden. Der Abstand des Rahmens zur Wand muss genau 360 mm betragen, auch die Winkel am hinteren Flachprofil müssen millimetergenau gesetzt werden.

Arbeitsschritte

1 *Zuerst werden die Rahmenbretter abgelängt. Dann fasen Sie die Sichtseite mit der Oberfräse an. Alternativ können Sie dazu auch einen Hobel verwenden*

2 *Versehen Sie nun die MDF-Rahmenbretter mit 10 mm breiten und 75 mm langen Schlitzen. Beim Ausstemmen helfen ein Hammer und ein scharfer Beitel*

3 *Jetzt werden die seitlich geschlitzten MDF-Bretter auf den vorderen Rahmen geleimt. Anschließend fixieren Sie den MDF-Rahmen zusätzlich mit Schrauben*

4 *Nun den hinteren Rahmen aufleimen. Da bei den äußeren Rahmen die Längsseiten durchgehen, beim inneren dagegen die Querbretter, ist die Konstruktion stabil*

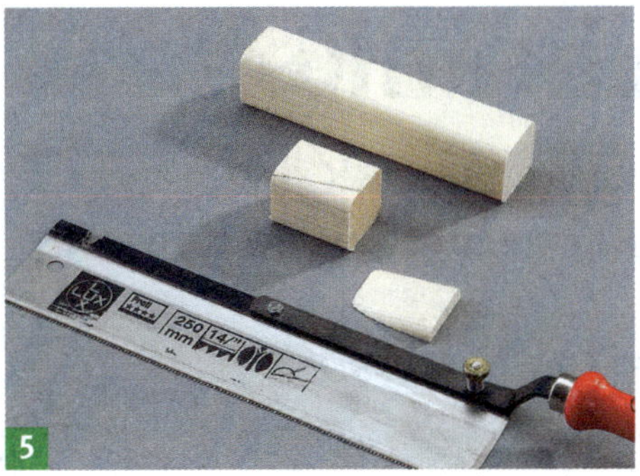

5
Aus einem 30 x 30-mm-Kantholzstück fertigen Sie im nächsten Schritt einen 50 mm langen und 10 mm starken Keil an. Benutzen Sie hierzu eine Feinsäge

6
Dieser Keil wird oben mittig an die Rückseite der Rahmenkonstruktion geschraubt. An ihm wird das Flachprofil befestigt, dass die Böden stabilisiert

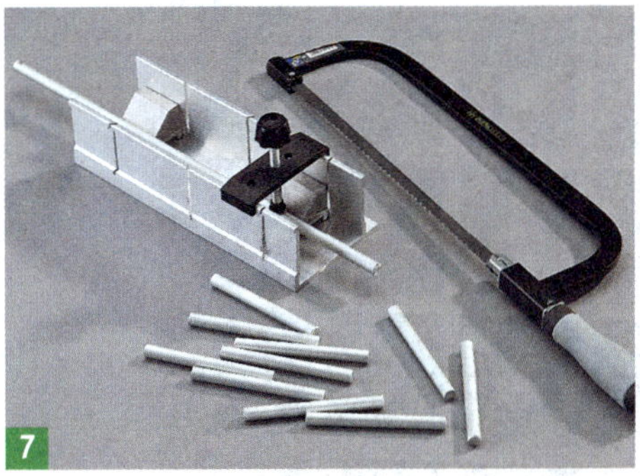

7
Fertigen Sie nun die Auflagen für die Regalböden an. Eine 1000-mm-Aluminium-Rundstange wird mit einer Schneidlehre in 10 100-mm-Bolzen zerteilt

8
Mit dem 10-mm-Nutfräser fräsen Sie 6 mm tiefe und 30 mm lange Nuten in die Bodenunterseiten. Diese Nuten sind stets unterschiedlich positioniert

9
Der Abstand der Nutmitte zur Vorderkante der Böden beträgt – beginnend mit dem oberen Boden – 112, 122, 132, 142 und schließlich 152 mm

10
Lehnen Sie den Rahmen im Abstand von 360 mm an die Wand. Die Position der waagerecht ausgerichteten Regalböden wird am Flachprofil markiert

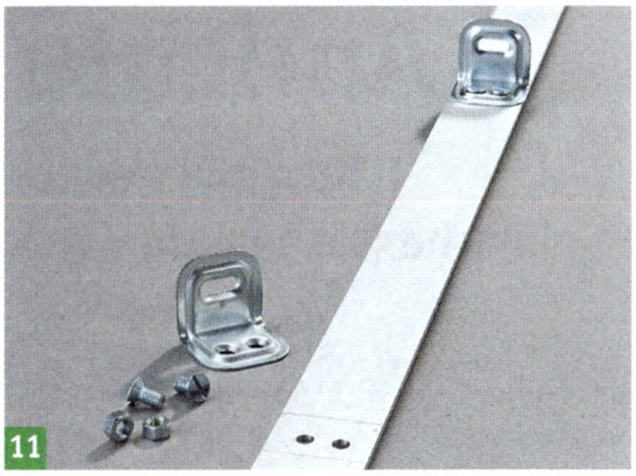

11
Das Flachprofil muss nun wieder demontiert werden. Metallwinkel auflegen, Bohrlöcher markieren, bohren und Winkel mit dem Profil fest verschrauben

12
Schrauben Sie das Profil wieder von hinten an den Rahmen und legen Sie die Regalböden auf. Von unten setzen Sie zur Fixierung eine kleine Schraube

Materialliste
Maße in mm

Leimholz 18 dick:
4 Rahmenbretter 1980 x 140,
4 Rahmenbretter 800 x 140;
MDF 22 dick:
je 1 Boden 799 x 460, 799 x 380, 799 x 310, 799 x 240 und 799 x 185;
MDF 10 dick:
2 Rahmenbretter 1720 x 120,
2 Rahmenbretter 820 x 120;
Alu-Flachstange 30 x 3 mm:
1 Wandträger 1700 lang (bei der Montage anpassen);
5 Winkelverbinder 30 x 30 x 30;
10 Senkkopfschrauben M 5 x 10 mit Sechskantmuttern;
10 Alu-Rundstangen Ø 10 x 100; Spanplatten-Schrauben; Holzleim.

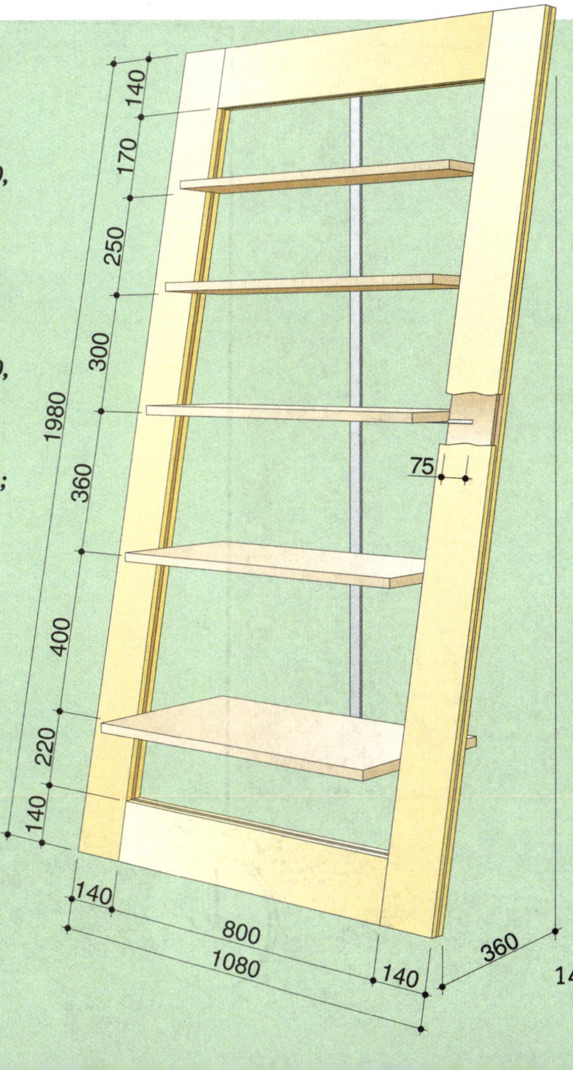

Anrichte aus Küchenschränken

Hätten Sie gedacht, dass sich hinter diesem Designer-Möbelstück drei einfache Küchenschrankelemente verbergen? Die Verwandlung gelingt auch Anfängern

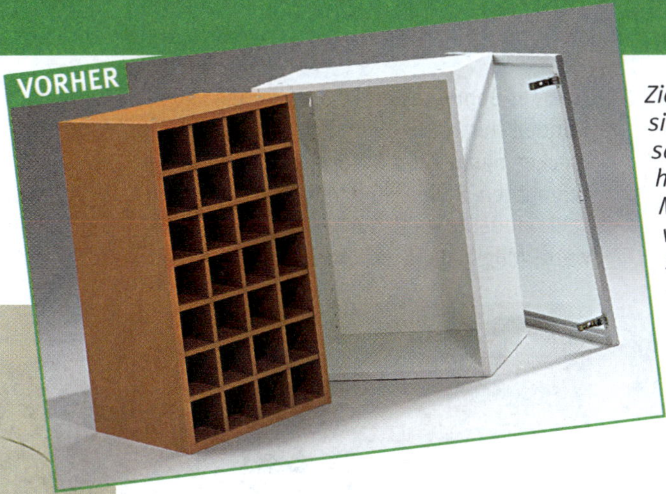

Ziemlich unscheinbar sind diese Küchenschrankelemente, hier bei IKEA gekauft. Mit wenig Aufwand verwandeln Sie die Schränke in eine elegante Anrichte

Küchenschränke gehören in die Küche. Das ist jedenfalls die landläufige Meinung. Die 37 cm tiefen Standardelemente aus beschichteter Spanplatte lassen sich aber auch, wie man hier sieht, auf interessante Weise zweckentfremden.

Die drei Fertigkomponenten kann man mithilfe der mitgelieferten Schrankverbinder problemlos koppeln. Die Umrandung bilden drei Platten, die Sie sich im Baumarkt passend zuschneiden lassen können. Aufgebügelter Umleimer verbirgt unschöne Schnittkanten. Sowohl in die Deckplatte als auch in die Kopfplatte müssen Löcher für die Abstandhalter gebohrt werden. Für senkrechte Bohrungen empfiehlt sich die Verwendung eines Bohrmobils. Setzen Sie die

Arbeitsschritte

1

Die drei Schränke werden ausgerichtet und mithilfe von Zwingen zusammengesetzt

2

Durchbohren Sie vier der Bordträgerlöcher und koppeln Sie an diesen Stellen die Elemente. Verwenden Sie hierzu die mitgelieferten Schrankverbinder

3

Lassen Sie sich die Platten für den Rahmen im Baumarkt passend zuschneiden. Für die Schnittkanten kaufen Sie Umleimer, der sich problemlos aufbügeln lässt

4
Den noch heißen Umleimer mit einem Klotz fest anreiben. Ist er abgekühlt, können Sie die überstehenden Ränder mit der stumpfen Beitelseite abnehmen

5

Kopf- und Deckplatte werden in einem Schritt gebohrt. Spannen Sie die Platten bündig übereinander und bohren Sie mit dem Bohrmobil vier 40 mm tiefe Löcher

beiden Platten so aufeinander, wie sie auch später zueinander positioniert sein sollen – nur eben auf Abstand. Die Bohrungen erfolgen also in einem Arbeitsgang.

Elegante Abstandhalter aus Alu

Die oben aufgesetzten Abstandhalter bestehen aus eloxiertem Aluminium-Rundrohr. Mithilfe einer Schneidlehre lassen sich die 160 mm langen Stücke gut ablängen. Damit sie in der Deckplatte wirklich fest sitzen, tragen Sie Zweikomponentenkleber auf die Verbindungsstelle auf. Achten Sie darauf, dass die Metallrohre exakt senkrecht stehen, bevor der Kleber trocknet.

Besonders stimmungsvoll wirkt die Anrichte, wenn Sie noch Beleuchtungselemente einsetzen. Im Fachhandel erhalten Sie für diesen Zweck geeignete Fassungen. Die Lampen werden von innen an die Rückwand gesetzt und liegen mittig auf dem Glasboden auf. Bohren Sie mit dem Forstner-Bohrer zwei Löcher in die Rückwände, durch die Sie die Kabel mitsamt Stecker hinausführen können. Die untergeschraubten Rollen sind mit Sicherheit eine sehr moderne und auch nicht ganz preiswerte Möglichkeit, der Anrichte eine Standfläche zu geben. Vorteilhaft ist, dass Sie die Anrichte zum Reinigen des Bodens leicht bewegen können. Wem die Rollen-Variante nicht zusagt, findet im Fachhandel aber auch viele Alternativen aus Metall, die zum Stil der Konstruktion genauso gut passen.

6
Setzen Sie Deck- und Seitenplatten auf und verschrauben Sie sie von innen

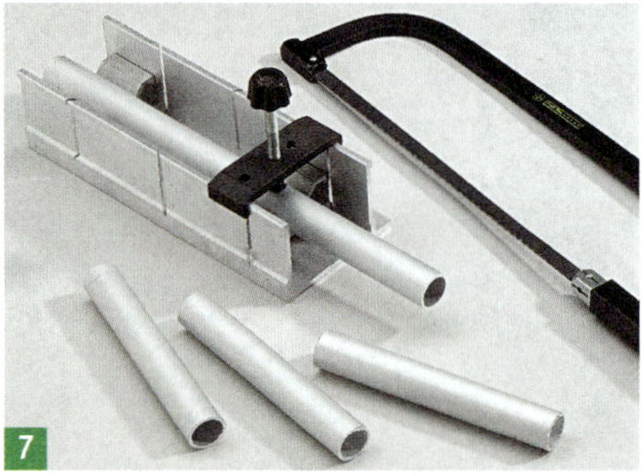

7
Die Abstandhalter aus mattem Metallrohr sollen 160 mm lang sein. Zum Ablängen der vier Stücke eignet sich die hier gezeigte Schneidlehre am besten

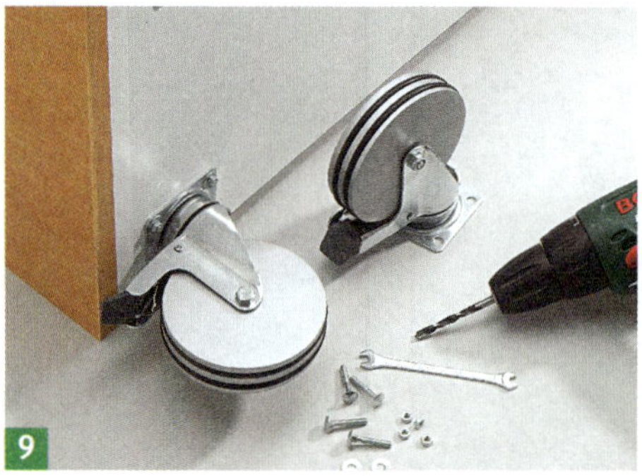

9
Bringen Sie nun die Rollen an. Verwenden Sie Schlossschrauben, Muttern und Karosseriescheiben. Die Rollen werden von unten in den Boden verschraubt

8
Die Aluminiumrohrstücke werden in die Löcher der aufgesetzten Deckplatte gesteckt. Der Auftrag von Zweikomponentenkleber stabilisiert die Verbindung

10
Mit den Fertigtüren haben Sie praktisch keine Arbeit. Sie müssen nur Löcher für die Türknöpfe herstellen. Den Bohrer vorsichtig ansetzen und langsam bohren

Jetzt die Lampen einsetzen. Die Fassung wird von innen an die Rückseite gesetzt, sodass sie auf dem Glasboden aufliegt. Das Kabel durch die Rückwand führen

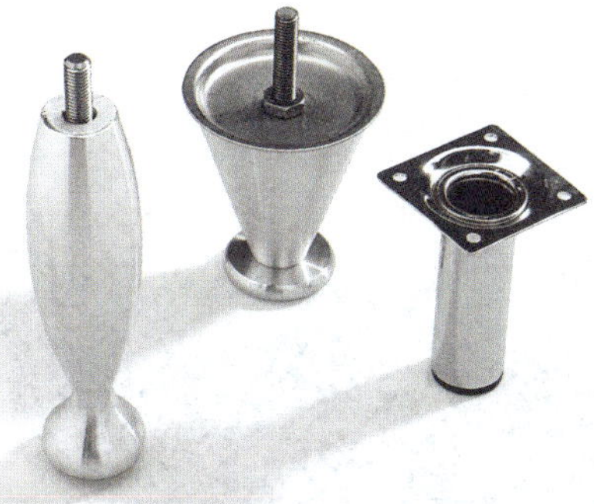

Natürlich ist das Anbringen von Rollen nicht zwingend. Der Fachhandel bietet auch eine große Vielfalt an festen Möbelfüßen. Hier drei schicke Beispiele

Materialliste

Maße in mm

Möbelbauplatte Buche-Dekor 400 breit, 19 dick:
1 Deckplatte 1433 lang,
2 Seiten 701 lang;

Arbeitsplatte Buche-Dekor 39 dick:
1 Kopfplatte 1552 x 488;
2 Faktum-Wandschränke 500 x 700 mit Avsikt-Türen;*
2 Rederi-Vitrinenleuchten;
1 Perfekt-Weinregal 400 x 700;*
4 Designrollen Ø 125 mm;
2 Möbelknöpfe;
4 Rundrohre Aluminium eloxiert Ø 25 x 2, 160 lang;
Schrauben.

** = Ca.-Maße*

Esstisch im Landhausstil

Massivholzmöbel schaffen Wärme und Gemütlichkeit. An diesem Landhaustisch aus Kiefernholz kommen Familie und Freunde gerne zusammen

Der Esstisch besteht aus massiver Kiefer. Schubladen bieten Raum für Servietten, Besteck und andere Gegenstände des täglichen Gebrauchs

Arbeitsschritte

1 *Zuerst müssen Sie die Systemrahmenhölzer, die als Tischbeine verwendet werden, ablängen. Fräsen Sie die Schlitze für die Längs- und Querzargen ein*

2 *Längen Sie die Zargen ab und schneiden Sie dann an den beiden Längszargen mit Bohrer und Stichsäge die Öffnungen für die Tischschubladen aus*

Der Tisch aus massivem Kiefernholz ist nicht nur ein Schmuckstück für jedes Esszimmer, er ist auch äußerst robust und deshalb ein Möbelstück, an dem Sie viele Jahrzehnte Freude haben werden. Besonders praktisch sind die vier Schubladen, in denen Sie Besteck, Servietten oder anderen „Kleinkram" verstauen können, der sonst überall herumliegt.

Die Kiefernholz-Fertigelemente, die hier zum Einsatz kommen, sind nicht ganz billig, machen den Arbeitsaufwand jedoch überschaubar. Zuerst werden die Tischbeine abgelängt und oben geschlitzt. In diese Schlitze setzen Sie später die Zargen ein. Die Zargen werden an den Enden entsprechend gefalzt. In die Längszargen müssen Sie Öffnungen für die Schubladen aussägen. Die Konstruktion der Schubladen und der dazugehörigen Führungen ist die eigentliche Arbeit bei der Konstruktion dieses Tisches. Die vier Schubladenführungen bestehen aus je zwei Führungsleisten und einer Zarge. Diese drei Teile werden mithilfe von Sperrholzfedern miteinander verbunden. Auch die Verbindung zwischen Führungen und den Längszargen des Tischrahmens wird mit Sperrholzfedern hergestellt. Zusätzlich werden alle Verbindungen verleimt. Während die Konstruktion aus Schubladenführungen und Längszargen trocknet, können Sie sich den Querzargen und den Tischbeinen zuwenden. Setzen Sie an jede Querleiste links und rechts ein Tischbein an und tragen Sie Leim auf. Auch diese beiden Elemente müssen nun eine Weile unter Spannung trocknen. Verwenden Sie beim Verspannen stets Zulagen. Da Kiefernholz sehr weich ist, können stramm gespannte Gurte leicht Abdrücke hinterlassen.

Schubladen zusammensetzen

Stellen Sie in dieser Zeit die Bauteile für die Schubladen her. Die Front-, Rück- und Seitenteile erhalten innen eine Nut, in die später der Boden eingeschoben werden soll. Die Vorder- und Rückseiten erhalten auch noch seitliche Nuten, die Seitenwände werden dagegen gefalzt. Auf diese Weise greifen die vier Wände perfekt ineinander. Die Rückseiten sind nicht ganz so hoch wie die übrigen Wände. Wenn man die vier Rahmenteile so zusammenleimt, dass sie oben bündig auf einer Linie abschließen, bleibt an der Rückseite unten ein kleiner Zwischenraum, durch den sich der Boden im letzten Schritt einschieben lässt. Er wird lediglich mit Drahtstiften oder kleinen Schrauben an der Rückwand fixiert.

Damit die Schubladen später beim Schließen nicht zu weit in den Tisch hineinrutschen, müssen Sie noch Stopper anbringen. Verwenden Sie für diesen Zweck einfache Holzdübel. An jeder Schubladenführung werden genau mittig zwei Löcher übereinander gebohrt, in die Sie dann die Holzdübel einsetzen. Sie dienen so als Stoppvorrichtung für jeweils zwei gegenüber liegende Schubladen. Damit die Schubladen mittig in der Öffnung sitzen und gut gleiten, können Sie Buche-Umleimer auf die unteren Führungsleisten bügeln.

Befestigen Sie nun den Tischrahmen mit der Tischplatte. Die Platte liegt dabei auf dem Boden. Mithilfe von Fixierklötzchen wird das Gestell nun angeschraubt. Umdrehen, Schubladen einschieben, fertig! Zum Schutz können Sie den Tisch lackieren oder ölen, beispielsweise mit Olivenöl.

3 *Jetzt müssen alle vier Zargen an den Enden gefalzt werden. So kann man sie anschließend in die Schlitze setzen, die Sie in die Tischbeine gefräst haben*

4 *Bevor Sie die Zargen in die Schlitze der Tischbeine einsetzen, müssen Sie sie an den Innenseiten noch mit Nuten für die Sperrholz-Verbindungen versehen*

5 *Für die vier Tischschubladen brauchen Sie insgesamt acht Führungsleisten. In diese Leisten fräsen Sie 4-mm-Nuten, in die später die Federn greifen sollen*

6 *Hier sehen Sie die drei Teile einer Schubladenführung vor dem Zusammensetzen. In eine Leiste wurden bereits die Federn aus dünnem Sperrholz eingefügt*

7 *Die Federn an den Endkanten der Führungen greifen in die Nuten der Längszargen. Die Führungen werden so zwischen den Zargen eingeklemmt*

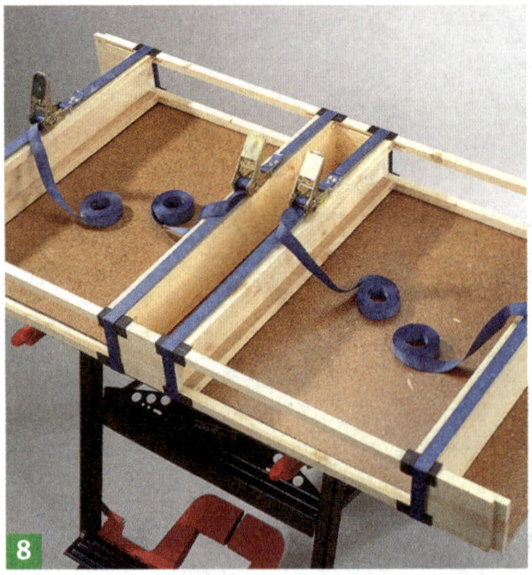

8 *Die Verbindungen zwischen Führungen und Längszargen werden nun zusätzlich verleimt. Setzen Sie die Konstruktion mithilfe von Gurten unter Spannung*

9

An die Querzargen werden jetzt die Tischbeine angesetzt. Auch hier wird verleimt und anschließend verspannt, Verwenden Sie hierbei stets Zulagen

10

Das Tischgestell besteht nun nur noch aus drei Teilen. Ist der Leim getrocknet, können Sie auch diese Teile zusammensetzen, verleimen und verspannen

12

Der Schubladenboden soll auch in einer umlaufenden Nut liegen. Fräsen Sie die Nuten für die Bodenplatte in die Innenseiten der Front- und Seitenbretter ein

11

Jetzt geht es an den Bau der Schubladen. Zuerst werden die Front- und Rückseiten mit Nuten versehen, in die Sie später die Seitenwände einsetzen

13

Hier sehen Sie alle Teile einer Schublade auf einen Blick. Verbinden Sie die Front mit den Seiten, schieben dann den Boden ein und setzen die Rückseite an

14

Wenn das verleimte Tischgestell getrocknet ist, können Sie die Dübellöcher für die Schubladenstopper bohren

15

Es werden jeweils zwei Stopper übereinander in die Mitte jeder Führung gesetzt. So sind vier Stopper für zwei gegenüberliegende Schubladen zuständig

16

Legen Sie die Tischplatte mit der Unterseite nach oben auf den Boden und setzen Sie das Gestell darauf. Stecken Sie Fixierklötzchen auf und verschrauben sie

17

Unter die Längs- und Querzargen werden nun noch Zierleisten genagelt. Sie bilden an der Unterseite einen dekorativen Abschluss. Leim brauchen Sie nicht

Materialliste

Pos.	*Anz.*	*Bezeichnung*	*Maße in mm*	*Material*
①	1	Tischplatte	1500 x 800	Kiefer-Leimholz 38 mm dick
②	4	Tischbeine	710 lang	Systemrahmen Kiefer 56 x 56 mm
③	2	Längszargen	1338 x 120*	Kiefer-Leimholz 19 mm dick
④	2	Querzargen	638 x 120*	
⑤	4	Führungszargen	642 x 80	
⑥	8	Führungsleisten	642 x 40	
⑦	12	Fixierklötzchen	50 x 50	
⑧	4	Schubladenfronten	458 x 76	
⑨	4	Rückwände	458 x 64	
⑩	8	Seitenteile	313 x 76	
⑪	2	Abschlussleisten	1288 lang	Kiefer 25 x 8 mm
⑫	2	Abschlussleisten	588 lang	
⑬	4	Schubladenböden	430 x 315	Sperrholz 4 mm dick

** Längen einschließlich Zargen (2 x 25 mm);
Sperrholzfedern 4 mm dick: 28 x 50 x 20 mm (Fixierung Position 6 und 7) sowie 24 x 60 x 20 mm (Verbindung Position 5 und 6);
4 Möbelknöpfe Ø 35 x 29 mm dick;
Laufleisten (Buche-Umleimer, 18 oder 22 mm breit);
8 Holzdübel Ø 10 x 40 mm (15 mm eingelassen);
Nägel; Spanplatten-Schrauben; Holzleim.*

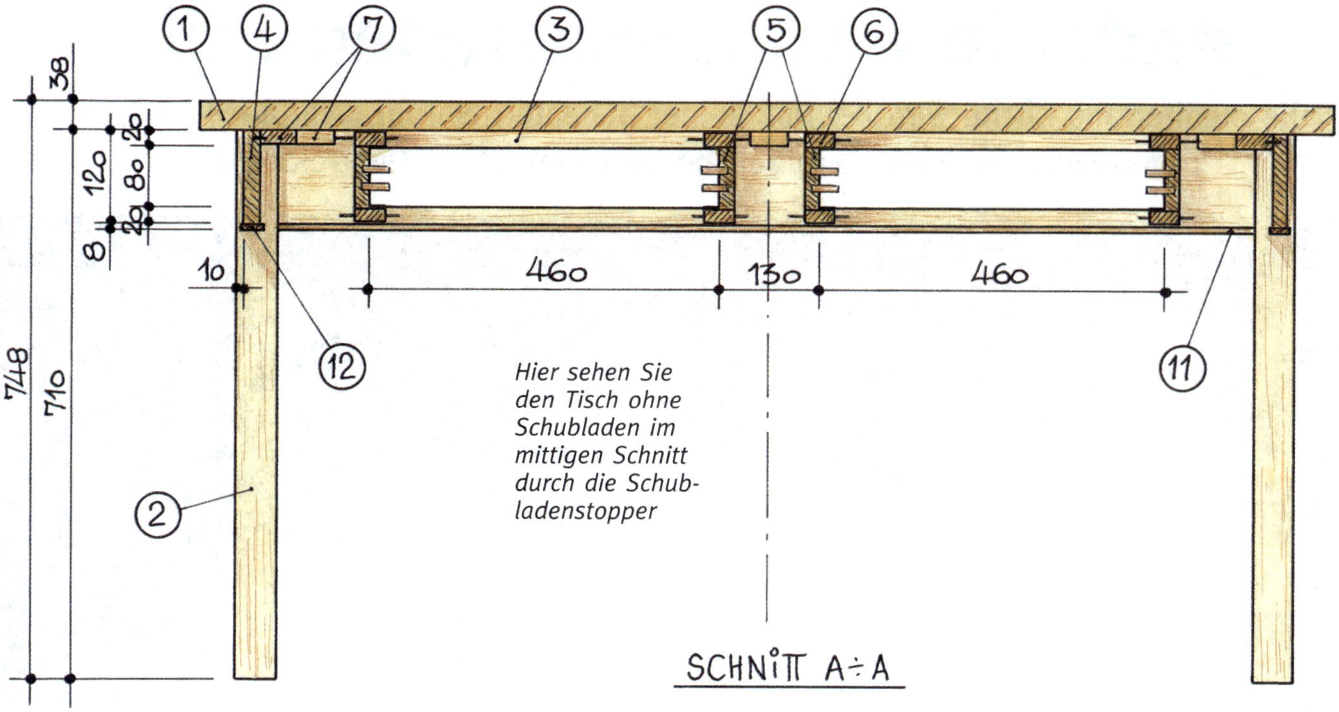

Hier sehen Sie den Tisch ohne Schubladen im mittigen Schnitt durch die Schubladenstopper

SCHNITT A÷A

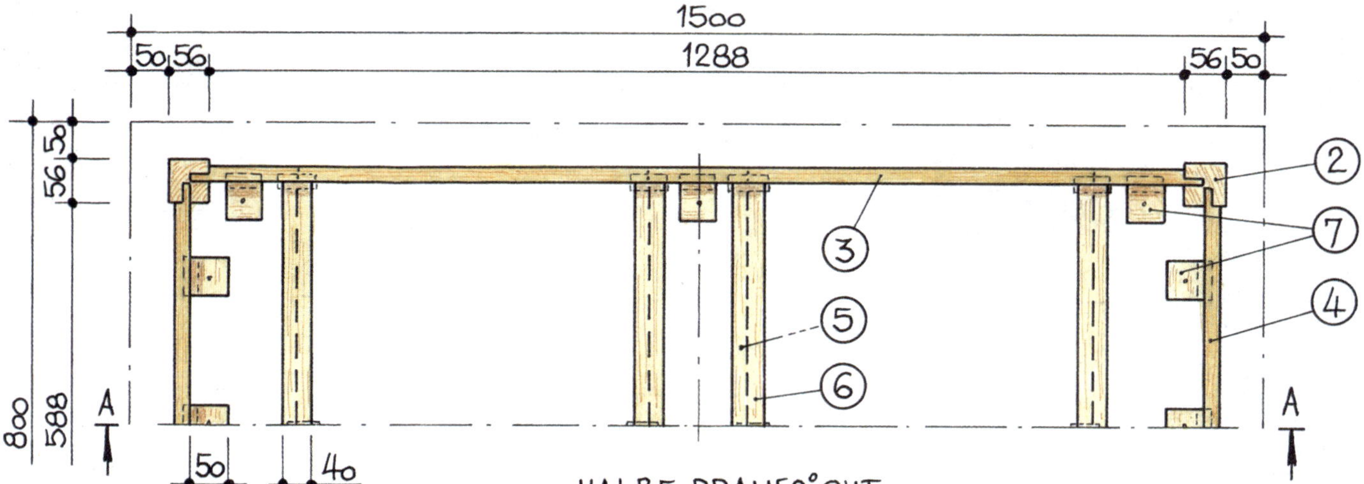

HALBE DRAUFSICHT
(OHNE TISCHPLATTE UND SCHUBLADEN)

SCHNITT B÷B

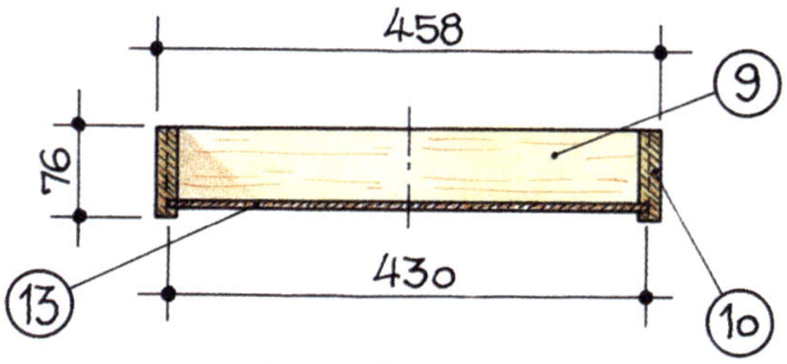

SCHNITT C÷C

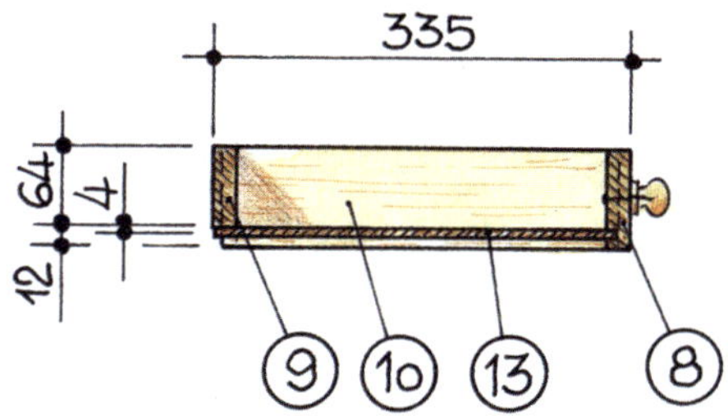

Beachten Sie, dass die Schubladenrückwände 8 mm niedriger sind als die übrigen Wände. Nur so lässt sich der Boden einschieben

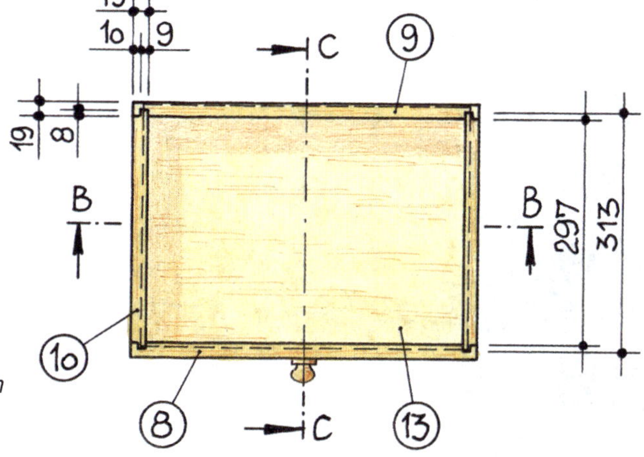

DRAUFSICHT

Anrichte im mediterranen Stil

Die mediterrane Küche wird bei uns immer beliebter. Warum nicht auch mit der passenden Anrichte das südliche Lebensgefühl unterstreichen?

Mit der hier gezeigten Anrichte holen Sie sich ein wenig Urlaubsatmosphäre ins Esszimmer. Wer sich an dieses Projekt heranwagt, sollte jedoch schon ein wenig Erfahrung in Sachen Möbelbau haben. Die einzelnen Holzelemente lassen Sie sich am besten schon vom Händler passend zuschneiden. Alle Verbindungen werden bei dieser Anrichte mit Sperrholz-Flachdübeln hergestellt, für die Sie an den entsprechenden Stellen Nuten fräsen müssen.

Da Sie die Korpusse nach dem Verleimen unter Druck setzen müssen, brauchen Sie so genannte Knechte, also besonders lange Zwingen. Knechte erhalten Sie im Fachhandel, preiswerter ist es jedoch, sie selbst herzustellen. Sie brauchen dazu nur Multiplex-Leisten. Schrauben Sie einfach Holzklötze auf eine Leiste und leimen Sie die zweite Leiste auf. Die Stärke der Holzklötze entspricht genau den Spannbacken, die anschließend eingesetzt werden.

Zuerst bauen Sie die beiden äußeren Korpusse und fügen dann die mittlere Bodenplatte dazwischen ein. Als nächstes folgen die Schubfachrahmen und die beiden Rahmenbretter, die sich über die gesamte Breite der Anrichte erstrecken. Wenn Sie den Korpus mit dem angefertigten Sockel verschrauben, bieten die inneren Auflagerleisten den schräg eingeführten Schrauben Halt. Außerdem verhindern die Auflager, dass beim Öffnen der Türen später ein unschöner Ritz zu sehen ist.

Türen im südländischem Look

Das mediterrane Erscheinungsbild erhält die Anrichte vor allem durch die Verzierung der Türen. Fertigen Sie zuerst die äußeren Türrahmen und setzen Sie dann die Füllung ein. Im gezeigten Beispiel wurde für die Füllung Pappel-Sperrholz verwendet, doch auch Birke würde mit dem Fichtenholz der Gesamtkonstruktion gut harmonieren. Die Verzierungen wurden aus 18-mm-Leimholz geschnitten. Man kann das Holz auf 14 mm

Arbeitsschritte

1

Bei dieser Anrichte werden alle Verbindungen mithilfe von Flachdübeln hergestellt. Die nötigen Schlitze fräsen Sie mit dem Winkelschleifer samt Vorsatz

2

Beginnen Sie mit den beiden äußeren Korpussen. Nachdem Sie die Einzelteile miteinander verleimt haben, setzen Sie die Konstruktion unter Spannung

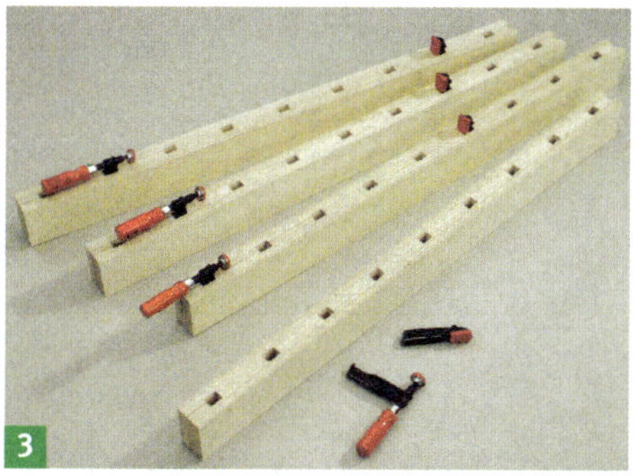

3

Zum Verspannen eignen sich am besten Knechte, die Sie herstellen, indem Sie zwischen zwei Multiplex-Leisten Klötzchen leimen. Dann Zwingen einsetzen

4

Setzen Sie nun den mittleren Boden und die Schubfachrahmen ein. Wieder verleimen und verspannen. Verwenden Sie stets Zulagen, die das Holz schützen

5

Dann werden die Leisten auf die Laufleisten der Schubladen geleimt. Die Leisten sollten unbedingt aus Hartholz sein, weil es widerstandsfähiger ist

hobeln, damit es nicht zu weit hervor steht, allerdings kann, belässt man es bei seiner Stärke, auch bewusst ein besonders plastischer Effekt erzeugt werden. Es handelt sich hierbei letztlich um eine Frage des Geschmacks. Die auf Gehrung geschnittenen Verzierungsstücke werden auf die Oberfläche aufgeleimt. Damit sie gut anhaften, ist es wichtig, sie während der Trockenzeit unter Druck zu setzen. Legen Sie, wie bei den Arbeitsschritten gezeigt, ein Brett auf die Tür und setzen Sie dann einen schweren Gegenstand darauf.

Vielleicht haben Sie ja auch Lust, bei der Verzierung der Türen selbst kreativ zu werden. Als Alternative für die Rauten an den beiden äußeren Türen eigenen sich zum Beispiel auch Kreuze, wie sie im Tipp-Kasten gezeigt werden. Der Phantasie sind hier jedoch keine Grenzen gesetzt.

Schubladen mit Stoppvorrichtung

Da in der Anrichte auch Besteck verwahrt werden soll, erhält die mittlere Schublade einen entsprechenden Einsatz, der aus

9 *Für die Halbkreis-Verzierung an der vorderen Blende brauchen Sie eine Schablone. Arbeiten Sie die Kontur mit Kopierhülse und Schriftenfräser heraus*

TIPP SCHUBLADEN

Für den Boden eignet sich weiß beschichtete MDF, weil sie sich gut reinigen lässt.

Wollen Sie die Schubladen ganz herausnehmen, müssen Sie die Stopper nur umklappen

Auch die Rahmenteile der Schuladen verbinden Sie mit Flachdübeln. Die Rückseite ist etwas niedriger, sodass sie oben nicht schleift und der Boden in den fertigen Rahmen eingeschoben werden kann.
Werfen wir noch einen Blick in das Innenleben der mittleren Schublade. Hier wurden Besteckfächer aus 6-mm-Sperrholz eingebaut. Aus dem gleichen Sperrholz erhalten alle drei Schubladen klappbare Stopper, sodass man die Schubfächer nicht versehentlich ganz herausziehen kann.

6 *Leimen Sie kleine Holzklötze an die Rückseiten der Schubladen. Sie dienen als Stopper. Weiteres zur Konstruktion der Schubladen im Kasten links*

7 *Schrauben Sie jetzt die Querrahmenbretter an. Sie sorgen dafür, dass die Schubladen, auch wenn sie vorne stark belastet sind, nicht herunterkippen*

8 *Hier sehen Sie den Sockel von der Unterseite. Der Rahmen aus den vier Blenden erhält innen Eckverbinder sowie Auflagerleisten an der oberen Seite*

10 *Der Korpus wird im nächsten Schritt auf den Sockel gesetzt und von oben mit ihm verschraubt. Die Schrauben müssen seitlich schräg eingedreht werden*

11 *Auch die einzelnen Teile des Türrahmens verbinden Sie mit Flachdübeln. Den Falz an der Innenseite des Rahmens mithilfe des Falzfräsers mit Anlaufring herstellen*

12 *Die Ecken der Füllung müssen vor dem Einsetzen passend zum Rahmenfalz abgerundet werden. Verbinden Sie Rahmen und Füllung mit Drahtstiften*

13 Die Leisten des Innenrahmens werden mit einer Hohlkehle versehen. Verwenden Sie hierzu den Fräser. Schneiden Sie die Leisten an den Enden auf Gehrung

14 Die Verzierungselemente des Innenrahmens bestehen aus auf Gehrung geschnittenen Fichteleisten. Die einzelnen Teile werden lediglich aufgeleimt

15 Setzen Sie die Leimverbindungen am Innenrahmen nun unter Druck. Legen Sie ein passend zugeschnittenes Brett auf und beschweren Sie es ausreichend

16 Unterhalb der Abdeckplatte soll eine Ziernut entstehen. Einen rundherum gleichmäßigen Abstand erhalten Sie, indem Sie Distanzleisten einsetzen

TIPP VERZIERUNG

Bei den Verzierungen der Türinnenrahmen können Sie natürlich auch selbst kreativ werden. Alternativ zu den links und rechts aufgesetzten Rauten lassen sich beispielsweise auch Kreuze aufleimen. Unter Umständen bietet sich an, geometrische Formen aufzugreifen, die sich auch an anderen Möbelstücken oder Einrichtungs-Accessoires in Ihrem Esszimmer wiederfinden.

Die Anrichte mit mediterranem Flair ist fertig. Nun muss nur noch die Oberfläche behandelt werden

TIPP KALKEN

Üblicherweise verwendet man für die Oberflächenbehandlung Lack oder Öl, weniger verbreitet ist die Technik des Kalkens. Das so genannte Porenweiß sorgt dafür, dass die Maserung des Holzes stärker hervortritt, wie der Vorher-Nachher-Vergleich zeigt. Zuerst wird das Holz sparsam gewässert und geschliffen. Dann wird es in der gewünschten Farbe gebeizt. Schützen Sie die Beize mit Füllgrund und führen Sie einen Zwischenschliff mit 220er-Papier durch. Tragen Sie nun das Porenweiß mit dem Pinsel auf. Nach fünf Stunden nochmals schleifen, bis die Optik stimmt. Lackieren und schleifen Sie nun abwechselnd in zwei bis drei Durchgängen.

6-mm-Sperrholz angefertigt wird. Damit die schwer beladenen Schubladen beim Herausziehen nicht hinunterfallen können, schrauben Sie Stopper an die Rückwand, die sich bei Bedarf umklappen lassen, sodass man die Schubladen auch einmal herausnehmen kann.

Besonders elegant wirkt der obere Abschluss der Anrichte. Die Seitenteile der Ablageplatte laufen schräg nach innen, unten schließt sich eine so genannte Schattenfuge an. Obwohl die Platte nicht durchgehend aufgedoppelt ist, wirkt sie sehr massiv. Sie wird lediglich umlaufend am Rand sowie unter den Zwischenwänden unterfüttert. Leimen Sie die Aufdopplung etwas nach innen versetzt auf. Dann können Sie sie in einem Arbeitsgang zusammen mit der Platte anschrägen.

Porenweiß betont die Maserung

Bei dieser Anrichte wurde nicht auf die üblichen Formen der Oberflächenbehandlung, wie Lackieren oder Ölen, gesetzt. Das Möbelstück wurde gekalkt. Das Kalken ist eine verhältnismäßig zeit- und arbeitsaufwändige Prozedur, das Ergebnis ist jedoch überzeugend. Durch den Auftrag von Porenweiß lassen sich die bei Nadelholz von Natur aus eher unauffälligen Maserungen auf eindrucksvolle Weise betonen.

Um diesen Effekt zu erzielen, sind jedoch mehrere Arbeitsgänge notwendig. Näheres wird in unserem Tipp-Kasten erklärt. Es empfiehlt sich, die Oberflächenbehandlung zuerst an einem Reststück auszuprobieren. Der Beizvorgang gibt dem Holz zunächst eine kräftige Farbe, die durch das Kalken jedoch wieder aufgehellt wird. Durch die Seidenmatt-Lackierung erhalten Sie dann wieder einen kräftigeren Ton.

Hier sehen Sie noch einmal alle Bauteile der Anrichte im Überblick. In jedes Schrankelement wird noch ein mittiger Einlegeboden gesetzt

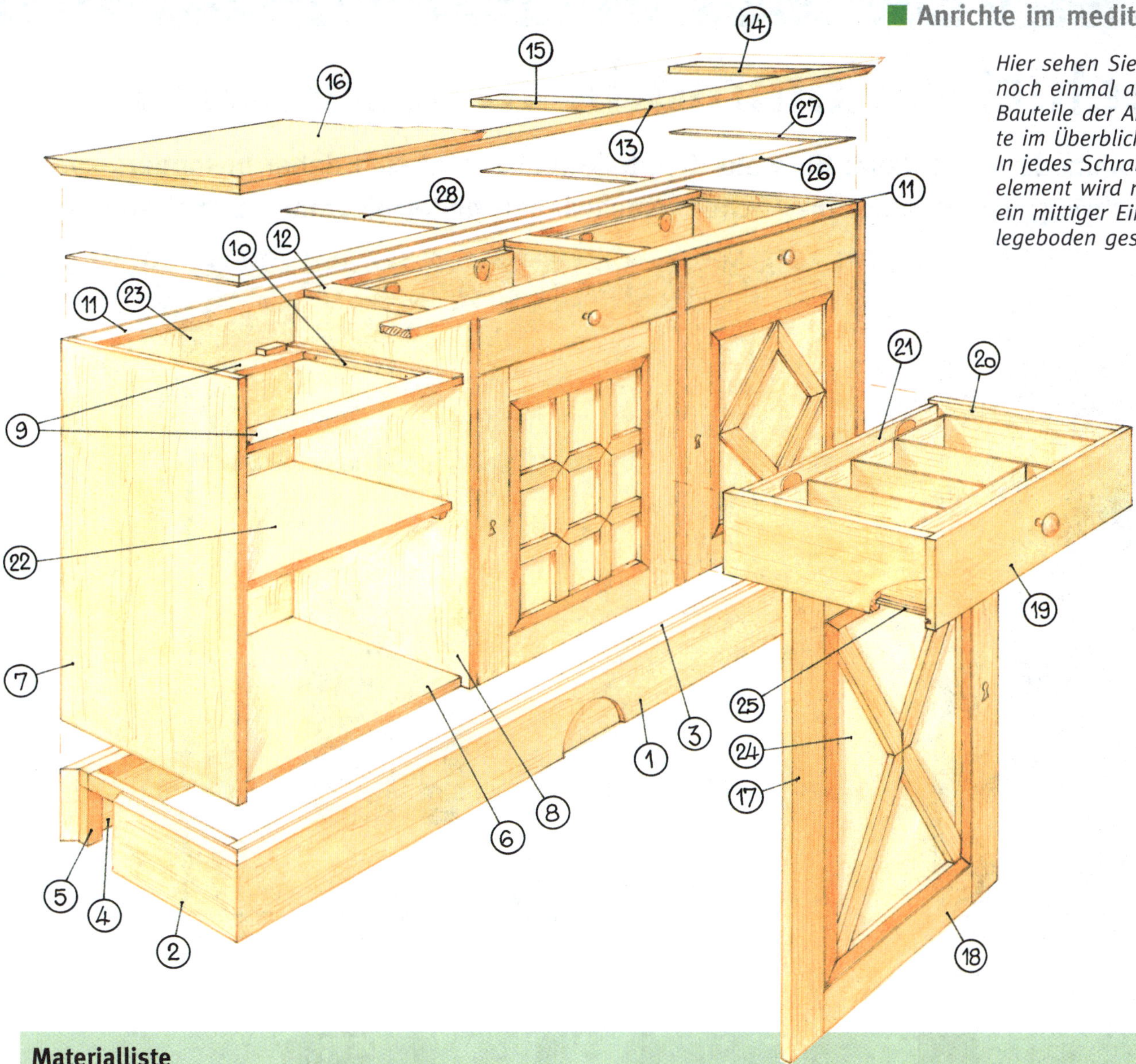

Materialliste

Pos.	Anz.	Bezeichnung	Maße in mm	Material
①	1	Sockelblende	1647 x 150	Fichte-Leimholz
②	2	Sockelblenden	460 x 150	18 mm dick
③	2	Auflagerleisten	1611 x 25	
④	2	Auflagerleisten	388 x 25	
⑤	4	Eckverbinder	125 x 25	
⑥	3	Bodenplatten	525 x 442	
⑦	2	Außenwände	643 x 460	
⑧	2	Zwischenwände	643 x 456	
⑨	6	Rahmenbretter	525 x 70	
⑩	2	Rahmenbretter	298 x 35	
⑪	2	Rahmenbretter	1611 x 60	
⑫	2	Rahmenbretter	318 x 60	
⑬	1	Rahmenbrett	1683 x 60	
⑭	2	Rahmenbretter	478 x 60	
⑮	2	Rahmenbretter	418 x 60	Fichte-Leimholz
⑯	1	Ablageplatte	1713 x 493	18 mm dick
⑰	6	Rahmenbretter	522 x 65	
⑱	6	Rahmenbretter	392 x 65	
⑲	3	Frontblenden	521 x 95	
⑳	6	Seitenwände	392 x 95	
㉑	3	Rückwände	485 x 75	
㉒	3	Einlegeböden	521 x 418	
㉓	1	Rückwand	1629 x 634	Pappel-Sperrholz
㉔	3	Türfüllungen	406 x 406	4 mm dick
㉕	3	Schubladenböden	503 x 401	
㉖	1	Distanzleiste	1637 x 40	Pappel-Sperrholz
㉗	2	Distanzleisten	455 x 40	5 mm dick
㉘	2	Distanzleisten	415 x 40	

Fichte 20 x 14 mm: ca. 7,5 lfd.m (Türinnenrahmen, Trägerleisten, Einlegeböden); Fichte 35 x 10 mm: ca. 1,1 lfd.m (für 1 Raute); ca. 1,1 lfd.m (für 1 Kreuz); ca. 1,5 lfd.m (für 1 Gitter); ca. 2,6 lfd.m Sperrholz 6 mm dick, 60 mm breit (Besteckeinsatz und Schubladenstopper); MDF 5 mm dick, einseitig weiß beschichtet; 480 x 365 mm (Boden Besteckeinsatz); Buche 20 x 2 mm: ca. 2,7 lfd.m (Laufleisten); 3 Aufschraubschlösser, Dorn 30 mm. 3 Möbelköpfe 35 x 35 mm dick, 3 Paar Topfbänder für innenliegende Türen; Spanplattenschrauben, Flachdübel; Holzleim.

Schicke Kommode in Rundform

Diese Kommode bietet Raum für viele Kleinteile und eignet sich daher besonders zur Aufbewahrung von Wäsche. Die Fächer verschwinden hinter eleganten Schiebetüren

Flexible Buche-Paneele bilden die Türen, die in umlaufenden Schienen liegen. Öffnet man die Kommode, schieben sich die Türen an der Rückseite zusammen

Möbel mit Rollladentüren sind praktisch und lassen Schubladen und Fächer hinter einer schicken Rollfront verschwinden. Die flexiblen Schiebetüren dieser Kommode bestehen aus Holzpaneelen, die sonst für die Verkleidung von Säulen und Schränken eingesetzt werden. Die feinen Holzstäbe von 70 cm Länge sind auf Stoff geleimt. Sie erhalten die Paneele in Breiten von 80, 120 und 240 cm, man kann sie aber problemlos kürzen oder verlängern.

Zuerst müssen Kopf- und Bodenplatte ausgeschnitten werden. Außerdem brauchen Sie eine Schablone, die Sie aus einer 10 mm dicken MDF-Platte anfertigen. Die MDF-Platte dient beim Ausfräsen der 5 mm tiefen Nuten als Führung. Mithilfe eines kleinen MDF-Keils fertigen Sie eine kurze Einschubnut, durch die die Holzpaneele später eingezogen werden. Da auch die Rückwand auf diesem Weg zuerst in die Türnut gezogen wird, muss es auch eine Verbindung zwischen Tür- und Rückwandnut geben. Die Einschubnut wird ganz am Schluss wieder mit einem passend zugeschnittenen Holzklötzchen geschlossen. Achten Sie darauf, dass Sie die Nutführungen in der Kopfplatte genau spiegelverkehrt zu denen der Bodenplatte anfertigen. Es ist wichtig, dass Sie sehr präzise arbeiten. Je genauer die Nuten gefräst werden, desto leichter lassen sich nachher die Schiebetüren darin bewegen. Die Kopfplatte erhält nun noch eine flache Zierrinne, die Sie auch mithilfe der

Arbeitsschritte

Zeichnen Sie zuerst die ovalen Umrisse der Kopf- und Bodenplatte auf das Buchenholz auf. Mit der Stichsäge lassen sich die Elemente exakt aussägen

Eine aufgenagelte Schablone aus MDF hilft, die umlaufende Nut sauber auszufräsen. Für die Einschubnut brauchen Sie zusätzlich noch einen Anschlagkeil

Ziehen Sie die Schablone ein Stück in Richtung Vorderseite. Nach erneutem Fixieren benutzen Sie sie nun als Führung, um die Rückwandnut zu fräsen

Setzen Sie unter Zuhilfenahme der Dübellehre Löcher in Wände und Stege. Mithilfe von Dübelfixen übertragen Sie die Lochpositionen auf beide Platten

Schablone und eines Hohlkehlfräsers ziehen können. Die Bearbeitung der oberen und unteren Abschlussplatte endet mit der Abrundung der Schnittkanten. Verwenden Sie an den zu den Türen gerichteten Seiten einen größeren, an der oberen und unteren Seite einen kleineren Viertelstabfräser.

Die Zwischen- und Außenwände müssen sich an den Kanten am ovalen Nutverlauf orientieren und entsprechend angeschrägt werden. Hierzu brauchen Sie unbedingt eine stationäre Kreissäge, die auch bei der Anfertigung der schrägen Schubladenfronten in den Randbereichen zum Einsatz kommt.

Buchen-Paneele einsetzen

Wenn die Konstruktion, bestehend aus den beiden Platten und den dazwischen liegenden Wänden und Stegen, zusammengesetzt und der Leim durchgetrocknet ist, können Sie die Paneele über die Einschubnut einführen. Beginnen Sie mit der Rückwand. Wenn sie sich in der Endposition befindet, wird sie an die vier Aufdopplungen an den Zwischen- und Außenwänden angenagelt. Markieren Sie die Position der Wände vor dem Einschieben der Wand an der Bodenplatte, damit Sie die Nägel richtig setzen können.

Bei den Paneelen, die für die Türen bestimmt sind, sollten Sie vor dem Einsetzen jeden einzelnen Stab einmal knicken, um die Flexibilität zu erhöhen. Im gezeigten Beispiel mussten die 80 cm breiten Paneele hinten um 11 cm verlängert werden. Hierzu trennt man das letzte halbe Holzstäbchen ab und hobelt die Kante ab. Die beiden Paneelteile verbinden Sie, indem Sie sie zunächst auf der Holzseite mit Klebeband fixieren. Setzen Sie dann von hinten einen etwa 4 cm breiten Leinenstreifen auf die Nahtstelle und leimen Sie ihn fest.

An der oberen und unteren Seite der Paneele müssen Sie jeweils noch eine Führungsleiste anbringen. Die Leisten bestehen aus 5 cm hohen Paneelteilen, die linksseitig von hinten an die Türelemente geleimt werden. Beim Verleimen müssen Sie darauf achten, dass Sie genau Stab auf Stab setzen, damit die Flexibilität des Paneels erhalten bleibt. Die Leisten sollen genau 6 mm überstehen. Auf diese Weise bleibt, wenn sie in den 5 mm tiefen Nuten versinken, noch 1 mm Spiel. Die Türen dür-

5

Nageln Sie nun die Führungsleisten für die Schubladen an. Sie sind genau um die Stärke der Schubladenfronten nach hinten versetzt und dienen als Anschlag

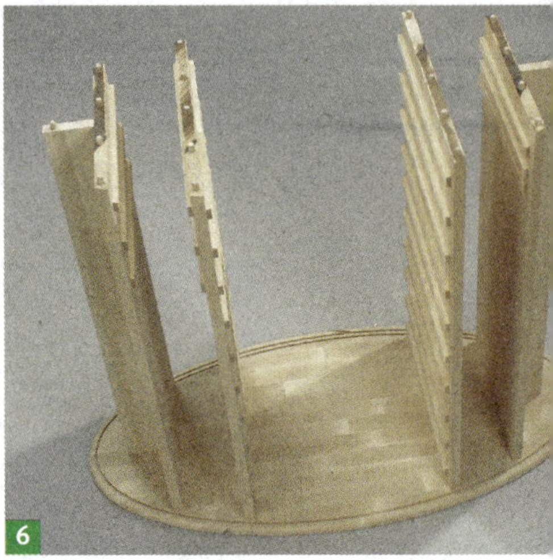

6

Stege und Wände werden zusätzlich zu den Dübelverbindungen von unten mit der Bodenplatte verschraubt. Versenken Sie alle Schraubenköpfe in der Platte

7

An der linken und rechten Seite geben quer stehende Stege der Konstruktion zusätzliche Stabilität. Die Kopfplatte wird lediglich aufgeleimt

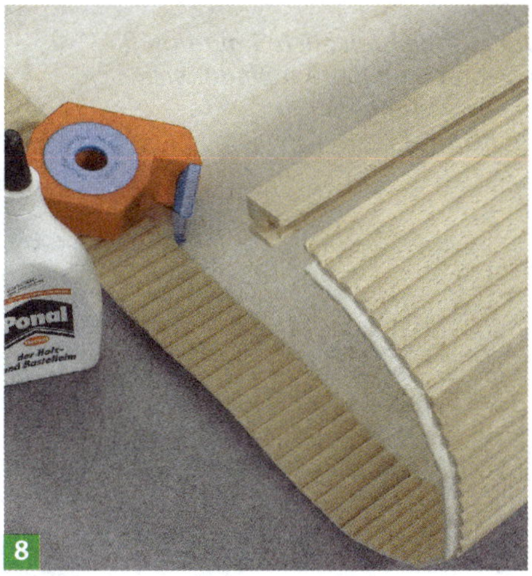

8

Die Paneele erhalten nun Führungsstreifen. Einfach schmale Paneel-Streifen umgekehrt aufleimen und darauf achten, dass die Flexibilität erhalten bleibt

11

Sehr elegant, aber etwas knifflig ist die Konstruktion der seitlichen Schubladen, die eine schräge Front besitzen. Hier kommt die Kreissäge zum Einsatz

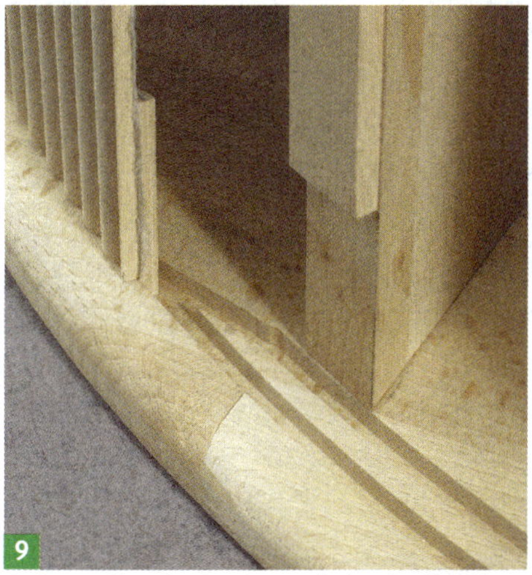

9

Führen Sie die Rückwand durch die Einschubnut ein und schieben Sie sie in die vorgesehene Rückwandnut ein. Sie stößt genau an die Aufdopplungen der Wände

12

Für die Füße der Kommode leimen Sie zwei Plattenstärken übereinander. Drechseln Sie die Füße rund oder runden Sie sie mit glatten Schnitten leicht ab

10

Die schrägen Schubladen-Grifflöcher werden mit einer solchen Bohrlehre hergestellt. Die Frontbretter im 45°-Winkel einspannen und dann senkrecht bohren

TIPP ROLLEN

Um den Boden unter der Kommode gut reinigen zu können, empfiehlt es sich, an der Unterseite kleine „Mobilmacher" anzubringen. Der Fachhandel bietet Modelle für verschiedene Untergründe an. So erhalten Sie beispielsweise die abgebildeten Mini-Lenkrollen mit grauem Profil für harte und weißem Profil für weiche Böden. Für Teppichbodenbeläge eignen sich am besten Gleitschuhe. Alle drei Modelle treten nur 7 mm aus dem Trägermaterial hervor und eignen sich aus diesem Grund gut, um sie in die Füße der Kommode einzusetzen. Für die nötigen Löcher brauchen Sie einen Forstner-Bohrer. Die Rollen und Gleiter können Sie je mit einem Gewicht von 50 kg belasten.

fen die Kopf- und Bodenplatte nicht berühren, weil sie sich sonst nur schwer bewegen lassen. Die Führungsleisten sollen die einzige Verbindung zum Korpus darstellen. Den seitlichen Abschluss der Paneele bilden genutete Leisten, die auf den letzten halben Stab gesetzt werden.

Schräge Schubladen

Beim Bau der Schubladen ist es wichtig, dass die seitlichen Führungsschienen sich perfekt um die an den Wänden aufgenagelten Leisten schließen. Die Schubladenfronten sind gleichzeitig Stopper. Da sie beim Zuschieben gegen die Führungsleisten stoßen, können die Schubladen nicht zu weit hineinrutschen. Besonders interessant sehen die schräg gesetzten Grifflöcher aus, die Sie mithilfe eines Bohrständers anfertigen können. Eine Herausforderung stellen die seitlichen Schubladen dar, weil sie entsprechend der ovalen Außenwand vorne angeschrägt werden müssen. Hierzu brauchen Sie wieder die Kreissäge. Sie können die Schubladenfronten auch gerade schneiden. Gleichen Sie dann das Maß der längeren Seitenwand dem der kürzeren an. Am Schluss beizen Sie die Kommode.

Die Schubladen bieten reichlich Stauraum für Wäsche. An der rechten Seite befindet sich eine Aufhängvorrichtung für Krawatten und Gürtel

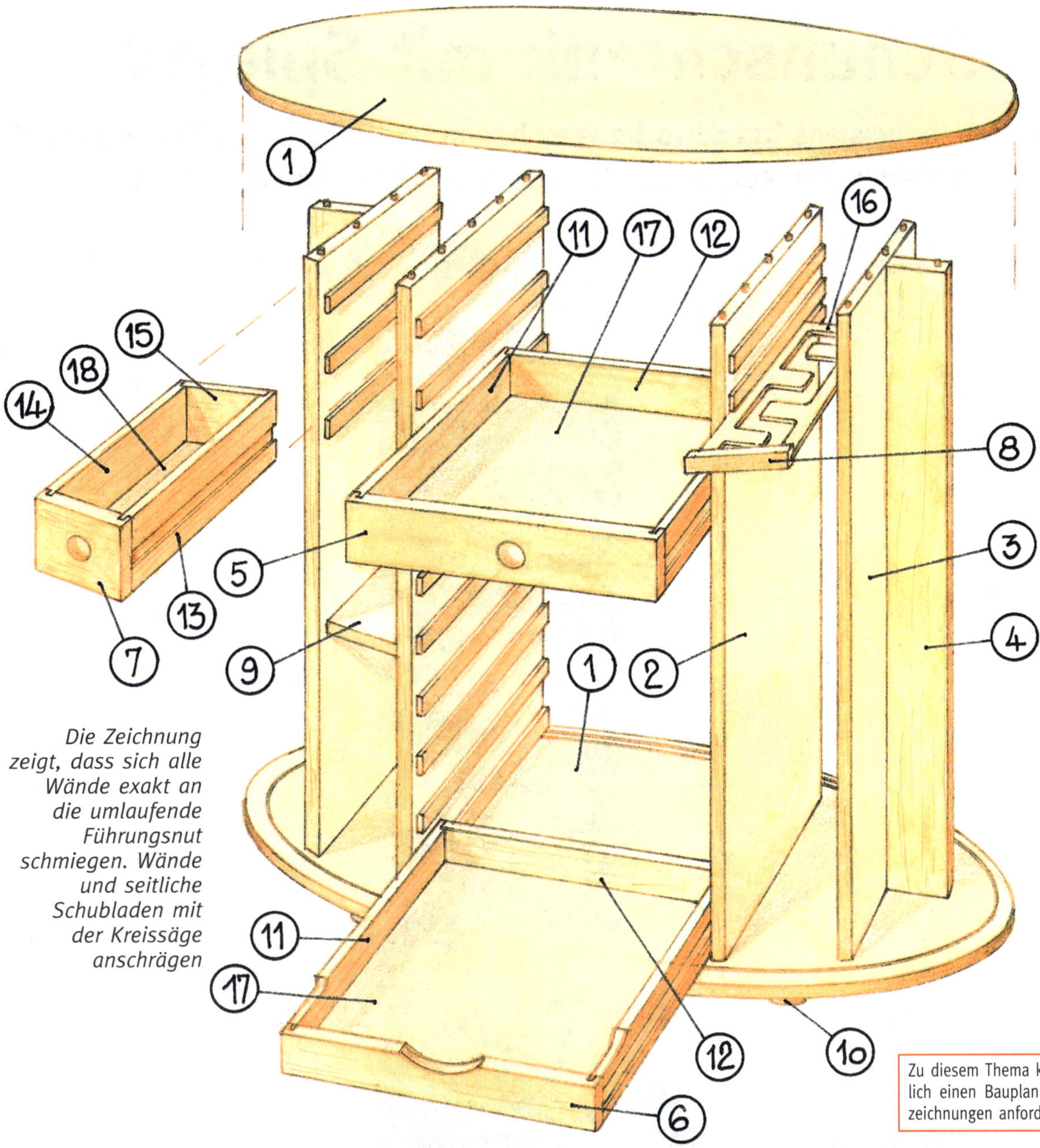

Die Zeichnung zeigt, dass sich alle Wände exakt an die umlaufende Führungsnut schmiegen. Wände und seitliche Schubladen mit der Kreissäge anschrägen

Zu diesem Thema können Sie zusätzlich einen Bauplan mit vielen Detailzeichnungen anfordern (siehe S. 237).

Materialliste

Pos.	*Anz.*	*Bezeichnung*	*Maße in mm*	*Material*
①	2	Boden-/Kopfplatten	1000 x 510	Buche-Leimholz
②	2	Zwischenwände	803 x 412	19 mm dick
③	2	Außenwände	803 x 326	
④	2	Stege	803 x 80	
⑤	3	Frontblenden	368 x 75	
⑥	7	Frontblenden	368 x 50	
⑦	4	Frontblenden *	120 x 75	
⑧	1	Griffleiste	120 x 35	
⑨	1	Einlegeboden	350 x 112	

** 3 x links, 1 x rechts;*
4 Rollläden 800 mm hoch, 700 mm breit (einschl. 2 Führungsstreifen 50 mm hoch); 1 Rollade 800 x 700 mm (Rückwand); 4 Abschlussleisten 25 x 13 x 812 mm lang;

Pos.	*Anz.*	*Bezeichnung*	*Maße in mm*	*Material*
⑩	8	Fußscheiben	Ø 75	
⑪	20	Seitenteile	401 x 75	Buche-Sperrholz
⑫	10	Rückenteile	358 x 62	10 mm dick
⑬	4	Seitenteile	348 x 75	
⑭	4	Seitenteile	318 x 75	
⑮	4	Rückenteile	98 x 62	
⑯	1	Konturplatte	351 x 112	
⑰	10	Schubladenböden	396 x 358	Hartfaser 3,2 mm
⑱	4	Schubladenböden*	345 x 98	buchebeschichtet

2 Griffstücke 12 x12 x 70 mm lang; ca. 13 lfd.m Lauf- und Führungsleisten 19 x 8 mm; 4 Aufdoppelungen 19 x 4 x 700 mm lang; 2 Rundmagnete Ø 10 x 6 mm dick; Holzdübel Ø 10 x 40 mm; Holzleim.

Schuhschrank mit Spiegel

Schuhe stehen meistens irgendwo im Weg herum und lassen den Flur unordentlich erscheinen. Ein geräumiger Schuhschrank kann Abhilfe schaffen

Die meisten Flure sind nicht sehr geräumig und bieten daher keinen Platz für ausladende Möbel. Wohin aber mit den Unmengen von Schuhen, die sich in den meisten Haushalten ansammeln? Der hier vorgestellte Schuhschrank ist besonders hoch, hat aber mit seinen 40 cm eine sehr geringe Tiefe. Der an der Front eingesetzte Spiegel lässt den Dielenraum darüber hinaus größer erscheinen.

Lassen Sie sich die Korpusteile von Ihrem Holzhändler passend zuschneiden. Die Bodenplatte wird aus optischen Gründen an der Front und an den Seiten aufgedoppelt. Mit Dübeln befestigen Sie die Füße an der Unterseite. Die vorderen runden Füße werden gedrechselt, Sie können sie aber auch fertig im Fachhandel kaufen. An der Rückseite reicht es, wenn Sie rechteckige Klötze ansetzen. Verwenden Sie beim Erstellen der Dübellöcher eine Lehre, damit die Löcher exakt senkrecht werden. Mit Dübelfixen – das sind Metallstöpsel mit Dornen – können Sie die Gegenpositionen der Verbindung markieren.

Arbeitsschritte

1

Hier sehen Sie die Unterseite der Bodenplatte. Seitlich und an der Front wurde sie aufgedoppelt. Holzdübel verbinden die vier Füße mit der Platte

2

Mit Holzdübeln, Leim und Schrauben verbinden Sie die Seitenwände mit der Bodenplatte. Die Schraubenköpfe sind später nicht mehr zu sehen

3

Für die Anfertigung des Korpusbogens brauchen Sie eine MDF-Schablone. Zuerst können Sie den Bogen jedoch mit der Stichsäge grob ausschneiden

Mithilfe gezeichneter Mittellinien legen Sie Schablone und Leimholz exakt übereinander. Mit dem Bündigfräser an der angenagelten Schablone entlangarbeiten

Stellen Sie nun die seitlichen Zapfen her. Versehen Sie die Feinsäge mit einem Tiefenanschlag und führen Sie eine Reihe paralleler Schnitte aus

Nehmen Sie dann einen schmalen, scharfen Beitel zur Hand und stemmen Sie damit die Stege zwischen den gebohrten Löchern vorsichtig heraus

Der Schrankkorpus

Etwas knifflig ist die Konstruktion des Korpusbogens. Hier müssen Sie unbedingt mit einer Schablone arbeiten, die Sie aus einer 10-mm-MDF-Platte herstellen. Markieren Sie auf Schablone und Werkstück die Mitte, damit Sie beide Teile exakt übereinander legen können. Führen Sie dann den Bündigfräser an der Kante der Schablone entlang, sodass sich der Schwung auf das Leimholz überträgt.

Die Teile des Frontrahmens werden mithilfe von Zapfen-Schlitz-Verbindungen aneinandergesetzt. Für die Herstellung der Zapfen gibt es zwei verschiedene Techniken. Die bei den Arbeitsschritten vorgestellte ist die aufwändigere, aber sicherere Methode. Hierzu versehen Sie Ihre Feinsäge mit einem Tiefenanschlag und setzen mehrere parallele Schnitte in die Endstücke des Bogens. Mit Hammer und Beitel stemmen Sie die so entstandenen Stege nachher aus. Wer eine geübte Hand hat, kann das Brett auch, wie im Tippkasten beschrieben, senkrecht einspannen und die Ränder in einem Stück heraussägen.

Die Schlitze stellen Sie her, indem Sie das Holz einspannen und eine Reihe von Bohrlöchern nebeneinander setzen. Verwenden Sie einen Bohrer, der im Durchmesser etwas schmaler ist, als der Schlitz später ausfallen soll. Die Bohrzwischenräume stemmen Sie mit einem scharfen Beitel aus. Nun müssen Sie an den beiden Verbindungsteilen noch eine anschließende Nut bzw. einen Nutzapfen herstellen.

Mit Hammer und Beitel stemmen Sie die eingeschnittene Schicht nun ab. Wiederholen Sie die Säge- und Stemmarbeiten anschließend auf der Rückseite

Spannen Sie das Holz mit der werkseitigen Kante nach oben ein und schneiden Sie mit der Feinsäge als Anschluss an die ausgestemmten Schlitze Nuten ein

Fertigen Sie dann die dazugehörigen Schlitze an. Spannen Sie die Bretter ein und bohren Sie eng nebeneinander liegende Löcher in die obere Kante

So greifen die Zapfen des Bogens in die Schlitze und Nuten der Seiten. Testen Sie die Verbindung zunächst ohne Leim und arbeiten Sie gegebenenfalls nach

11 *Auch die beiden schmalen Querblenden erhalten an beiden Enden Zapfen, die in vorbereitete Schlitze in den Seitenbrettern des Korpusrahmens greifen*

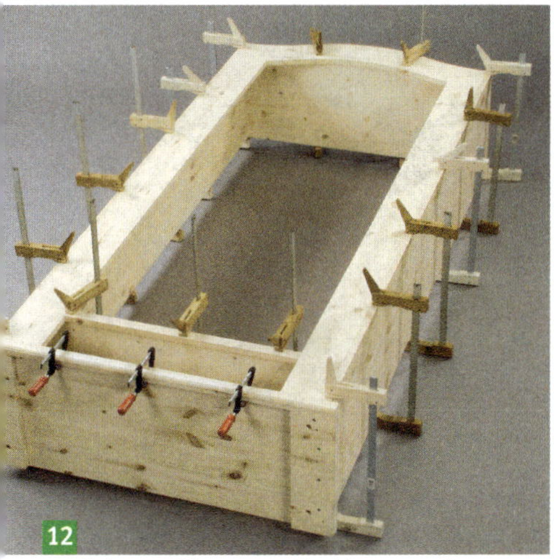

12 *Verleimen Sie nun alle Korpusteile miteinander. Als Letztes wird der Vorderrahmen aufgesetzt und mit Zwingen aufgepresst. Den Leim trocknen lassen*

13 *Der Türrahmen wird nach dem gleichen Prinzip verbunden wie die Korpusfront. Zuerst die Zapfen ausschneiden, dann die dazugehörigen Schlitze ausstemmen*

14 *Verleimen Sie die Schlitz-Zapfen-Verbindungen stets, bevor Sie die Kanten mit dem Bündigfräser bearbeiten. Auf diese Weise vermeiden Sie Stufen*

15 *Jetzt kommt der Falzfräser mit Anlaufring zum Einsatz. Mit ihm fräsen Sie den Spiegel- und den Außenfalz an der Rückseite des Türrahmens rundum aus*

16 *Da in den Innenwinkeln Rundungen verbleiben, müssen Sie hier noch nacharbeiten. Stemmen Sie die Reste vorsichtig mit einem Beitel heraus*

TIPP ZAPFEN HERSTELLEN

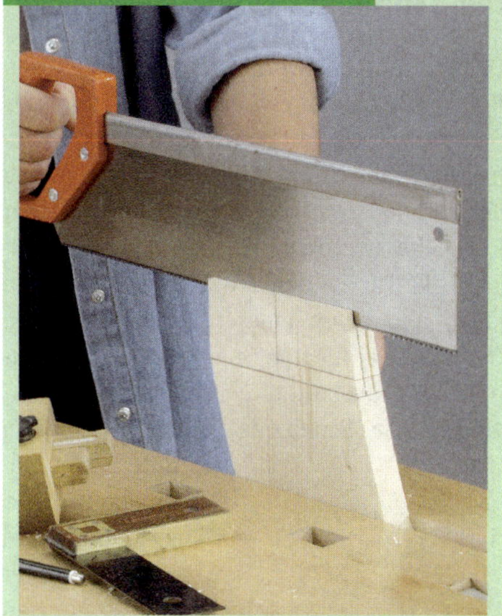

Die Zapfen-Schlitz-Verbindung ist sehr stabil und eignet sich besonders für die Fertigung von flachen Rahmen, wie etwa bei der Schrankkorpusfront oder dem Türrahmen. Sie ist allerdings auch relativ anspruchsvoll in der Herstellung.
Die bei den Arbeitsschritten gezeigte Möglichkeit, Zapfen auszuschneiden, ist sehr zeitaufwändig, aber für den Anfänger am besten geeignet. Wer schon etwas mehr Übung hat, kann das Werkstück auch senkrecht einspannen und den Zapfen dann von oben ausschneiden (oben). Hierbei muss man vor allem darauf achten, dass man nicht zu tief sägt. Besonders sicher und präzise arbeitet man mit einer Gestellsäge.
Hat man beidseitig die senkrechten Schnitte ausgeführt, kann man das Werkstück waagerecht legen und die beiden Außenstücke durch einen Querschnitt mit der Feinsäge unten abtrennen (unten).

Die Schranktür

Der Türrahmen wird nach dem gleichen Prinzip zusammengefügt wie die Front des Schrankkorpus. An allen Ecken greifen Zapfen in Schlitze und bilden so eine stabile Verbindung. Der Türrahmen erhält auf der Rückseite zwei Falze: einen äußeren, damit sich die Tür in den Frontrahmen einfügen lässt, und einen inneren für den Spiegel. Um das Oval für den Spiegel aus der Sperrholzplatte auszusägen, verwenden Sie entweder eine Schablone, oder Sie arbeiten mit der unten abgebildeten Schnurtechnik, bei der Sie einen Faden locker zwischen oberen und unteren Scheitelpunkt spannen und dann einen Stift unter Spannung an der Innenseite der Schnur entlangführen. Das Oval wird anschließend mit der Stichsäge herausgeschnitten. Die faserigen Ränder können Sie dann noch mit der Schleifhülse glätten.

17
Das Oval für den Spiegelausschnitt können Sie mithilfe einer Schablone herstellen. Sie können aber auch, wie hier gezeigt, eine nicht dehnbare Schnur am oberen und unteren Scheitelpunkt befestigen und unter Spannung einen Stift an der Innenseite entlang führen

20
So schließen die Kranzbogenleisten der drei Rahmen aneinander an. Die untere Leiste liegt hier oben. Sie wird mit dem Abrundfräser mit Anlaufring abgerundet

21
Nageln Sie von hinten eine Leiste als Auflage an den Bogen. Dann wird der Bogen in der Lade fixiert und an den Seiten auf Gehrung geschnitten

18
Mit der Stichsäge schneiden Sie die Sperrholz-Konturplatte aus. Glätten Sie die faserigen Schnittkanten anschließend sorgfältig mit der Schleifhülse

19
Die drei Kranzbögen werden zuerst nur grob ausgeschnitten. Dann erst kommt die Feinarbeit. Sie müssen bündig gefräst und dann profiliert werden

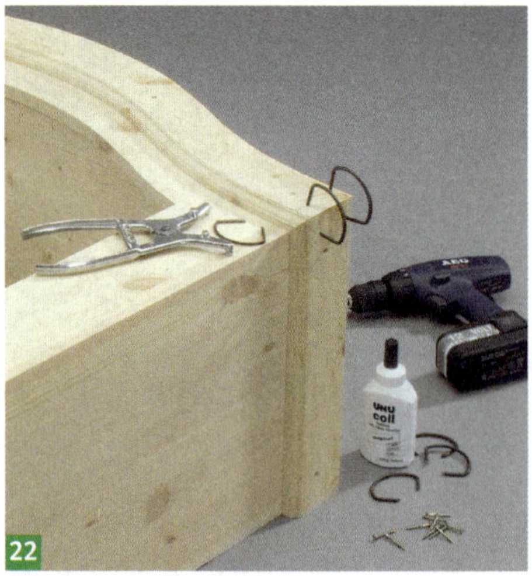

22
Schrauben Sie die beiden unteren Kranzteile auf, die oberen leimen Sie nur an. Die Gehrungen werden mit Gehrungsklammern zusammmengepresst

Aus einem kleinen Kantholz fertigen Sie eine Bohrhilfe für die Türbänder an. Sie erhält ein schräges Loch für die Tür und ein senkrechtes für den Rahmen

Nachdem Sie die schrägen Löcher in die Tür gesetzt haben, legen Sie die Tür auf den Korpus, spannen sie fest und bohren senkrechte Löcher in den Rahmen

Mit dem Hohlkehlfräser können Sie die Nuten in die seitlichen Zierleisten fräsen. Die oberen Enden der Leisten müssen an den Bogen angepasst werden

Der Türrahmen wird rundherum mit Zierleisten aufgedoppelt. Für den Bogen verleimen Sie 5-mm-Leisten miteinander und schneiden sie anschließend aus

Jetzt wird das Kopfbrett eingepasst. Dazu muss ringsum ein 10-mm-Falz gefräst werden. Dann wird das Kopfbrett an der Oberseite im Rahmen verschraubt

Um das Schloss einsetzen zu können, müssen Sie die Glasleiste ausklinken. Die Position des Schlüssellochs genau abmessen und dann in die Tür bohren

Die vier Rahmenteile der Schublade setzen Sie mit Holzdübeln aneinander. Um die Dübellöcher präzise setzen zu können, verwenden Sie eine Dübellehre

Mithilfe von Dübelfixen übertragen Sie die Positionen der Dübellöcher von den Seitenwänden auf die Schubladenfront. Die Rückwand als Schablone auflegen

Die Nuten für den Boden schneiden Sie mit einem 4-mm-Fingerfräser. Wenn Sie Teile festspannen, verwenden Sie stets Zulagen, um Druckstellen zu vermeiden

32 *Die Frontblende erhält innen und außen noch einen umlaufenden Falz. Verleimen Sie alle Schubladenteile miteinander und spannen Sie sie mit Zwingen fest*

33 *Für die Schubladenführung befestigen Sie Führungsleisten auf der unteren Bodenplatte sowie Kippleisten an der Unterseite der oberen Bodenplatte*

34 *Die Schuhe sollen jeweils auf zwei Rundhölzern aufliegen, die an seitlichen Trägerleisten befestigt sind. Die Löcher für die Rundhölzer in die Leisten bohren*

Das Kranzprofil konstruieren

Das Kranzprofil besteht aus insgesamt neun Einzelteilen, jeweils drei geraden auf jeder Seite und drei Bögen an der Front. Die Bögen schneiden sie zunächst grob aus und arbeiten sie anschließend mit Oberfräse und Bündigfräser sauber heraus. Alle neun Teile erhalten Zierprofile und werden, damit die Verbindungsstellen elegant erscheinen, auf Gehrung geschnitten. Die beiden unteren Kränze werden sowohl verleimt als auch verschraubt. Die Schrauben verschwinden unter der neu aufgesetzten Schicht. Die obere Lage wird dann nur noch aufgeleimt. Mit so genannten Gehrungsklammern setzen Sie die verleimten Eckverbindungen unter Spannung.

Türbänder montieren

Um die Bohrungen für die Bänder exakt ausführen zu können, empfiehlt sich die Anfertigung einer Bohrhilfe. Verwenden Sie hierzu ein kleines Kantholz, in das Sie eine gerade und mithilfe eines Keils eine schräge Bohrung setzen. Das senkrechte Loch brauchen Sie für die Bohrung der Frontblende, das schräge für den Türrahmen. Bringen Sie die Bänder unbedingt an, bevor Sie die seitlichen Zierleisten aufsetzen.

Noch ein Tipp zum Schluss: Da der Schrank nicht sehr tief ist und die Tür relativ viel Gewicht hat, sollten Sie den Schrank mit einer Schraube an der Wand befestigen.

Materialliste

Pos.	*Anz.*	*Bezeichnung*	*Maße in mm*	*Material*
①	1	*Bodenplatte*	*965 x 399*	*Kiefer-Leimholz*
②	1	*Bodenleiste*	*965 x 25*	*d. 19 mm*
③	2	*Aufdoppelungen*	*374 x 110*	
④	2	*Seitenwände*	*1920 x 350*	
⑤	2	*Frontblenden*	*1939 x 130*	
⑥	1	*Querblende*	*705 x 19**	
⑦	1	*Querblende*	*705 x 30**	
⑧	1	*Bodenplatte*	*876 x 346*	
⑨	1	*Kopfplatte*	*876 x 350*	
⑩	4	*Trägerleisten*	*1697 x 40*	
⑪	1	*Korpusbogen*	*725 x 205**	
⑫	1	*Kranzbogen*	*943 x 170*	
⑬	2	*Kranzteile*	*388 x 80*	
⑭	1	*Kranzbogen*	*1019 x 150*	
⑮	2	*Kranzteile*	*426 x 60*	
⑯	1	*Kranzbogen*	*1019 x 350*	*Fichte-Leimholz*
⑰	2	*Kranzteile*	*426 x 40*	*18 mm dick*
⑱	2	*Türrahmenteile*	*1631 x 60*	
⑲	1	*Türbogen*	*661 x 123**	
⑳	1	*Türrahmenteil*	*661 x 60**	
㉑	1	*Frontblende*	*661 x 171*	
㉒	2	*Seitenteile*	*340 x 151*	
㉓	1	*Rückwand*	*603 x 137*	
㉔	2	*Führungsleisten*	*346 lang*	*Kiefer 40 x 40 mm*
㉕	1	*Kopfbrett*	*581 x 83*	*Kiefer-Leimholz*
㉖	2	*Zierblenden*	*1807 x 80*	*auf 14 mm hobeln*
㉗	1	*Rückwand*	*1917 x 883*	*Sperrholz*
㉘	1	*Konturplatte*	*1588 x 557*	*4 mm dick*
㉙	1	*Schubladenboden*	*619 x 348*	
㉚	12	*Rundhölzer*	*863 lang*	*Kiefer Ø 20 mm*

Sonstiges: 2 Drechselfüße Ø 100 x 85 mm hoch; 2 Fußklötze 70 x 70 x 85 mm hoch; 2 Kippleisten 40 x 12 x 346 mm lang; 2 Aufdoppelungsleisten 30 x 10 x 1697 mm lang (Innenseite Frontblenden); Massivholz 5 mm dick: 5,5 lfd.m. (Zierblenden Schublade und Tür, 40 mm breit), dazu Türbogen 641 x 106 mm; 4,0 lfd.m. Leisten 20 x 10 mm (Spiegelfixierung); 1 Spiegel 1524 x 557 mm; 1 Aufschraubschloss, kpl.; 4 Zierbänder; 2 Möbelknöpfe; HolzdübeL; Spanplatten-Schrauben; Holzleim.
**= alle Zapfen enthalten*

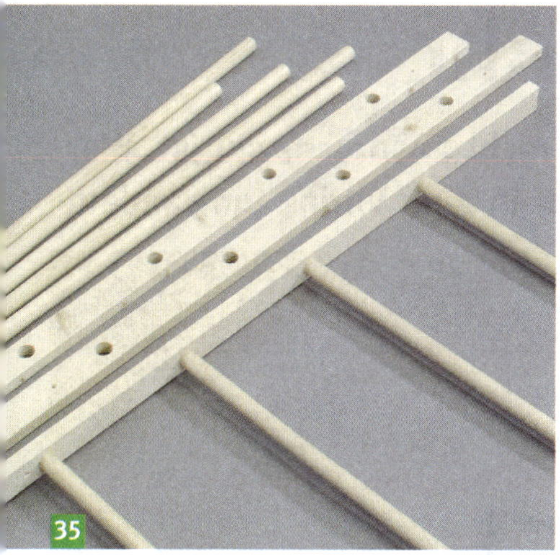

35

Bohren Sie die Löcher in den Leisten so, dass die vorderen Rundhölzer etwas tiefer liegen als die hinteren. So stehen die Schuhe leicht nach vorne geneigt

TIPP OBERFLÄCHE

Zuerst wird die gesamte Oberfläche mit 180er-Papier abgeschliffen. Mit einem weichen Pinsel oder Ballen tragen Sie dann das Holzöl auf. Lassen Sie es über Nacht einwirken und schleifen Sie am nächsten Tag mit 240er-Papier nach. Bereiche, in die Sie mit dem Schleifpapier nicht gelangen, wie z. B. die Zierprofile, bearbeiten Sie mit Stahlwolle.

Zuerst wird der Korpus zusammengebaut. Im nächsten Schritt folgt die Tür. Bauen Sie dann Schublade und Regale, zum Schluss die Rückwand einsetzen

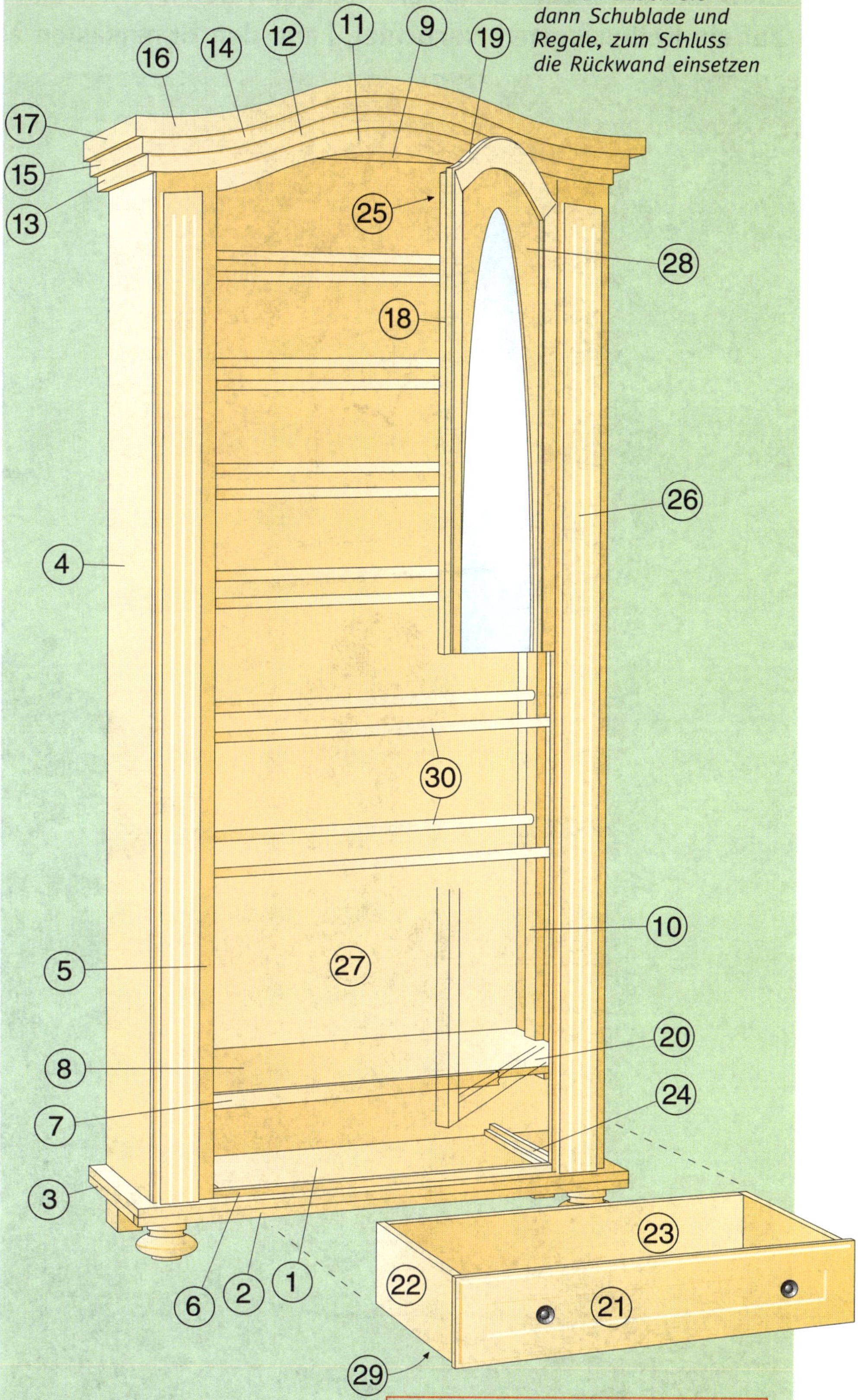

Zu diesem Thema können Sie zusätzlich einen Bauplan mit vielen Detailzeichnungen anfordern (siehe S. 237).

Klassische Standuhr

Groß und eindrucksvoll ist die Standuhr, deren Konstruktion recht anspruchsvoll ist. Wer auf ein Kettenzugwerk verzichtet, kann den Uhrenkasten auch in eine Vitrine umwandeln

Bei der Variante ohne Kettenzugwerk wird aus dem Uhrenkasten eine Vitrine

Eine Standuhr im klassischen Landhausstil schafft in jedem Wohnraum eine urgemütliche Atmosphäre. Vor allem das langsam tickende Pendel bei der Variante mit Kettenzugwerk empfinden die meisten Menschen als sehr beruhigend.

Wie viel Geld Sie für die Standuhr anlegen müssen, hängt im Wesentlichen von zwei Punkten ab. Erstens: Kettenzug- oder Quarzuhrwerk? Für ein echtes Kettenzugwerk müssen Sie schon eine ganze Menge investieren, ein Quarzuhrwerk ist dagegen für einen Bruchteil dessen zu bekommen. Der zweite entscheidende Kostenfaktor ist die Wahl des Holzes. Im gezeigten Beispiel wurde Birke verwendet, womit wir uns in der gehobeneren Holzklasse befinden. Wesentlich preiswerter sind natürlich Nadelhölzer wie beispielsweise Kiefer.

Wie Sie an den Fotos sehen, bietet das Standuhrmodell einige Variationsmöglichkeiten. Entscheiden Sie sich nämlich für die preiswertere und darüber hinaus auch weniger aufwändigere Quarzuhr-Lösung, können Sie den geräumigen Uhrenkasten als Vitrine nutzen. Auch hinter dem Zifferblatt befindet sich noch Stauraum. Bei den seitlichen Verzierungen können Sie zwischen zwei Varianten wählen. Wer Spaß am Drechseln hat und die notwendige Ausrüstung besitzt, wird sich mit Sicherheit für die dekorativen Halbsäulen entscheiden. Doch auch die ausgefrästen abgerundeten Leisten stehen dem gedrechselten Modell in Sachen optischer Wirkung in nichts nach.

Beginnen Sie die Konstruktion der Standuhr mit dem Herzstück, dem Uhrenkasten. Er besteht aus dem Frontrahmen, der Kopf- und Bodenplatte sowie den Seitenwänden.

Gut versteckt: Die Minibar verschwindet hinter dem Zifferblatt der Quarzuhr

Wer Spaß am Drechseln hat, entscheidet sich für die Variante mit Halbsäulen

Arbeitsschritte

Mit dem Nutfräser werden Falze in die hinteren Kanten der Seitenwände gefräst. An diese Kanten soll sich später die Rückwand der Uhr anschließen

Für die HDF-Federn müssen an den Rahmenbrettern und den Seitenwand-Vorderkanten Nuten gefräst werden. Verwenden Sie hierzu den 3-mm-Fräser

Schneiden Sie nun die in der Zeichnung mit 22 und 23 bezifferten Teile aus. Die Kontur von Bogen und Kranzbrett übertragen Sie mit einem Bündigfräser

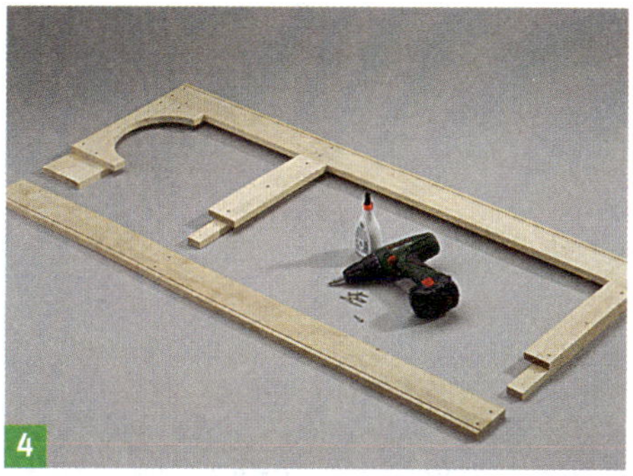

Hier sehen Sie die Rückseite des fertig zugeschnittenen Frontrahmens. Montieren Sie die Rahmenbretter von hinten an den hier unten liegenden Querleisten

Die einzelnen Teile verbinden Sie mit Sperrholz- oder MDF-Federn. Tragen Sie Leim auf und setzen Sie das Ganze unter Spannung.

Wichtig: Ein stabiler Boden

Der Boden unterhalb des Schubladenkastens besteht aus insgesamt drei Lagen. Beginnen Sie mit der untersten Bodenplatte, die an der Unterseite vorn und seitlich eine Zierhohlkehle erhält. Auf die Bodenplatte setzen Sie die nächste Schicht, bestehend aus drei Sockelbrettern und der hinteren Sockelleiste. Die Sockelbretter werden vor dem Anschrauben ebenso wie die Bodenplatte mit einer Zierhohlkehle versehen und anschließend auf Gehrung geschnitten. Es folgt die dritte Lage – bestehend aus Laufleisten, Sockelleisten und Sockelbrett –, die dafür sorgt, dass der Sockel sich nach oben hin verjüngt. Verschrauben Sie den Sockel von unten mit den Seitenwänden. Dann können Sie seitlich und an der Front noch die verzierenden Gehrungsleisten anleimen.

Auch die Füße der Standuhr bestehen aus drei Lagen. Wie Sie in der Zeichnung erkennen können, werden auf der Ebene der obersten Lage aber noch Leisten zwischen die Füße gesetzt, sodass nur die beiden unteren Schichten wirklich frei liegen. Der

TIPP GEHRUNGEN

Denken Sie daran, dass exakte Gehrungsschnitte nicht immer beim ersten Versuch gelingen. Aus diesem Grund empfiehlt es sich, etwas Überstand mit einzuplanen. Immer zuerst die Gehrung herstellen. Wenn Sie sitzt, kann abgelängt werden.

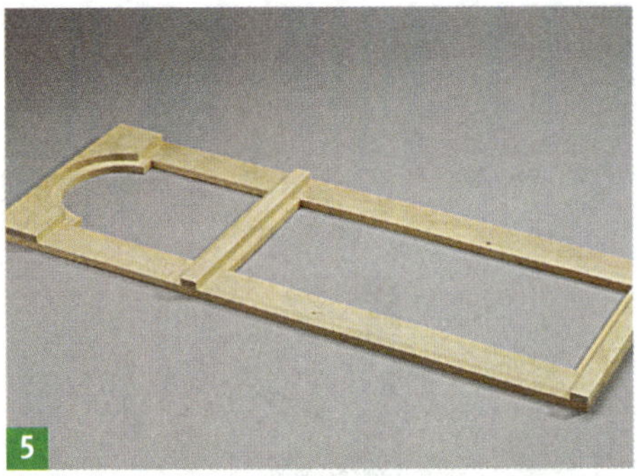

5 *Der Frontrahmen ist nun fertig verleimt und verschraubt. Er bleibt in dieser Position am Boden liegen, wenn es nun daran geht, das Gehäuse anzufügen*

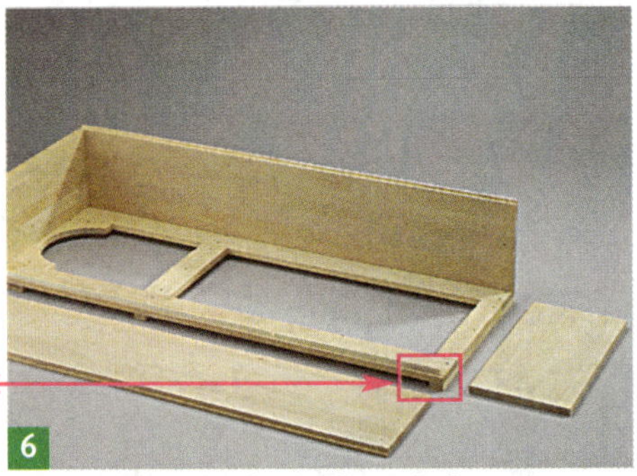

6 *Der Korpus wird mit Sperrholz- oder MDF-Federn zusammengefügt und verleimt. Kopf- und Bodenplatte werden durch die Seitenwände verschraubt*

7 *Bevor Sie die unteren Seitenwände anfügen, erhalten diese an der Innenseite drei Rahmenleisten, von denen jeweils die hintere gefalzt werden muss*

8 *Jetzt können die unteren mit den oberen Seitenwänden verschraubt werden. In den Winkeln zwischen der Bodenplatte und den unteren Seitenwänden werden Kippleisten montiert, die die Konstruktion zusätzlich stabilisieren*

9 *Legen Sie im nächsten Schritt die Rückwand auf. Sie kann jetzt in die seitlich vorbereiteten Falze eingepasst werden und wird dort mit Schrauben befestigt*

10 *Der Sockel besteht aus mehreren Lagen. Auf die Bodenplatte schrauben Sie die Sockelbretter (2) und (3), die Sockelleiste (4) bildet den hinteren Abschluss*

11 *Setzen Sie nun die nächste Lage auf. Sie besteht aus Sockelbrett (5), den Laufleisten (6) und der Sockelleiste (7). Alle Teile miteinander verschrauben*

12 *Der Korpus liegt jetzt mit der Vorderseite nach oben. Den Sockel ansetzen, und zwar so, dass die Überstände des Sockelbretts vor den Seitenwänden liegen*

13 *Befindet sich der Sockel in der Endposition, können Sie vor dem Sockelbrett (5) und den Seitenwänden die Gehrungsleisten (8) und (9) verleimen*

14 *Die Füße bestehen aus jeweils drei übereinander gesetzten Fußplatten, von denen die oberste etwas kleiner ist als die beiden darunter liegenden*

15 *Die oberste Fußplatte liegt um Hohlkehlbreite nach hinten versetzt. Die drei Platten verspannen, vorbohren, Leim auftragen und von unten verschrauben*

16 *Das gerade Kranzprofil trennt optisch den oberen vom unteren Korpusteil. Es besteht aus den Gehrungsleisten (20, 21) und der rückseitigen Distanzleiste*

17 *Die Kranzbögen (25) und (27) lassen sich am besten mit einer Bandsäge aussägen. Alternativ können Sie aber auch eine normale Stichsäge verwenden*

18 *Hier sehen Sie die Halbsäulen der Standardversion. Die zugeschnittenen Kanthölzer werden kanneliert und mit dem Viertelstabfräser seitlich abgerundet*

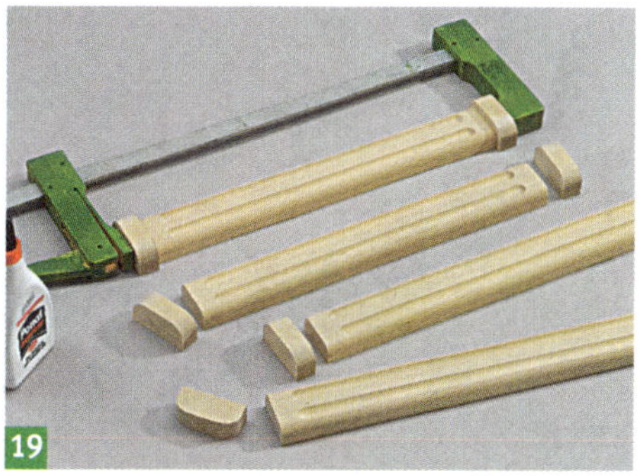

19 *Den oberen und unteren Abschluss der Zierleisten bilden kleine Kapitellstückchen, die angeleimt werden. Setzen Sie sie anschließend unter Spannung*

20 *Ist der Leim getrocknet, können Sie die Zierhalbsäulen auf die Rahmenbretter leimen. Wieder müssen die neuen Verbindungen unter Druck gesetzt werden*

21 *Die neun Teile des oberen Kranzes müssen alle mit dem Hohlkehlfräser bearbeitet werden. Verwandeln Sie so die scharfen Kanten in dekorative Ziernuten*

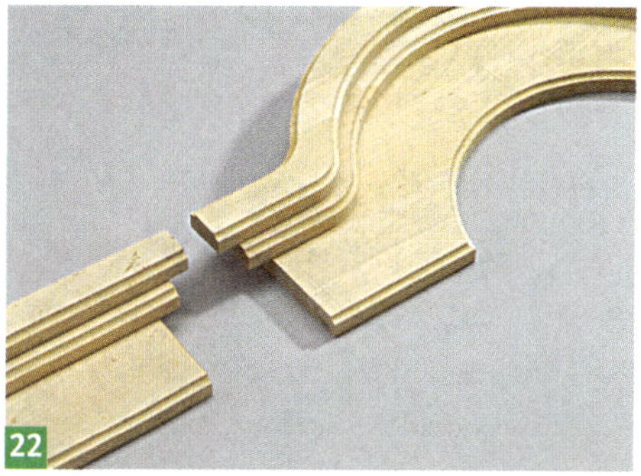

22 *An den vorderen Ecken werden die Kranzbretter auf Gehrung geschnitten. Fertigen Sie erst die Gehrungsschnitte an und längen Sie sie anschließend ab*

23 *Der Kranz kann nun auf den Korpus geleimt werden. Wieder ist es wichtig, dass Sie die Stücke mithilfe von Zwingen fest an das Gehäuse pressen*

Boden mitsamt der Füße ist also eine sechslagige Konstruktion, die dem Uhrensockel seinen hochmassiven und standfesten Charakter verleiht.

Türen konstruieren und einsetzen

Es ist gleichgültig, ob Sie sich für die Variante mit Kettenzug- oder Quarzuhrwerk entscheiden: Sowohl der obere Teil des Uhrgehäuses, auf dem später das Zifferblatt sitzt, als auch der untere Teil müssen Türen erhalten. Den unteren Türrahmen versehen Sie innen umlaufend mit einem Falz, in den Sie anschließend von oben die Glasscheibe hineinschieben können.

Die Bohrungen für die Türbänder fertigen Sie am besten unter Verwendung einer Bohrlehre an. So stellen Sie sicher, dass die Löcher in Tür- und Korpusrahmen genau senkrecht ausfallen. Zuerst müssen Sie die Bohrlöcher an der Tür anfertigen, wobei die Lehre aufgespannt ist. Lassen Sie die Bohrlehre dann mitsamt Bohrer aufgesteckt und legen Sie die Tür in Endposition auf den Korpus. Jetzt können Sie mit einem zweiten Bohrer das Loch in den Frontrahmen setzen.

TIPP QUARZUHRWERK

Haben Sie sich für die Bauvariante mit Vitrine entschieden, müssen Sie ein Quarzuhrwerk einsetzen, dass sich sehr viel leichter montieren lässt als das Kettenzugwerk. Schneiden Sie eine Öffnung in den Zifferblatt-Träger. Zifferblatt, Uhrwerk und Träger können Sie mit Powerstrips verbinden. Zum Schluss von hinten verschrauben.

Die Türrahmen

1 *Mit der Stichsäge schneiden Sie die Rahmenbögen für die Türen aus. Links sehen Sie den Zuschnitt des oberen, rechts den Zuschnitt des unteren Bogens*

2 *Anschließend empfiehlt es sich, die Bögen noch einmal nachzuschleifen. Hierzu eignet sich eine Schleifwalze, die Sie in den Bohrständer spannen*

3 *Wenn Sie die 6-mm-Dübellöcher anfertigen, verwenden Sie eine Bohrlehre. So kann der Bohrer nicht verrutschen und die Löcher werden exakt senkrecht*

4 *Die Lochpositionen übertragen Sie, wie gewohnt, mithilfe von Dübelfixen. Ein angelegter Schreinerwinkel hilft, die Leiste genau rechtwinklig einzuführen*

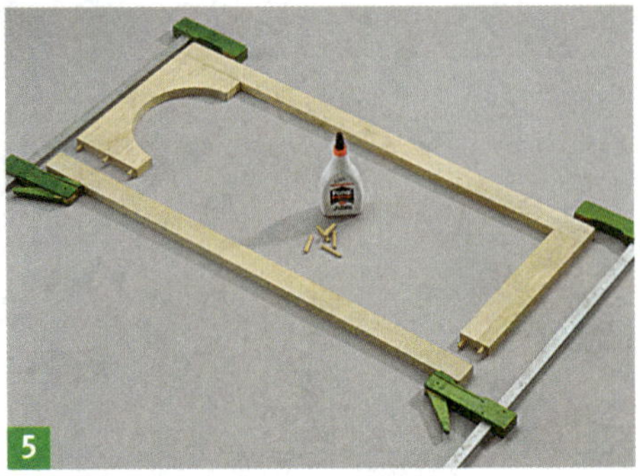

5 *An die breiteren Verbindungen setzen Sie jeweils drei Dübel, an den kürzeren genügen zwei. Leim auftragen, zusammenstecken und Zwingen ansetzen*

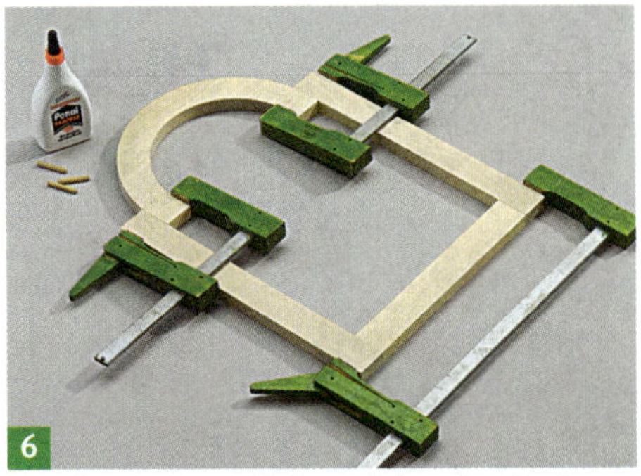

6 *An der unteren Seite reicht eine Zwinge, oben dagegen müssen Sie beide Verbindungen einzeln pressen, damit der obere Bogen nicht brechen kann*

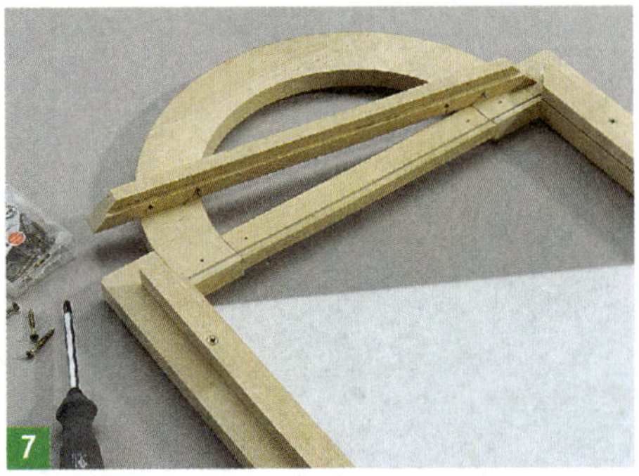

7 *Die Rahmenleiste (38) erst vorbohren, dann anleimen. Nun können Sie schon die Glasscheibe mit den anschließenden Glasleisten am Türrahmen anschrauben*

8 *Jetzt wird die Füllung für den oberen Bogen von hinten aufgeleimt. Zwischen Füllung und darunter liegender Glasleiste verbleibt eine schmale Hohlkehle*

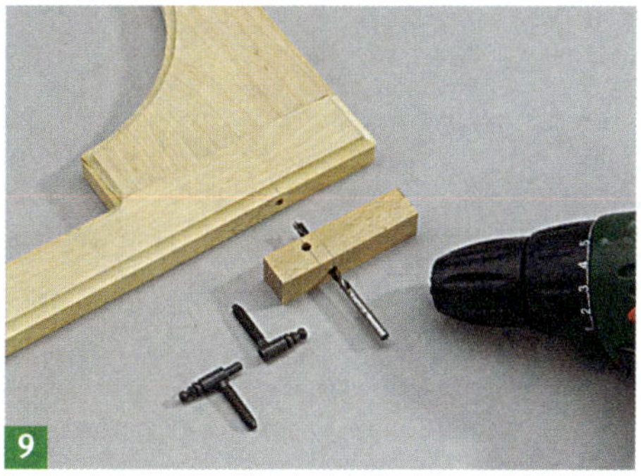

9 Bohrlehren lassen sich auch, wie hier gezeigt, aus einem Hartholzrest herstellen. Jetzt wird die Verbindung zwischen Korpus und Türrahmen gefertigt

10 Positionieren Sie die Tür auf dem Korpus und legen Sie seitlich die Bohrlehre an. Nun können Sie die senkrechten Löcher für die Türbänder bohren

11 Zum Schluss müssen an beiden Türen noch die Schnappverschlüsse eingesetzt werden. Auch hier kommt noch einmal der Hohlkehlfräser zum Einsatz

Die Schublade

1 Die Rahmenbretter werden mit Dübeln verleimt. Schieben Sie den Boden von hinten in die vorgefräste Nut ein und verschrauben Sie ihn mit der Rückwand

2 Die Rahmenbretter für den vorderen Aufsatz werden sowohl innen als auch außen mit einer Hohlkehle versehen. Dann die Bretter auf Gehrung ablängen

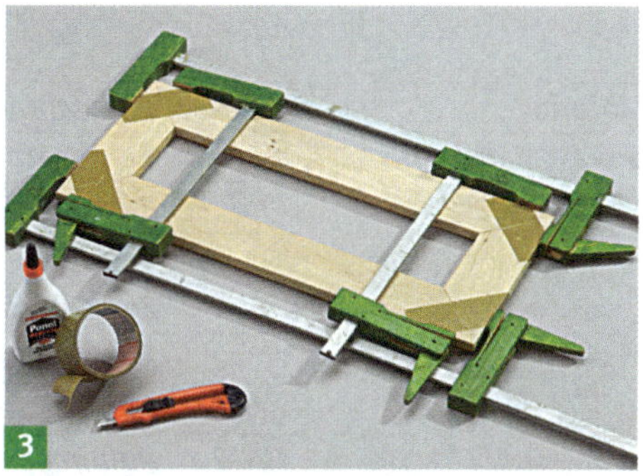

3 Sind die vier Rahmenbretter miteinander verleimt, müssen sie aneinander gepresst werden. Kleben Sie in den Ecken Paketband auf, dann Zwingen ansetzen

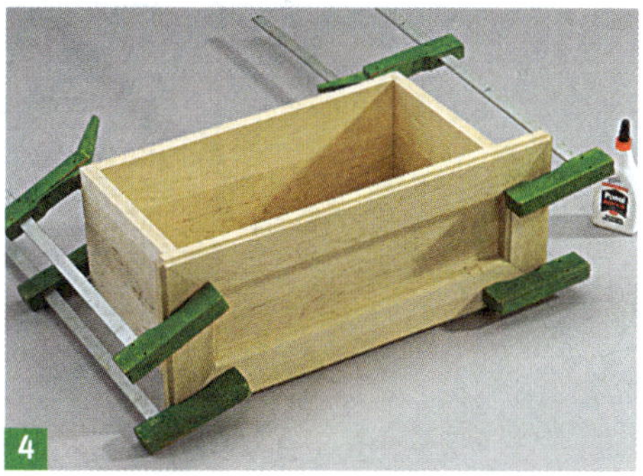

4 Der Rahmen muss an der Schubladenfront so positioniert werden, dass das obere Rahmenbrett sich später genau an die Zierhalbsäulen anschließt

5 Damit die Schublade gut gleiten kann, tragen Sie Umleimer auf die Laufleisten auf. Die Position der Schublade erhöht sich um die Stärke des Umleimers, was Sie bei der Ausrichtung des Frontrahmens mit berücksichtigen müssen

Kettenzugwerk einbauen

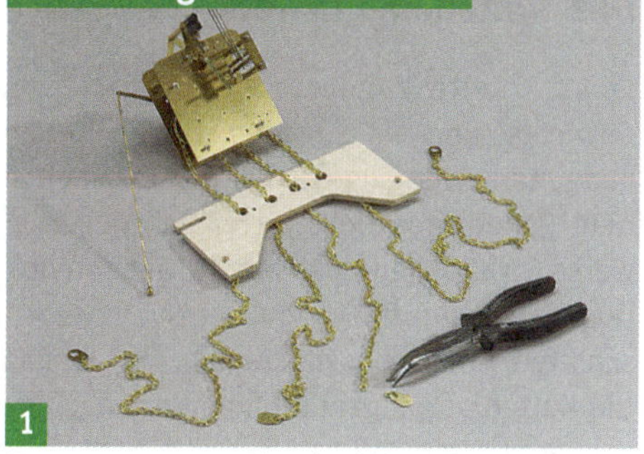

1 Zuerst müssen Sie den so genannten Uhrwerksschlitten anfertigen. Anschließend führen Sie das Uhrwerk ein und verschrauben es mit dem Schlitten

2 Um die einzelnen Ketten durch die vorgebohrten Löcher des Schlittens führen zu können, müssen Sie sie am Zugende öffnen und nachher wieder schließen

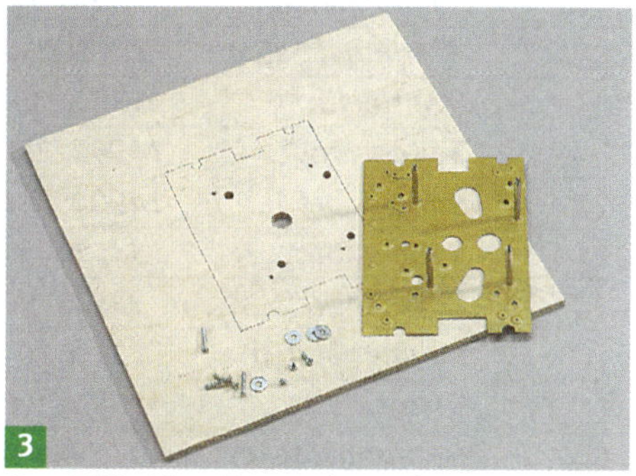

3 Der Zifferblatt-Träger besteht aus Sperrholz. Übertragen Sie alle Lochpositionen der Blindplatine auf das Holz und bohren Sie anschließend die Löcher

4 Bauen Sie den Halterahmen zusammen. Er wird mit dem Zifferblatt-Träger verleimt und verschraubt. Dann Uhrwerk mit angeschraubtem Schlitten einsetzen

Das Kettenzuguhrwerk einfügen

Jedes Kettenzuguhrwerk besitzt ein Gewichts- und ein Zugende. Die an Ketten hängenden Messing-Gewichte bilden neben dem Pendel den dekorativen Teil des Zugwerks, weswegen man es ja auch hinter Glas setzt. Um die Ketten in den Uhrwerksschlitten einführen zu können, muss man die Ketten am Zugende öffnen und nachher wieder zusammenfügen.

Weitere Elemente der Uhrmechanik sind natürlich das eigentliche Uhrwerk, das Zifferblatt mit Zeigern sowie eine so genannte Blindplatine, die das Uhrwerk hinter dem Zifferblatt festhält. Weiterhin stellt sie auch die Verbindung zu dem darunter liegenden Werkschlitten dar. Den Zifferblatt-Träger bildet eine einfache Sperrholzplatte. Im letzten Schritt müssen Sie noch Pendel und die Hämmerchen für den Gong anbringen. Hier hilft Ihnen die Anleitung des Herstellers.

Wesentlich einfacher in der Montage und dazu noch preiswerter ist das bereits zu Beginn angesprochene batteriebetriebene Quarzuhrwerk (s. Tippkasten auf Seite 182).

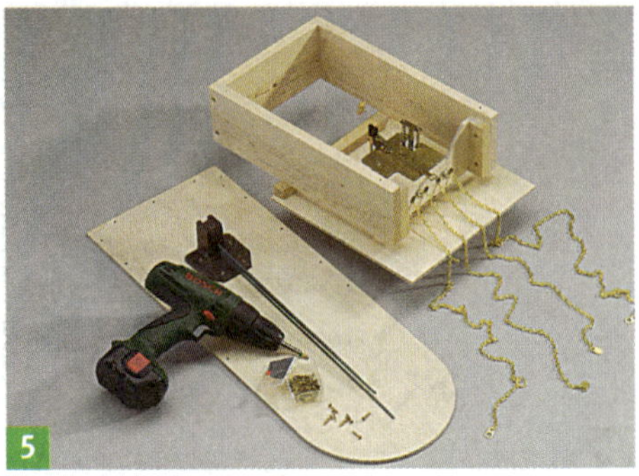

5 *Verschrauben Sie den Schlitten mit den Eckverbindern des Halterahmens. Schneiden Sie die Sperrholzrückwand zu, an der Gong und Pendel sitzen*

Materialliste

Pos.	Anz.	Bezeichnung	Maße in mm	Material
①	1	Bodenplatte	655 x 380	Birke-Leimholz 19 mm dick
②	1	Sockelbrett	655 x 110	
③	2	Sockelbretter	380 x 110	
④	1	Sockelleiste	435 x 57	
⑤	1	Sockelbrett	575 x 70	
⑥	2	Laufleisten	220 x 32	
⑦	1	Sockelleiste	499 x 43	
⑧	1	Gehrungsleiste	625 x 25	
⑨	2	Gehrungsleisten	365 x 25	
⑩	2	Seitenwände	320 x 269	
⑪	4	Rahmenleisten	229 x 50	
⑫	2	Führungsleisten	220 x 50	
⑬	1	Frontleiste	537 x 40	
⑭	2	Seitenwände	1490 x 282	
⑮	2	Rahmenbretter	1490 x 100	
⑯	1	Rahmenbrett	335 x 65	
⑰	1	Rahmenbrett	335 x 90	
⑱	1	Rahmenbogen	335 x 164	
⑲	1	Distanzleiste	535 x 40	
⑳	1	Gehrungsleiste	573 x 40	
㉑	2	Gehrungsleisten	339 x 40	
㉒	1	Rahmenbogen	535 x 130	
㉓	1	Kranzbrett	573 x 266	
㉔	2	Kranzbretter	339 x 130	
㉕	1	Kranzbogen	611 x 191	
㉖	2	Kranzseiten	358 x 55	
㉗	1	Kranzbogen	649 x 176	
㉘	2	Kranzseiten	377 x 40	
㉙	1	Bodenplatte	497 x 275	
㉚	1	Kopfplatte	497 x 282	
㉛	2	Rahmenleisten	854 x 40	
㉜	1	Rahmenbogen	280 x 140	
㉝	1	Rahmenleiste	280 x 50	
㉞	2	Rahmenleisten	365 x 40	
㉟	1	Rahmenbogen	280 x 160	

Pos.	Anz.	Bezeichnung	Maße in mm	Material
㊱	1	Rahmenfüllung	243 x 121	Birke-Leimholz 19 mm dick
㊲	1	Rahmenleiste	280 x 40	
㊳	1	Rahmenleiste	203 x 25	
㊴	2	Zierhalbsäulen	842 x 45	
㊵	2	Zierhalbsäulen	362 x 45	
㊶	8	Säulenkapitelle	57 x 25	
㊷	2	Rahmenbretter	575 x 70	
㊸	2	Rahmenbretter	247 x 70	
㊹	2	Front-/Rückwände	457 x 189	
㊺	2	Seitenteile	300 x 205	
㊻	2	Rahmenbretter	410 x 115	
㊼	1	Rahmenbrett	222 x 115	
㊽	1	Eckverbinder	110 x 30	
㊾	1	Rückwand	1709 x 515	Multiplex 6,5 mm dick
㊿	1	Schubladenboden	475 x 300	
(51)	1	Zifferblatt-Träger	320 x 310	
(52)	1	Rückwand	700 x 260	
(53)	1	Werkschlitten	222 x 110	

Sonstiges:
Birke-Leimholz 19 mm dick:
8 Fußplatten 180 x 80 mm, 4 Fußplatten 180 x 75 mm, 3 Einlegeböden 493 x 271 mm, 2 Halbsäulen unten 60 x 19 x 980 mm lang, 2 Halbsäulen oben 60 x 19 x 500 mm lang; Leisten 19 x 14 mm: 1 x 295 mm lang, 2 x 220 mm lang (Fußleisten); 3,6 lfd.m Glasleisten 19 x 18 mm; 4,0 lfd.m Federn 25 x 3 mm; 2 Kippleisten 19 x 22 x 275 mm lang; 1,5 lfd.m Resopal 30 x 1 mm; 2 Möbelgriffe; 4 Zierbänder; 2 Kugelschnäpper; Bodenträger;
4 Senkkopfschrauben M4 x 20 mit Scheiben und Muttern;
1 Flügelschraube mit 3d-Scheibe und Zugmutter;
1 Quarzuhrwerk kpl.; 1 Pendeluhrwerk kpl.;
Glas 3 mm dick: je 1 x 779 x 292 mm und 297 x 292 mm;
Spanplatten-Schrauben; Holzleim.

6 Die Halterung des Gongs wird nun an die Sperrholz-Rückwand angeschraubt. Auch im Randbereich erhält die Platte Bohrlöcher zur Befestigung am Rahmen

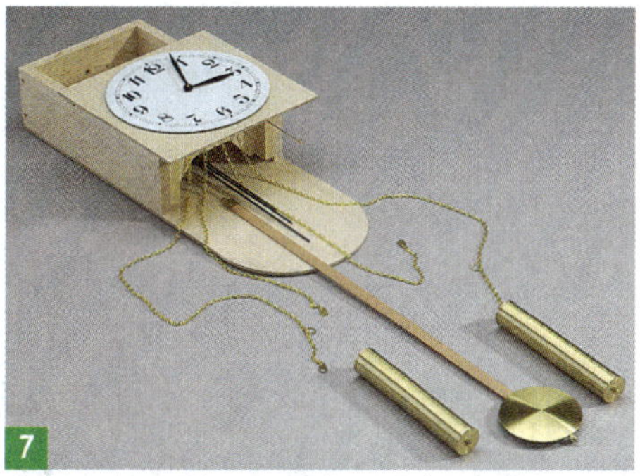

7 Schrauben Sie nun die Rückwand von hinten gegen den Halterahmen. Zuerst müssen jedoch die Hämmer auf die Gongstäbe ausgerichtet werden

8 Um den Halterahmen im oberen Kasten des Korpus richtig zu positionieren, müssen Sie mit Füllstücken arbeiten. Nach dem Ausrichten festspannen

9 Von oben wird nun ein Loch gebohrt, in das Sie den Flügelbolzen einsetzen. An dieser Stelle wird der Uhrwerkskasten sicher mit dem Korpus verschraubt

Hier sehen Sie die zahlreichen Bauteile der Standuhr im Gesamt-Überblick

Zu diesem Thema können Sie zusätzlich einen Bauplan mit vielen Detailzeichnungen anfordern (siehe S. 237).

Moderne Singleküche

Wenn Sie die üblichen Küchenoberschränke durch Regale ersetzen und statt Fliesen Tapete und Lack verwenden, wirkt die Küche offener und wohnlicher

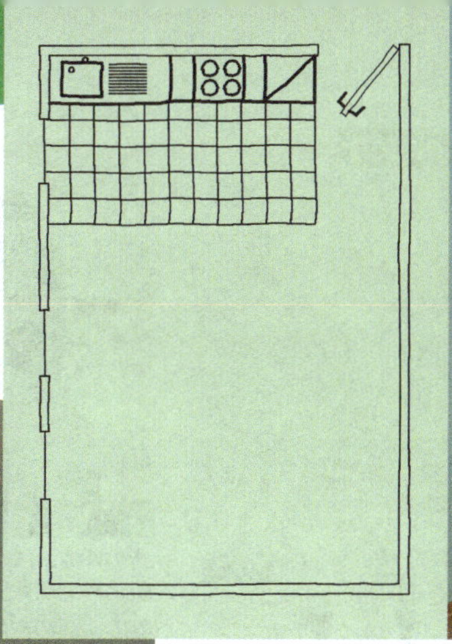

Der Wohnküchenraum vor dem Einbau der Küchenzeile. Die Wände wurden bereits lackiert. Der Küchenzeilenbereich wurde ausgespart. Er erhält eine Tapete

Die Zahl der Einpersonenhaushalte wächst. Aus diesem Grund sind auch einfache und platzsparende Küchenzeilen immer mehr gefragt. Da in modernen Appartements die Küche oft mit in den Wohnraum integriert ist, sollte die Kochzeile nicht zu steril wirken. In dem gezeigten Beispiel wurde ganz bewusst auf Fliesen verzichtet. Stattdessen entschied man sich für eine Tapete, die mit feuchtigkeitsabweisender Farbe bestrichen wurde. Der Metall-Effekt macht die strukturierte Tapete zu einem echten Hingucker.

Damit die Küche nicht zu massig wirkt, wurde nur ein kleiner Oberschrank gekauft. Ansonsten werden über der Arbeitsfläche nur Regale angebracht, die mit ihren Holzböden einen warmen Kontrast zu der eher kühl wirkenden Wand in Metalloptik darstellen. Die Küchenunterschränke bestehen aus kombinierten Standardküchenelementen, die Sie nach eigenem Geschmack zusammenstellen können. Um die Optik der Schrankfronten etwas aufzulockern, wurden sowohl weiße als auch kiefernfarbene Türen ausgewählt.

Tapete im modernen Metall-Look

Die Tapete, die im hier gezeigten Beispiel statt des sonst üblichen Fliesenspiegels eingesetzt wurde, ist eine so genannte Riffelblechtapete – eine einfache Papierprägetapete, die aber in ihrer Struktur einer Metalloberfläche ähnelt.

Es empfiehlt sich, die frisch tapezierte Fläche gründlich mit einer Andruckrolle zu bearbeiten. Gerade in der Küche, wo immer

Tapete ankleben und streichen

1 *Die strukturierte Tapete wird nach Herstellerangaben eingekleistert und an die Wand geklebt. Eine Andruckrolle sorgt für gute und lückenlose Haftung*

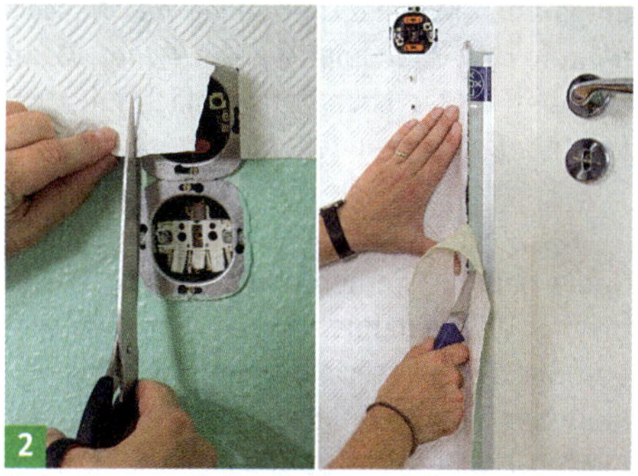

2 *Schalter- und Steckdosen können Sie zunächst übertapezieren und sie nachher mit der Schere freilegen. Überstehende Tapete am Türrahmen abtrennen*

3 *Bevor Sie mit dem Streichen der Tapete beginnen, kleben Sie die Ränder mit Malerkrepp ab. Die Metall-Effekt-Farbe wird mit einer Lackrolle aufgetragen*

wieder Feuchtigkeit entsteht, muss die Tapete „bombenfest“ sitzen.

Blenden von Steckdosen und Schaltern montieren Sie vorher ab (Sicherung ausschalten!) und tapezieren einfach darüber. Anschließend können Sie die Bereiche vorsichtig ausschneiden. Der Anstrich mit der Effekt-Farbe macht aus der Tapete ein perfektes Metall-Imitat.

Unterschränke und Spüle

Beim Aufbau der Unterschränke kann man eigentlich nicht viel falsch machen, weil die Einzelteile genormt sind. Auch sind die Wände in den meisten Wohnungen schon so angelegt, dass sich die Elemente perfekt einpassen lassen. Beim Kauf der Spüle gilt es jedoch einiges zu beachten. Prüfen Sie beispielsweise, ob die Zuleitungen lang genug sind. Falls nicht, kaufen Sie sich direkt entsprechende Verlängerungen dazu.

Kontrollieren Sie auch, ob Sie das nötige Werkzeug für die Montage der Spüle besitzen. Wenn Sie das Loch für die Armatur noch selbst herstellen müssen, brauchen Sie dafür ein Spezialwerkzeug. Es gibt allerdings auch Modelle, bei denen der Wasserhahn in die Arbeitsplatte gesetzt wird. Dann können Sie das Loch ganz einfach mit dem Forstner-Bohrer herstellen.

Im gezeigten Fall muss in das Metall der Spüle gebohrt werden. Wenn Sie die Position des Wasserhahns festgelegt haben, kleben Sie die Armaturmanschette mit Doppelklebeband an. Damit der Bohrer auf der glatten Fläche nicht abrutscht, empfiehlt es sich, den Mittelpunkt zuerst leicht anzukörnen. Mit dem Spezialwerkzeug schneiden Sie das Loch schließlich rund aus.

Die Ränder der Spüle müssen rundum mit Dichtungsband beklebt werden. Oft wird dieses Band schon zusammen mit der Spüle geliefert. Kleben Sie das Band so auf, dass es überall leicht übersteht. Die Spüle kann dann eingesetzt werden. Von unten wird sie mit so genannten Befestigungskrallen fixiert. Wenn die Spüle fest sitzt, können Sie mit einem Cutter-Messer das überstehende Dichtungsband vorsichtig abschneiden.

Bei der Befestigung der Armatur halten Sie sich an die Anleitung des Herstellers. Führen Sie die Zuleitungen von oben durch

Küchenunterzeile bauen

1 *Der Zusammenbau der Schrankkästen ist etwas zeitaufwändig, im Grunde aber unkompliziert. Montieren Sie anschließend die Scharniere und die Beine*

2 *Der Umriss der Spüle wird mit Klebeband versehen. Dann zeichnen Sie die genauen Schnittlinien darauf. Bohren Sie jetzt Löcher in alle vier Ecken*

3 *Die Arbeitsplatte liegt während der Bohr- und Sägearbeiten auf zwei Böcken auf. Schneiden Sie den Spülenausschnitt mit der Stichsäge entlang der Linie aus*

4 *Befestigen Sie die Arbeitsplatte mithilfe von Zwingen in der gewünschten Position und schrauben Sie sie dann fest. Im Detail sehen Sie die gerundete Abschlusskante und die eingefräste Ablaufrinne*

TIPP ABSCHLUSSLEISTE ANBRINGEN

Zwischen Arbeitsplatte und Wand entsteht meist ein unschöner Spalt, der schon aus hygienischen Gründen geschlossen werden sollte, damit keine Lebenmittelreste hinter die Schränke geraten. Der Fachhandel bietet hierfür Abschlussleisten an, die sich leicht befestigen lassen. Statt der üblichen Kunststoffleisten können Sie aber auch Sockelleisten aus MDF anbringen. Wenn Sie sie vor der Montage noch mit der Metall-Effekt-Farbe anstreichen, die Sie für die Tapete verwendet haben, ist die Optik perfekt.

Spüle einbauen

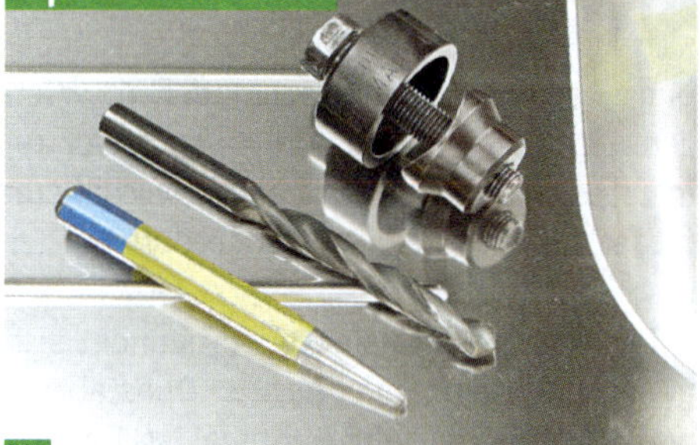

1 Bohren Sie nun das Armaturloch in die Spüle. Dazu brauchen Sie die hier gezeigten Werkzeuge: einen Körner, einen Metallbohrer und ein Spezialwerkzeug

das ausgeschnittene Loch und montieren Sie dann den Wasserhahn. Die Zuleitungen müssen an die unter der Spüle befindlichen Absperrventile angeschlossen werden, und zwar eine an die Kaltwasser- und eine an die Warmwasserzufuhr. Die Abflussgarnitur gehört in der Regel zum Lieferumfang der Spüle. Der Schlauch wird an das Abflussloch in der Wand angeschlossen.

Zuschneidetüren einpassen

Um die Front der Unterschränke optisch etwas aufzulockern, wurden neben den einfachen weißen Küchenschranktüren auch zwei Zuschneidetüren gekauft. Diese Türen erhält man im Baumarkt in Fichte- und Kieferausführung. Bei der Breite können Sie zwischen 40, 50 und 60 cm wählen, bei der Länge zwischen 78, 200 und 250 cm. Das praktische an Zuschneidetüren ist, dass man sie problemlos auf die gewünschte Länge kürzen kann. Passende Rahmenabschlussleisten werden anschließend einfach angeleimt. Um die fertig zugeschnittenen Türen mit den Schrankkorpussen zu verbinden, müssen Sie Löcher in die senkrechten Leisten der Türen bohren. Hier werden die

2 *Positionieren Sie die Armaturmanschette mit Doppelklebeband an der Spüle. Körnen Sie den Mittelpunkt leicht an und setzen Sie dann das Bohrloch hinein*

3 *Setzen Sie nun das Spezialwerkzeug ein. Es wird in das vorgebohrte Loch eingeschraubt und so lange angezogen, bis es das Loch sauber ausgeschnitten hat*

4 *Bevor Sie die Spüle einsetzen können, versehen Sie die Randbereiche der Spüle mit Dichtungsband. Kleben Sie es so auf, dass es rundum leicht übersteht*

5 *Die Spüle kann nun in das vorbereitete Loch eingesetzt werden. Achten Sie darauf, dass Vorderkante von Spüle und Arbeitsplatte genau parallel verlaufen*

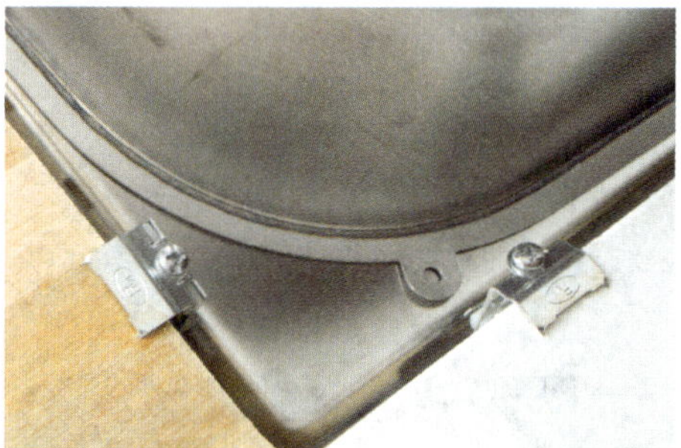

6 *Um die Spüle zu stabilisieren, werden von unten so genannte Befestigungskrallen angeschraubt. Seitlich greifen sie unter die Querstege der Schrankkästen*

7 *Kontrollieren Sie nochmals, ob die Spüle richtig positioniert ist. Nach der Prüfung können Sie das überstehende Dichtungsband mit einem Cutter abtrennen*

8 *Montieren Sie nun die Armatur. Beim Kauf sollten Sie auf ausreichend lange Zuleitungen achten. Beachten Sie genau die Montageanleitung des Herstellers*

9 *Von der Armatur aus führen zwei Flexschlauchzuleitungen nach unten. Verbinden Sie diese fest mit den unter der Spüle befindlichen Absperrventilen*

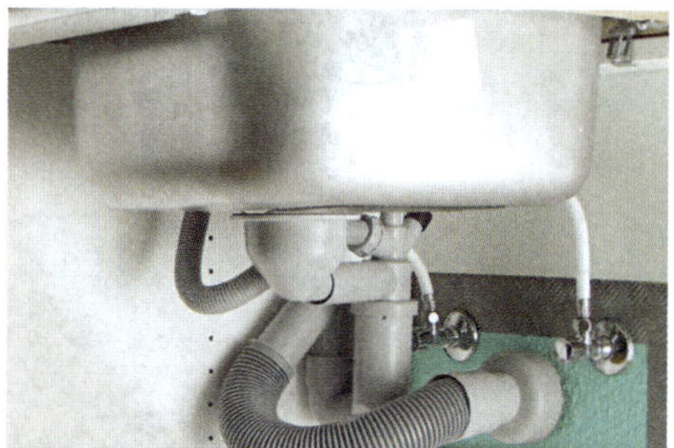

10 *Zum Schluss bringen Sie die Abflussgarnitur an. Bei dem dicken Schlauch handelt es sich um den regulären Abfluss, links liegt der dünnere Überlaufschlauch*

Federscharniere eingesetzt. Legen Sie die Tür vor dem Bohren neben die Seitenwand des Korpus und markieren Sie den Mittelpunkt des Bohrlochs. Achten Sie darauf, dass Sie den Bohrpunkt so setzen, dass eine waagerechte Linie, die von der Tür zum Korpus führt, genau zwischen zwei Löchern der System-32-Lochreihe endet. Nur so lässt sich das Scharnier nachher problemlos anbringen. Sind die Türen befestigt, müssen Sie noch Bohrlöcher für die Türknöpfe setzen. Damit das Holz an der Rückseite nicht aufsplittert, verwenden Sie eine Zulage, die Sie mit Zwingen von hinten festspannen.

Strom aus dem Oberschrank

Bei der hier vorgestellten Küchenzeile wurde bewusst auf eine Reihe von Oberschränken verzichtet, um der Küche einen offenen und luftigen Charakter zu verleihen. Statt dessen hat man sich für eine zweistöckige Regalbord-Konstruktion entschieden, die lediglich in der Mitte durch die Dunstabzugshaube und einen darüber gesetzten eintürigen Oberschrank unterbrochen wird. Da sich oberhalb des Arbeitsbereiches nur eine einzige Steckdose befand, man aber drei benötigte (eine für die Abzugshaube und zwei für die Beleuchtung), entschied man sich kurzerhand, die Steckdose abzuschrauben und durch ein Dreifachmodell zu ersetzen. Zu beachten ist natürlich, dass Elektroinstallationsarbeiten nur bei ausgeschalteter Sicherung durchgeführt werden dürfen.

Die neue Dreifachsteckdose befindet sich genau über dem angebrachten Dunstabzug, was für die Stromzufuhr optimal ist. Da aber über die Abzughaube noch ein Oberschrank gesetzt werden sollte, musste eine Lösung gefunden werden, die Steckdose in den Schrank zu integrieren. Zuerst wurde in der Schrankrückwand ein Ausschnitt hergestellt. im hinteren, unteren Bereich der Seitenwände wurden zusätzlich kleine Löcher als Kabeldurchlass gebohrt. Der Korpus wurde nun an der Wand montiert. Jetzt ging es nur noch darum, die unansehnliche Steckdose zu verdecken. Ein zugeschnittenes Spanplatten-Reststück diente als zweite Rückwand, die vor der Stromzufuhr befestigt wurde. Den oberen Abschluss bildet der eingelegte Zwischenboden.

Zuschneidetüren

1 *Zuerst muss die Zuschneidetür auf die gewünschte Länge gekürzt werden. Leimen Sie danach die Rahmenabschlussleiste auf und pressen Sie sie fest an*

2 *Legen Sie die Tür jetzt neben den bereits verschraubten Schrankkorpus auf den Boden und übertragen Sie die Scharnierpositionen auf das Türblatt*

3 *Spannen Sie den Forstner-Bohrer in den Bohrständer. Fertigen Sie damit die Löcher für die Federscharniere der Türen an den markierten Positionen an*

4 *Setzen Sie die Scharniere in die vorgebohrten Löcher ein und markieren Sie mit dem Bleistift die Positionen, an denen die Schrauben sitzen sollen*

5 *Die Montageplatte wird in der Lochreihe verschraubt. Clippen Sie das Scharnier an und richten Sie die Tür aus. Anschließend mit dem Korpus verbinden*

6 *Bringen Sie nun die Türknöpfe an. Spannen Sie von hinten mit Zwingen eine Zulage an der Tür fest und bohren Sie senkrecht ein Loch in die Türfläche*

TIPP LICHT UND STROM

Bei der Küchenarbeit ist ausreichende Beleuchtung besonders wichtig. Am angenehmsten lässt sich arbeiten, wenn das Licht direkt auf die Arbeitsplatte gerichtet ist. Aus diesem Grund bietet es sich an, die Leuchten unter den Oberschränken, oder – wie im gezeigten Beispiel – unter den Regalen zu befestigen. Die Stromzuleitung der oben abgebildeten Halogenleuchte erfolgt mit einem einfachen Kabel aus der neuen Dreifachsteckdose.

Oberschrank und Regale

Die Abzugshaube ist bereits montiert. Mit dem Zollstock messen Sie die Position der Bohrlöcher ab, die für die Aufhängung des Oberschranks zuständig ist

Die Einfachsteckdose über der Abzugshaube soll durch eine Dreifachdose ersetzt werden. Nehmen Sie zuerst die Blende ab und lösen Sie die Steckdose

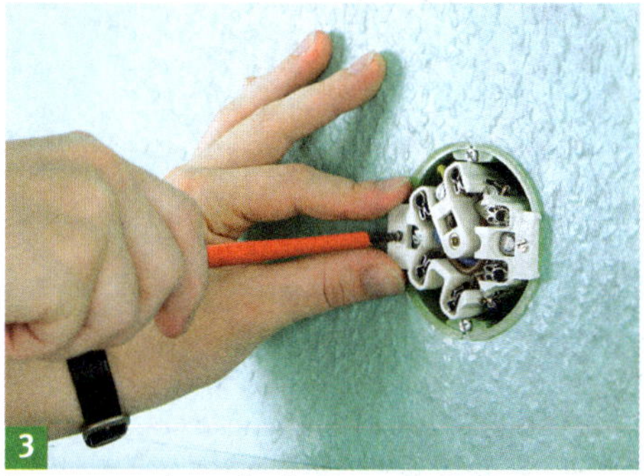

Dann werden die Leitungen angeklemmt. Setzen Sie die neue Dreifachsteckdose in die Unterputzdose ein und schrauben Sie sie anschließend fest

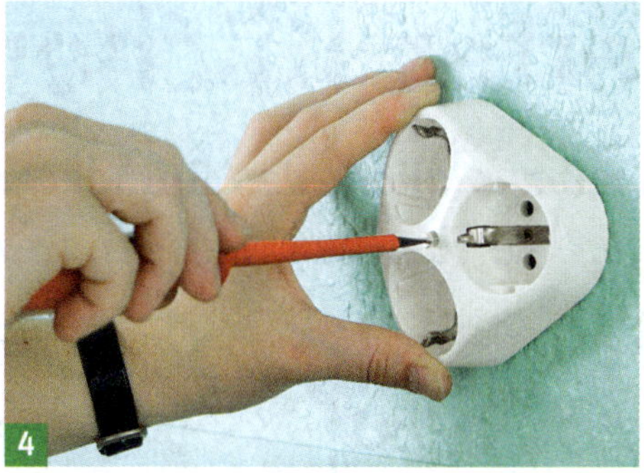

Schrauben Sie die Dreifachblende an. Die Steckdose wird nachher im Inneren des Oberschranks verschwinden. Sägen Sie dazu ein Stück der Rückwand aus

Montieren Sie die Regale. Zuerst die Trageleisten an die Wand dübeln, dann die Tragarme einhängen. Die Borde werden von unten mit den Armen verschraubt

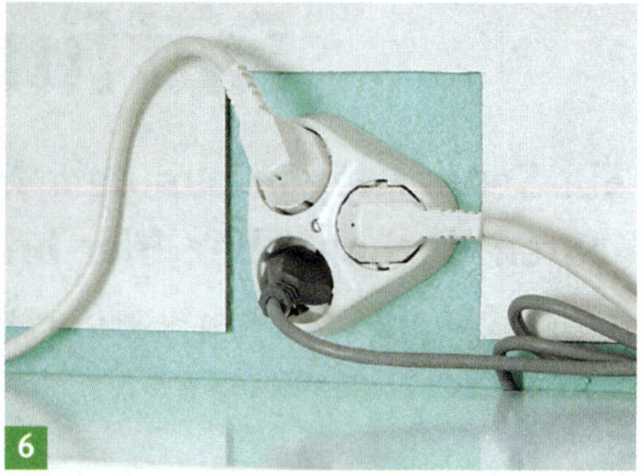

Die oben angebrachte Dreifachsteckdose bietet eine ausreichende Stromversorgung für die Dunstabzugshaube und die Beleuchtung der Arbeitsfläche

Aus einem Reststück schneiden Sie eine zweite Rückwand für das untere Fach des Oberschranks zu. Hinter dieser Wand verschwindet die Steckdose

Hier sehen Sie den fertigen Korpus des Oberschranks. Die Steckdose liegt nun geschützt und unsichtbar zwischen den beiden Rückwänden

Raffinierter Küchenhelfer

Ein Servierwagen aus dem Möbelhaus bildet das Grundgerüst für diesen variabel einsetzbaren Küchenhelfer. Hier bringen Sie Flaschen, Messer, Gewürze und vieles andere unter

Der Servierwagen aus Kiefernholz. Um ihn vielfältiger einsetzbar zu machen, erhält er einige Sonderausstattungen

Einen einfachen kleinen Servierwagen aus Nadelholz bekommt man meist schon für wenig Geld im Möbelhaus. Ein solches Grundmöbelstück können Sie jedoch mit ein paar kleinen Extras in einen äußerst nützlichen Küchenhelfer verwandeln. Auf einer kleinen Fläche bringen Sie viele Utensilien unter, die Sie für die tägliche Küchenarbeit brauchen.

Das Grundgerüst des Servierwagens wird um ein Flaschengestell, einen Messerhalter, einen Gewürzdosenkasten auf Laufleisten sowie einen Vorratsbehälter mit Führungsschienen ergänzt. Anschließend wird noch eine dekorative Metallstange mit passenden Körben und Haken eingesetzt. Um die Zusatzelemente anbringen zu können, müssen Sie zuerst die obere Abschlussplatte an

2

Der Flaschenhalter besteht aus einem Boden, der Halterung mit Löchern, einer Rückwand und zwei stabilisierenden Stegen. Verschrauben Sie alle Teile

Arbeitsschritte

1

Beginnen Sie mit dem Flaschenhalter. Mit einer 95-mm-Lochsäge schneiden Sie vier Löcher in die obere Platte

3

Da die obere Abschlussplatte des Wagens leicht übersteht, können Sie den Flaschenhalter gut darunter setzen und mit Schrauben an den Beinen befestigen

4

Der Messerhalter besteht aus zwei aneinandergesetzten Multiplex-Platten, die durch zwei Streifen Hartfaserplatte auf den nötigen Abstand gebracht werden

zwei Seiten kürzen. An der linken Seite, wo das Flaschengestell sitzen soll, lassen Sie nur 15 mm Überstand. Hinten schneiden Sie den Überstand komplett ab, damit Sie den Messerhalter etwas nach oben herausragen lassen können.

Flaschengestell und Messerhalter

Das Flaschengestell und den Messerhalter fertigen Sie aus Multiplex-Platten. Beginnen Sie mit den 95-mm-Lochausbohrungen für die Flaschen. Setzen Sie anschließend Halterung, Boden, Stege und Rückwand zusammen und schrauben Sie das Gestell an die linke Seite des Servierwagens.

Der Messerhalter ist mit wenigen Handgriffen fertig gestellt. Zwei Multiplex-Platten bilden den vorderen und hinteren Abschluss. Dazwischen setzen Sie zwei Streifen aus Hartfaserplatte. Der Messerhalter wird an der Rückseite des Wagens angeschraubt, und zwar so, dass er die obere Abschlussplatte um 15 mm überragt. Die Messer werden von oben eingehängt.

Gewürzkasten und Vorratsbox

Der Gewürzdosenkasten besteht eigentlich aus zwei fertig gekauften Holzkästen, die aneinander gekoppelt werden. Fertigen Sie aus Multiplex zwei Laufleisten an, die Sie in der Mitte ausklinken und von unten an den zwei aneinandergesetzten Kästen verschrauben. Die Laufleisten greifen genau zwischen die Leisten des Lattenrosts am Wagen. Setzen Sie den Gewürzkasten auf die mittlere Ebene.

Für die Aufhängung der Vorratsbox brauchen Sie zwei Schienen, die ebenfalls aus Multiplex hergestellt werden. Leimen Sie jeweils eine breite und eine schmale Leiste aneinander. Wenn der Leim unter Spannung getrocknet ist, können Sie die Schienen an die Unterseite der mittleren Wagenebene schrauben. Bringen Sie zusätzlich noch ein Holzklötzchen an, das als Stopper dient.

Metallstange mit Körben

Um die Metallstange zu befestigen, müssen Sie die obere Abschlussplatte durchbohren und das darunter liegende Lattenrost mit der Raspel bearbeiten, sodass das Rohr hindurch passt. Eine Montageplatte stabilisiert von unten. Körbe aufsetzen, fertig!

5

Der Gewürzdosenkasten soll zwei Laufleisten erhalten, die genau zwischen die Bodenleisten des Wagens greifen. Mittig ein 24 x 6 mm großes Stück ausklinken

8

Die Schienen werden von unten an die mittlere Ebene des Wagens geschraubt. Ein Querklötzchen an der Vorderkante dient als Stopper beim Herausziehen

6

Mithilfe der ausgeklinkten Leisten werden zwei fertig gekaufte Besteckkästen aneinandergekoppelt. Schrauben Sie die Laufleisten von unten an die Rahmen

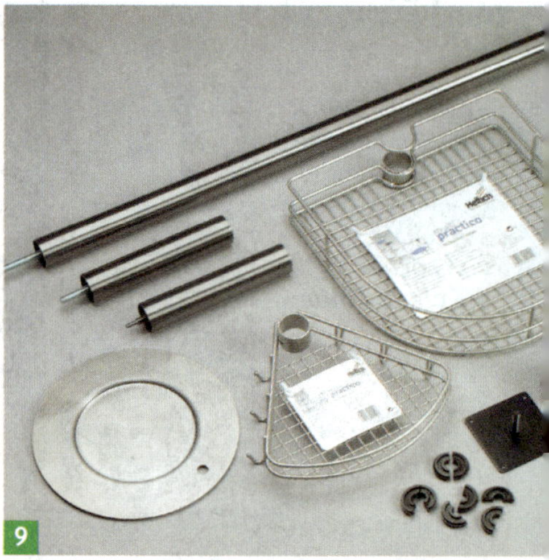

9

Der Fachhandel bietet viele raffinierte Küchenaccessoires aus Metall an. Der Servierwagen soll eine Stange mit zwei Körben und mehreren Haken erhalten

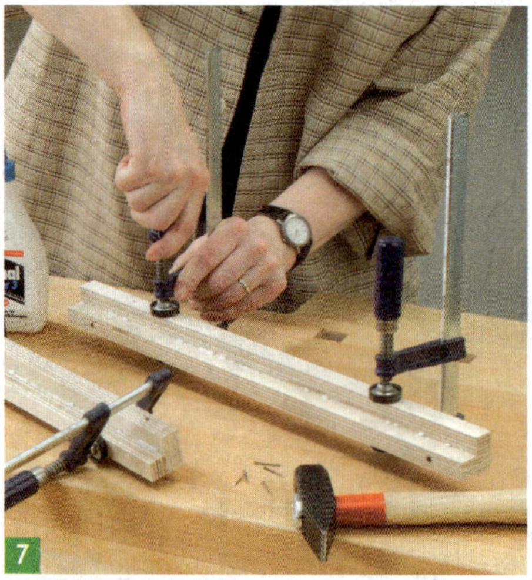

7

Die Schienen für den Vorratsbehälter ähneln Schubladenführungen. Eine breite und eine schmale Leiste werden mit Nägeln fixiert und anschließend verleimt

10

Die Stange soll in einer Ecke des Wagens platziert werden. Sie wird in der mittleren Ebene verankert. Mit einer Raspel den Zwischenraum erweitern

11

Setzen Sie nun die Montageplatte von unten an den Lattenrost an. Wenn Sie die obere Abschlussplatte durchbohrt haben, können Sie die Stange einsetzen

Materialliste

Maße in mm

Multiplex-Platte 15 mm:
1 Rückwand: 500 x 160;
2 Böden: 1 x 500 x 150;
1 x 500 x 120; 2 Stege 120 x 80;

2 Seiten: 375 x 140;

2 Laufleisten: 400 x 28;

Klötzchen: 97 x 50; 2 Schienen:
2 x 415 x 15; 2 x 415 x 30;

Hartfaserplatte 3,2 mm:
2 x 20 x 130;

Schrauben, MultiPractico-System:
Rohr Ø 40 mm: 1 x 200,
1 x 800; 1 Drahtkorb, 1 Hakenablage, 1 Zierkugel, 1 Montageplatte,
4 Adapter.

12

Da die Stange aus mehreren übereinander gesteckten Elementen besteht, können Sie die Höhe selbst bestimmen. Die aufgesetzten Körbe verbergen später die Nahtstellen

Holz-Ideen fürs Bad

Holz sorgt in allen Teilen der Wohnung für Wärme und Gemütlichkeit. Mit den hier vorgestellten Holz-Ideen sorgen Sie auch im Badezimmer für mehr Wohnlichkeit

Die Zeiten, in denen das Bad nur eine schmucklose Nasszelle war, sind endgültig vorbei. Heute möchte man auch das Badezimmer behaglich und wohnlich gestalten. Als Kontrast zu den kühlen Fliesenbelägen bieten sich Holzmöbel und -accessoires an, die jedem Raum optisch Wärme und Gemütlichkeit geben.

Eleganter Spiegelschrank

Das für den Bau des Spiegelschranks verwendete Holz ist beschichtete Spanplatte in Buche-Optik. Sie können aber ebenso gut MDF einsetzen. Die Maße des Schranks sind so angelegt, dass Sie die Bretter auch als Fertigelemente im Baumarkt kaufen können. Das erspart Ihnen zum einen Zuschneide-Arbeit und zum anderen den Umleimer, den man auf die Schnittkanten aufbügeln müsste. Auch die Glasböden wurden als Fertig-Zuschnitt gekauft, was Kosten spart.

Beginnen Sie die Konstruktion mit den fünf Rückwandelementen, an die sich jeweils an der linken Seite ein Steg anschließt. Zwischen die Rückwand-Steg-Verbindung werden dann die Glasböden mit Silikon eingeklebt. Von hinten wird die Konstruktion mithilfe von zwei senkrechten Verbindungsbrettern stabilisiert. Die Bretter werden oberhalb und unterhalb von jedem Boden beidseitig mit jeweils zwei Schrauben befestigt.

Setzen Sie nun das Alu-Profil an die vordere Stegkante. Seitlich müssen Sie mit einem Beitel Schlitze in das Metall setzen,

Setzen Sie mit diesen Holz-Ideen wohnliche Akzente im Bad. Auf den folgenden Seiten finden Sie einfache Bauanleitungen für Spiegelschrank, Handtuchtrockner und Co.

damit es sich gut um die Glasböden schmiegen kann. Zuletzt bringen Sie die Tür an. Bohren Sie die Scharnierlöcher und clippen Sie die Beschläge fest. Befreien Sie die Tür von Fett und Schmutz, ehe Sie den Spiegel aufkleben. Der Schrank wird mit zwei Schraubhaken in der Wand verankert.

Viel Platz im Unterschrank

Gerade der Raum unter dem Waschbecken bleibt oft ungenutzt und gibt darüber hinaus den Blick auf den Siphon frei. Der zum Spiegelschrank passende Unterschrank fügt sich perfekt unter das Waschbecken. Falls Ihr Waschbecken etwas höher oder niedriger als normal an der Wand befestigt ist, müssen Sie die hier angegebenen Maße natürlich entsprechend angleichen. Hässliche Putzflaschen können Sie elegant hinter der unteren Front verschwinden lassen. Da unten eine Seitenwand ausgespart wurde, kann man bequem hinter das Frontbrett greifen. Die dreilagige Relingkonstruktion aus Aluminiumrohren verleiht dem Schrank eine besonders elegante Note. Die obere Reling kann darüber hinaus als Trocknungsvorrichtung für

Bohren Sie mit dem Forstner-Bohrer die 35-mm-Sacklöcher an die Innenseite der Türplatte. Setzen Sie die Topfscharniere ein und clippen Sie die Beschläge fest

Der Spiegelschrank

Die Rückwand wird durch die vier Glasböden durchbrochen. Sie besteht aus fünf Brettern, an denen sich links jeweils ein Steg im 90°-Winkel anschließt

Das obere und untere Rückwandelement ist 50 mm hoch, das mittlere 150 mm und die beiden übrigen 200 mm. Dazwischen werden die Glasplatten gesetzt

Verbinden Sie die Rückwand-Steg-Elemente mit den Glasböden mithilfe von Silikon. An die Rückseite setzen Sie zwei senkrechte Verbindungsbretter auf

Stellen Sie jetzt die Bohrlöcher für die Aufhängung her. Bohren Sie schräg nach oben zwei 20-mm-Löcher, in die später Schraubhaken eingeführt werden

An die Vorderkante der Stege wird ein Alu-Profil gesetzt. Seitlich müssen Sie mit einem Beitel kleine Schlitze stemmen, die die Glasböden umschließen

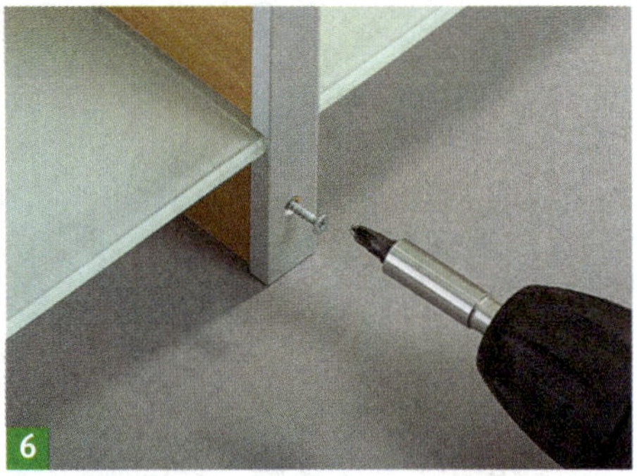

Bohren Sie das Alu-Profil vor und senken Sie die Löcher an. Das Profil wird an der Stegreihe mit zwei Schrauben, eine oben und eine unten, fixiert

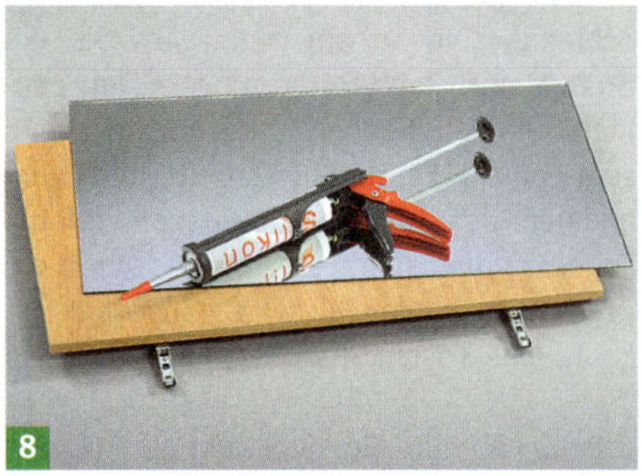

Bevor Sie die zugeschnittene Spiegelplatte mit Silikon aufkleben, müssen Sie sicherstellen, dass die Oberfläche der Tür absolut schmutz- und fettfrei ist

Übertragen Sie noch vor dem Bohren der Sacklöcher die Positionen der Montageplatten von der Tür auf die Stege. Mit Tiefenanschlag die Löcher vorbohren

Setzen Sie zwei kleine Kunststoffdämpfer an die Innenseite der Tür, um ein unsanftes Aneinanderschlagen von Türplatte und Glasböden zu verhindern

Der Spiegelschrank ist fertig. Auf den vier Glasborden bringen Sie eine Menge unter. Die Glasböden lassen sich mit normalem Glasreiniger problemlos säubern

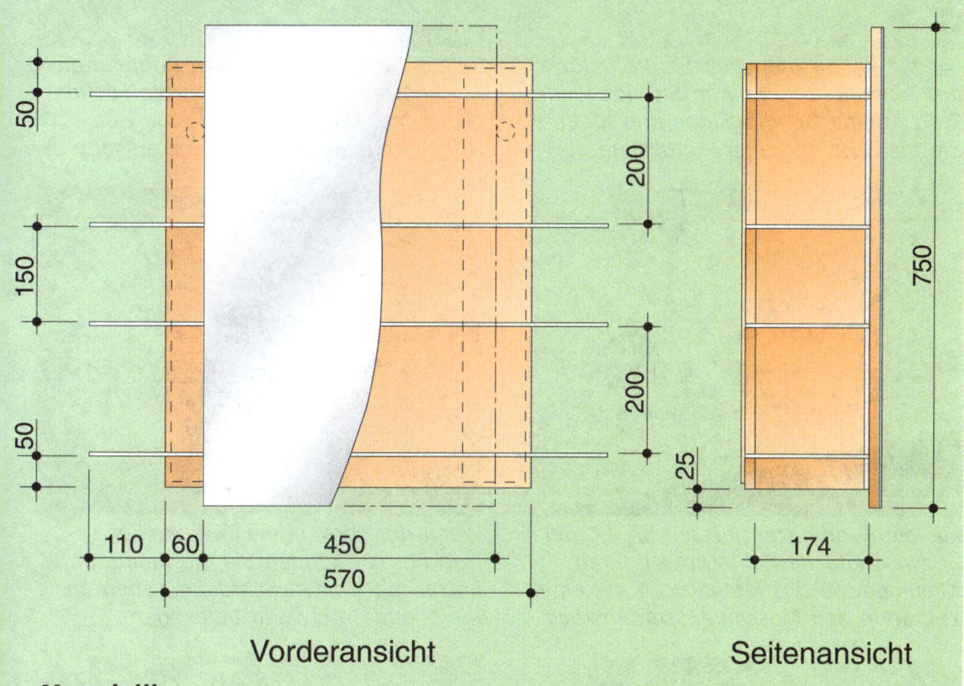

Materialliste

Maße in mm

Spanplatte 16 dick, Oberfläche Buche-Nachbildung:
2 Rückwände 570 x 200,
1 Rückwand 570 x 150,
2 Rückwände 570 x 50,
2 Stege 200 x 174, 1 Steg 150 x 174,
2 Stege 50 x 174,
1 Türplatte 750 x 450;
Aufbügel-Umleimer;
Multiplex 6,5 dick:
2 Verbindungsbretter 650 x 100;
1 Kristallspiegel 3 dick, 750 x 450;
4 Ljusdal-Glasböden (IKEA) oder 4 Glasböden vom Glaser 6 dick, 790 x 190;
1 Alu-Winkel 20 x 8 x 674;
2 Türbänder für aufschlagende Türen;
2 Kunststoffpuffer;
Silikon (Spiegelfixierung);
Spanplatten-Schrauben; Holzleim.

Der Unterschrank

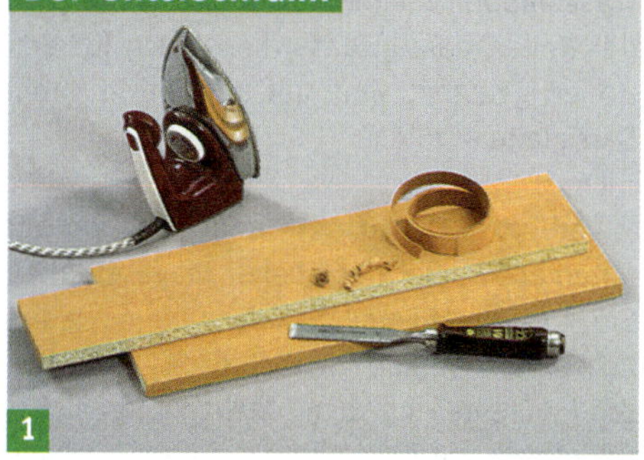

Schneiden Sie zuerst die einzelnen Teile aus beschichteter Spanplatte zu. Auf die Schnittkanten bügeln Sie Umleimer auf. Überstände mit dem Beitel entfernen

Verschrauben Sie Front und Seiten der oberen Etage. Markieren Sie die U-Form des Elements von unten auf dem mittleren Boden und verschrauben sie dann

Bei der unteren Etage bleibt eine Seite offen. So kann man den Bereich hinter der Front als Stauraum nutzen. Anzeichnen und mit dem Boden verschrauben

Bringen Sie jetzt die Rollen an der Unterseite des Bodens an. An der Vorderkante setzen Sie zwei Lenkrollen an, hinten reichen dagegen Bockrollen

Waschlappen dienen. Achten Sie beim Kauf der Rollen darauf, dass diese auch für den Boden geeignet sind, auf dem sie in Ihrem Bad gleiten sollen.

Verbinden Sie Front- und Seitenbretter miteinander. Bei der oberen Etage erhalten Sie so eine U-Form, bei der unteren lediglich einen Winkel. Wenn Sie die Front-Seiten-Elemente mit den dazugehörigen Bodenplatten verschrauben, sollten Sie die Umrisse vor dem Bohren mit einem Bleistift anzeichnen. Zwei senkrechte Rückbretter stabilisieren den Schrank von hinten. Die Spiegelfliesen befestigen Sie an den Frontbrettern, indem Sie Doppelklebeband in die Ecken setzen. Spannen Sie die Alu-Rohre zum Ablängen in eine Gehrungslade ein. Die beiden seitlichen Rohrstücke des obersten Alu-Rahmens erhalten je zwei Bohrlöcher, in die Sie die Rundhölzer einführen. Die Hölzer bilden die Verbindung zwischen oberstem Alu-Rahmen und Schrank, wodurch diese über der Konstruktion zu schweben scheint. Die beiden unteren Aluminium-Rahmen liegen an den vier Ecken mit den Holzwürfeln auf den Böden auf. Unterlegscheiben halten sie jedoch etwas auf Abstand.

TIPP GLAS SCHNEIDEN

Um die Spiegelfliesen passend zuschneiden zu können, brauchen Sie einen Glasschneider. Die Abmessung des 90°-Winkels erfolgt mit einem Metallwinkel. Ritzen Sie das Glas an, kleben Sie unten Umleimer auf und brechen Sie es unter leichtem Druck.

5 *Die vorgebohrten Rückenbretter werden mithilfe von Zwingen in der richtigen Position festgespannt. Verschrauben Sie die Bretter dann mit Böden und Seiten*

6 *Schneiden Sie die Spiegelfliesen passend zu. Reinigen Sie die Frontflächen gut von Fett und Schmutz und kleben Sie die Spiegel mit Doppelklebeband an*

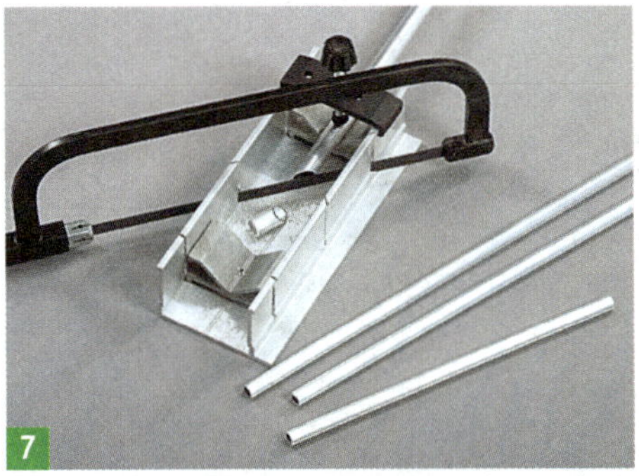

7 *Für die Reling brauchen Sie Rohrstücke aus Aluminium. Spannen Sie das lange Rohr in eine Gehrungslade und längen Sie die Teile mit einer Metallsäge ab*

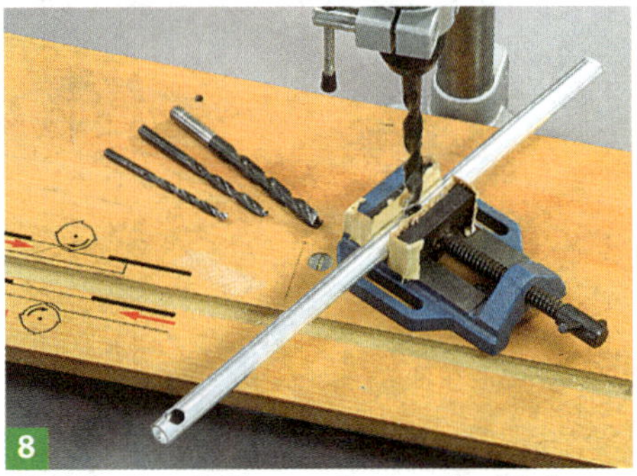

8 *Für die Rundhölzer müssen Sie Löcher in zwei seitliche Rohrstücke bohren. Klemmen Sie das Metall dazu mit einer Zulage in den Maschinenschraubstock*

9 *Längen Sie die würfelförmigen Eckverbinder von einem Kantholz ab. Spannen Sie jeden Klotz mit einer Zwinge fest und bohren Sie die Löcher für die Rohre*

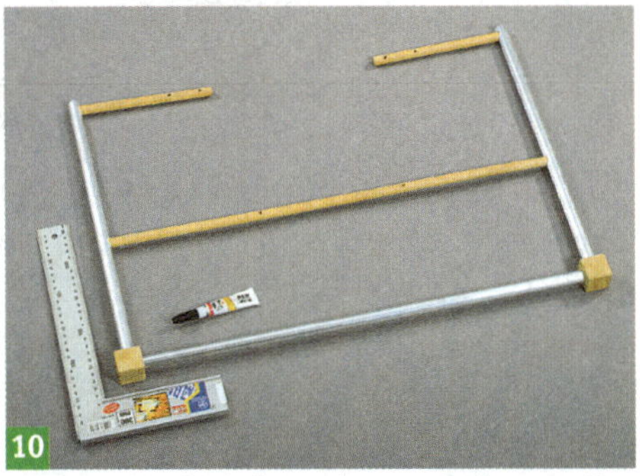

10 *Setzen Sie bei dem oberen Rahmen die Rundhölzer in die vorgebohrten Löcher der Rohre. Dann setzen Sie die Holzwürfel an die Ecken an der Frontseite*

11 *Wenn der verwendete Turbokleber getrocknet ist, können Sie die Relingrundhölzer mit kleinen Schrauben oben an Rück- und Frontwand befestigen*

12 *Zwischen den beiden Bodenplatten und den darüber liegenden Holzwürfeln soll eine Fuge bleiben. Legen Sie zu diesem Zweck eine Unterlegscheibe dazwischen*

Der Unterschrank bietet viel Abstellfläche und lässt sich zum Reinigen des Bodens leicht zur Seite schieben

Materialliste

Maße in mm

Spanplatte 16 dick, Oberfläche Buche-Nachbildung: 2 Böden 600 x 400, 2 Frontwände 280 x 250, 3 Seitenwände 280 x 230, 2 Rückenbretter 592 x 70; Buche massiv 30 x 30 x 30: 10 Verbindungsklötze; 2 Spiegelfliesen 2 dick, 279 x 250; doppelseitiges Spiegelklebeband; Aufbügel-Umleimer; Möbelrollen mit Montageplatte, Bauhöhe 75: je 2 Lenk- und Bockrollen; ca. 2,8 lfd.m Alu-Rohr Ø 11,5 x 2 (untere und mittlere Reling); ca. 1,4 lfd.m Alu-Rohr Ø 15 x 2 (obere Reling); ca. 1,0 lfd.m Buche-Rundholz Ø 12 (Fixierung obere Reling); Distanzscheiben; Spanplatten-Schrauben; Spezialkleber; Holzleim.

Schnitt B÷B

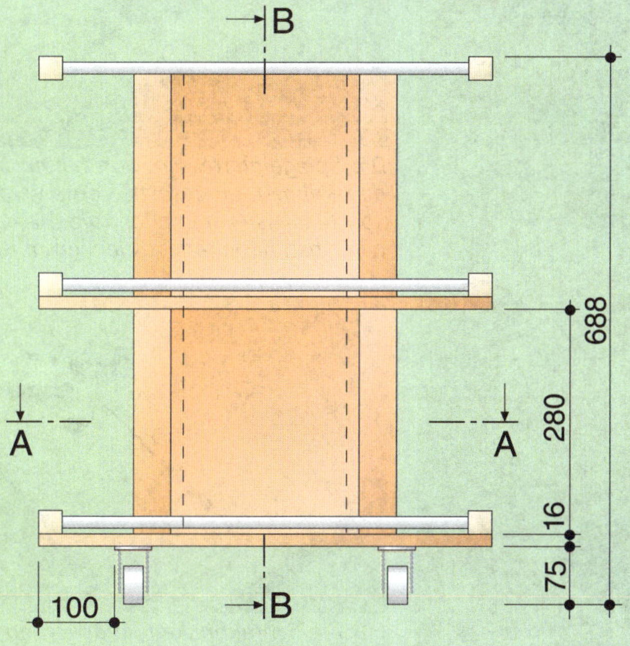

Vorderansicht

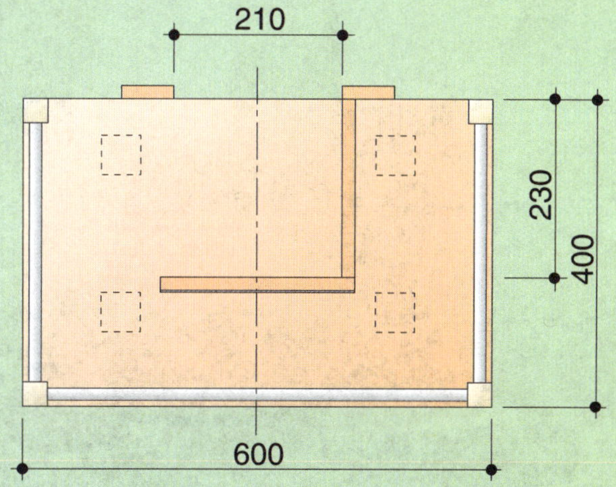

Schnitt A÷A

Spiegel mit Handtuchhalter

Der hier gezeigte Spiegel besitzt nicht nur eine Ablage, sondern zusätzlich noch einen praktischen Handtuchhalter. Die gesamte Konstruktion haben Sie in kurzer Zeit zusammengebaut. Die vier Rahmenbretter verbinden Sie mit von hinten angeschraubten Multiplex-Brettern. Denken Sie vor dem Verschrauben daran, dass Sie die Löcher für die Aufhängung herstellen. Das Rundholz, das den Handtuchhalter bilden soll, erhält an jeder Seite ein 10-mm-Bohrloch, in das zwei kürzere Rundhölzer eingesetzt werden. Diese bilden die Verbindung zur Ablage. Den Spiegel setzen Sie von hinten ein. Er wird vorne von angeleimten Glasleisten gehalten. Den Dekorwachs, der hier zur Farbbehandlung gewählt wurde, erhalten Sie auch in vielen anderen Farben, nicht nur in den üblichen Holztönen.

Handtuchtrockner mit Ablage

Die Seitenwände dieses Handtuchtrockners bestehen wieder aus fertig gekauften Regalbrettern. Sie ersparen sich also aufwändige Zuschneide- und Umleimarbei-

Praktisch und dekorativ ist der Spiegel mit Ablage und Handtuchhalter

Spiegel

Bauen Sie den Rahmen aus Kiefern-Leimholz zusammen, indem Sie die Bretter aneinanderlegen und von hinten zwei Multiplex-Haltebretter anschrauben

Das 22-mm-Rundholz, das die Handtuchstange bilden soll, erhält zwei 10-mm-Löcher. Spannen Sie das Holz mit einer Zulage ein und bohren Sie von oben

Die Spiegelplatte wird von hinten in den Rahmen eingesetzt. Vorne wird sie von Glasleisten gehalten, die Sie auf den Abstandhaltern festleimen müssen

Für die Schraubhaken-Verankerung des Spiegels bohren Sie zwei 35-mm-Löcher in das obere Rahmenbrett und zwei 20-mm-Löcher in das Haltebrett

Montieren Sie nun die unten anschließende Ablage. Da sie nicht viel Gewicht tragen muss, reicht eine einfache Befestigung mit Leim und Schrauben

Nach der Behandlung mit Dekorwachs scheint die Maserung noch leicht durch. Tragen Sie im Anschluss daran noch ein feuchtigkeitsabweisendes Öl auf

Die Handtuchstange besteht aus einem langen Querrundholz und zwei senkrechten Halterungen, die mit Leim in zwei vorgebohrten Löchern fixiert werden

Materialliste

Maße in mm

Kiefer-Leimholz 18 dick: 2 Rahmenbretter 800 x 70, 2 Rahmenbretter 540 x 70, 1 Ablage 940 x 120; Multiplex 6,5 dick: 2 Haltebretter 900 x 100; Kiefer 10 x 5: 2,4 lfd.m Glasleisten; Rundholz Ø 22: 1 Handtuchhalter 940 lang; Rundholz Ø 10 : 2 Verbindungsstege 120 lang; 1 Kristallspiegel 3 dick, 800 x 400; Spanplatten-Schrauben; Holzleim.

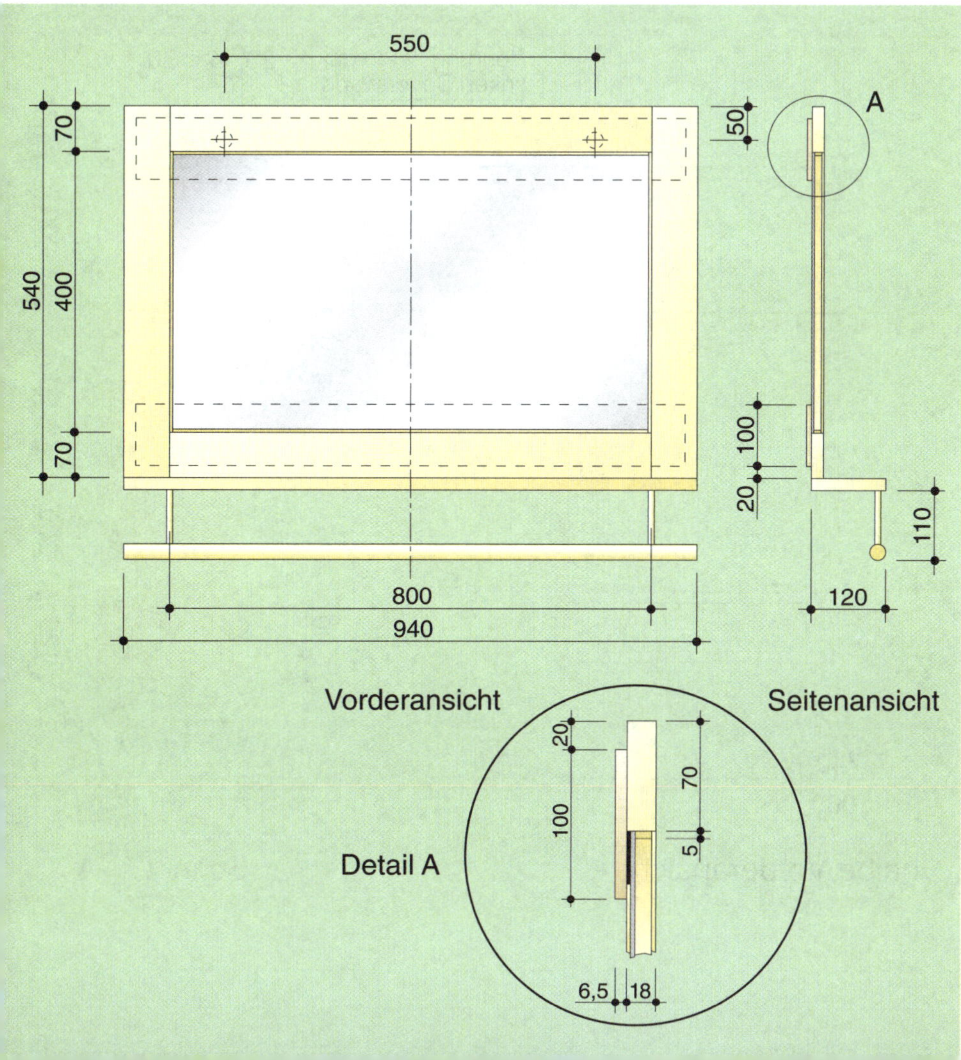

Handtuchtrockner

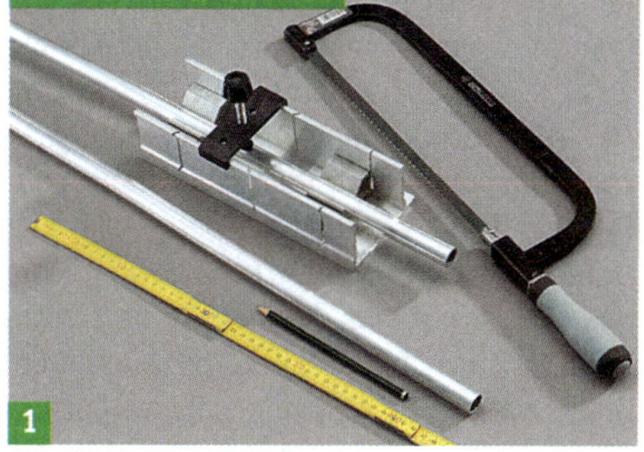

Die Halte- und Ablagestangen des Handtuchtrockners bestehen aus Aluminiumrohren, die Sie mit einer Schneidlehre und einer Metallsäge ablängen

Die schmaleren Ablagestangen werden mithilfe von Holzdübeln mit den Seitenwänden verbunden. Setzen Sie hierfür fünf Bohrlöcher in die Seitenbretter

Alle Löcher stellen Sie am besten mithilfe eines Bohrmobils her. Hier werden gerade die durchgehenden 15-mm-Bohrlöcher für die Handtuchhalter gesetzt

40 mm lange Rundholzstücke stellen die Verbindung zwischen Seitenwänden und den inneren Haltestangen dar. Zum Ablängen eine Schneidlehre verwenden

ten. Alle Ablage- und Haltestangen bestehen aus Aluminiumrohr, das Sie mithilfe einer Schneidlehre problemlos ablängen. Der Handtuchtrockner wird durch zusätzliche Stangen an der Rückseite stabilisiert. Deshalb kann er problemlos frei auf den Unterkanten der Seitenwände stehen. Wie das Foto rechts zeigt, können Sie den Trockner aber auch an den Heizkörper montieren. Sie müssen nur jeweils ein weiteres Loch in die Seitenwände bohren. Achten Sie auf ausreichenden Abstand nach oben. Der Handtuchtrockner schwebt dann über dem Boden, was das Putzen erleichtert.

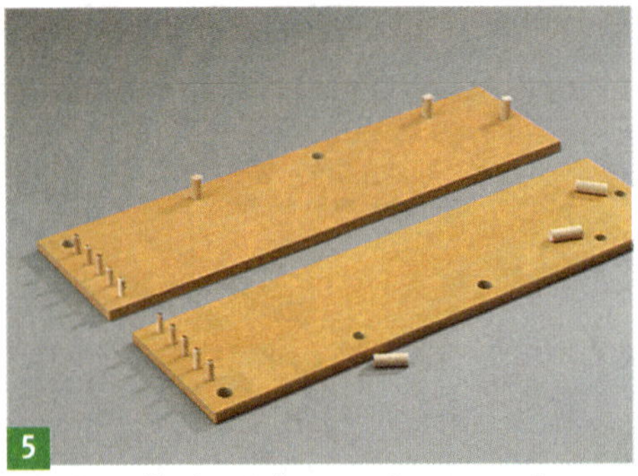

5

Die Rundholzstücke werden nun als Holzdübel eingesetzt. Fixieren Sie sie zuerst in den Seitenbrettern. Für jede Seitenwand brauchen Sie drei Stück

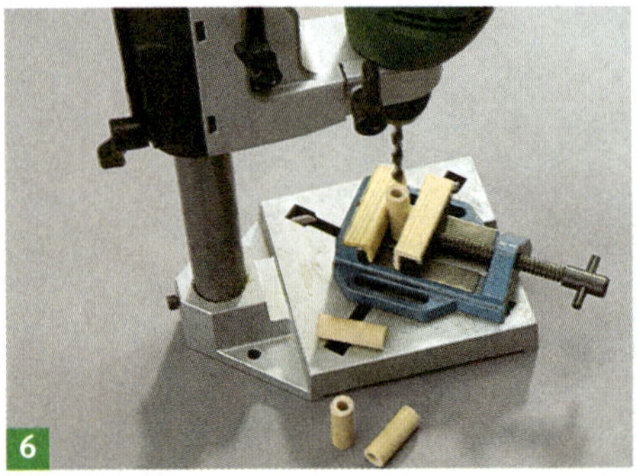

6

Für die Befestigung der Kugeln brauchen Sie mittig durchbohrte Rundhölzer. Bei der Herstellung der Löcher helfen Bohrständer und Maschinenschraubstock

7

Jede Zierkugel erhält ein Bohrloch und wird mit einem Holzdübel versehen. Der Dübel wird anschließend in das vorgebohrte 40-mm-Rundholz eingeführt

Materialliste

Maße in mm

Spanplatte 16 dick, Oberfläche Buche-Nachbildung: 2 Seitenwände 750 x 200; 4 Holzkugeln Ø 30; 4 Rundholzstücke Ø 12 x 40 (Mittelachse aufbohren); Alu-Rohr Ø 11,5 x 2: 6x 740 lang; Alu-Rohr Ø 15 x 2: 2x 1000 lang und 3x 740 lang; Spanplatten-Schrauben; Holzdübel; Spezialkleber.

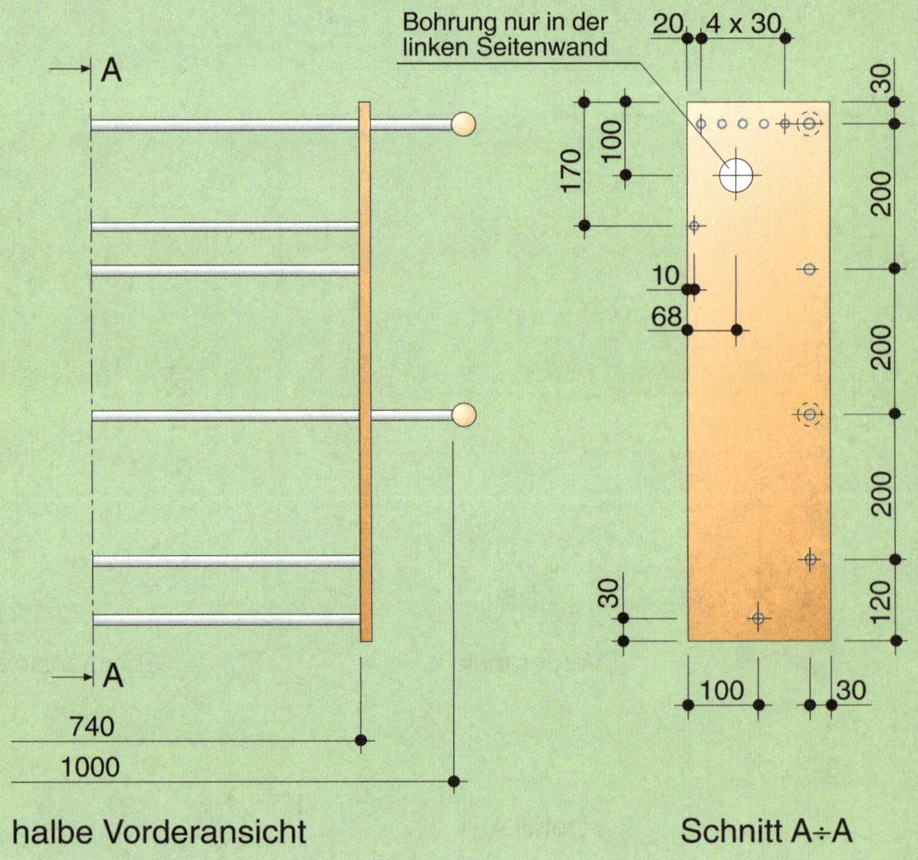

Mit einer Wannenablage wird das Schaumbad zum wahren Luxus

Gönnen Sie sich doch einmal ein richtiges Luxusschaumbad mit allen Finessen. Damit Sie die dazu benötigten Utensilien in Reichweite haben, verwenden Sie die hier gezeigte Wannenablage, die Sie in wenigen Stunden fertigen können.

Sie brauchen nichts weiter als Kiefernholz-Leisten, die Sie, wie gezeigt, zuschneiden und mit Turbokleber verbinden. Zuerst stellen Sie die drei Rahmen her. Die Rahmenleisten sägen Sie auf Gehrung. Dann schneiden Sie die Hölzer für die Ablage zu. Verwenden Sie beim Aufkleben der Diagonalleisten auf die Unterseite des mittleren Rahmens unbedingt Leisten als Abstandhalter. Nur so können Sie sicher gehen, dass die Zwischenräume immer exakt gleich ausfallen. Kleben Sie dann den unteren Rahmen auf, zuletzt den oberen, der auf Distanzleisten aufliegt. Alle Klebeverbindungen müssen Sie sorgfältig aufeinander pressen, bis sie angetrocknet sind. Der obere Rahmen steht an einer Seite weiter über und kann so als Handtuchhalter dienen.

5

Kleben Sie auf der Oberseite des mittleren Rahmens 5 mm hohe Distanzstücke in alle vier Ecken. Der obere Rahmen wird dadurch auf Abstand gehalten

Wannenablage

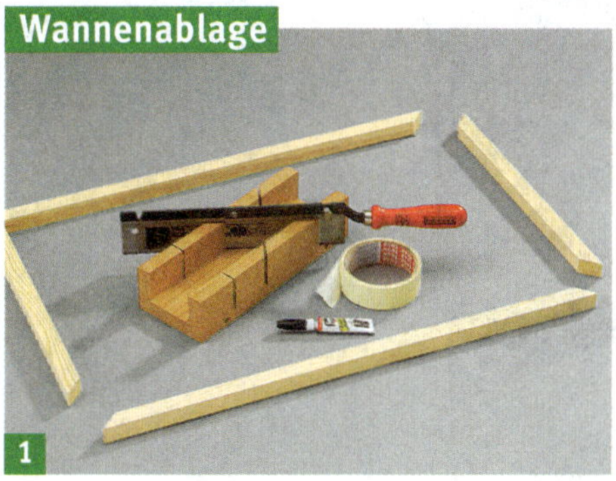

1

Für die oberen beiden Rahmen benötigen Sie 20 x 20-mm-Kiefernleisten, die Sie auf Gehrung ablängen. Mit Turbokleber verbinden und zusammenpressen

4

Pressen Sie die Diagonalleisten gut an. Dann setzen Sie den untersten schmaleren Rahmen auf. Mit Turbokleber verbinden und wieder zusammenpressen

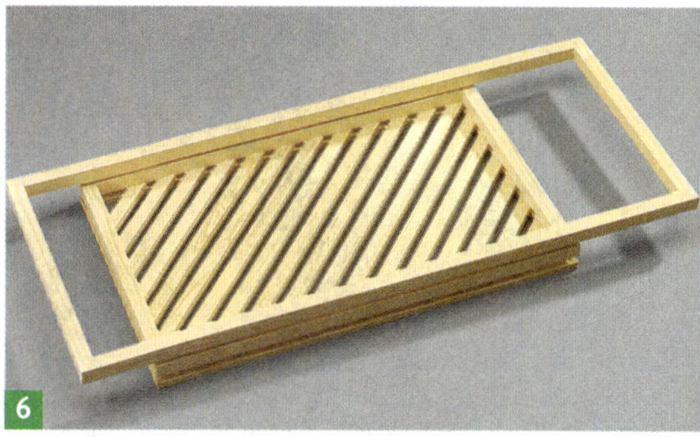

6

Kleben Sie nun den oberen Rahmen auf. Da die meisten Wannen seitlich an eine Wand anschließen, fällt der Überstand zu einer Seite etwas kürzer aus

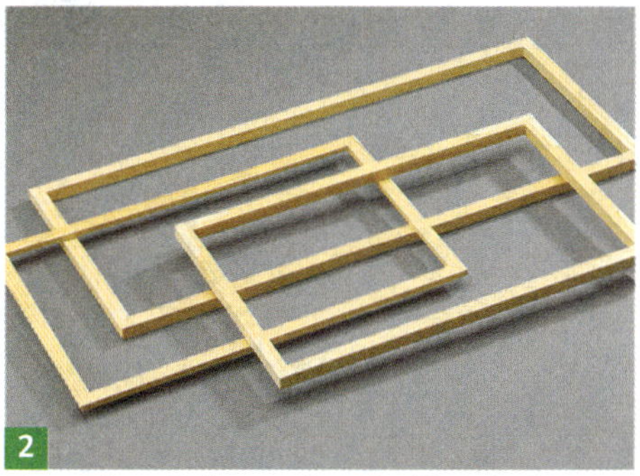

2

Der dritte Rahmen für die Unterseite dagegen besteht aus 20 x 10-mm-Leisten. Sie werden ebenfalls auf Gehrung geschnitten, geklebt und dann gepresst

3

Kleben Sie die diagonalen Ablageleisten auf. Damit die Zwischenräume parallel und immer gleich sind, verwenden Sie Abstandhalter aus 5 x 10-mm-Leisten

Waschtisch im Landhausstil

Ein Waschtisch aus Naturholz mit eingelassenem Becken und Kreuzgriffarmatur lässt uns sofort an romantische Landhäuser denken. Aber auch in ein modernes Bad passt dieser aus Kiefernleimholz gefertigte Waschtisch mit Glastür-Unterschrank.

Schneiden Sie alle Holzplatten nach den Angaben zu oder lassen Sie den Zuschnitt bei Ihrem Holzhändler fertigen. Da viele Verbindungen mit Dübeln hergestellt werden, lohnt sich der Einsatz einer Dübellehre. Gerade bei Löchern, die in Kanten gebohrt werden müssen, ist die Lehre ein nützlicher Helfer. Sie sorgt einerseits dafür, dass die Löcher genau in der Mitte sitzen und zum zweiten, dass sie exakt senkrecht geraten.

An den Innenseiten der seitlichen Wände müssen Sie sowohl Löcher für die Türbänder als auch für die Bordträger setzen. Es empfiehlt sich, für die Bordträger gleich eine ganze Reihe von Löchern zu bohren, damit Sie die Höhe des Zwischenbodens später nach Bedarf variieren können. Am besten arbeiten Sie beim Herstellen der Bohrlöcher mit einer Schablone. Das spart Zeit und vermeidet Fehler.

Alle Dübelverbindungen werden verleimt und anschließend mit Zwingen gepresst. Wenn Sie den gesamten Korpus unter Spannung setzen müssen, eignen sich so genannte Knechte – das sind besonders lange Zwingen – besonders gut. Falls Sie aber keine Knechte zur Hand haben, kön-

TIPP ASTLÖCHER

Natürlich gehören Astlöcher zu einer typischen Nadelholzoberfläche. Wenn sie zu groß und zahlreich sind, kann das die Optik aber auch stören. Achten Sie schon beim Kauf auf die Qualität des Holzes. Sie können unschönen Stellen aber auch mit dem Forstner-Bohrer zu Leibe rücken. Das ausgeschnittene Stück ersetzen Sie durch ein Plättchen mit ähnlicher Maserung.

Korpus

1 *Beginnen Sie mit der Bodenplatte. Setzen Sie 6-mm-Löcher in die Seitenkanten. Eine Dübellehre sorgt dafür, dass Sie die Löcher genau senkrecht bohren*

2 *Verleimen Sie die Dübel in den Löchern und legen Sie Boden- und Seitenplatte übereinander. Die Dübellehre hilft nun beim Übertragen der Lochpositionen*

3 *Bohren Sie Löcher für Bordträger und Türbänder in die Innenflächen der Wände. Der Abstand der Bordträgerlöcher entspricht der doppelten Kantenbreite*

4 *An der oberen Seite der Seitenwände schließen sich die Querzargen an. Wieder wird mit Dübeln verbunden. Nach dem Verleimen Zwingen ansetzen*

5 *Dübeln Sie jetzt die vordere Längszarge an. Die Rückwand wird angeschraubt. Statt Spanngurten oder Knechten können Sie auch Paketband verwenden*

6 *Verschrauben Sie nun die vier Stollen mit den Seitenwänden. Hinten schließen Sie bündig mit der Rückwand ab, an der Frontseite stehen sie um Türbreite vor*

nen Sie sich auch mit Paketband behelfen, das Sie stramm über die zu pressende Fläche spannen und verkleben, so wie es auch bei den Arbeitsschritten gezeigt wird.

Spiegelregal mit sanftem Licht

Das hier gezeigte Spiegelregal hat mehrere Vorteile. Neben der Spiegelfläche bietet es nützlichen Stauraum, auf den Sie von den Seiten schnellen Zugriff haben. Außerdem rückt es die Spiegelfläche etwas nach vorn, was besonders praktisch ist, wenn die Wand über dem Waschtisch wegen einer Vorwandinstallation weiter zurück liegt. Ein weiterer Clou des Spiegelregals ist seine Beleuchtung. An der Rückseite werden zwei so genannte Linien-

TIPP FALZEN

Wenn Sie Falze fräsen müssen, beginnen Sie mit der Markierung des Ansetzpunktes links und des Absetzpunktes rechts mit je einer senkrechten Linie. Im Bild oben sehen Sie, wie das Werkstück bei laufendem Fräser herangeführt wird. Die gegriffene Länge müssen Sie jedoch vorher bei stehender Maschine festlegen. Führen Sie die Rahmenleiste nun langsam am Fräser entlang, bis Sie die Absetzlinie erreicht haben. Wenn Sie nun mit der linken Hand das Holz leicht nach hinten drücken, können Sie es hinten wegführen, ohne dass es ausfasert.

7

Bringen Sie nun die seitlichen Handtuchhalter an. Die dazu verwendeten Leisten werden an allen Kanten gefast und mit den Stollen verleimt und verschraubt

8

Bei Einbaubecken gehört meist eine Schablone zum Lieferumfang. Sägen Sie mit der Stichsäge das Loch für das Becken in die Deckplatte des Waschtischs

9

Die Nut an der Unterseite der Ablageplatte lässt Wasser, das vorne herunterläuft, besser abtropfen. Verwenden Sie eine Handkreissäge oder einen Nutfräser

10

An den Seitenkanten der Deckplatte leimen Sie zum Schutz schmale Kantenleisten auf. Um die Leisten anzupressen, fixieren Sie sie mit Paketklebeband

11

Bohren Sie Dübellöcher in die Oberkanten von Längszarge und Seitenwänden. Mit Dübelfixen die Positionen auf die Platte übertragen und auch hier bohren

Türen

1

Mit der Dübellehre bohren Sie zuerst Löcher in die Querleisten des Türrahmens. Mit Dübelfixen die Positionen auf die senkrechten Leisten übertragen

2 *Anschließend werden die vier Rahmenteile miteinander verleimt. Achten Sie beim Ansetzen der Zwingen darauf, dass der Rahmen genau rechtwinklig bleibt*

3 *Beim Fräsen des Innenfalzes bleiben in den Ecken kleine Erhebungen zurück. Hier müssen Sie mit Hammer und Beitel vorsichtig die Reste ausstemmen*

4 *Ziehen Sie eine Mittellinie zwischen den beiden für die Türbänder gebohrten Löchern und verlängern Sie diese Linie auf die angelegte Tür. Topfbohrungen setzen*

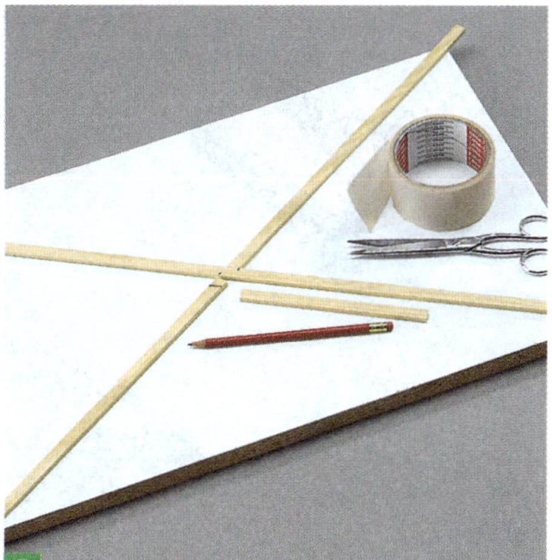

5 *Die Diagonalleisten werden mit Doppelklebeband auf einer vorbereiteten Schablone aufgeklebt. Die Maße der Schablone entsprechen denen der Türfüllung*

6 *Eine der Diagonalleisten ist durchgehend, die andere wird an der Schnittstelle durchbrochen. Schneiden Sie die Leistenenden bündig zur Schablone ab*

7 *Die 5 x 20-mm-Glasleisten werden an drei Seiten fest mit dem Rahmen verschraubt. An der Scharnierseite verwenden Sie eine 5 x 10-mm-Leiste und Nägel*

8 *Reinigen Sie die Glasscheiben gründlich, bevor Sie die Diagonalzierkreuze mit einigen Silikontropfen aufkleben. Für die Griffe zwei Leisten zusammenleimen*

glühlampen angebracht, die ein sanftes Glühbirnenlicht abgeben und nicht mit den heute weniger beliebten Leuchtstoffröhren zu verwechseln sind. Der Spiegel wurde in den angegebenen Maßen fertig gekauft. Falls Sie in dieser Größe keine Spiegelplatte erhalten, kaufen Sie eine mit ähnlichen Maßen und ändern Sie die Maße von Rahmen- und Regalkonstruktion entsprechend ab. Da ein Spiegelzuschnitt nach Vorgaben relativ teuer ist, können Sie so Geld sparen.

Um das Regal mit Schraubhaken an der Wand befestigen zu können, müssen Sie zwei 35-mm-Löcher in die Wandbretter bohren. Setzen Sie dann Sperrholzplättchen mit 20-mm-Löchern auf. Zwei Plättchen an der unteren Seite dienen als Distanzhalter.

Spiegelregal

1 *Falzen Sie die inneren Seiten der vier Rahmenbretter, schneiden Sie sie auf Gehrung und verleimen sie. Mit dem Zollstock die Rechtwinkligkeit prüfen*

2 *Mit Schrauben und Leim verbinden Sie die Regalteile miteinander. Wenn Sie die Längszargen etwas schmaler zuschneiden, fällt mehr Licht in die Fächer ein*

3 *Für die Aufhängung setzen Sie in die Wandbretter je ein 35-mm-Sackloch. Darauf montieren Sie ein 6 mm dickes Sperrholz mit einer 20-mm-Ausbohrung*

4 *Auch unten befestigen Sie Sperrholzplättchen als Distanzhalter. Setzen Sie jetzt von hinten den Spiegel ein und schrauben Sie die beiden Regalteile an*

5 *Montieren Sie nun die so genannten Linienglühlampen. Die Halterungen werden von hinten an den oberen und unteren Rahmenbrettern angeschraubt*

6 *Die Kabelverbindung fixieren Sie mit Heißkleber. Die Linienglühlampen, die für ein angenehmes indirektes Licht sorgen, einfach in die Halterungen stecken*

Waschbecken einsetzen

1 *Das Becken fixieren Sie in den Anschlussbereichen zur Deckplatte mit Silikon. Markieren Sie mit dem Bleistift die äußere Abschlusslinie des Beckens*

2 *Das transparente Silikon wird nun rundum innerhalb der angezeichneten Linie aufgetragen. Setzen Sie anschließend das Becken vorsichtig wieder auf*

Materialliste Spiegel

Pos.	Anz.	Bezeichnung	Maße in mm	Material
①	2	Rahmenleisten	840 x 55	Kiefer-Leimholz
②	2	Rahmenleisten	690 x 55	18 mm dick
③	2	Rahmenbretter	610 x 80	
④	2	Rahmenbretter	660 x 100	
⑤	2	Wandbretter	660 x 150	
⑥	2	Seitenbretter	620 x 100	
⑦	8	Böden	120 x 100	
⑧	4	Distanzbrettchen	120 x 80	Multiplex 6,5 mm dick

Sonstiges:
Spiegel „Kolja" (IKEA) 750 x 600 mm oder
1 Kristall-Spiegel 3 mm dick, 750 x 600 mm;
Spanplatten-Schrauben; Holzleim.

Materialliste Waschtisch

Pos.	Anz.	Bezeichnung	Maße in mm	Material
①	1	Ablageplatte	1020 x 550	Leimholz
②	1	Bodenplatte	920 x 506	28 mm dick
③	2	Seitenwände	682 x 506	Kiefer-Leimholz
④	1	Längszarge	884 x 40	18 mm dick
⑤	2	Querzargen	488 x 100	
⑥	8	Stollenteile	880 x 45	
⑦	2	Handtuchhalter	530 x 55	
⑧	1	Einlegeboden	880 x 490	
⑨	4	Rahmenleisten	655 x 55	
⑩	4	Rahmenleisten	345 x 55	
⑪	1	Rückwand	920 x 700	Multiplex 6,5 mm

Sonstiges:
2 Griffplatten 30 x 10 x 200 mm lang, 2 Distanzleisten 10 x 10 x 180 mm lang (Griffe);
1,5 lfd.m Kiefer 30 x 5 mm (Kantenleisten Ablageplatte);
3 lfd.m Kiefer 20 x 5 mm (Glasleisten);
4 lfd.m Kiefer 10 x 5 mm (Zier- und Glasleisten);
4 Topfbänder;
2 Glasplatten 555 x 355 mm;
Bodenträger;
Spanplatten-Schrauben;
Holzdübel; Holzleim.

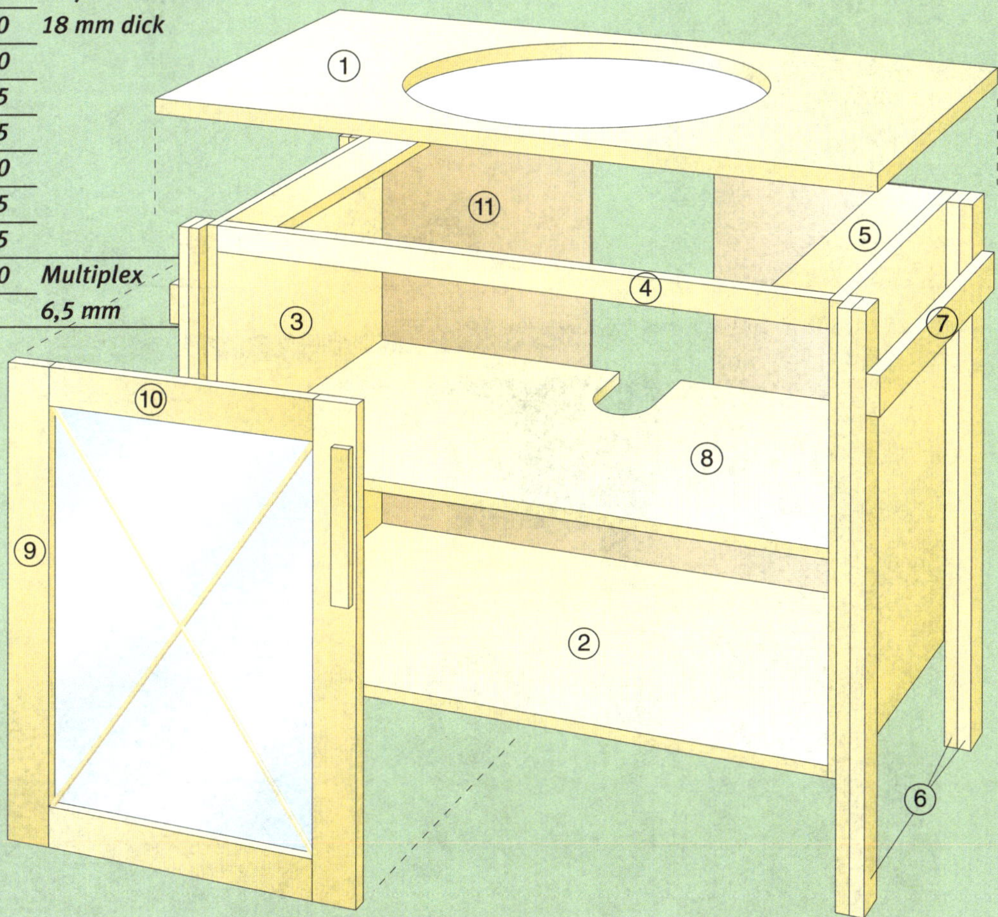

Zu diesem Thema können Sie zusätzlich einen Bauplan mit vielen Detailzeichnungen anfordern (siehe S. 237).

Dieses nostalgische Waschbecken erinnert an Großmutters Zeiten. Es ruht auf einem selbst gebauten Tisch aus Buche-Leimholz

Waschtisch mit Unterschrank

Der hier vorgestellte Waschtisch überzeugt durch sein schlichtes und zugleich ausgefallenes Design. Die klaren geraden Formen und das hohe Auf-Tisch-Becken, das wie eine aufgestellte Schüssel wirkt, lassen ein wenig an Großmutters Zeiten denken, als man sich noch ohne fließendes Wasser behelfen musste.

Der Tisch wurde aus Buche-Leimholz gefertigt. Beine und Zargen bestehen aus so genannten Systemrahmen – geschliffene und unbehandelte Leimholzrahmen, deren Ecken leicht abgerundet sind. Die Verbindungen werden mit normalen Holzdübeln hergestellt. Setzen Sie zuerst die Seitenwände zwischen obere und untere Querzarge. Für die Rückwand verwenden Sie weiß beschichtete Spanplatte. Sie besteht aus zwei Elementen, zwischen denen eine Lücke verbleibt. Diese offene Stelle liegt später genau vor den Wandanschlüssen und dem Abfluss. Die beiden Rückwandkanten, die nach innen zeigen, also später offen liegen, bearbeiten Sie mit Umleimer. Einfach aufbügeln, feststreichen und die Überstände mit der stumpfen Beitelseite abtrennen. Setzen Sie nun auch die Rückwandelemente zwischen obere und untere Zarge.

Die Zargen der Frontseite erhalten noch eine Spezialbehandlung. Mit der Oberfräse setzen Sie die Nuten für die Schiebetüren. Im nächsten Schritt montieren Sie die Beine mit den Zargen. Damit die weiche Optik, die durch die abgerundeten Systemrahmen entsteht, auch konsequent durchgehalten wird,

TIPP VERSTELLFÜSSE

Im Bad gerät leicht Wasser auf den Boden. Schon aus diesem Grund empfiehlt es sich, die Beine von Holzmöbeln unten mit Füßen zu versehen. Die hier gezeigten Einschlagmuttern mit Verstellfüßen zeichnen sich aber vor allem dadurch aus, dass sie mit einem Schraubgewinde Unebenheiten des Bodens ausgleichen können.

Waschtisch

Damit die Schnitte beim Ablängen der Systemrahmen genau rechtwinklig ausfallen, eine Kapp- und Gehrungssäge oder große Gehrungssäge verwenden

Die Querzargen erhalten Dübellöcher, die Sie mit Dübelfixen auf die Seitenwände übertragen. Legen Sie die Wände dazu auf eine 6,5 mm dicke Unterlage

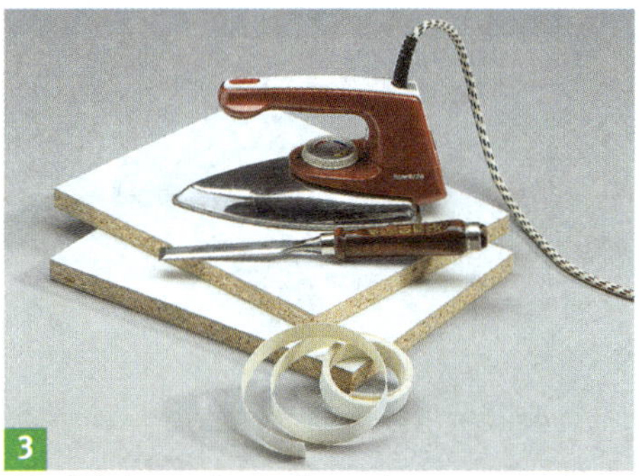

Die Rückwandteile bestehen aus beschichteter Spanplatte. Auf die Kanten selbstklebende Umleimer bügeln und Überstände mit dem Beitel entfernen

Verleimen Sie die beiden Rückwandteile mit den Längszargen und pressen sie. Verfahren Sie ebenso mit den Seitenwänden und angrenzenden Querzargen

Die vorderen Längszargen erhalten 5 mm breite Nuten für die Schiebetüren, und zwar unten 10 mm und oben 20 mm. Stellen Sie diese mit Oberfräse und Nutfräser her

Bohren Sie nun je zwei Dübellöcher in die Kanten der Quer- und Längszargen, und übertragen Sie die Lochpositionen mithilfe von Dübelfixen auf die Beine

Stecken Sie Zargen und Beine zuerst nur probeweise zusammen. Lösen Sie die Verbindungen wieder und runden Sie mit einer Feile die Zargenschnittkanten ab

Verleimen Sie die Seitenwand-Zargen-Elemente mit den Beinen. Beim Pressen empfiehlt sich die Verwendung von Zulagen, um Druckstellen zu vermeiden

sollten Sie auch die Zargenschnittkanten, die jetzt auf die Beine stoßen, abrunden. Das ist etwas mühsam, denn diese Rundungen müssen Sie in Handarbeit mit einer Feile herstellen. Wenn Sie den Korpus zusammenleimen und verspannen, stellen Sie ihn am besten auf den Kopf. Sitzen die Knechte fest, sollten Sie ihn aber sofort umdrehen und die Rechtwinkligkeit kontrollieren. Gegebenenfalls müssen Sie noch einmal nachkorrigieren und neu verspannen. Das Loch für das Becken in der Deckplatte schneiden Sie mit der Stichsäge aus. Oft finden Sie bei dem gekauften Waschbecken eine Schablone, mit deren Hilfe Sie das Ausschnittloch anzeichnen können.

Spiegelwand mit Fächern

Der Waschtisch verlangt geradezu nach einer Weiterführung der Holzoptik im Wandbereich. Das hier vorgestellte Holzwandelement bietet nicht nur Platz für einen Spiegel, sondern auch noch für verschiedene Ablagen und Borde. Es enthält sogar eine Aufhängung für Zahnputzbecher.

Sind die Seiten getrocknet, setzen Sie die Front-Längszargen und das Rückwandelement aus Zargen und Wandplatten dazwischen. Wieder pressen

Ist alles gut verspannt, stellen Sie den Tisch auf die Beine und kontrollieren die Rechtwinkligkeit, indem Sie mit dem Zollstock die Diagonalen vergleichen

Stellen Sie die Trägerleisten für den Einlegeboden her. Die Leisten werden von innen mit der Front- bzw. Rückwand verschraubt. Dazu vorbohren und ansenken

Die Deckplatte wird mithilfe von Eckverbindern auf dem Korpus verschraubt. Diese Eckverbinder verleimen Sie an den Längszargen und spannen sie fest

Bringen Sie die Trägerleisten so tief an, dass der Boden später unterhalb der Zargenrundung liegt. Verleimen, verschrauben und anschließend pressen

Die Seitenkanten der Platte werden passend zu den Systemhölzern abgerundet. Mit der Stichsäge das Beckenloch aussägen und ein Armaturloch bohren

15 *Die Schiebetüren werden aus Plexiglas gefertigt, das sich genau wie Holz bearbeiten lässt. Die Grifflöcher bohren Sie mit dem 25-mm-Forstner-Bohrer aus*

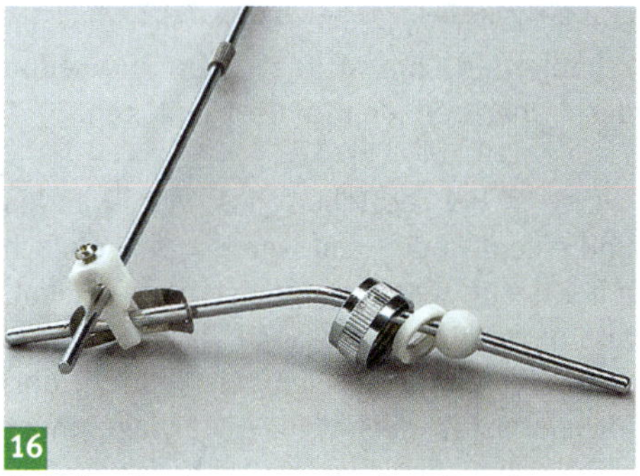

16 *Bei der Armatur wurde das Gestänge des Schließmechanismus leicht umgebogen, weil sie eigentlich nur für eine Wandmontage gedacht ist*

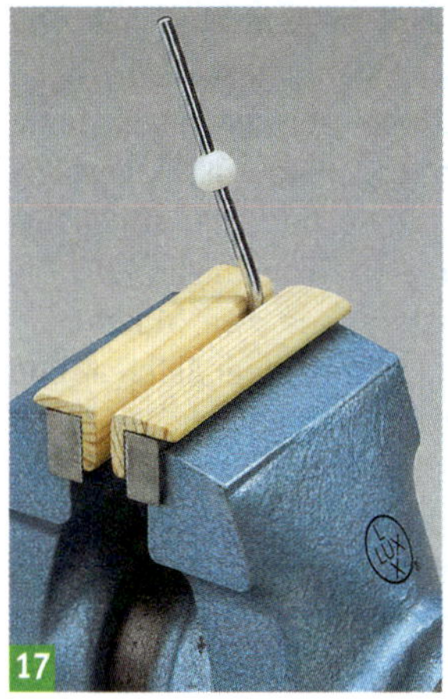

17 *Das Gestänge wird zum Biegen in einen Schraubstock gepresst. Verwenden Sie hierbei unbedingt Zulagen, weil Sie sonst leicht das Chrom beschädigen können*

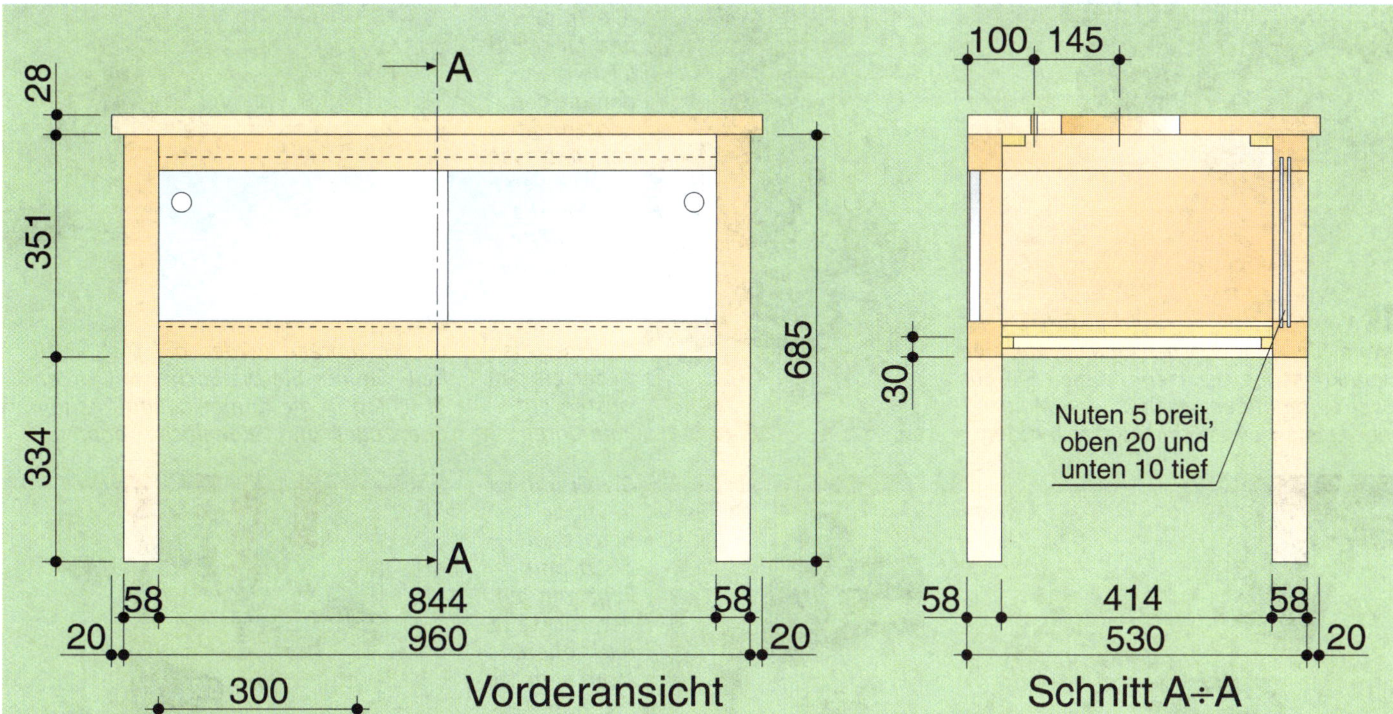

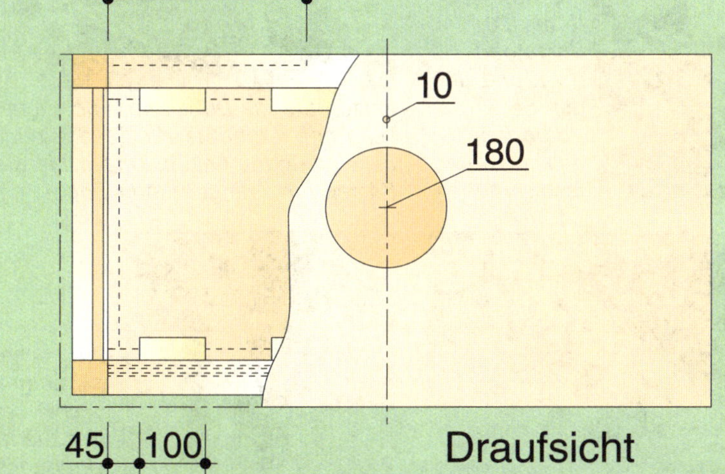

Materialliste

Maße in mm

Buche-Systemrahmen 58 x 58: ***4 Tischbeine 685 lang, 4 Längszargen 844 lang, 4 Querzargen 414 lang;***

Buche-Leimholz 28 dick: ***1 Tischplatte 1000 x 550;***

Buche-Leimholz 18 dick: ***2 Seitenwände 414 x 235;***

Spanplatte 19 dick, weiß beschichtet: 1 Einlegeboden 842 x 412, 2 Rückwandteile 300 x 235;

Kiefer 40 x 20: 4 Eckverbinder 100 lang;

Kiefer 20 x 20: je 2 Trägerleisten 844 und 374 lang;

Acrylglas 3 dick: 2 Schiebetüren 433 x 252;

4 verstellbare Möbelfüße M 10 mit Einschlagmuttern; ***Spanplatten-Schrauben; Holzdübel;*** ***Umleimer weiß für 19-mm-Platten; Holzleim.*** ***Dazu: Becken, Armatur und kpl. Sanitärinstallation.***

Das Wandelement besteht aus einer Trägerplatte und zwölf daraufgesetzten Trägerleisten. Zur Herstellung dieser Leisten brauchen Sie eigentlich eine Tischkreissäge. Falls Sie jedoch keine besitzen, sägen Sie sich stattdessen eine Schneidlehre zu. Die Schneidlehre besteht aus zwei übereinandergeschraubten Leisten, einer Auflage- und einer Anschlagleiste. Wenn Sie die Lehre auf das Werkstück spannen, können Sie die einzelnen Trägerleisten problemlos mit der Handkreissäge abtrennen. Die Trägerleisten sind hinten schmaler als vorn und werden im 15-mm-Abstand aufgeschraubt. So entstehen Zwischenräume, in die sich die Einschubleisten, die sich an den Rückseiten der Fächer befinden, perfekt einfügen.

Die Fächer bestehen aus vier Wänden und einem Boden und werden ganz einfach mit Dübeln zusammengefügt und verleimt. Alternativ können Sie auch Flachdübel verwenden. Dann müssen Sie statt Bohrlöchern Nuten herstellen. Der Spiegel muss nicht genau den hier angegebenen Maßen entsprechen. Versuchen Sie eine preiswerte Spiegelplatte im Fertigzuschnitt zu bekommen. An der Spiegelrückseite befestigen Sie die Einschubleisten mit Supermontagekleber. Neben den drei Kastenfächern erhält das Wandelement noch eine Ablage, die Sie unterhalb des Spiegels positionieren. In die Ablage sägen Sie zwei Löcher für Zahnputzbecher. Wählen Sie Becher aus, die sich nach unten hin verjüngen und stellen Sie die Löcher dann passend her.

Ein kleines dekoratives Extra ist die Reagenzglasaufhängung an der linken Seite. Hier können Sie stets frische Blumen einstecken, sodass Sie schon morgens vor dem Spiegel gute Laune bekommen.

Spiegelwand mit Fächern

1 *Wenn Sie keine Tisch-, sondern nur eine Handkreissäge besitzen, müssen Sie aus zwei aufeinander geschraubten Multiplex-Leisten eine Schneidlehre fertigen*

2 *Achten Sie darauf, dass der Abstand zwischen der Anschlagleiste und der Außenseite des Sägeblatts Ihrer Handkreissäge genau 50 mm beträgt*

3 *Die Schneidlehre wird nun auf das Werkstück gelegt und mit Zwingen festgespannt. Jetzt können Sie die Kreissäge sicher an der Lehre entlangführen*

4 *Alle Träger- und Einschubleisten werden an den Kanten mit der Oberfräse gefalzt. Versehen Sie die Grundplatte stets mit einer Auflage. Nur so lässt sich die Oberfräse sicher an den Leisten entlangführen*

5 *Die Grundplatte wurde bereits lackiert und liegt nun mit der Rückseite nach oben. Montieren Sie die erste Leiste mit 20 mm Überstand oben und an den Seiten. Vorbohren, ansenken und festschrauben*

6 *Setzen Sie 15 mm starke Abstandhalter an, bevor Sie die nächste Trägerleiste anbringen. Die Leiste wird festgespannt und dann von unten verschraubt*

7 *Die Kastenteile werden auf Stoß verdübelt. Bohren Sie die Löcher mit Tiefenanschlag in die Kanten, dann Positionen übertragen und Gegenlöcher bohren*

8 *Setzen Sie die Dübel ein, und tragen Sie Leim auf. Wenn Sie alle Teile miteinander verbunden haben, setzen Sie die Kästen mit Zwingen unter Spannung*

9 *Die Löcher für die Zahnputzbecher schneiden Sie mit einer Lochsäge aus. Die Ablage erhält an den Seiten und an der Rückseite Dübellöcher für die Montage*

Löcher in die Einschubleisten bohren und ansenken. Mit den Rückwänden der Kästchen verschrauben. Die Höhe der Leisten können Sie selbst bestimmen

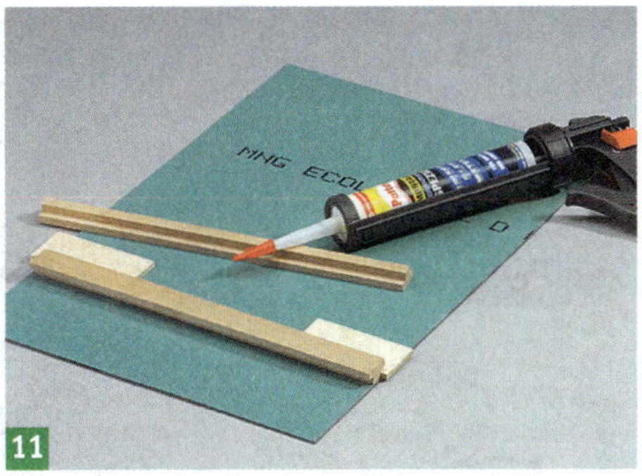

Die Spiegelrückseite erhält zwei Einschubleisten. Legen Sie 51-mm-Abstandhalter dazwischen und fixieren Sie das Ganze mit Super-Montagekleber

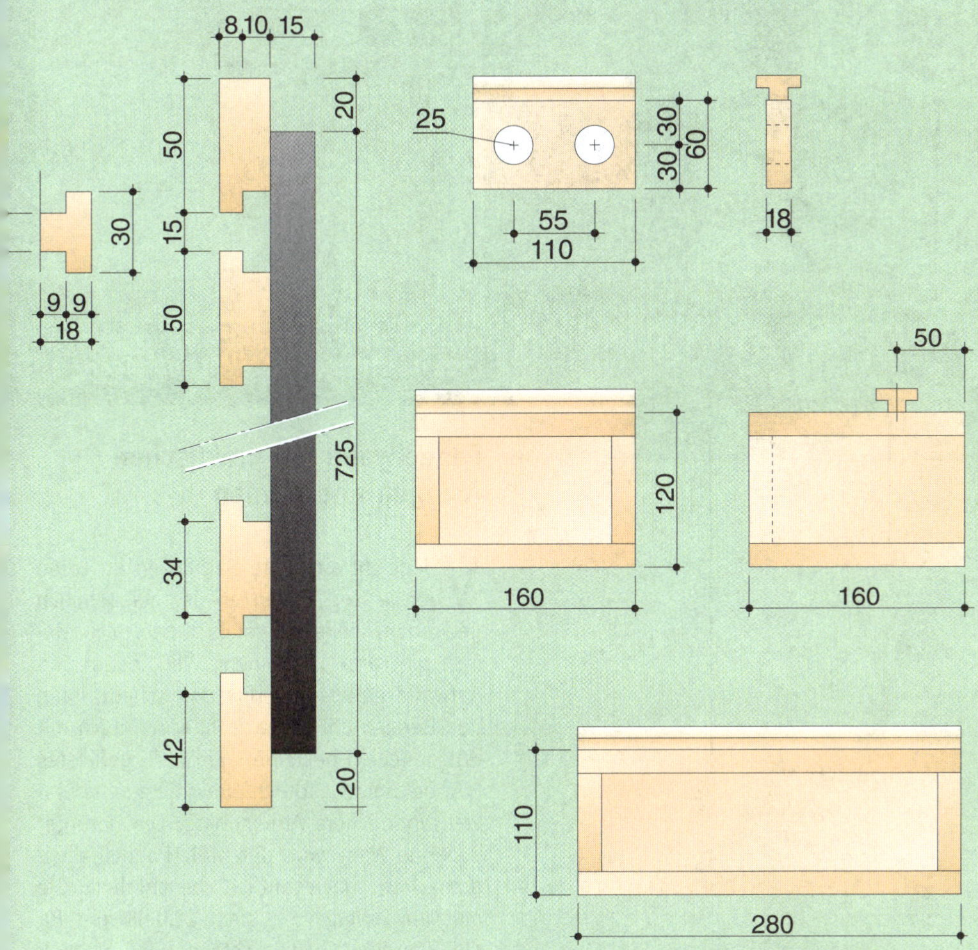

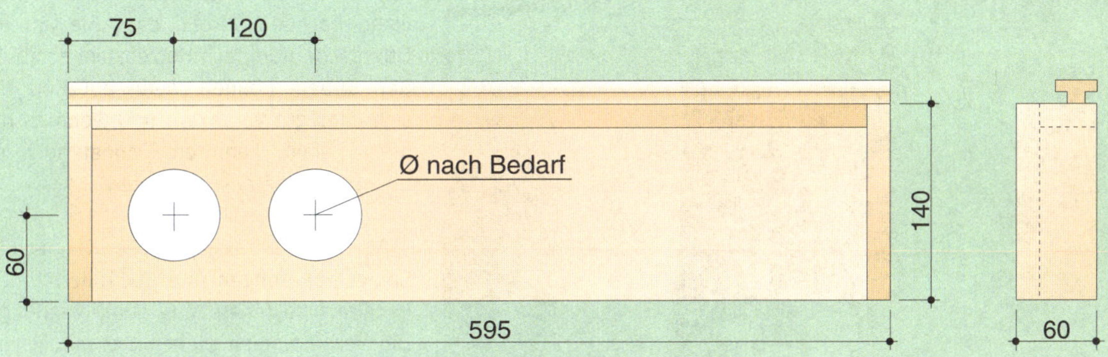

Materialliste

Maße in mm

Multiplex 15 dick:
1 Trägerplatte 960 x 725;

Buche-Leimholz 18 dick:

12 Trägerleisten 1000 x 50, 5 Einschubleisten 30 breit, je 1x 110, 280 und 595 sowie 2x 160 lang, 1 Reagenzglashalter 110 x 60, je 2 Vorder- und Rückwände 160 x 160, 4 Seitenteile 160 x 84, 2 Böden 124 x 84, je 1 Vorder- und Rückwand 280 x 100, 2 Seitenteile 100 x 74, 1 Boden 244 x 74, 1 Rückwand 559 x 42, 2 Seitenteile 140 x 60, 1 Ablage 559 x 140; 2 Einschubleisten 30 breit und 390 lang (für Spiegel);

1 Spiegel 3 dick: 600 x 400 (Kanten geschliffen);

Super-Montagekleber für Spiegel; Spanplatten-Schrauben; Flachdübel; Holzdübel; Holzleim.

Oben links sehen Sie das Holzwandelement und eine Einschubleiste im vertikalen Querschnitt. Sie können sehen, dass die Einschubleiste genau zwischen die Träger passt. Reagenzglashalter, Kästen und Ablage sind sowohl im horizontalen als auch im vertikalen Querschnitt dargestellt

Ablagen, Leuchten und Handtuchhalter lassen sich spielend leicht anbringen

Paneelwand mit praktischen Ablagen und Borden

Vielleicht sind Ihre Badfliesen im Laufe der letzten Jahren etwas unansehnlich geworden, vielleicht gefällt Ihnen auch einfach die Farbe nicht mehr. Wer Kosten und Aufwand einer Neuverfliesung scheut, kann den Bereich um das Waschbecken auch mit Holzpaneelen bekleiden. Ein weiß gefliestes Bad bekommt dadurch eine völlig neue und viel wohnlichere Atmosphäre. Die darunter liegende Wand wird durch die Paneelbekleidung nur unwesentlich beschädigt. Sie müssen lediglich ein paar Dübellöcher für die Wandhalteleisten setzen. Eine Paneelwand hat den Vorteil, dass Sie auf Ihrer Oberfläche nun nach Herzenslust schrauben und dübeln können, denn auf Holz lässt sich alles gut verankern und wenn es nicht mehr gefällt, kann ein Paneel auch problemlos ausgetauscht werden.

Alle Ablagen und Borde wie auch die Spiegelhalterungen und der Toilettenrollenbehälter bestehen aus Multiplex-Platten. Die Verbindungen stellen Sie mit Flachdübeln her. Für die Ablagen benötigen Sie nur einen Boden und zwei Seitenwände. Den hinteren Abschluss bildet die Paneelwand und an der Front wird eine Reling aus Aluminiumrohr eingesetzt. Diese Konstruktion sorgt dafür, dass alles gut sichtbar ist, aber dennoch vor Abstürzen geschützt ist. Das Aluminiumrohr können Sie mithilfe einer Schneidlehre nach Angabe ablängen, es wird dann in zwei vorbereitete Löcher in den Seitenwänden eingeklemmt.

Die schrägen Seitenwände der etwas größeren Borde stellen Sie ganz einfach her, indem Sie eine rechteckige Multiplex-Platte so zerteilen, dass zwei genau gleiche Stücke entstehen. Auch hier brauchen Sie außer den beiden Seitenbrettern nur noch eine Bodenplatte. Die Borde sind tief genug, dass sie keinen Frontabschluss benötigen. Hier können Sie besonders gut Handtücher und Waschlappen unterbringen.

Die Aufbewahrungsbox für Toilettenrollen wird ebenfalls mit Flachdübeln zusammengesetzt. Sie besteht aus einer Front, zwei Seiten und einer Bodenplatte. Den oberen Abschluss bildet ein loser Deckel, den Sie mit einem Griffloch versehen und der darü-

Paneele und Ablagen

1

Die Holzpaneele werden passend abgelängt und dann mithilfe eines 5-mm-Scheibennutfräser genutet

2

Die kurzen Paneele fräsen Sie durchgehend, die längeren nur auf Länge der Verbindung. Koppeln Sie die Paneele anschließend mit 5 x 20-mm Leisten

3

Die Boden- und Seitenteile der Ablagen werden mit Flachdübeln miteinander verbunden. Fräsen Sie die hierfür benötigten Nuten an den Verbindungsstellen

4

Die kleineren Ablagen erhalten an der Frontseite eine Reling aus Aluminiumrohr. Mithilfe eines Bohrständers bohren Sie die 10-mm-Sacklöcher in die Vorderkanten der Seitenbretter

5

Stecken Sie das Relingrohr zwischen den Seitenwänden fest. Mit einem Schreinerwinkel prüfen Sie die Fächer beim Verleimen auf Rechtwinkligkeit

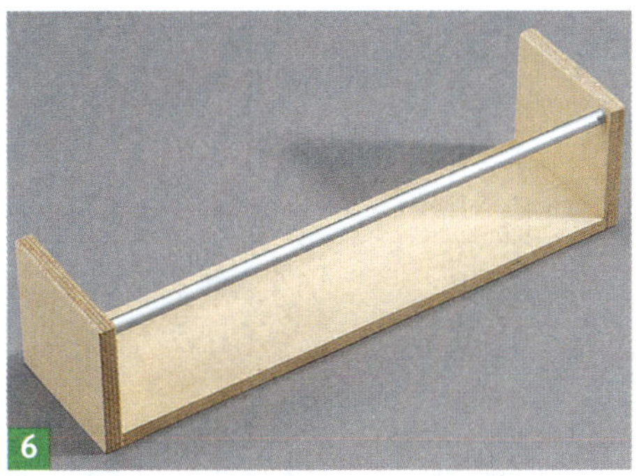

6

Hier sehen Sie ein fertiges Ablagefach. Die Relingkonstruktion lässt alles offen erscheinen und gibt den abgestellten Gegenständen dennoch genug Stabilität

7

Stellen Sie nun die etwas größeren und tieferen Borde her. Zerteilen Sie eine rechteckige Platte schräg, sodass Sie zwei gleiche Seitenbretter erhalten

8

Befestigen Sie die Seitenteile am Boden. Auch hier können Sie wieder mit Flachdübeln arbeiten. Nuten fräsen, Dübel einsetzen und unter Druck verleimen

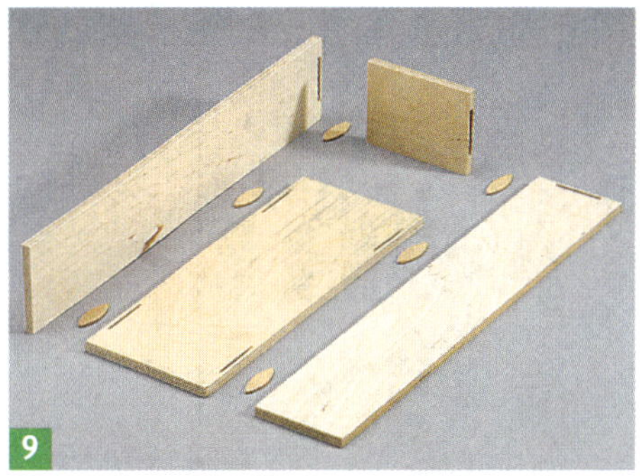

9

Hier sehen Sie die Bauteile des Toilettenrollenkastens im Überblick. In ihm können Sie vier Rollen verstauen. Wieder kommen Flachdübel zum Einsatz

10

Auch der Rollenkasten wird nach dem Verleimen mit Zwingen verspannt. Der Kasten erhält nun noch einen Deckel, der aber nur lose aufgesetzt wird

ber hinaus noch zwei Führungsleisten erhält. Der Toilettenrollenhalter lässt sich von oben befüllen und von unten wieder entleeren. Sie können auch, wie auf unseren Bildern gezeigt, an der Seite des Behälters noch eine Metallstange als Halter für eine weitere Rolle anbringen.

Holzpaneele haben leider den Nachteil, dass sie sich relativ leicht verziehen. Aus diesem Grund erhalten die längeren Paneele auf der Rückseite drei Leisten, während bei den kürzeren zwei, eine oben und eine unten, genügen. Weist eins der langen

12 *Die Spiegelhalterung besteht aus zwei Doppel-Multiplex-Leisten. Beim Fräsen der Nuten können Sie die jeweils andere Leiste als passende Auflage benutzen*

11 *Mit dem 25-mm-Forstner-Bohrer versehen Sie den Deckel mit einem mittigen Griffloch. Dann nageln Sie noch zwei Führungsleisten auf, sodass der Deckel ganz sicher sitzt*

13 *Teilen Sie die Trägerleisten aus Multiplex mit einem 30°-Schnitt in Paneel- und Wandhalteleisten. So kann man die Paneele später in die Wandleisten hängen*

Paneele anbringen

1 *Legen Sie die Latte senkrecht an und legen Sie Reste von Paneelleisten auf die Wandleiste. Diese dann an die Latte schrauben*

2 *Die Latte anschließend oben bündig an das Paneel legen. An den Reststück-Positionen im nächsten Schritt die erforderlichen Paneel-Halteleisten montieren*

3 *Hängen Sie die Paneele einmal probeweise auf. Wenn alles gut sitzt, können Sie sie wieder abnehmen und die Ablagen und Borde von hinten anschrauben*

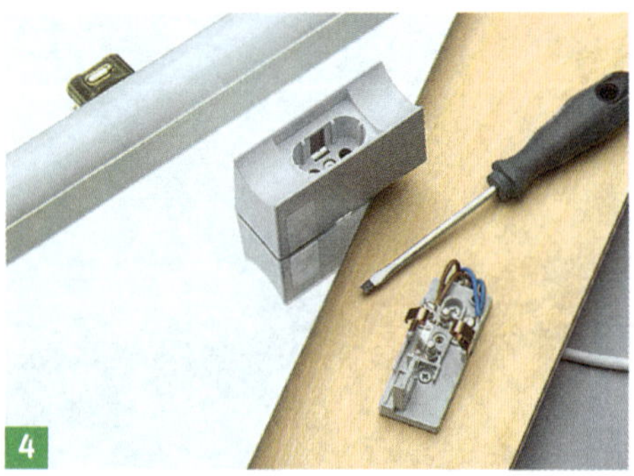

4 *Kabel für Beleuchtung oder Steckdosen lassen sich problemlos hinter den Paneelen entlangführen und durch ein Bohrloch an die Frontseite führen*

Hier sehen Sie die Paneele bei der Probeaufhängung. Um die Ablagen und Borde anzubringen, müssen sie noch einmal heruntergenommen werden

Paneele von vornherein eine Wölbung auf, bringen Sie es so an, dass die Wölbung nach vorn zeigt. So lässt sie sich bei der Befestigung besser ausgleichen. Achten Sie darauf, dass die Enden der Wand- und Paneelleisten nicht ganz in die Raumecken hineinreichen, weil das die Luftzirkulation hinter den Paneelen behindern kann. Sie sollten ohnehin darauf achten, dass Ihr Bad immer gut durchlüftet und im Winter gut beheizt wird, damit sich keine Feuchtigkeit hinter der Holzbekleidung staut. Nicht abgeführtes Kondenswasser an schlecht zugänglichen Stellen ist ein Paradies für Schimmelpilze. Wenn Sie irgendwo Flecken auf der Oberfläche bemerken, entfernen Sie sie am besten sofort. So werden Sie an Ihrer Paneelbekleidung lange Freude haben.

Behandeln Sie die Oberfläche der Paneele mit Bootslack, den Sie unbedingt von beiden Seiten auftragen müssen. Vor dem Auftrag sollten Sie die Flächen mit feinem Sandpapier anschleifen. Lackieren Sie mindestens zweimal, besser öfter. Vor jedem neuen Lackauftrag müssen Sie wieder zwischenschleifen. Jetzt ist Ihre Holzwand optimal gegen Feuchtigkeit geschützt.

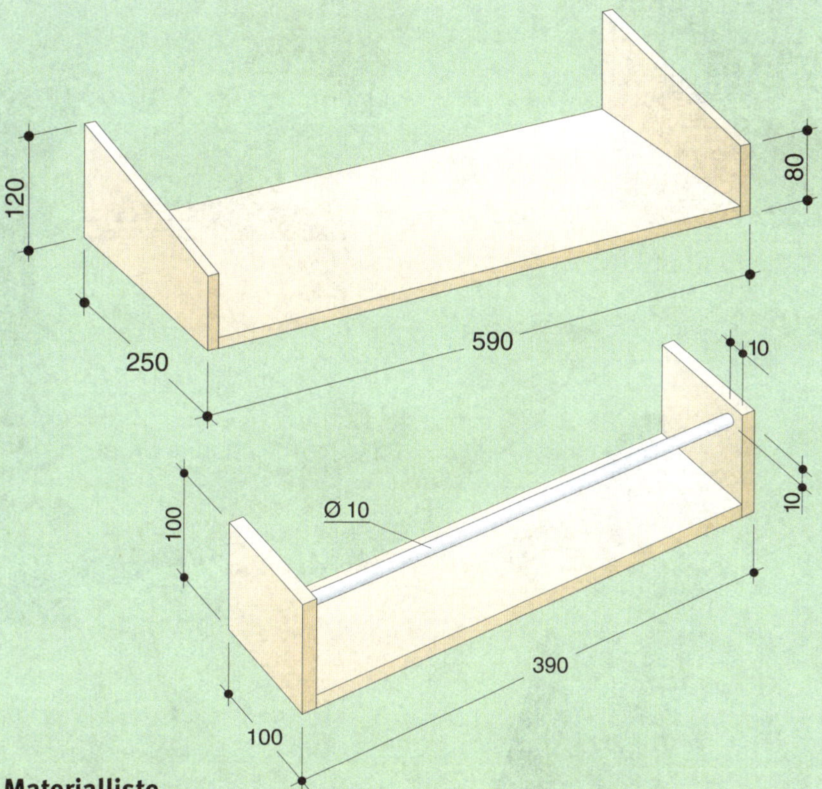

Materialliste

Maße in mm

Für die Paneelwand
Sperrholz 12 dick: 2 x 1900 x 400, je 1 x 1200 x 600 und 1000 x 600; ca. 3 lfd. m Trägerleisten 50 breit (obere bzw. untere Fase 30°); Kiefer 20 x 5: 1 Feder 1200 lang und 2 Federn 1000 lang.

Für den Spiegel
Multiplex 12 dick: 4 Trägerleisten 400 x 82 (2 davon genutet).

Für ein Regalbord
Multiplex 12 dick:
1 Bodenplatte 566 x 250,
2 Seitenteile 250 x 120.

Für eine Ablage mit Alu-Rohr
Multiplex 12 dick: 1 Bodenplatte 366 x 100, 2 Seitenteile 100 x 100;
1 Alu-Rohr Ø 10 x 380 lang (ca. 7 pro Seite eingelassen).

Für das Klopapierdepot
Multiplex 12 dick: 1 Frontwand 435 x 165, 2 Seitenwände 585 x 110,
1 Frontsteg 165 x 30, 1 Bodenplatte 141 x 110, 1 Deckel 170 x 125; Kiefer 10 x 10: 2 Führungsleisten 109 lang.

Dazu: 1 Spiegel 3 dick, 600 x 400, Kanten geschliffen; Spanplatten-Schrauben; wasserfester Holzleim.

Zauberhafte Wiege mit Stoffhimmel

Wenn das eigene Kind oder der eigene Enkel Nutznießer einer Hobby-Schreinerarbeit wird, macht das Heimwerken doppelt Spaß

Hier sehen Sie, wie der Stoffhimmel unserer Wiege aufgehängt wird: Die an der Stirnwand verschraubte Stütze hat einen durchgesteckten Rundstab

Dass Kinder in einer Wiege zufriedener schlafen ist nicht wissenschaftlich nachgewiesen, scheint aber eine jahrhundertealte Erfahrung zu sein. Unser Modell orientiert sich daher auch an alten Vorbildern.

Zum traditionellen Stil dieses Möbelstücks passt die handwerkliche Verbindung der Seitenwände durch Zinken, die passgenau ineinander greifen. Das Herstellen von Zinken ist gar nicht so schwierig, wie wir bereits auf den Seiten 86 bis 89 gezeigt haben.

In diesem Fall kommt aber hinzu, dass die Fußplatte sowie die Seiten nach außen gekippt sind. Nur das Kopfteil steht senkrecht. Entsprechend müssen auch die Zinken angerissen und herausgearbeitet werden. Wer sich diese Arbeit nicht zutraut, kann den Korpus der Wiege aber auch stumpf zusammenfügen. Zur Stabilisierung der Verbindungen sollten Sie dann an den Kanten etwa alle 10 cm einen Holzdübel einsetzen.

Sie beginnen den Bau der Wiege mit dem Zuschnitt der Korpusteile. Beachten Sie,

Der Wiegenkorpus

1

Fertigen Sie sich zum Anzeichnen der Wiegenwände Schablonen aus Papier oder Pappe an. Die Materialliste auf S. 227 gibt nur die Rohmaße an

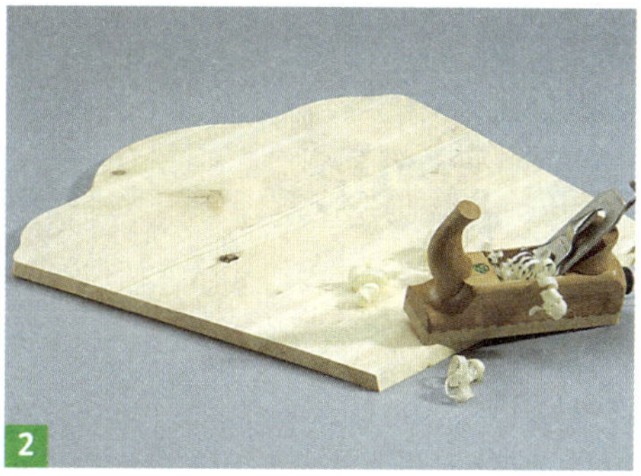

2

Da die Wiegenwände nach außen geneigt sind, müssen Sie die Unterkanten entsprechend mit dem Hobel etwas anschrägen, damit sie gerade stehen

3

Um die dekorative und zudem sehr stabile Zinkenverbindung der Wände herzustellen, reißen Sie die Zinken an (siehe dazu auch Seite 86 bis 89)

4

Das Abfallholz wird mit einem X gekennzeichnet. Dann schneiden Sie mit einer Feinsäge jeweils so in die Plattenstirnseite, dass der halbe Strich stehen bleibt

5

Nun können Sie das Abfallholz mit dem Stechbeitel wegstemmen. Das Werkzeug dabei stets 1 mm vor der Linie ansetzen

6

Arbeiten Sie von der Mitte nach außen zu den Sägeschnitten. Haben Sie etwa ein Drittel der Materialstärke erreicht, wird das Werkstück umgedreht

7

Sind alle Zinken herausgearbeitet, glätten Sie die Kanten mit Raspel und Feile. Wie man hier sieht, sind die Zinken des Fußteils wegen seiner Neigung nach außen leicht geschrägt

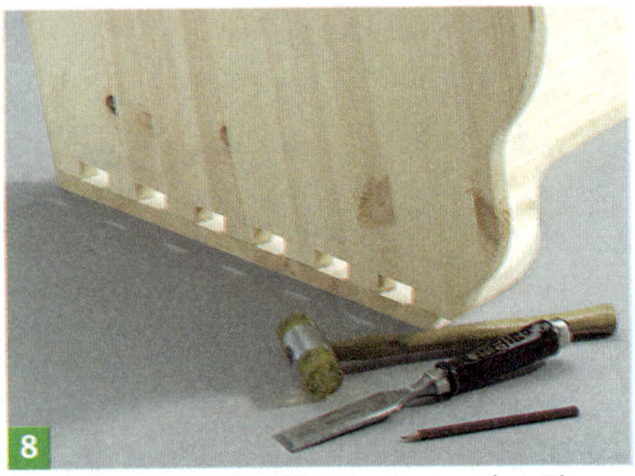

8 *Jetzt können Sie die Konturen der Zinken auf die Verbindungskanten der Seitenwände übertragen. Die Platten bündig anlegen und die Zinken umfahren*

10 *Die Bodenplatte erhält 28 Bohrungen zur Belüftung der Matratze. Benutzen Sie einen 20-mm-Forstner-Bohrer. Abstandsraster der Löcher: 10 x 10 cm*

9 *Sind auch die Zinken der Seitenwände herausgearbeitet, fügen Sie die Teile zunächst probeweise zusammen. Dabei eine Zulage benutzen, damit nichts bricht*

11 *Sind die gezinkten Verbindungen unter Leimzugabe zusammengefügt, lässt man den Leim durchtrocknen, ehe man letzte Unebenheiten mit dem Hobel beseitigt*

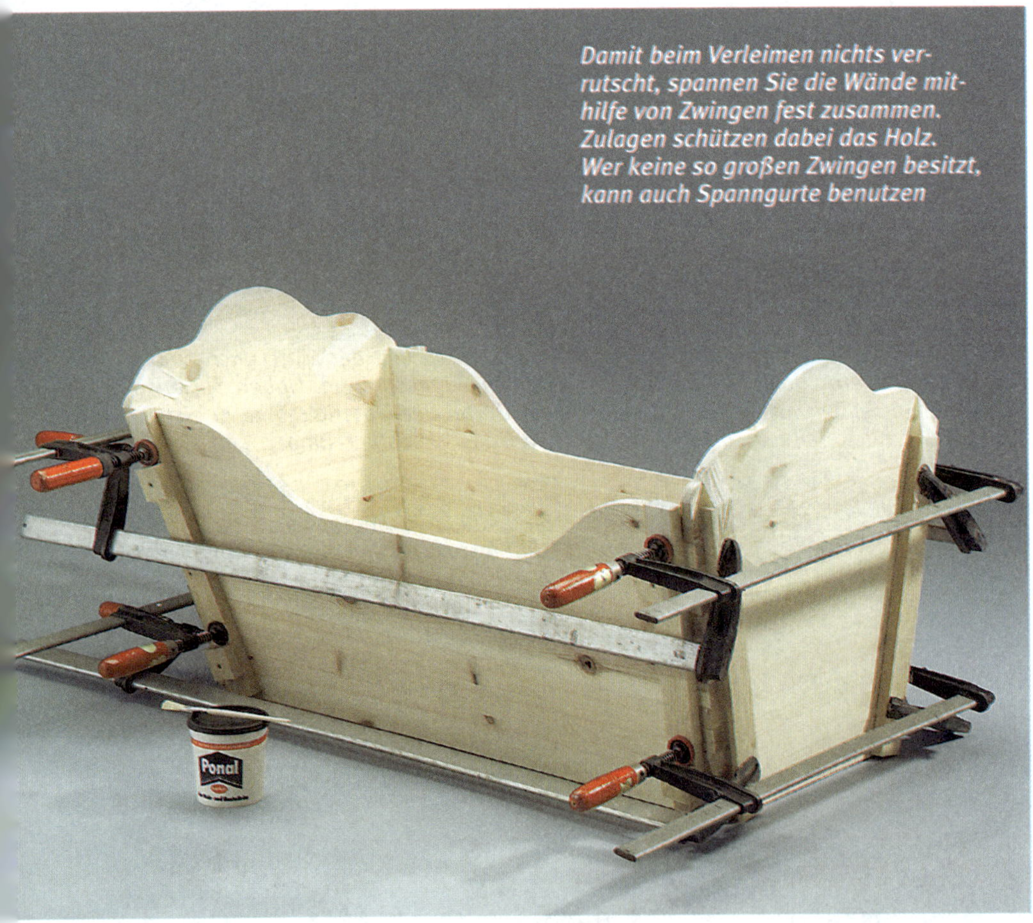

Damit beim Verleimen nichts verrutscht, spannen Sie die Wände mithilfe von Zwingen fest zusammen. Zulagen schützen dabei das Holz. Wer keine so großen Zwingen besitzt, kann auch Spanngurte benutzen

dass für die Stirnwände in der Materialliste nur Rohmaße angeben sind. Sie müssen die Teile so zuschneiden, dass sie unten schmaler werden. Die Breite der Unterkante entspricht der Breite der Bodenplatte plus zwei Mal Materialstärke, also 43,6 cm.

Auch die Seitenwände müssen unten kürzer sein als oben, da die Vorderwand schräg steht. Während sie oben 1050 mm messen, sind sie unten nur 936 mm lang.

Die geschweiften Konturen der Wände zeichnen Sie auf Papier nach und fertigen sich Schablonen zum Übertragen auf die Originalwerkstücke.

Drei Kanten der Bodenplatte müssen entsprechend der Schräge der anstoßenden Seiten mit dem Hobel angeschrägt werden.

Die Zinkenverbindungen

Zum Markieren der Zinken benutzen Sie neben dem Streichmaß am besten eine Reißnadel. Ein Winkel mit beweglicher Zunge (siehe Bild 3 auf Seite 223) erleichtert das Anreißen der schrägen Zinkenkonturen. Eingesägt werden die Zinken mit einer Feinsäge. Zum Ausstemmen des Abfallholzes benutzen Sie ein scharfes Stemmeisen.

Sind die Teile passgenau vorbereitet, erfolgt ein probeweises Zusammenfügen. Wenn erforderlich, arbeiten Sie die Zinken mit Raspel und Feile nach. Dann wird Leim an die Verbindungsflächen gegeben und der

TIPP HOLZÖL UND LACK

Holzöl-Behandlung: *Schleifen Sie die Flächen und tragen Sie das Holzöl dünn auf. Dann zwischenschleifen und nochmals ölen. Das Ganze ein weiteres Mal wiederholen.*
Lackieren: *Die Verzierungen der Wiege werden zweimal mit Acryllack gestrichen. Auch hier erfolgt ein Zwischenschliff.*
Wichtig: *Verwenden Sie nur nach DIN für Spielzeuge zugelassene Produkte.*

Das Untergestell

1 Verleimen Sie die Kufen aus jeweils zwei Brettlagen. Dann schneiden Sie die Form mit der Stichsäge aus. Bei engen Radien erst bis zur Kontur vorsägen

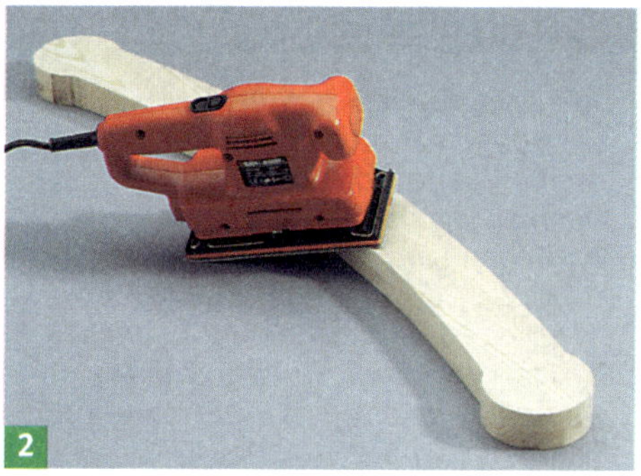

2 Da die Schnitte mit der Stichsäge niemals ganz perfekt gelingen, müssen die Kanten der Kufen mit dem Schwingschleifer nachbearbeitet werden

3 Die vier Stützen, die die Verbindung zwischen Kufen und Wiege herstellen, müssen oben und unten angeschrägt werden. Erst markieren, dann aussägen

4 Holzdübel sorgen für eine stabile Verbindung zu Kufen bzw. Querträgern. Auf einer Seite vorbohren, dann die Positionen der Löcher mit Dübelfixen übertragen

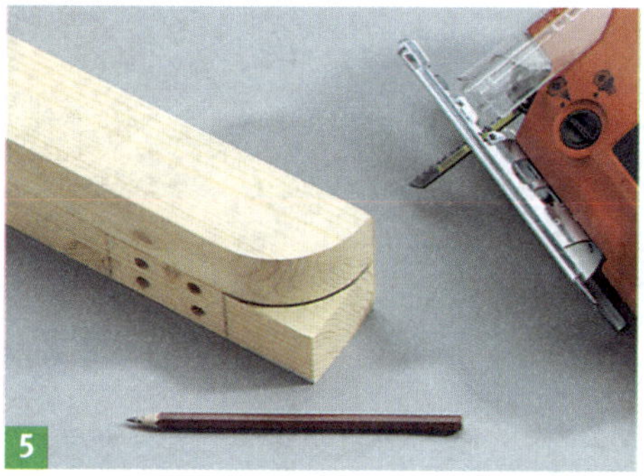

5 Die Querträger (hier das Aussägen der Rundungen) brauchen Sie viermal: zwei werden mit der Bodenplatte verschraubt, zwei verbindet man mit den Stützen

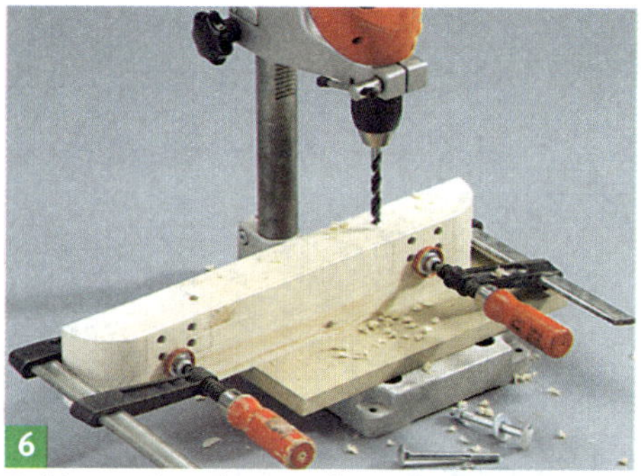

6 Schlossschrauben sollen die Querträger des Untergestells mit denen an der Bodenplatte verbinden. Dazu die Teile paarweise einspannen und durchbohren

7 Zum Einschieben der Stopper, mit denen man die Wiege feststellt, müssen Sie die Kufen von oben nach unten mit einem 15-mm-Bohrer schräg durchbohren

8 Nun sind alle Teile für das Untergestell vorbereitet. Geben Sie Leim in die Dübellöcher und an die Verbindungsflächen. Dann die Teile verspannen

9 Die Kanten des Gestells werden mit einem Viertelstabfräser leicht abgerundet (Fräser mit Anlaufring benutzen). Zuletzt schleifen Sie von Hand nach

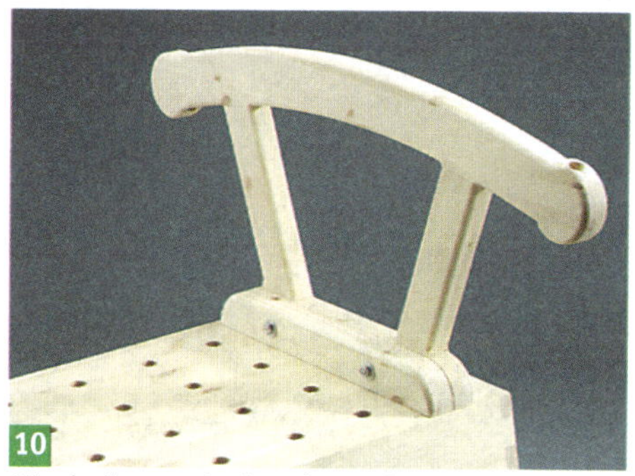

10 Sind die zwei einzelnen Querträger mit dem Wiegenboden verleimt und zusätzlich von oben verschraubt, können Sie das Untergestell anschrauben

Die hübsche Wiege ist nun bereits so gut wie fertig gestellt. Es fehlt nur noch der Himmelhalter

Himmelhalter und Verzierungen

1

Der Himmelhalter besteht aus zwei Teilen. Das kurze, auf dem Kopfbrett aufliegende, muss mittels der Schleifhülse an dessen Rundung angepasst werden

2

Nun können Sie die beiden Teile bündig aufeinander leimen. Anschließend werden die Kanten sorgfältig geschliffen und mit einem Abrundfräser bearbeitet

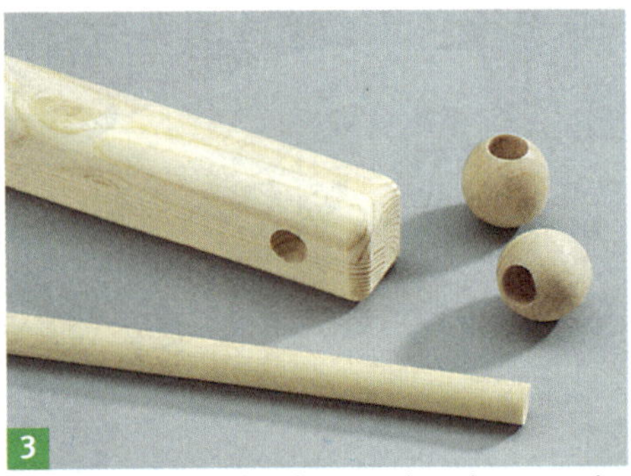

3

Für den oben durchzusteckenden Rundstab erhält der Himmelhalter eine 15-mm-Bohrung. Die Kugeln bekommen entsprechende 15-mm-Sacklöcher

4

Mond und Sterne, mit denen die Seitenwände der Wiege verziert werden sollen, zeichnen Sie auf Sperrholz. Schneiden Sie die Teile mit der Stichsäge aus

5

Soll der Himmel fest an der Wiege bleiben, leimen Sie ihn an. Für die demontierbare Version benutzen Sie drei Schlossschrauben zur Befestigung

TIPP FERTIG GEKAUFT

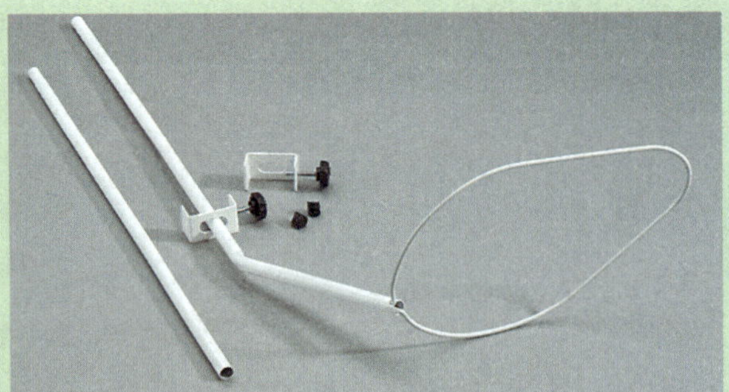

Der Stoffhimmel auf unseren Fotos ist Teil einer Babyausstattung, die es fertig zu kaufen gibt. Er muss ein wenig geändert werden, damit er auf den Rundstab des selbst gebauten Halters passt. Sie können allerdings auch auf den hölzernen Himmelhalter ganz verzichten und den Stoffhimmel mit dem Originalhalter (Bild oben) an der Wiege befestigen. Dann müssen Sie allerdings die Bodenplatte am Kopfende um zwei Millimeter für die Anschraubhalterung der Stange ausklinken.

Korpus mit Schraubzwingen oder Spanngurten zusammengepresst. Am nächsten Tag säubern Sie die Verbindungsflächen mit dem Hobel. Dabei immer auf die Kante zu hobeln, damit das Holz nicht nach außen absplittern kann.

Die Teile des Untergestells sind alle aus zwei Lagen Leimholz aufgedoppelt. Die Fotos zeigen Ihnen alle Arbeitsschritte. Sind beide Teile des Untergestells wie auch der Himmelhalter fertig gestellt, erfolgt die Endmontage der Wiege. Tipps zur Oberflächenbehandlung finden Sie auf S. 224.

TIPP EINSCHLÄGIGE NORMEN

Das Europäische Komitee für Normung hat – neben anderen zum Thema Wiege – die folgenden technischen Details festgelegt:

- *Wiegen sind laut Norm „Betten nur für Kinder, die noch nicht selbst sitzen, knien oder sich hochziehen können".*
- *Das verwendete Holz und die anderen Werkstoffe müssen frei von Fäulnis und Insektenbefall sein.*
- *Alle von einem auf der Matratze sitzenden Kind erreichbaren Oberflächen müssen nach der Europäischen Norm 71-3 speichel- und schweißfest sein.*
- *Die zum Transport oder Verstauen demontierbaren Teile dürfen nicht mit Schrauben montiert werden, die der endgültigen Befestigung dienen, z. B. mit selbstschneidenden Schrauben.*
- *Das Schwingsystem einer Wiege muss arretierbar sein. Das Schaukeln darf nicht elektrisch oder mechanisch hervorgerufen werden.*
- *Die Öffnungen im Bettboden dürfen maximal 24 mm Durchmesser haben.*

Auch die Gebrauchsanleitung einer Wiege unterliegt Normen. So gelten auch für unser Modell die folgenden Hinweise:

- *Die Wiege sollte nur auf einer horizontalen Fläche aufgestellt werden.*
- *Kleine Kinder dürfen nicht unbeaufsichtigt in der Nähe der Wiege spielen.*
- *Liegt das Kind unbeaufsichtigt in der Wiege, muss sie in der festen Stellung gesichert sein.*
- *Die Wiege darf nur vollständig und unbeschädigt benutzt werden.*

Diese Hinweise enthält die Europäische Norm (EN) 1130-1 Krippen und Wiegen für den Wohnbereich, die für 23,50 Euro beim DIN Deutsches Institut für Normung e. V., Burggrafenstraße 6, 10787 Berlin, Tel. 030/2601-0, www.din.de, erhältlich ist.

Die Wiege besteht aus dem Korpus, einem zweiteiligen Untergestell und der Himmelhalterung. Drei Seiten stehen etwas schräg. Nur das Kopfbrett steht genau senkrecht

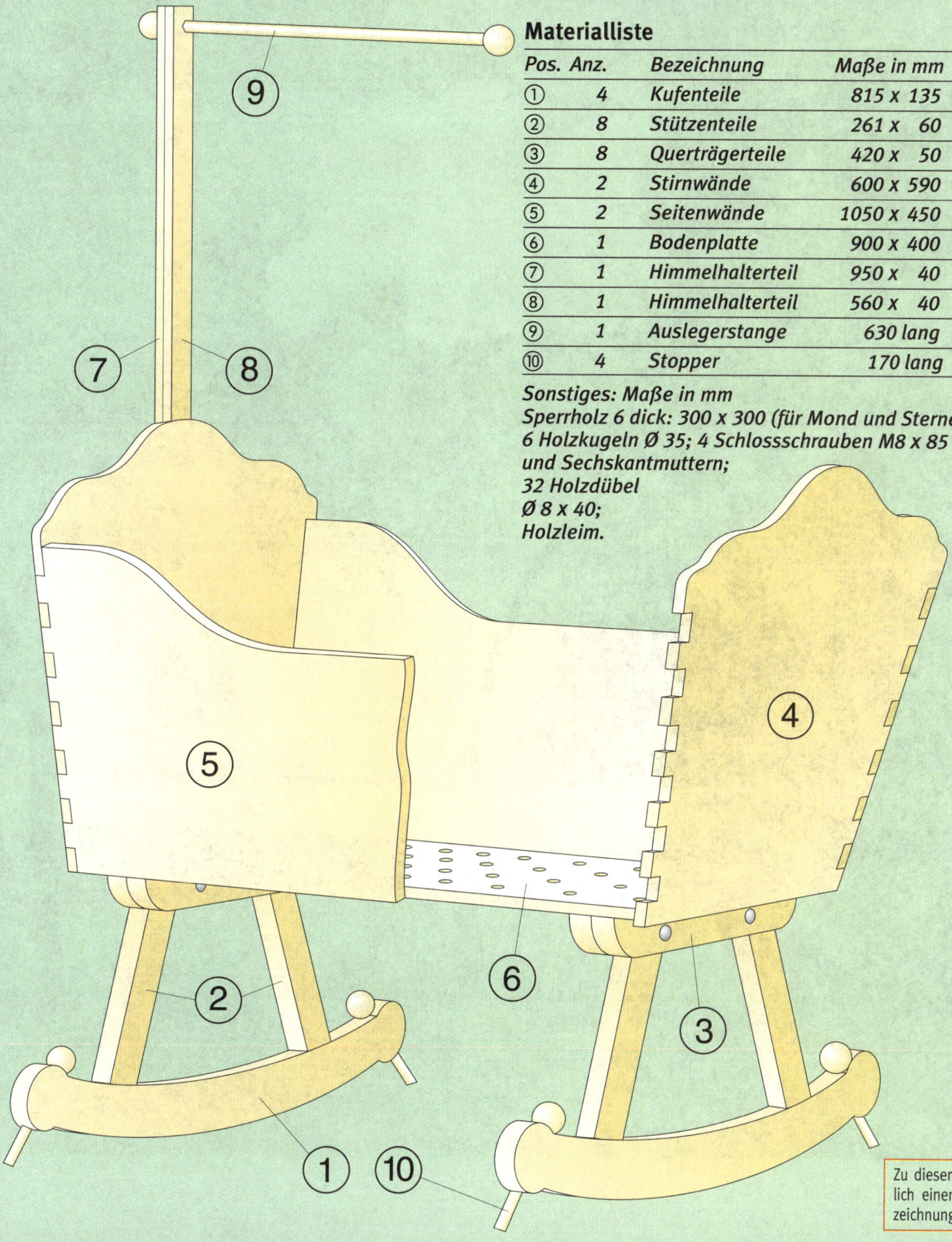

Materialliste

Pos.	Anz.	Bezeichnung	Maße in mm	Material
①	4	Kufenteile	815 x 135	Kiefer-Leimholz 18 mm dick
②	8	Stützenteile	261 x 60	
③	8	Querträgerteile	420 x 50	
④	2	Stirnwände	600 x 590	
⑤	2	Seitenwände	1050 x 450	
⑥	1	Bodenplatte	900 x 400	
⑦	1	Himmelhalterteil	950 x 40	
⑧	1	Himmelhalterteil	560 x 40	
⑨	1	Auslegerstange	630 lang	Rundholz Ø 16
⑩	4	Stopper	170 lang	

Sonstiges: Maße in mm
Sperrholz 6 dick: 300 x 300 (für Mond und Sterne); 6 Holzkugeln Ø 35; 4 Schlossschrauben M8 x 85 mit Scheiben und Sechskantmuttern; 32 Holzdübel Ø 8 x 40; Holzleim.

Zu diesem Thema können Sie zusätzlich einen Bauplan mit vielen Detailzeichnungen anfordern (siehe S. 237).

Dekorative Gartenschubkarre

Dieses klassische Arbeitsgerät taucht hier als attraktiver Pflanzbehälter auf, der eine Zierde für jeden Garten darstellt

Auf den ersten Blick erscheint die Gartenschubkarre als eine solide handwerkliche Arbeit, die sich jeder engagierte Hobbyschreiner problemlos zutrauen kann. Doch schauen Sie einmal genauer hin und studieren Sie Zeichnung und Materialliste, ehe Sie unsere detaillierte Baubeschreibung

Eine Grundidee, zwei Varianten: Ohne den lose darauf gestellten Kübel können Sie die Schubkarre mit Strohballen oder Pflanztöpfen dekorieren

lesen. Das gute Stück – Sie werden es schnell merken – hat es in sich: Eine echte Herausforderung mit einigen handwerklichen Finessen. Aber das ist für viele Heimwerker doch erst der richtige Anreiz.

Wir beginnen den Bau mit dem Zuschneiden der Platten für den Kübel. Deren Kanten müssen teilweise geschrägt werden. Eine erste Hürde. Doch dann kommen wir zur gewölbten Vorderwand. Sie besteht aus einzelnen Leisten, die man nacheinander miteinander verleimt. Damit die gewünschte Rundung entsteht, müssen die Kanten entsprechend abgeschrägt werden.

Der Kübel

1

Fertigen Sie sich Formschablonen aus Pappe, um die Konturen der Teile aufs Holz zu übertragen. Dann mit der Stichsäge die Umrisse ausschneiden

2

Die meisten Kanten sind schräg. Schneiden Sie die Schrägen grob mit der abgewinkelten Stichsäge vor und arbeiten Sie dann mit dem Hobel nach

3

Für die Grifföffnung werden zunächst mit dem Forstner-Bohrer zwei Löcher gebohrt. Dann schneidet man mit der Stichsäge einen Schlitz in die Platte

4

Die Längskanten an den Vorderseiten-Querleisten müssen angeschrägt werden. Dies erfolgt am besten an einem Schleifteller mit Auflageplatte

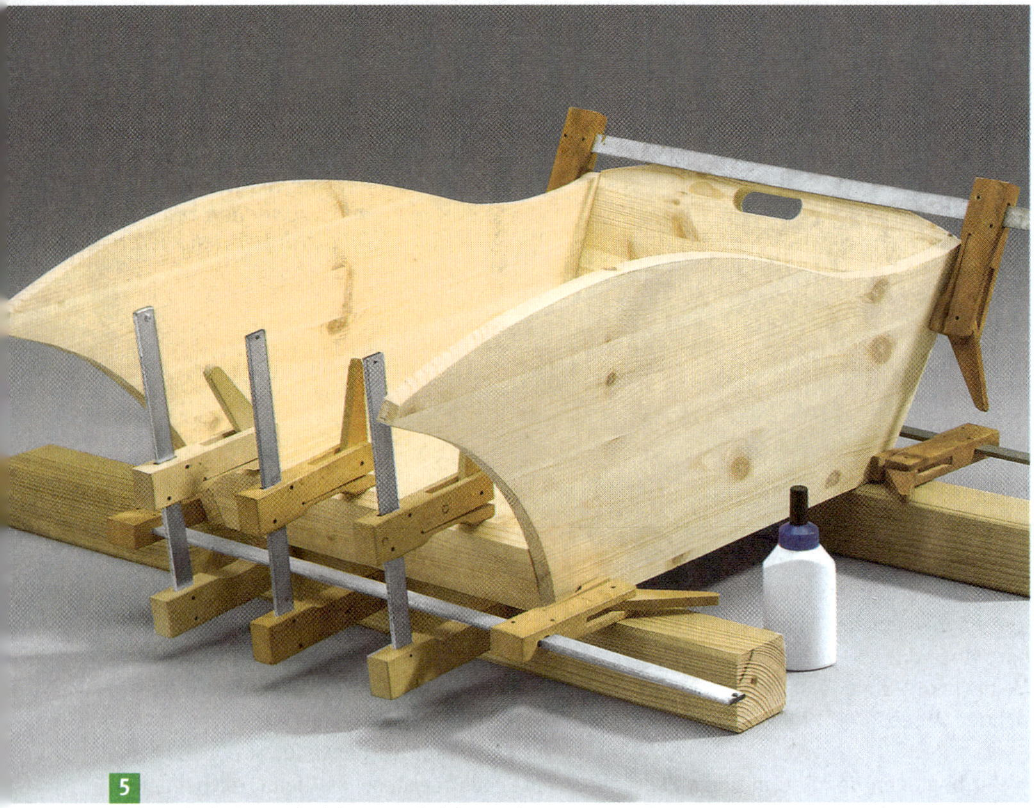

5

Der Kübel der Schubkarre wird in mehreren Etappen verleimt. Zuerst werden Rückwand und Seiten als Schablone provisorisch zusammengespannt

Sind Seiten und Boden schließlich vorbereitet, erfolgt das Verleimen. Zusätzlichen Halt bekommen die stumpfen Verbindungen durch Dübel, deren Löcher man von außen durch die Kanten in das jeweilige Gegenstück bohrt und dann ein Dübelholz einleimt. Die Überstände der Dübel werden nach dem Durchtrocknen bündig abgesägt.

Für das Untergestell brauchen Sie geschweifte Deichselteile. Diese werden aus Leisten zusammengeleimt, die man in eine passend vorbereitete Pressschablone klemmt und in die gewünschte Form bringt.

Die Querleisten zwischen den Deichselteilen und den Seitenbögen werden wieder mit Dübeln befestigt, deren Löcher man von außen durch die zusammengespannten Teile bohrt.

Den krönenden Abschluss der anspruchsvollen Holzarbeiten bildet der Bau des Schubkarrenrades. Es besteht natürlich auch komplett aus Holz und besitzt gedrechselte Speichen. Zuerst müssen Sie die vier Radsegmente zuschneiden und mit Bohrungen für die Speichen versehen. Dann

6

Leiste für Leiste der Vorderwand zwischen die Seiten klemmen, mit Leim bestreichen und die folgende aufsetzen. Paketband fixiert die Teile bis zum Trocknen des Leims

8

Man gibt Leim an die Kanten und presst die Teile mit Zwingen fest zusammen. Dann werden von außen Dübellöcher durch die Seiten in die Wände gebohrt

10

Die Bodenplatte erhält 12 Dränagelöcher. Diese werden mit einem 15-mm-Forstner-Bohrer in gleichmäßigen Abständen zueinander hergestellt

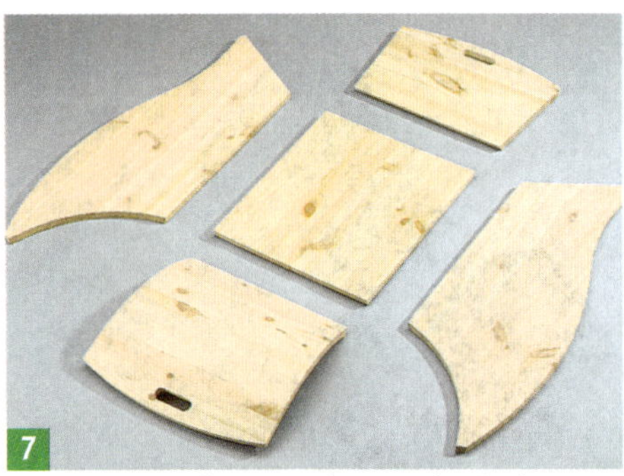

7

Ist die gewölbte Vorderwand wie beschrieben zusammengebaut, haben Sie alle vier Wände des Schubkarrenkübels fertig zur Endverleimung der Teile

9

Geben Sie Leim in die Dübellöcher und stecken Sie die Dübel dann mit etwas Überstand ein. Nach dem Abbinden des Leims die Überstände absägen

11

Zuletzt leimen Sie die Bodenplatte zwischen die Seitenwände. Wenn Sie genau gearbeitet haben, sind keine zusätzlichen Dübelverbindungen nötig

Das Untergestell

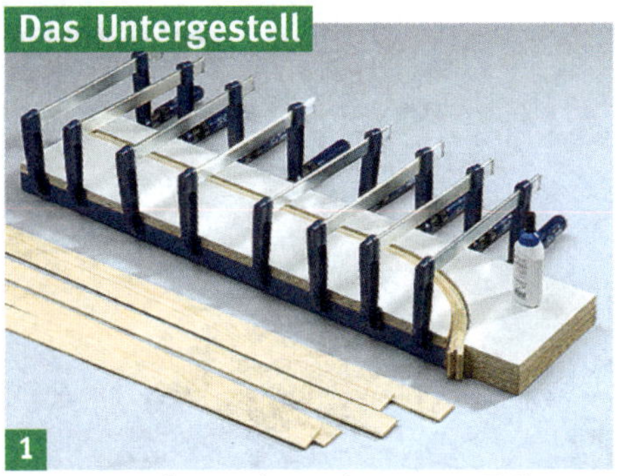

1 *Zur Herstellung der gebogenen Teile brauchen Sie eine solche Biegeschablone. Sie wird ganz einfach aus vorhandenen Spanplattenresten hergestellt*

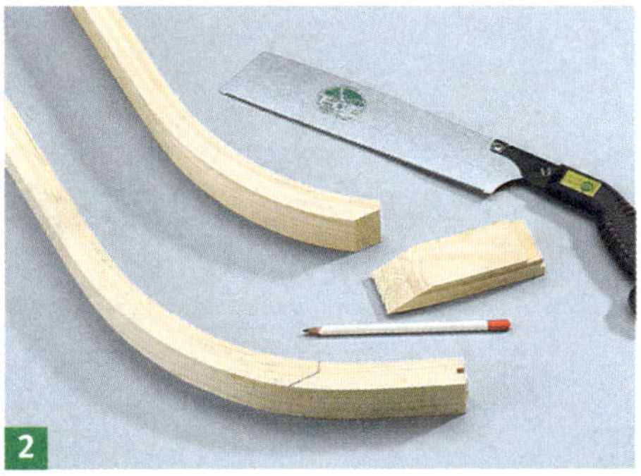

2 *Verwenden Sie zum Biegen nur solche Leisten, die zumindest im Bereich der Biegung keine Äste aufweisen. Ansonsten besteht die Gefahr, dass sie brechen*

3 *Hinten werden die Leisten abgerundet. Nehmen Sie ein passendes Glas oder eine Dose, um die Rundung anzuzeichnen. Mit der Stichsäge ausschneiden*

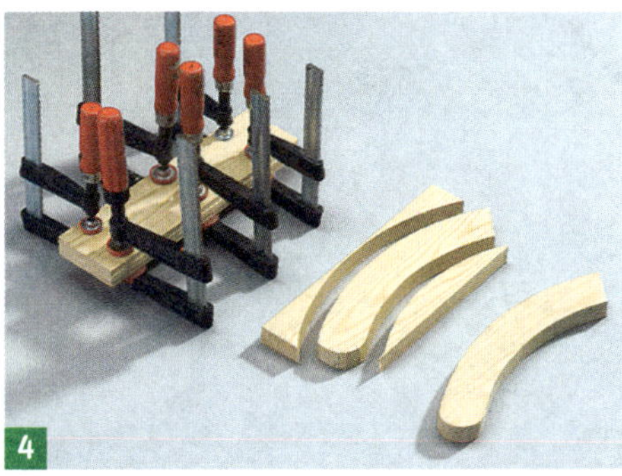

4 *Die Seitenbögen des Gestells werden aus je drei verleimten Platten ausgeschnitten. Die untere Kante müssen Sie anschließend noch um 5° anschrägen*

5 *Die Dübellöcher zur Verbindung mit den Querleisten werden mit einem Bohrer mit Tiefenanschlag hergestellt. Ihre Positionen dann mit Dübelfixen übertragen*

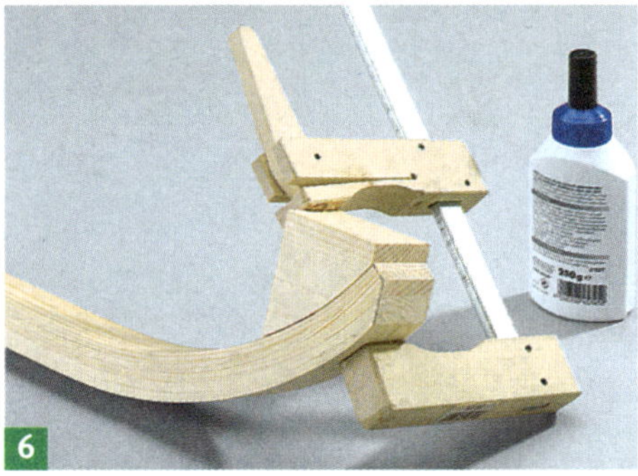

6 *Die Lagerklötze der Schubkarrenachse bestehen aus drei Lagen miteinander verleimten Leimholzes. Sie werden an die gewölbten Deichselteile geleimt*

7 *Bevor Sie die Achslöcher bohren, müssen Sie sicherstellen, dass die Deichselteile mitsamt aufgeleimtem Lagerklotz ganz fest am Bohrständer fixiert sind*

8 *Die Griffe, die ebenfalls aus verleimten Leisten bestehen, erhalten Ausschnitte, die man mit der Stichsäge herstellt. Ihre Enden werden mit der Säge gerundet*

9 *Nun die Querleisten ohne Leim zusammenspannen und von außen Dübellöcher durchbohren. Die Teile nummerieren und fürs Verleimen vorbereiten*

10 *Nun geben Sie Leim an alle Verbindungsflächen sowie in die vorbereiteten Dübellöcher. Dann die Dübel einschlagen und die Teile fest verspannen*

11 *Nachdem der Leim durchgetrocknet ist, können die überstehenden Enden der Dübelhölzer bündig abgesägt werden. Anschließend die Flächen schleifen*

12 *Die Form der obersten Querleiste soll der Rundung der Seitenbögen angepasst werden. Dazu hobeln Sie die nach oben weisende Kante rund und schleifen sie*

Rad und Stützen

1 *Die Räder werden aus Segmenten zusammengeleimt. Um die Speichenlöcher senkrecht bohren zu können, zuerst nur die Innenrundungen sägen*

2 *An der Schleifhülse der im Ständer montierten Bohrmaschine glätten Sie die Innenrundungen der Segmente. Man sieht die bereits angerissene Außenkontur*

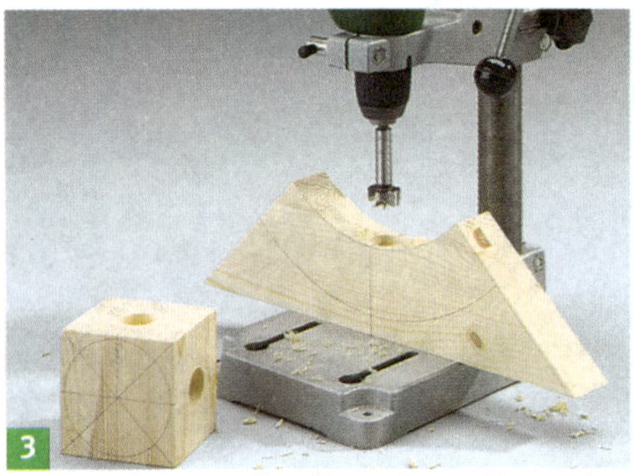

3 *Jetzt verleimen Sie die Nabenteile und bohren anschließend die erforderlichen Speichenlöcher in die Nabe sowie die vorbereiteten Radsegmente*

4 *Wenn Sie Rundstäbe als Rohlinge für die Speichen wählen, haben Sie diese im Nu an der Drechselbank mit einem Profil Ihrer Wahl verziert*

5 *Die Stützen dagegen müssen aus Vierkantrohlingen hergestellt werden. Mit der Schrupppröhre runden Sie die Teile und profilieren Sie mit der Formröhre*

6 *Die vorgebohrte Nabe wird rundgeschliffen, ehe man die Speichen in die Bohrungen einleimen kann. Je eine Zwinge fixiert zwei Speichen beim Verleimen*

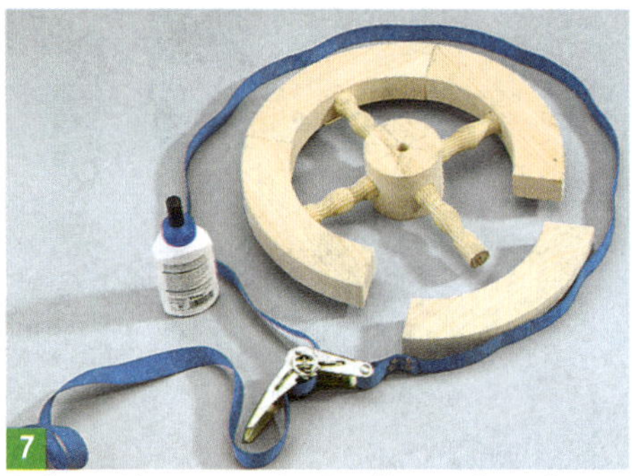

7 *Geben Sie nun Leim in die Löcher der komplett ausgeschnittenen Radsegmente und fügen Sie die vier Teile mittels Spanngurt zum Kreis zusammen*

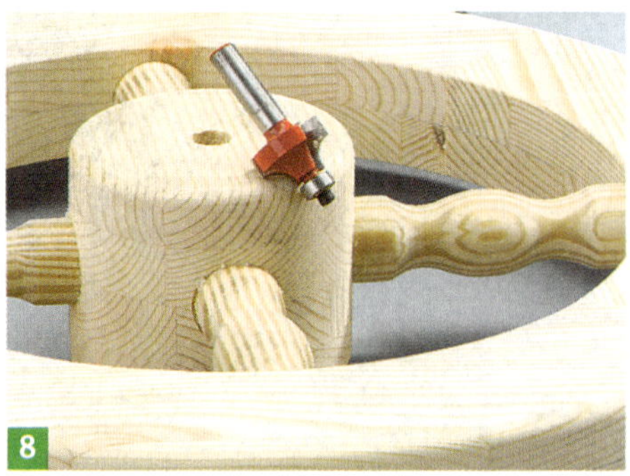

8 *Die äußeren Kanten an Rad und Nabe werden mit einem Viertelstabfräser mit Anlaufzapfen gerundet. Die inneren Kanten brechen Sie mit dem Schleifklotz*

9 *Als Beschlag für das Schubkarrenrad dient ein Streifen Flachstahl. Dieser wird vorgebohrt, dann Stück für Stück angedrückt und auf dem Rad verschraubt*

10 *Die beiden Stützen der Schubkarre müssen Sie oben runden und ausklinken. Der Querschnitt wird schräg ausgeführt, damit die Stützen senkrecht stehen*

11 *Nun leimen Sie die Stützen an die Deichseln und Griffe. Damit die Verbindung belastbar ist, bohrt man zusätzlich Dübellöcher und leimt Dübel ein*

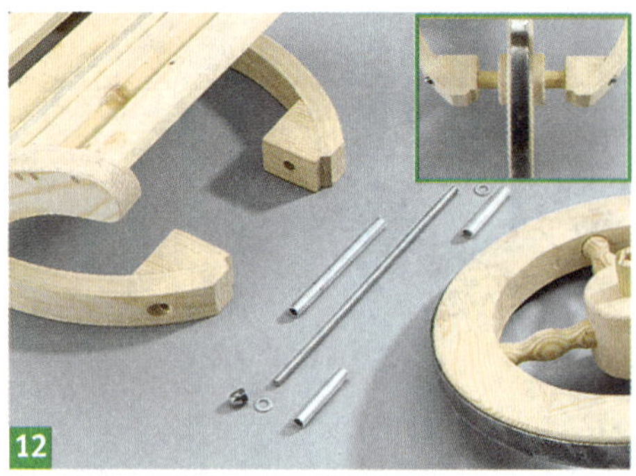

12 *Als Achse dient ein Gewindestab, über den ein Alu-Röhrchen geschoben wird. Hutmuttern mit Unterlegscheiben fixieren die Achse an den beiden Enden*

wird die Nabe zusammengeleimt und ebenfalls mit den erforderlichen Bohrungen versehen. Aus Rundstäben drechseln Sie dann die vier Speichen.

Zuerst verleimen Sie anschließend die Nabe mit den Speichen. Dann werden die Radsegmente angefügt. Hier sorgt ein Spanngurt beim Verleimen dafür, dass die Segmente nicht gegeneinander verrutschen.

Auch wenn die Schubkarre nicht für den echten Arbeitseinsatz gebaut wird, bekommt das Rad doch einen stabilen Eisenbeschlag. Ein Flachstahlstreifen wird auf das Rad gedrückt und mit versenkten Schrauben befestigt.

Als Lager des Rades dient ein Gewindestab. Die Gleitfläche bildet ein aufgeschobenes Stück Alurohr. Außen an den Deichseln legt man Unterlegscheiben auf und dreht Hutmuttern auf, um die Achse zu sichern.

Nun können Sie, nachdem noch die beiden Stützen montiert sind, die Schubkarre bewegen. Ehe sie bepflanzt wird, erhält sie einen Rundum-Wetterschutz mit Grundierung und Lasur. Eigentlich ist das gute Stück aber viel zu schade, um es Wind und Wetter auszusetzen. Wer genug Platz hat, wird damit vielleicht seine Diele oder den Wintergarten dekorieren.

Zumindest sollten Sie die Schubkarre im Winter in die Garage stellen und vor der neuen Saison jedes Mal frisch lasieren.

TIPP MIT LASUR SCHÜTZEN

Damit die schmucke Schubkarre gegen Witterungseinflüsse optimal geschützt ist, wird das Holz zunächst mit einer Grundierung gegen Bläue und vergrauende Sonnenstrahlen versehen. Der Auftrag einer Holzschutzlasur bildet den dekorativen Abschluss der Oberflächenbehandlung.

Materialliste

Pos.	*Anz.*	*Bezeichnung*	*Maße in mm*	*Material*
①	*1*	*Bodenplatte*	*445 x 377*	*Kiefer-Leimholz*
②	*2*	*Seitenwände*	*805 x 300*	*18 mm dick*
③	*1*	*Rückwand*	*411 x 276*	
④	*1*	*Griffbrett*	*419 x 110*	
⑤	*1*	*Querleiste*	*412 x 40*	
⑥	*1*	*Querleiste*	*409 x 40*	
⑦	*1*	*Querleiste*	*404 x 40*	
⑧	*1*	*Querleiste*	*399 x 40*	
⑨	*1*	*Querleiste*	*393 x 40*	
⑩	*1*	*Querleiste*	*387 x 40*	
⑪	*1*	*Querleiste*	*381 x 40*	
⑫	*1*	*Querleiste*	*382 x 40*	
⑬	*1*	*Querleiste*	*376 x 40*	
⑭	*1*	*Querleiste*	*369 x 40*	
⑮	*1*	*Querleiste*	*360 x 40*	
⑯	*1*	*Querleiste*	*350 x 40*	
⑰	*6*	*Querleisten*	*350 x 40*	
⑱	*8*	*Radsegmente*	*350 x 90*	
⑲	*4*	*Nabenteile*	*80 x 80*	
⑳	*6*	*Seitenbögen*	*350 lang*	*Kiefer 96 x 10*
㉑	*2*	*Stützen*	*285 lang*	*Kiefer 40 x 40*
㉒	*4*	*Radspeichen*	*120 lang*	*Kiefer Ø 25 mm*

Sonstiges: Maße in mm
Kiefer 47 x 5: 17 lfd. m für Deichsel und Griffe; 2 Lagerklötze 66 x 60, aus je 3 Lagen Kiefer-Leimholz 18 dick; 2 Hülsen aus Rundholz Ø 25 x 35; 1 Gewindestab M8 x 300 mit je 2 Scheiben und Hutmuttern (hohe Form); Alu-Röhrchen Ø 10 x 1: 1 x 142 und 2 x 66 lang; Flachstahl 25 x 3 : 1 Radreifen ca. 1100 lang (bei Montage anpassen); Spanplatten-Schrauben; Holzdübel Ø 8 x 40; wasserfester Holzleim.

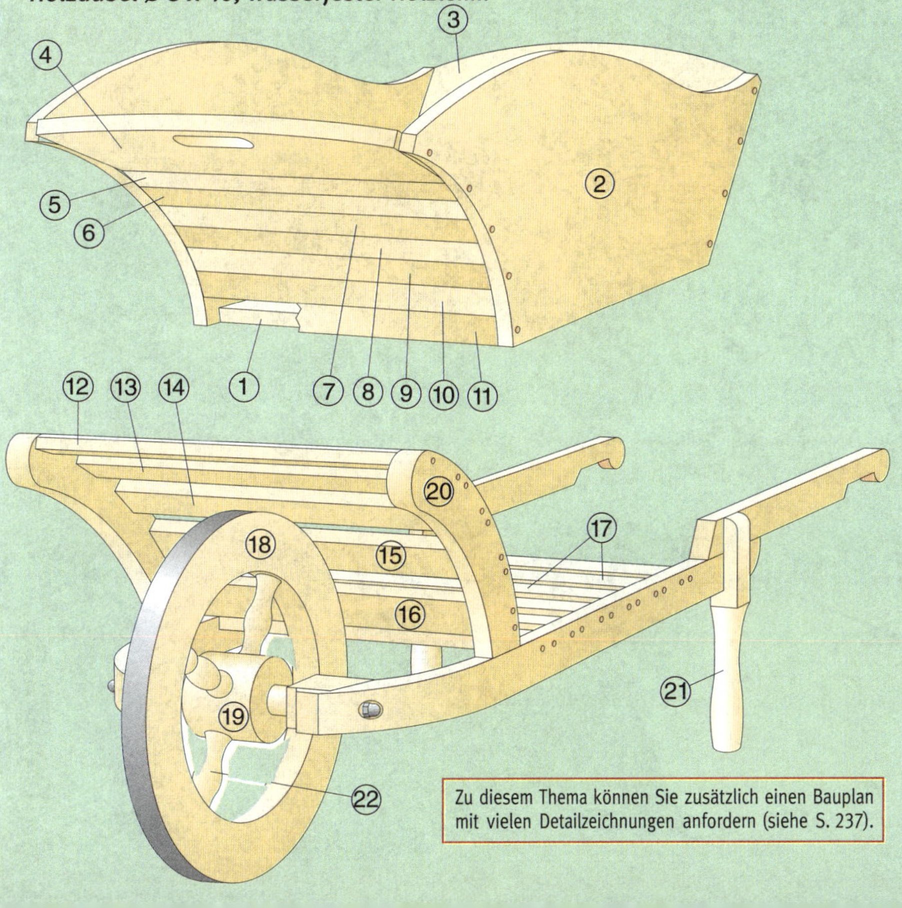

Zu diesem Thema können Sie zusätzlich einen Bauplan mit vielen Detailzeichnungen anfordern (siehe S. 237).

Vielseitige Blumentreppe

Wenn der Platz auf der Terrasse oder dem Balkon rar ist, können Sie die Stellfläche für Ihre Blumen mit einer solchen Treppe enorm vergrößern

Die Blumentreppe ist eine Holzarbeit, die auch Anfängern problemlos gelingt. Sie brauchen wasserfest verleimtes Fichte-Leimholz, das jeder gut sortierte Baumarkt vorrätig hat. Daraus werden Seitenbretter und Böden hergestellt.

Bei den Diagonalverbindern und Querstegen können Sie die Breite individuell variieren. Vielleicht haben Sie ja passende Brettchen in Ihrer Restekiste, die damit noch einen guten Zweck erfüllen.

Um die Schrägen präzise schneiden zu können, brauchen Sie eine Führungsleiste, wie in Bild 1 gezeigt. Sie lässt sich entsprechend den drei verschiedenen Schrägen von 620 auf 420 bzw. 220 mm umbauen (siehe Zeichnung auf der Folgeseite).

Denken Sie daran, dass die Anschlagleiste ein gutes Stück länger sein muss als das eigentlich erforderliche Maß, damit Sie die Handkreissäge gut ansetzen können.

Zuerst werden dann die drei unterschiedlich hohen Treppenstufen mittels Dübeln und Leim verbunden. Anschließend bauen

Arbeitsschritte

1
Zuerst werden die Seitenbretter abgelängt. Dann sägen Sie die Schrägen zu, indem Sie die Handkreissäge an einem Anschlag entlangführen

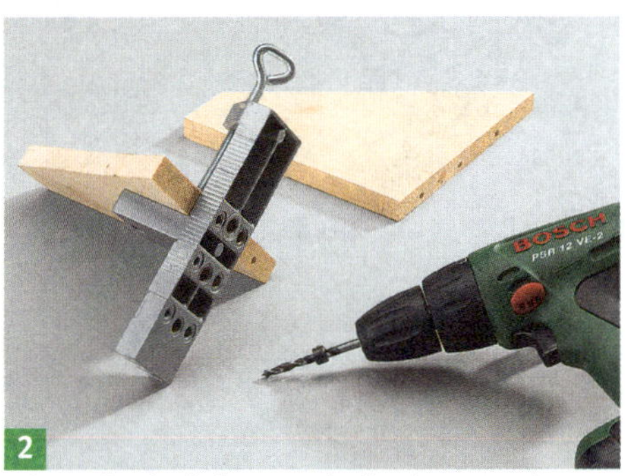

2
Die erforderlichen Dübellöcher an den Verbindungsflächen werden mit Bohrmaschine und Dübellehre hergestellt. Sie sorgt für genau senkrechte Bohrlöcher

3
Die Bohrlöcher im Kopfholz der Seitenbretter übertragen Sie mithilfe von Dübelfixen auf die Böden. Dann wird auch dort mit der Dübellehre gebohrt

4
Geben Sie wasserfesten Holzleim in alle Dübellöcher, stecken Sie die Dübel ein und fügen Sie die Teile zusammen. Zwingen sorgen für den nötigen Druck

5
Damit das Holz keine Druckstellen bekommt, sollten Sie unbedingt Zulagen verwenden, die den Druck der Zwingen auf eine größere Fläche verteilen

6
Beim Verleimen ist äußerste Präzision gefragt. Alle Teile müssen im rechten Winkel zueinander stehen. Daher genau ausrichten, ehe der Leim abbindet

7
Jetzt werden die Diagonalverbinder provisorisch eingesetzt und mit Zwingen an den Treppenstufen fixiert

Ein Stück Restholz hilft beim Anzeichnen der Schrägen. Nehmen Sie die Konstruktion dann nochmal auseinander und sägen Sie die angezeichneten Schrägen ab

Nun geben Sie wasserfesten Leim an die Verbindungsflächen und schrauben die Diagonalverbinder an. Die Schraublöcher am besten vorher ansenken

Sie die Treppe zunächst provisorisch auf, indem die Diagonalverbinder mit Zwingen angedrückt werden. Sie können dann die unteren Schrägen anreißen und absägen.

Zuletzt geben Sie Leim an alle Verbindungsflächen und verschrauben die Treppen mit den Diagonalverbindern. Offenporige Gartenholzlasur schützt die Blumentreppe vor der Witterung.

So präsentiert sich die Blumentreppe im Rohbau (links) und fertig angestrichen auf der Terrasse (oben)

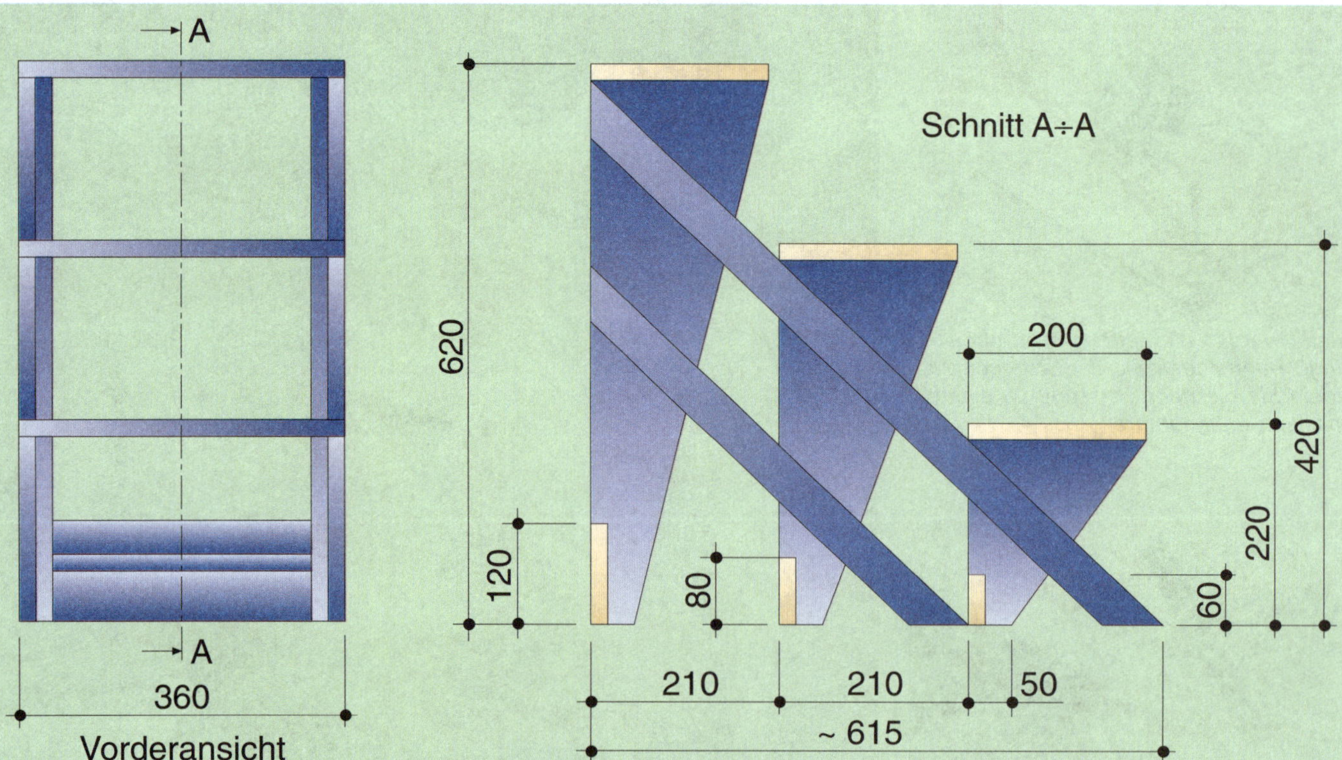

Materialliste

Maße in mm: Fichte-Leimholz 18 dick (wasserfest verleimt): je 2 Seitenbretter 602 x 200, 402 x 200 und 202 x 200, 3 Böden 360 x 200, je 2 Diagonalverbinder 55 breit, ca. 880* und 580* lang, je 1 Quersteg 324 x 120, 324 x 80 und 324 x 60; Spanplatten-Schrauben; Holzdübel; wasserfester Holzleim.

**** = Rohmaße, bei Montage anpassen***

Baupläne bestellen

Verschiedene Themen in diesem Buch sind recht anspruchsvoll und stellen für manchen weniger geübten Hobby-Schreiner eine ziemliche Herausforderung dar. Als zusätzliche Hilfe bietet in diesem Fall die Redaktion **„selbst ist der Mann"**, aus deren Archiv diese Themen ja stammen, einen Bauplan-Service an. Sie können die mit vielen Details und Umrissen komplizierter Teile im Maßstab 1:1 versehenen Baupläne für 3,50 Euro plus 1,53 Euro Versandkostenanteil bei der Redaktion bestellen.

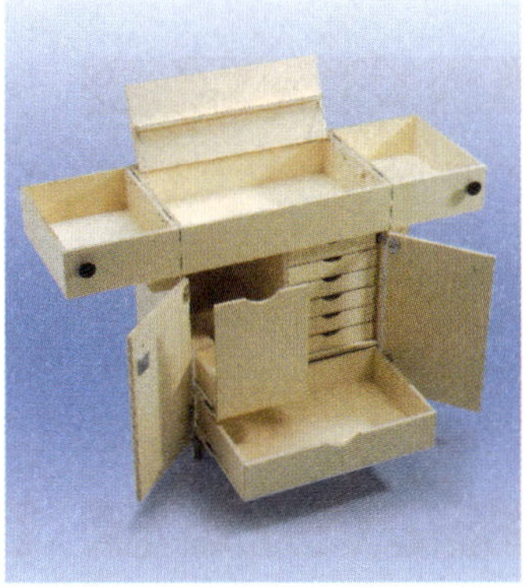

Bestellung per Post oder Fax: Füllen Sie den Coupon aus und senden Sie ihn mit ausgefüllter Einzugsermächtigung oder einem Scheck an:

Bauplan-Service, selbst ist der Mann
Industriestraße 16, 50735 Köln, Fax 0221/7709-195

Bestellung per Internet unter **www.selbst.de**

Bauplan-Bestellung

Aus Ihrem Angebot bestelle ich folgende Baupläne:

Anzahl	Nr.	Thema
....	3/00	Rolladen-Kommode (Seite 164)
....	2/02	Schuhschrank (Seite 170)
....	9/02	Standuhr (Seite 178)
....	2/03	Waschtisch u. Spiegel (Seite 207)
....	6/03	Pflanzenschubkarre (Seite 228)
....	9/03	Wiege (Seite 222)
....	1/04	Werkstattwagen (Seite 44)

Den Preis von 3,50 Euro pro Plan zzgl. je Bestellung 1,53 Euro Versandkosten-Anteil, insgesamt .... Euro

❏ habe ich als Verrechnungsscheck beigelegt;

❏ buchen Sie bitte von folgendem Konto ab: (Leser aus dem Ausland nehmen bitte vor einer Bestellung Kontakt mit der Redaktion auf).

Bitte in Druckbuchstaben ausfüllen

Konto-Nr. ....

Name des Geldinstituts ....

Bankleitzahl ....

Meine Anschrift:
Vorname, Name ....

Straße, Nr. ....

PLZ, Ort ....

Datum, Unterschrift ....

Coupon bitte kopieren, ausfüllen und einsenden an:
Bauplanservice selbst ist der Mann,
Industriestraße 16, 50735 Köln,
Fax: 0221/7709-195

Register

Von Profis empfohlen

selbst ist der Mann
Das große Buch vom Heimwerken

240 Seiten, Hardcover
ISBN 3-8118-1786-8

selbst ist der Mann
Das große Buch vom Renovieren

240 Seiten, Hardcover
ISBN 3-8118-1778-7

selbst ist der Mann
Das große Buch vom Innenausbau

240 Seiten, Hardcover
ISBN 3-8118-1994-1

selbst ist der Mann
Das große Buch vom Holzbau

240 Seiten, Hardcover
ISBN 3-8118-1559-8

selbst ist der Mann
Das große Buch vom Hausbau

240 Seiten, Hardcover
ISBN 3-8118-1560-1

selbst ist der Mann
Das große Buch der Ideen für den Garten

240 Seiten, Hardcover
ISBN 3-8118-1561-X